画法几何及机械制图

（第 2 版）

主 编 曾 红

北京理工大学出版社

BEIJING INSTITUTE OF TECHNOLOGY PRESS

内 容 简 介

本书根据教育部最新颁布的《普通高等院校工程图学课程教学基本要求》，结合编者多年的教学经验及近几年来的教学改革成果编写而成。

本书共 12 章，主要内容有：制图的基本知识与技能；点和直线；平面；投影变换；立体及其表面交线；组合体的视图；机件常用的表达方法；轴测投影图；零件图；标准件和常用件；装配图；计算机绘图基础。本书采用了最新的国家标准，另有 33 个附表以方便读者查用。

本书既可作为普通高等院校机械类、近机类等专业的教材，也可作为相关专业工程技术人员的参考书。与本书配套的曾红主编的《画法几何及机械制图学习指导（第2版）》亦由北京理工大学出版社同时出版。

图书在版编目（CIP）数据

画法几何及机械制图 / 曾红主编 . — 2 版 . — 北京：
北京理工大学出版社，2022.7
ISBN 978 – 7 – 5763 – 1468 – 7

Ⅰ . ①画⋯ Ⅱ . ①曾⋯ Ⅲ . ①画法几何 – 高等学校 –
教材②机械制图 – 高等学校 – 教材 Ⅳ . ①TH126

中国版本图书馆 CIP 数据核字（2022）第 118386 号

出版发行 / 北京理工大学出版社有限责任公司
社　　址 / 北京市海淀区中关村南大街 5 号
邮　　编 / 100081
电　　话 / （010）68914775（总编室）
　　　　　（010）82562903（教材售后服务热线）
　　　　　（010）68944723（其他图书服务热线）
网　　址 / http：//www.bitpress.com.cn
经　　销 / 全国各地新华书店
印　　刷 / 唐山富达印务有限公司
开　　本 / 787 毫米 × 1092 毫米　1/16
印　　张 / 28　　　　　　　　　　　　　　　　责任编辑 / 江　立
字　　数 / 652 千字　　　　　　　　　　　　　　文案编辑 / 李　硕
版　　次 / 2022 年 7 月第 2 版　2022 年 7 月第 1 次印刷　责任校对 / 周瑞红
定　　价 / 98.00 元　　　　　　　　　　　　　　责任印制 / 李志强

主编简介

曾红，教授，任职于辽宁工业大学机械工程与自动化学院，教育部工程图学教学指导分委员会东北地区工作委员会委员，辽宁省工程图学学会常务理事。

获评"辽宁省教学名师""辽宁省优秀教授"。辽宁省精品课、省级一流课程"画法几何与机械制图"负责人，机械设计制造及其自动化国家综合试点改革专业、辽宁省向应用型转型示范专业负责人，辽宁省机械工程虚拟仿真实验示范中心负责人。

主持"机械制图立体化教学模式的改革与实践""实施多维协同教学资源建设，构建工程图学课程'四混'的教学模式"等项目，获辽宁省教学成果二等奖4项；主持"工程制图虚拟仿真实验室"项目，获辽宁省教育软件竞赛一等奖；主编《画法几何及机械制图》教材，获辽宁省优秀教材奖。

多次获得省、市级科技进步奖项，被评为锦州市青年科技先锋，锦州市首批市级后备学术和技术带头人。近5年完成了省部市级项目8项、横向科研项目6项。主持《画法几何及机械制图》等14部教材和教学软件的出版工作，发表学术论文40余篇。

前　言

本书依照高等学校工程图学课程教学指导分委员会制定的《普通高等学校工程图学课程教学基本要求》，以培养应用型人才为目标，通过编写组多年教学改革的探索，在总结和吸取教学经验的基础上编写而成。第 1 版教材自 2014 年 7 月出版发行以来，为多所院校采用，并于 2020 年被评为辽宁省首届优秀教材（高等教育类）。

本书的特点：

（1）第 2 版的教材采用了最新颁布的《技术制图》《机械制图》等国家标准，根据需要选择并分别编排在正文或附录中，以培养学生贯彻最新国家标准的意识和查阅国家标准的能力。

（2）教材强调"以学生为主体，以教师为主导"的教学理念，大部分例题既有解题分析，又有分步的解题方法和画图方法；各章的结尾均有小结，总结本章的内容重点与教学要求，便于学生掌握。书中的所有插图，全部采用计算机绘图和润饰，大大提高了插图的准确性和清晰度。同时，根据编写组的教学实践体会，对一些重点、难点或需提示的内容进行了必要的文字说明。全书采用双色印刷，既方便教师讲课辅导，又便于学生自学。

（3）根据应用型人才的培养需求，第 2 版教材强化了机件表达方法、典型零件表达方案的综合分析内容，增加了计算机绘图基础的内容，主要介绍 AutoCAD 绘图软件的使用。

（4）与本书配套的习题集为曾红主编的《画法几何及机械制图学习指导（第 2 版）》，该书为各章的学习配备了大量的练习题，并对每章学习的内容、题目的类型进行了归纳和总结，配合典型题例的解题示例对解题的方法和思路进行了详细的解答。同时，部分习题配备了解题指导微课视频，大部分的例题、习题都配备了电脑版、手机版三维零件模型和三维装配模型，有助于学习者了解模型的结构及装配件的工作原理，克服学习过程中空间想象的困难，弥补低年级学生结构工艺知识的不足。

（5）第 2 版教材丰富了数字化的教学资源，在原有教材三维零件模型、三维装配模型的基础上，建立了工程图学投影展开仿真实验模块，可动画展示投影的基本原理和机件表达的基本方法。同时，基于上述数字化资源，编写组围绕课程知识点、课程重点难点录制了微课视频，学生可通过手机扫二维码随时随地学习。教材形成了新形态、立体化的体系，为制图课程混合式、泛在式教学的开展提供了保障。此外，数字化教学资源还包括教师授课课件、教师备课的习题答案、教材习题的三维电子模型，这部分资源可通过北京理工大学出版社获取。

本书由曾红主编。参加本书编写的人员有：曾红（绪论、第 1 章、第 9 章、第 10 章、附录）、胡亚彬（第 2 章 1~2 节、第 4 章）、于晓丹（第 2 章 3~4 节）、晋伶俐（第 3 章）、姚芳萍（第 5 章）、陈鸿飞（第 6 章、第 8 章、第 11 章）、高秀艳（第 7 章、第 12 章）。

书中配套的二维码微课资源由高秀艳、曾红、刘淑芬、王元昊设计制作，刘淑芬、吕吉、王元昊、王全玉、邢驰、孙旭滨参加了教材部分图形绘制和立体化教学资源的制作。

胡建生审阅了全书，并提出了很多宝贵的意见，在此表示感谢。

限于水平，书中不当之处在所难免，欢迎读者批评指正。编者联系方式：zenghong316@126.com。

编　者

2022 年 3 月

第1版前言

本书依照高等学校工科制图课程教学指导委员会制订的《画法几何及工程制图课程教学基本要求》，以培养应用型人才为目标，通过多年的教学改革的探索，在总结和吸取教学经验的基础上编写而成。

本书的特点：

（1）全书采用了最新颁布的《技术制图》《机械制图》国家标准等有关的最新标准，根据需要选择并分别编排在正文或附录中，以培养学生贯彻最新国家标准的意识和查阅国家标准的能力。

（2）教材强调"以学生为主体，以教师为主导"的教学理念，大部分例题既有解题分析，又有分步的解题方法和画图方法；各章的结尾均有小结，总结本章的内容重点与教学要求，便于学生掌握。

书中的所有插图全部采用计算机绘图和润饰，大大提高了插图的准确性和清晰度。同时根据教学实践体会，对一些重点、难点或需提示的内容进行了必要的文字说明。全书采用双色印刷，既方便教师讲课辅导，又便于学生自学。

（3）与本书配套的习题集为曾红、姚继权主编的《画法几何及机械制图学习指导》，该书为各章的学习配备了大量的练习题，并对每章学习的内容、题目的类型进行了归纳和总结，配合典型例题的解题示例对解题的方法和思路进行了详细的解答。同时《画法几何及机械制图学习指导》配备了电子模型的光盘，有助于学习者了解模型的结构，克服解题过程中空间想象的困难。

本书由曾红、姚继权主编。参加本书编写的人员有：曾红（绪论、第1章），胡亚彬（第2章1~2节、第4章），于晓丹（第2章3~5节），晋伶俐（第3章），姚芳萍（第5章），陈鸿飞（第6章），刘佳（第7、8章、附录），姚继权、朱会东（第9~12章）。

倪杰、周孟德、吕吉、苏国营参加了教材部分图形绘制与修改工作。

胡建生审阅了全书，并提出了很多宝贵的意见，在此表示感谢。

限于水平，书中不当之处在所难免，欢迎读者批评指正。

编　者

目　录

目　录

目　录

目 录

目 录

目 录

目　录

目 录

目　录

目　录

绪　　论

0.1　本课程的地位、性质和任务

工程图学是一门研究工程图样的绘制、表达和阅读的应用科学。为了正确表示出机器、设备及建筑物的形状、大小、规格和材料等内容，通常将物体按一定的投影方法和技术规定表达在图纸上，这就称为工程图样。工程图样和文字、数字一样，也是人类借以表达、构思、分析和进行技术交流的不可缺少的工具之一。设计者通过图样描述设计对象，表达其设计意图；制造者通过图样组织制造和施工；使用者通过图样了解使用对象的结构和性能，进行保养和维修。因此，工程图样被认为是工程界共同的技术语言，工程技术人员必须熟练地掌握这种语言。

本课程主要研究应用正投影法绘制与阅读机械工程图样的原理和方法，是高等院校机械类各专业重要的技术基础课，通过本课程的学习，学生可以培养绘制和阅读工程图样的能力、形象思维能力及创造性构思能力，为学习相关的后续课程及进行课程设计、毕业设计等创造性设计奠定必备的基础。

本课程的主要任务：

（1）培养学生应用正投影法及二维平面图形表达三维空间形体的能力。

（2）培养学生徒手绘图、尺规绘图的综合能力及阅读机械图样的能力。

（3）培养学生对空间形体的形象思维能力和初步的构思造型能力。

（4）培养学生的工程意识和贯彻执行国家标准的意识。

（5）培养学生认真、严谨的工作态度。

0.2　本课程的学习内容

本课程的内容包括画法几何、制图的基本知识与技能、制图基础及工程制图4个部分。

（1）画法几何：学习用正投影法表达空间几何形体与图解空间几何问题的基本原理和方法。

（2）制图的基本知识与技能：学习绘制图样的基本技术和基本技能，学习《技术制图》与《机械制图》国家标准的基本规定，能正确使用绘图工具和仪器绘图，掌握常用的几何作图方法，做到作图准确、图线分明、字体工整、整洁美观，会分析和标注平面图形尺寸。

（3）制图基础：利用正投影法的基本知识，运用形体分析和线面分析方法，进行组合体的画图、读图和尺寸标注，掌握各种视图、剖视图、断面图的画法及常用的简化画法和其他规定画法，做到视图选择和配置恰当，投影正确，尺寸齐全、清晰。通过学习和实践，培养空间逻辑思维和形象思维能力。

（4）工程制图：包括零件图、标准件、常用件和装配图等内容。了解零件图、装配图的作用及内容，掌握视图的选择方法和规定画法，学习极限与配合及有关零件结构设计与加工工艺的知识和合理标注尺寸的方法。培养绘制和阅读零件图、装配图的基本能力。

0.3　本课程的学习方法

本课程既有投影理论，又有较强的工程实践性，各部分内容既紧密联系，又各有特点。根据本课程的学习要求及各部分内容的特点，这里简要介绍一下学习方法。

（1）在学习"画法几何"部分时，应深刻理解投影理论的基本概念和基本原理，结合作业将投影分析、几何作图同空间想象、逻辑分析结合起来，通过不断"由物画图、由图想物"，逐步建立起二维平面图形和三维空间物体之间的对应关系，将画图与读图贯穿于学习过程，始终突出一个"练"字，逐步培养空间逻辑思维与形象思维的能力。

（2）在学习"制图的基本知识与技能"部分时，要准备一套合乎要求的制图工具，掌握绘图工具的使用方法以及徒手绘图的技巧，并自觉遵守国家标准中有关技术制图和机械制图的相关规定。

（3）在学习"制图基础"部分时，通过听讲和自学，掌握与运用形体分析法和线面分析法等构形分析的理论及方法，善于把复杂的问题转化为简单的问题，逐步提高独立看图、画图的能力。

（4）在学习"工程制图"部分时，要通过机械设计和制造基础认知，了解设计和加工一些工程的背景知识，如：典型的工艺结构，车削、钻孔及螺纹、键槽等加工方法，铸造加工方法等。掌握典型零件的表达规律和装配图的表达方法；通过一定的零部件测绘与尺规图板练习，掌握零件和部件绘制及阅读的基本方法；并通过零件图与装配图的绘制和阅读，逐步提高查阅有关标准和资料手册的能力。

第 1 章　制图的基本知识与技能

【本章知识点】

(1) 《技术制图》与《机械制图》国家标准中的一些基本规定。

(2) 常用的几何作图方法。

(3) 平面图形的尺寸分析、线段分析和基本作图步骤。

(4) 绘图仪器和绘图工具的使用方法。

1.1　制图国家标准的基本规定

工程图样是表达工程技术，产品调研、论证、设计、制造及维修得以顺利进行的必备技术文件。为了适应现代化生产、管理的需要，便于技术交流，国家制定并颁布了一系列国家标准，简称"国标"，包含 3 类标准：强制性国家标准（代号为"GB"）、推荐性国家标准（代号为"GB/T"）、指导性国家标准（代号为"GB/Z"），其后的数字为标准编号和发布的年代号，如《技术制图　图纸的幅面和格式》的标准编号为 GB/T 14689—2008。

需要说明的是，许多行业都有自己的制图标准，如机械制图、土建制图和船舶制图等，其技术的内容均较专业和具体，但都不能与国家标准《技术制图》的内容相矛盾，只能按照专业的要求对其进行补充。

1.1.1　图纸幅面和格式（GB/T 14689—2008）

1. 图纸幅面

图纸的幅面是指图纸宽度与长度组成的图面。当绘制技术图样时，应优先采用表 1-1 所规定的基本幅面尺寸。基本幅面共有 5 种，即 A0、A1、A2、A3 和 A4。

表 1-1　基本幅面（摘自 GB/T 14689—2008）　　　　　　　　　　　　　　　　mm

幅面代号	幅面尺寸	周边尺寸		
	$B \times L$	a	c	e
A0	841 × 1 189	25	10	20
A1	594 × 841			

续表

幅面代号	幅面尺寸	周边尺寸		
	$B \times L$	a	c	e
A2	420×594	25	10	10
A3	297×420		5	
A4	210×297			

图1-1中粗实线所示为基本幅面，必要时，可以按规定加长图纸的幅面，加长幅面的尺寸由基本幅面的短边成整数倍增加后得出；细实线所示为加长幅面的第二选择；细虚线所示为加长幅面的第三选择。

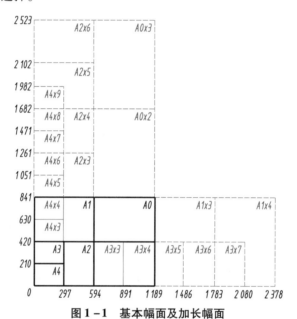

图1-1　基本幅面及加长幅面

2. 图纸格式

图纸上限定绘图区域的线框称为图框。图框在图纸上必须用粗实线画出，其格式分不留装订边和留装订边两种，同一产品的图样只能采用一种图框格式。不留装订边的图纸，其图框格式如图1-2所示；留装订边的图纸，其图框格式如图1-3所示。

为了复制或缩微摄影的方便，应在图纸各边长的中点处绘制对中符号。对中符号是从周边画入图框内5 mm的一段粗实线。当对中符号处在标题栏范围内时，则伸入标题栏内的部分予以省略，如图1-2和图1-3所示。

3. 标题栏与明细栏（GB/T 10609.1—2008、GB/T 10609.2—2009）

标题栏一般位于图纸的右下角，如图1-2和图1-3所示，其一般由名称及代号区、签字区和更改区等组成，格式和尺寸由GB/T 10609.1—2008规定。图1-4所示为国家标准推荐的标题栏格式，各设计单位可根据自身需求重新定制。在学校的制图作业中，为了简化作图，推荐使用简化的标题栏，如图1-5所示。

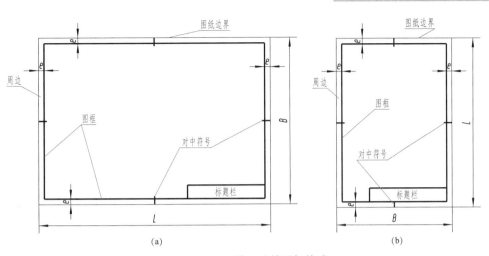

图 1-2　不留装订边的图框格式

（a）X 型图纸；（b）Y 型图纸

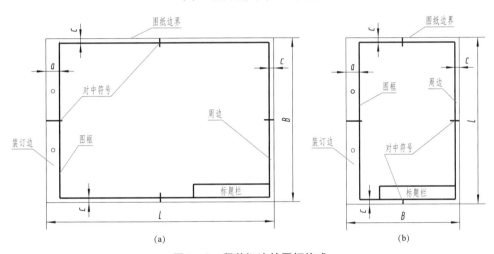

图 1-3　留装订边的图框格式

（a）X 型图纸；（b）Y 型图纸

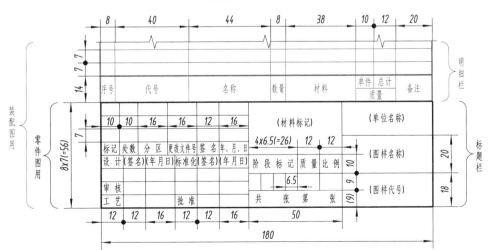

图 1-4　国家标准推荐的标题栏和明细栏格式

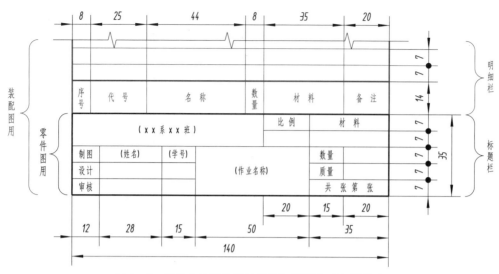

图1-5 教学中推荐使用的简化标题栏和明细栏格式

明细栏一般配置在装配图中标题栏的上方，按由下向上的顺序填写，其格数应根据需要而定。当由下向上延伸位置不够时，可紧靠在标题栏的左边自下向上延续。明细栏的格式和尺寸由 GB/T 10609.2—2009 规定，该标准推荐的明细栏格式如图1-4所示，教学中推荐使用的简化明细栏格式如图1-5所示。

填写标题栏时，小格的内容使用3.5号字，大格的内容使用7号字，明细栏项目栏中的文字用7号字，表中的内容用3.5号字。

4. 方向符号

若标题栏的长边置于水平方向并与图纸的长边平行，则构成 X 型图纸，如图1-2（a）和图1-3（a）所示；若标题栏的长边与图纸的长边垂直，则构成 Y 型图纸，如图1-2（b）和图1-3（b）所示。在此种情况下，标题栏中的文字方向为看图方向。

为了充分利用已印刷好的图纸，允许将 X 型图纸的短边或 Y 型图纸的长边置于水平位置使用，此时看图的方向与标题栏中的文字方向不一致；为了表明绘图和看图的方向，必须在图纸下方对中符号处用细实线加画一个方向符号，方向符号的画法如图1-6所示。

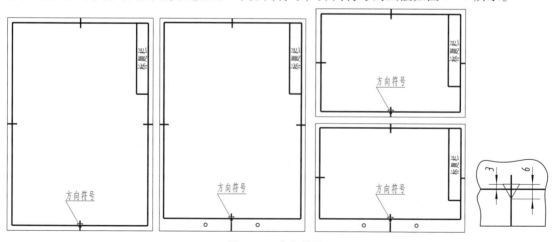

图1-6 方向符号

1.1.2　比例（GB/T 14690—1993）

比例为图样中图形与实物相应要素的线性尺寸之比，分原值比例、放大比例和缩小比例
3 种。制图时应在表 1-2 的"优先选择系列"中选取适当的绘图比例；必要时也允许在表
1-2 的"允许选择系列"中选取。

表 1-2　图样比例（摘自 GB/T 14690—1993）

种类	定义	优先选择系列	允许选择系列
原值比例	比值为 1 的比例	1:1	—
放大比例	比值大于 1 的比例	5:1　2:1 $5 \times 10^n:1$　$2 \times 10^n:1$　$1 \times 10^n:1$	4:1　2.5:1 $4 \times 10^n:1$　$2.5 \times 10^n:1$
缩小比例	比值小于 1 的比例	1:2　1:5　1:10 $1:2 \times 10^n$　$1:5 \times 10^n$　$1:1 \times 10^n$	1:1.5　1:2.5　1:3　1:4　1:5 1:6　$1:1.5 \times 10^n$　$1:2.5 \times 10^n$ $1:3 \times 10^n$　$1:4 \times 10^n$　$1:5 \times 10^n$ $1:6 \times 10^n$

注：n 为正整数。

应尽量采用原值比例（1:1）画图，以便能直接从图样上看出机件的真实大小。绘制
同一机件的各个视图一般采用相同的比例，并在标题栏的比例一栏中填写。若某个视图需采
用不同的比例时，则应在该视图的上方另行标注。应注意，不论采用何种比例绘图，标注的
尺寸数字均应是机件的实际尺寸大小，如图 1-7 所示。

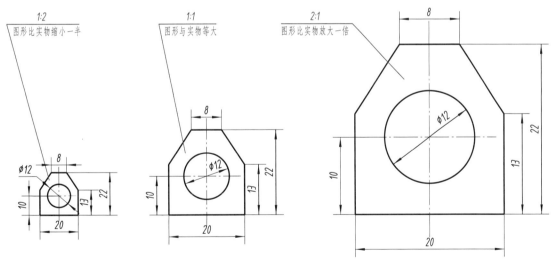

图 1-7　图形比例与尺寸数字

1.1.3　字体（GB/T 14691—1993）

字体指的是图中汉字、字母、数字的书写形式。图样中的字体书写必须做到：字体工整、笔画清楚、间隔均匀、排列整齐。

1. 一般规定

（1）字体的号数即字体的高度，用 h 表示，其公称尺寸系列为：1.8 mm、2.5 mm、3.5 mm、5 mm、7 mm、10 mm、14 mm、20 mm。如需书写更大的字，则其字体高度应按 $\sqrt{2}$ 的比例递增。

（2）汉字应写成长仿宋体，并应采用国家正式公布推行的简化字。汉字的高度不应小于 3.5 mm，其字宽一般为 $h/\sqrt{2}$。

（3）字母和数字分为 A 型和 B 型。A 型字体的笔画宽度 $d = h/14$；B 型字体的笔画宽度 $d = h/10$。在同一图样上，只允许使用一种型式的字体。

（4）字母和数字可写成斜体和直体，斜体字的字头向右倾斜，与水平基准线成 75°。图样上一般采用斜体字。

（5）用作指数、分数、极限偏差、注脚的数字及字母，一般采用小一号字体。

2. 字体示例

汉字、数字和字母的字体示例如表 1-3 所示。

表 1-3　字体示例

字体		示例
长仿宋体汉字	5 号	字体工整　笔画清楚　间隔均匀　排列整齐
	3.5 号	横平竖直 结构均匀 注意起落 填满方格
拉丁字母	大写斜体	ABCDEFGHIJKLMNOPQRSTUVWXYZ
	小写斜体	abcdefghijklmnopqrstuvwxyz
阿拉伯数字	斜体	0123456789
	正体	0123456789
字体应用示例		$10JS5(\pm 0.003)$　$M24-6h$　$R8$　10^3　S^{-1}　5%　D_1　T_d　$380kPa$　m/kg
		$\varnothing 50^{+0.010}_{-0.023}$　$\varnothing 45\frac{H6}{f5}$　$\sqrt{}^{Ra6.3}$　$360r/min$　$220V$　l/mm　$\frac{II}{1:2}$　$\frac{3}{5}$　$\frac{A}{5:1}$

1.1.4　图线（GB/T 4457.4—2002、GB/T 17450—1998）

图线是起点和终点以任意方式连接的一种几何图形，它可以是直线或曲线、连续线或不连续线。当图线长度小于或等于图线宽度的一半时，称为点。

1. 图线的线型与应用

GB/T 4457.4—2002《机械制图　图样画法　图线》规定了在机械图样中常用的 9 种图线，其代码、线型、名称及一般应用如表 1-4 所示。图线的应用示例如图 1-8 所示。

表 1-4　机械图样中的线型及其应用

代码 No	线型	名称	线宽	一般应用
01.1		细实线	约 $d/2$	① 尺寸线及尺寸界线； ② 剖面线； ③ 过渡线； ④ 指引线和基准线； ⑤ 重合断面的轮廓线； ⑥ 短中心线； ⑦ 螺纹的牙底线及齿轮齿根线； ⑧ 范围线及分界线； ⑨ 辅助线； ⑩ 投影线； ⑪不连续同一表面连线； ⑫成规律分布的相同要素线
		波浪线	约 $d/2$	① 断裂处的边界线； ② 视图和剖视图的分界线
	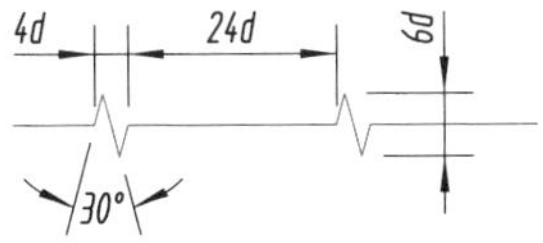	双折线	约 $d/2$	① 断裂处的边界线； ② 视图和剖视分界线
01.2		粗实线	d	① 可见棱边线； ② 可见轮廓线； ③ 相贯线； ④ 螺纹牙底线； ⑤ 螺纹长度终止线； ⑥ 齿顶线； ⑦ 齿顶圆（线）； ⑧ 剖切符号用线

代码 No	线型	名称	线宽	一般应用
02.1	12d ⊢ 3d	细虚线	约 d/2	① 不可见棱边线； ② 不可见轮廓线
02.2	— — — — —	粗虚线	d	允许表面处理的表示线
04.1	6d 24d	细点画线	约 d/2	① 轴线、对称中心线； ② 分度圆（线）； ③ 孔系分布的中心线； ④ 剖切线
04.2		粗点画线	d	限定范围表示线
05.1	9d 24d	细双点画线	约 d/2	① 相邻辅助零件的轮廓线； ② 可动零件的极限位置的轮廓线； ③ 剖切面前的结构轮廓线； ④ 成形前轮廓线； ⑤ 轨迹线； ⑥ 毛坯图中制成品的轮廓线； ⑦ 工艺用结构的轮廓线

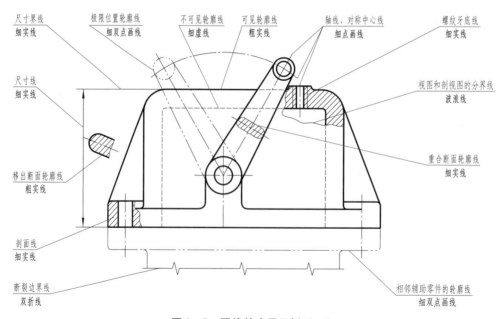

图 1-8　图线的应用示例（一）

2. 图线宽度

国家标准规定了9种图线的宽度，其中3种为粗线（粗实线、粗虚线、粗点画线），其余6种均为细线。绘制工程图样时所用线型宽度在下列数系中选取：0.13 mm；0.18 mm；0.25 mm；0.35 mm；0.5 mm；0.7 mm；1 mm；1.4 mm；2 mm。

同一张图样中，相同线型的宽度应一致，如有特殊需要，线宽按$\sqrt{2}$的级数派生。国家标准规定图线的宽度比例为

$$粗线：中粗线：细线 = 4：2：1$$

机械图样中采用粗、细两种线宽，它们之间的比例为2：1。图线宽度与图线组别如表1-5所示。它们的选择应根据图样的类型、尺寸、比例和缩微复制的要求确定。一般情况下手工绘图优选0.5组，计算机绘图优选0.7组。

表1-5　图线宽度与图线组别　　　　　　　　　　　　　　　　mm

图线组别	0.25	0.35	0.5①	0.7①	1.0	1.4	2.0
粗线宽 d	0.25	0.35	0.5	0.7	1.0	1.4	2.0
细线宽 $0.5d$	0.13	0.18	0.25	0.35	0.5	0.7	1.0

注：①是指优先选用。

3. 图线画法

（1）在同一图样中，同类型的图线宽度应一致。虚线、点画线及双点画线的画线长度和间隔应各自大致相等，其长度可根据图形的大小决定。

（2）点画线、双点画线的首尾应为线而不是点，且应超出图形外2~5 mm，如图1-9所示。

（3）点画线、双点画线中的点是很短的一横，不能画成圆点，且应点、线一起绘制。

（4）在较小的图形上绘制点画线或双点画线有困难时，可用细实线代替，如图1-9所示。

（5）当虚线、点画线、双点画线相交时，应是线相交；当虚线是粗实线的延长线时，在连接处应断开，也即从间隔开始，如图1-9所示。

（6）当各种线型重合时，应按粗实线、虚线、点画线的优先顺序画出。

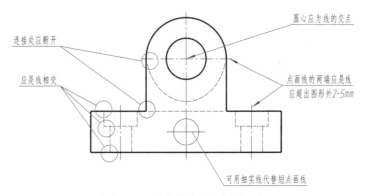

图1-9　图线的应用示例（二）

1.1.5 尺寸注法（GB/T 4458.4—2003）

图样中除了表达零件的结构形状外，还需标注尺寸，以确定零件的大小。因此，尺寸也是图样的重要组成部分，尺寸标注是否正确、合理，也会直接影响图样的质量。为了便于交流，国家标准对尺寸标注的基本方法做了一系列的规定，在绘图时必须严格遵守。

1. 基本规则

（1）图样上所注的尺寸数值是机件真实的大小，与图形的大小及绘图的准确度无关。

（2）图样中（包括技术要求和其他说明）的尺寸若以 mm 为单位，不需标注计量单位的代号或名称。若采用其他单位，则必须标注相应的计量单位或名称，如 40 cm、38°等。

（3）机件的同一尺寸，在图样中只标注一次，并应标注在反映该结构最清晰的图形上。

（4）图样中所注尺寸应是该机件最后完工时的尺寸，否则应另加说明。

2. 尺寸要素

一个完整的尺寸包含尺寸线、尺寸线终端、尺寸界线和尺寸数字，如图 1－10 所示。

1）尺寸线

尺寸线表示尺寸度量的方向。尺寸线必须用细实线单独画出，不能用其他图线代替，也不得与其他图线重合或画在其延长线上，应尽量避免尺寸线之间及尺寸线与尺寸界线之间相交，如图 1－10 所示。

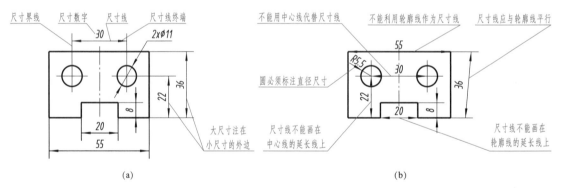

图 1－10 尺寸组成与尺寸线的画法

（a）正确画法；（b）错误画法

标注线性尺寸时，尺寸线必须与所标注的线段平行，相同方向各尺寸线之间的距离要均匀，间隔应大于 7 mm。当有几条相互平行的尺寸线时，大尺寸要注在小尺寸外面，以免尺寸线与尺寸界线相交。

2）尺寸线终端

尺寸线终端表示尺寸的起止。尺寸线终端形式有箭头和斜线两种。

箭头适用于各种类型的图形，其不能过长或过短，尖端要与尺寸界线接触，不得超出也不得离开；当尺寸线终端采用斜线形式时，尺寸线与尺寸界线必须相互垂直，如图 1－11 所示。

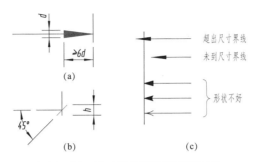

图 1 - 11　尺寸线终端的形式和画法

（a）箭头的画法；（b）斜线的画法；（c）箭头的错误画法

同一图样中只能采用一种尺寸线终端形式。机械图样的尺寸线终端通常采用箭头形式，当采用箭头作为尺寸终端时，若位置不够，则允许用圆点或细实线代替箭头。

3）尺寸界线

尺寸界线表示尺寸度量的范围。尺寸界线用细实线绘制，一般从图形的轮廓线、轴线或对称中心线处引出，也可以直接用轮廓线、轴线或对称中心线作尺寸界线。尺寸界线与尺寸线垂直，必要时允许倾斜，一般情况下尺寸界线应超出尺寸线 2 ~ 3 mm。尺寸界线的画法如图 1 - 12 所示。

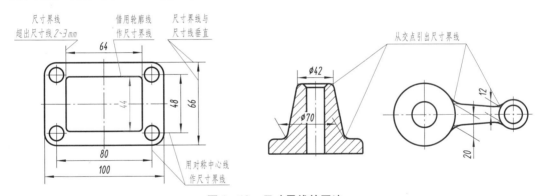

图 1 - 12　尺寸界线的画法

4）尺寸数字及相关符号

尺寸数字表示尺寸度量的大小。线性尺寸的尺寸数字一般注在尺寸线的上方或左方。线性尺寸数字的方向：水平方向字头朝上，竖直方向字头朝左，倾斜方向字头保持向上的趋势，并尽量避免在图 1 - 13（a）所示的 30° 范围内标注尺寸。当无法避免时，可按图 1 - 13（b）形式标注。

尺寸数字不可被任何图线所通过，当不可避免时，图线必须断开，如图 1 - 14 所示。

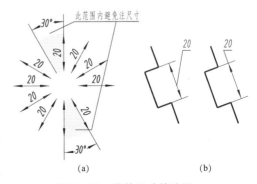

图 1 - 13　线性尺寸的注写

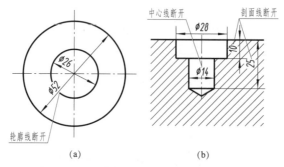

图 1-14 尺寸数字不可被任何图线所通过

标注角度尺寸时，尺寸界线应沿径向引出，尺寸线画成圆弧，其圆心为该角的顶点，半径取适当的大小，标注角度的数字一律水平方向书写，角度数字写在尺寸线中断处，如图 1-15 所示。必要时，允许注写在尺寸线的上方或外面（或引出标注）。

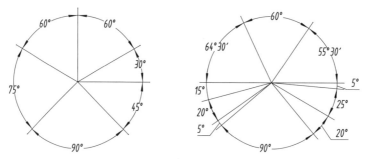

图 1-15 角度尺寸的注写

有些情况下会用到不同类型的尺寸符号，如表 1-6 所示。

表 1-6 尺寸符号（摘自 GB/T 4458.4—2003）

含义	符号	含义	符号
直径	ϕ	弧长	⌒
半径	R	埋头孔	∨
球直径	$S\phi$	沉孔或锪平	⊔
球半径	SR	深度	↓
板状零件厚度	t	斜度	∠
均布	EQS	锥度	◁
45°倒角	C	展开长	○→
正方形	□		

3. 标注示例

表 1-7 列出了一些尺寸标注示例。

表 1-7　尺寸标注示例

标注内容	图例	说明
圆的直径	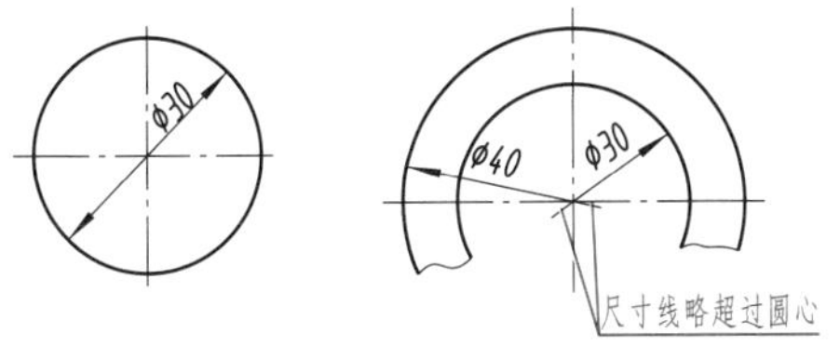	(1) 直径尺寸应在尺寸数字前加注符号"ϕ"； (2) 尺寸线应通过圆心，尺寸终端画成箭头； (3) 整圆或大于半圆的圆弧标注直径
圆弧半径	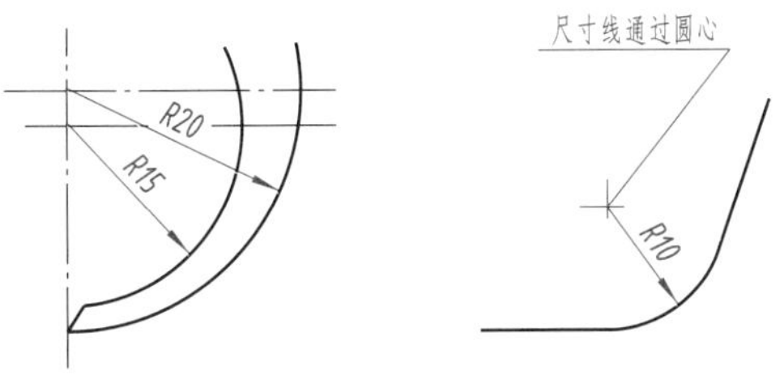	(1) 半圆或小于半圆的圆弧标注半径尺寸； (2) 半径尺寸数字前加注符号"R"； (3) 半径尺寸必须注在投影为圆弧的图形上，且尺寸线应通过圆心
大圆弧	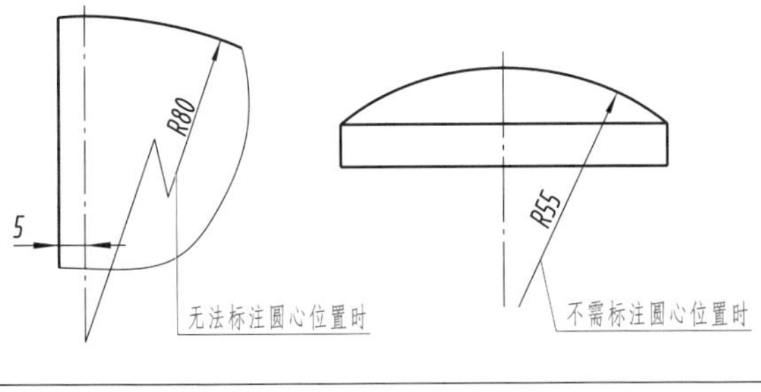	当圆弧半径过大而在图纸范围内无法标出圆心位置或不需标注圆心位置时，可按左图的形式标注
球面	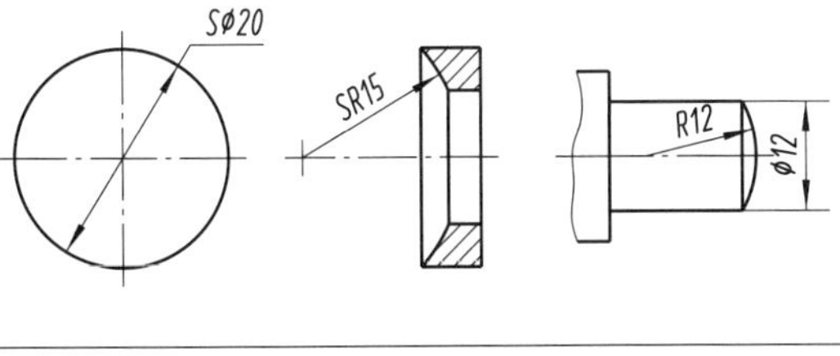	标注球面的直径或半径时，应在符号"ϕ"或"R"前再加注符号"S"。对标准件、轴及手柄的端部等，在不致引起误解的情况下，可省略"S"
弦长和弧长	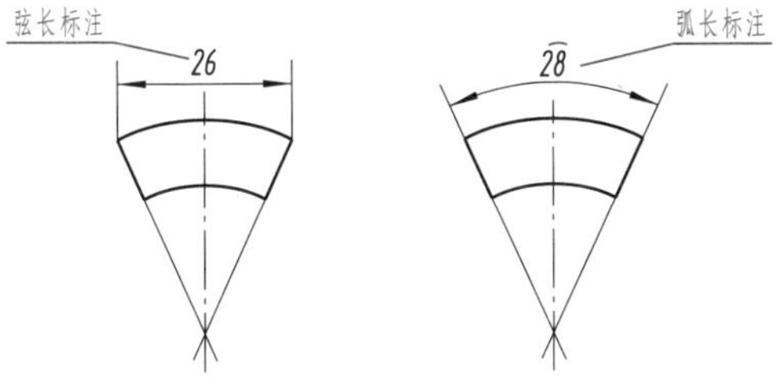	(1) 标注弧长时，应在尺寸数字上方加符号"⌒"； (2) 弦长及弧长的尺寸界线应平行于该弦的垂直平分线，当弧较大时，可沿径向引出

标注内容	图例	说明
狭小部位	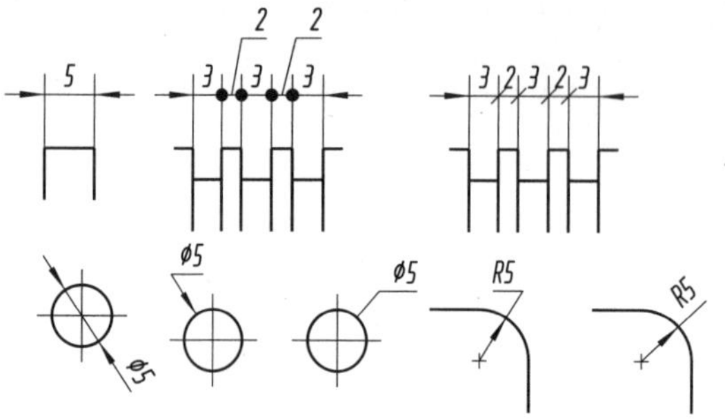	在没有足够位置画箭头或注写数字时，可按左图的形式标注
尺寸符号应用	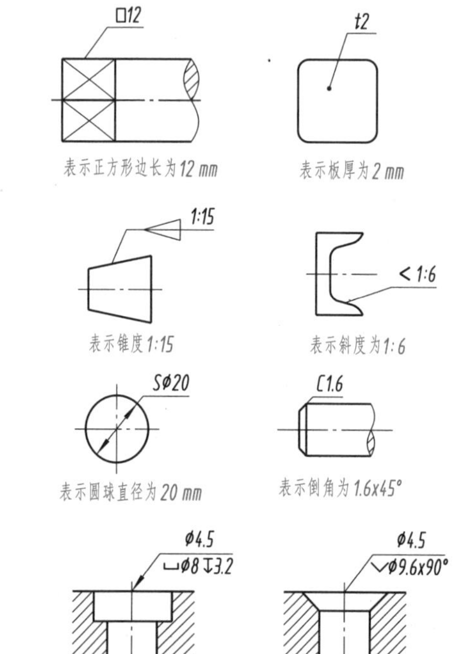 表示正方形边长为12 mm　　表示板厚为2 mm 表示锥度1:15　　表示斜度为1:6 表示圆球直径为20 mm　　表示倒角为1.6x45° 表示沉孔直径为8 mm，深3.2 mm　　表示埋头孔为∅9.6 mmx90°	机械图样中可加注一些符号，以简化表达一些常见结构
对称机件	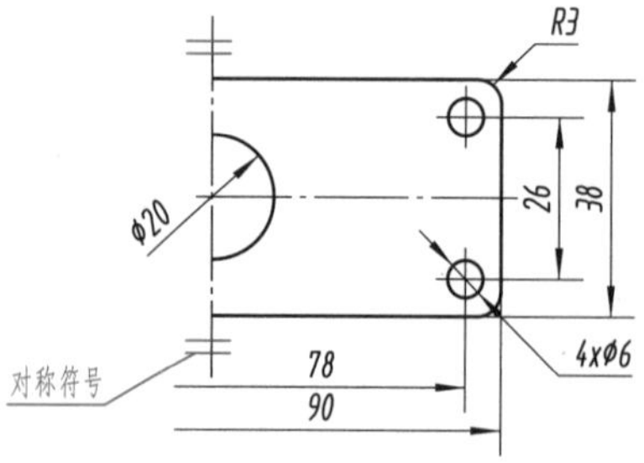	当对称机件的图形只画出一半或略大于一半时，尺寸线应略超过对称中心线或断裂处的边界线，仅在尺寸线一端画出箭头

标注内容	图例	说明
圆周上均布孔的标注	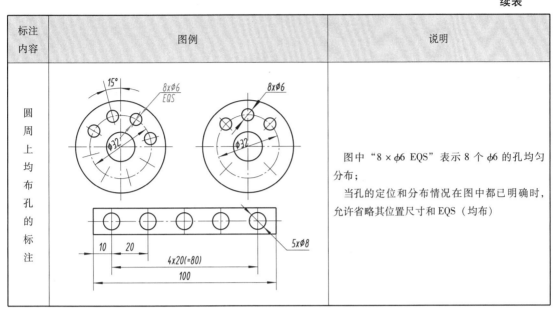	图中 "8×φ6 EQS" 表示 8 个 φ6 的孔均匀分布； 当孔的定位和分布情况在图中都已明确时，允许省略其位置尺寸和 EQS（均布）

1.2　绘图工具及使用方法

绘图时常用的普通绘图工具有图板、丁字尺、三角板、绘图仪器（主要是圆规、分规、直线笔等），此外还需要铅笔、橡皮、胶带和削笔刀等绘图用品。正确使用绘图工具和仪器是保证图面质量、提高绘图速度的前提。

1.2.1　图板、丁字尺和三角板

1. 图板

图板是用来固定图纸并用于绘图的工具。图板应板面光滑、边框平直，其左侧为导边（必须平直），如图 1 - 16 所示。图板的规格有 0 号（1 200 × 900）、1 号（900 × 600）、2 号（600 × 400）等，以适应不同幅面的图纸。绘图时宜用胶带将图纸贴于图板上，图板不用时应竖立保管，保护工作面，避免受潮或曝晒，以防止变形。

2. 丁字尺

丁字尺由尺头和尺身组成，尺身上边的工作边主要用来画水平线，如图 1 - 16 所示。使用时，需左手扶住尺头并使尺头的内侧紧靠图板左侧导边，上下滑移到所需的位置，然后沿丁字尺的工作边自左向右画水平线。禁止直接用丁字尺画铅垂线，也不能用尺身下缘画水平线。

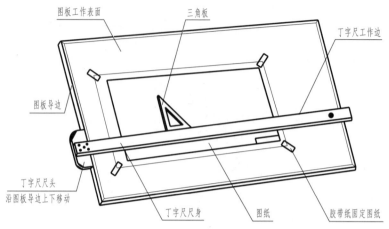

图 1 – 16　图板、丁字尺、三角板和图纸

3. 三角板

一副三角板有 45° – 45° 角和 30° – 60° 角各一块，常与丁字尺配合使用，可以方便地画出各种特殊角度的直线，如表 1 – 8 所示。

表 1 – 8　绘图工具的用法

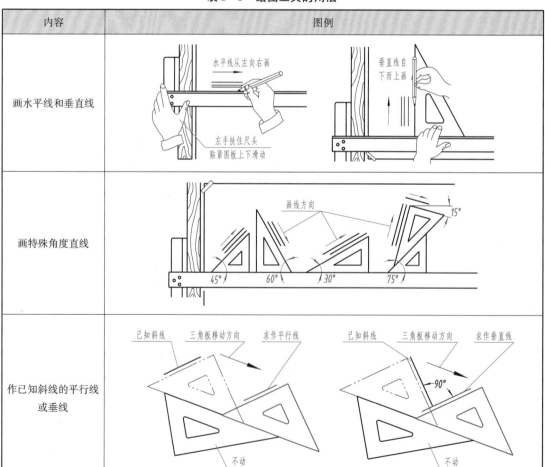

1.2.2 圆规和分规

圆规和分规的外形相近，但用途却截然不同，应正确使用。

1. 圆规

圆规是画圆或圆弧的仪器，常用的有三用圆规、弹簧圆规和点圆规，如图 1-17 所示。弹簧圆规和点圆规是用来画小圆的，而三用圆规可以通过更换插脚来实现多种绘图功能。

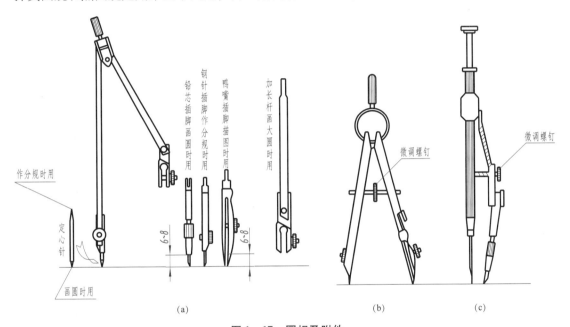

图 1-17 圆规及附件

（a）三用圆规及附件；（b）弹簧圆规；（c）点圆规

圆规的钢针一端为圆锥形，另一端为带有肩台的针尖。画底稿时用普通的钢针，而描深粗实线时应换用带肩台的小针尖，以避免针尖插入图板过深。画圆时，针尖准确放于圆心处，铅芯尽可能垂直于纸面，顺一个方向均匀转动圆规，并使圆规向转动方向倾斜。画大圆时，须使用接长杆，并使圆规的钢尖和铅芯尽可能垂直于纸面。圆规的用途及用法如图 1-18 所示。

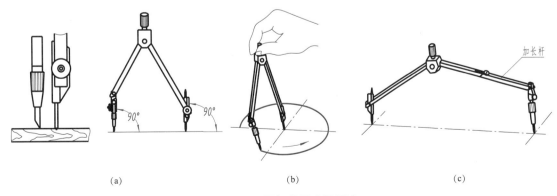

图 1-18 圆规的用途及用法

（a）圆规头部；（b）画圆；（c）使用加长杆画大圆或圆弧

2. 分规

分规的结构与圆规相近，只是两头都是钢针。分规的用途是量取或截取长度、等分线段或圆弧。为了准确度量尺寸，分规的两针应平齐。分割线段时，应将分规的两针尖调整到所需距离，然后用右手拇指、食指捏住分规手柄，使分规的两针尖沿线段交替作为圆心旋转前进，具体用法如图1-19所示。

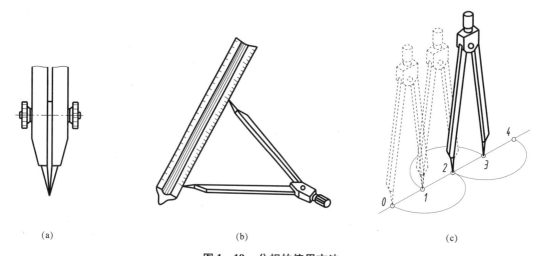

|（a）|（b）|（c）|

图1-19　分规的使用方法

（a）两针尖对齐；（b）量取长度；（c）等分线段时分规摆动方法

1.2.3　铅笔

画图时常采用B、HB、H、2H绘图铅笔。B前数字越大表示铅芯越软（黑），H前数字越大表示铅芯越硬。画粗实线时可采用B或HB铅笔；打底稿或画细线时可采用2H铅笔；写字时可采用B或HB铅笔。画细线或写字时铅芯应磨成锥状；画粗线时铅芯应磨成四棱柱状，以使所画图线的粗线能符合要求，如图1-20所示。装在圆规铅笔插脚的铅芯磨法同样如此。

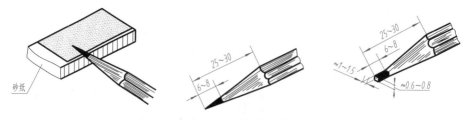

图1-20　铅芯的磨法

其他绘图工具还有曲线板、比例尺和直线笔等。随着计算机技术的广泛应用，越来越多的工程图是用计算机来绘制的。计算机辅助绘图可以提高绘图的速度和图面质量，图样可由绘图机或打印机输出，还可存入磁盘，以方便交流和保存。

1.3　几何作图

平面图形由直线和曲线（圆弧和非圆曲线）组成。机械图样中常见的有正多边形、矩形、直角三角形、等腰三角形、圆、椭圆或包含圆弧连接的图形。本节将介绍一些平面图形作图的几何原理和方法，称为几何作图。

1.3.1　等分圆周及作正多边形

等分圆周及作正多边形的方法如表 1 - 9 所示。

表 1 - 9　等分圆周及作正多边形的方法

类别	第一步	第二步	第三步
三等分圆周及作正三角形	过点 B 画出斜边 AB	翻转三角板，过点 B 画斜边 BC	连接 AC，即得正三角形
用圆规六等分圆周及作正六边形	以 A 为圆心、R 为半径画弧，得交点 B、F	以 D 为圆心、R 为半径画弧，得交点 C、E	依次连接各点，即得正六边形
用三角板六等分圆周及作正六边形	分别过点 A、D 画 AB、DE	翻转三角板，过点 A、D 画 AF、CD	连接 BC 和 FE，即得正六边形

类别	第一步	第二步	第三步
五等分圆周及作正五边形	求半径 OM 的中点 F	以 F 为圆心、FA 为半径画弧，与 ON 交于点 G，AG 即边长	取 AG 为弦长，自点 A 在圆周上依次截取五等分点，连接即得正五边形
任意等分圆周及作正 n 边形（以正七边形作法为例）	第一步：先将已知直径 AK 七等分（若作 n 边形，可分为 n 等分）	第二步：以 K 为圆心、AK 为半径画弧，交 PQ 的延长线于 M、N 两点	第三步方法一： 自 M、N 与 AK 上的各偶数点连线并延长与圆周的交点即七等分点，依次连接即得正七边形 第三步方法二： 自 M、N 与 AK 上的各奇数点连线并延长与圆周的交点即七等分点，依次连接即得正七边形

作正三角形

作正六边形——用圆规

作正六边形——用三角板

作正五边形

1.3.2 斜度和锥度（GB/T 4458.4—2003）

1. 斜度

斜度是指一直线或平面相对于另一直线或平面的倾斜程度，其大小用两者之间的夹角

（倾斜角）的正切值来表示，如图 1－21（a）所示，即

$$斜度 = \frac{H}{L} = \tan\alpha \quad (\alpha \text{ 为倾斜角})$$

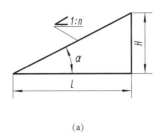

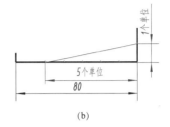

(a)　　　　　　　　　　　　　　　　(b)

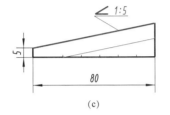

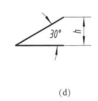

(c)　　　　　　　　　　　(d)

图 1－21　斜度的定义及作图方法

(a) 斜度的定义；(b) 斜度作图步骤一；(c) 斜度作图步骤二；(d) 斜度符号

斜度的定义及
作图方法

斜度的作图方法如图 1－21（b）和图 1－21（c）所示。斜度在图样上通常以 1∶n 的形式标注，并在前面加注符号"∠"。斜度的图形符号如图 1－21（d）所示，h 为数字的高度。标注时要注意符号的斜线方向应与斜度方向一致，如图 1－21（c）所示。

2. 锥度

锥度是指正圆锥体底圆直径与圆锥高度之比，如图 1－22（a）所示，即

$$锥度 = \frac{H}{L} = 2\tan(\alpha/2) \quad (\alpha \text{ 为圆锥角})$$

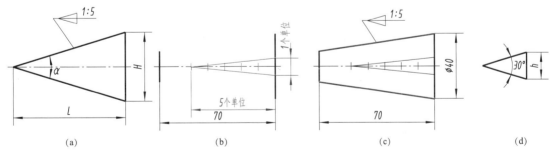

(a)　　　　　　　　　(b)　　　　　　　　　(c)　　　　　　　(d)

图 1－22　锥度的定义及作图方法

(a) 锥度的定义；(b) 锥度作图步骤一；(c) 锥度作图步骤二；(d) 锥度符号

锥度的定义及
作图方法

锥度的作图方法如图 1－22（b）和图 1－22（c）所示。锥度在图样上通常以 1∶n 的形式标注，并在前面加注符号"◁"。锥度的图形符号如图 1－22（d）所示，h 为数字的高度。标注时要注意符号的斜线方向应与锥度方向一致，如图 1－22（c）所示。

1.3.3 椭圆画法

椭圆画法如表 1 - 10 所示。

表 1 - 10 椭圆画法

内 容	图 例	作图方法
同心圆法 （准确画法） 椭圆画法—— 同心圆法		分别以长轴、短轴为直径作两同心圆； 过圆心 O 作一系列放射线，分别与大圆和小圆相交，得若干交点； 过大圆上的各交点引垂直线，过小圆上的各交点引水平线，对应同一条放射线的垂直线和水平线分别交于一点，如此可得一系列交点； 连接该系列交点及 A、B、C、D 各点即完成椭圆作图
四心圆法 （近似画法） 椭圆画法—— 四心圆法		过 O 分别作长轴 AB 及短轴 CD； 连接 A、C，以 O 为圆心、OA 为半径作圆弧与 OC 的延长线交于点 E，再以 C 为圆心、CE 为半径作圆弧与 AC 交于点 F，即 $AF = OA - OC$； 作 AF 的垂直平分线交长、短轴于两点 1、2，并求出 1、2 对圆心 O 的对称点 3、4； 分别以 1、3 和 2、4 为圆心，$1A$ 和 $2C$ 为半径画圆弧，使 4 段圆弧相切于 K、L、M、N 而构成一近似椭圆

1.3.4 圆弧连接

画工程图样时，用圆弧光滑连接另外两线段（圆弧或直线段），这种作图方法称为圆弧连接。圆弧的光滑连接就是平面几何中的相切。常见圆弧连接形式及作图方法如表 1 - 11 所示。

表 1 - 11 常见圆弧连接形式及作图方法

已知条件和作图要求	第一步，求连接弧圆心 O	第二步，求切点 M、N	第三步，画连接圆弧
 圆弧连接两相交直线			

续表

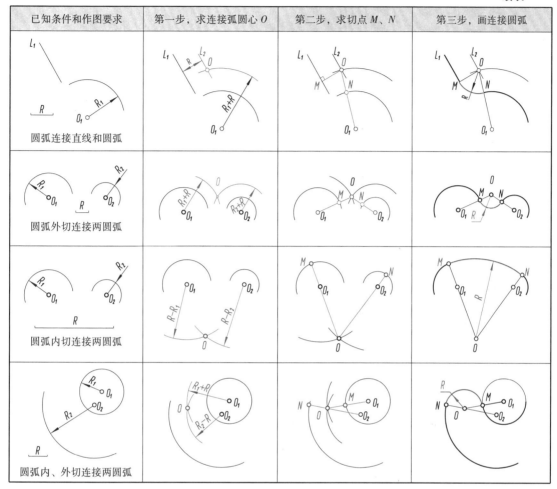

已知条件和作图要求	第一步,求连接弧圆心 O	第二步,求切点 M、N	第三步,画连接圆弧
圆弧连接直线和圆弧			
圆弧外切连接两圆弧			
圆弧内切连接两圆弧			
圆弧内、外切连接两圆弧			

圆弧连接
两相交直线

圆弧连接
直线和圆弧

圆弧外切
连接两圆弧

圆弧内切
连接两圆弧

圆弧内、外切
连接两圆弧

1.4　平面图形分析及作图方法

平面图形是由许多线段连接而成的,这些线段之间的相对位置和连接关系靠给定的尺寸来确定。画平面图形时,只有通过分析尺寸、确定线段性质、明确作图顺序,才能正确画出图形。

1.4.1　平面图形的尺寸分析

尺寸按其在平面图形中所起的作用,可分为定形尺寸和定位尺寸两类。

1. 定形尺寸

确定平面图形上几何元素形状大小的尺寸称为定形尺寸，如线段的长度、圆及圆弧的直径和半径、角度大小等。图1-23中的φ20和φ38即为定形尺寸。

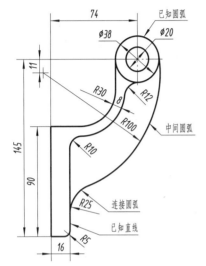

图1-23 平面图形的尺寸分析与线段分析

2. 定位尺寸

确定平面图形上几何元素之间相对位置的尺寸称为定位尺寸。图1-23中的74和11即为定位尺寸。

3. 尺寸基准

用于确定图形尺寸位置所依据的点、线、面称为尺寸基准。平面图形有长和高两个方向，每个方向至少应有一个尺寸基准。通常以图形的对称线、中心线、较长的底线或边线作为尺寸基准。如图1-23所示的平面图形，可以把平面图形中最左边的铅垂线和最下边的水平线或者φ20、φ38这两个圆的公共中心线作为图形水平方向和高度方向的尺寸基准。

1.4.2 平面图形的线段分析

在平面图形中，有些线段或圆弧具有完整的定形和定位尺寸，绘图时，可根据标注尺寸直接绘出；而有些线段或圆弧的定位尺寸并未完全注出，要根据已注出的尺寸及该线段或圆弧与相邻线段或圆弧的连接关系，通过几何作图才能绘出。因此，按线段或圆弧的尺寸是否标注齐全，可将线段或圆弧分为以下3类。

（1）已知线段和已知圆弧：当有足够的定形尺寸和定位尺寸时，可直接画出的线段或圆弧。

（2）中间线段和中间圆弧：只有定形尺寸而缺少一个定位尺寸，需根据其他线段或圆弧的相切关系才能画出的线段或圆弧。

（3）连接线段和连接圆弧：只有定形尺寸而缺少两个定位尺寸，只能在已知线段和中间线段或已知圆弧和中间圆弧画出后，才能根据相切关系画出的线段或圆弧。

分析图1-23，选择φ20、φ38这两个圆的公共中心线作为水平、高度方向的尺寸基准。因此，φ38的圆和下端的铅垂线可按图中所注的尺寸直接作出，是已知圆弧和，也就是已知线段。

R100的圆弧有定形尺寸R100和圆心的一个定位尺寸11，但圆心的定位尺寸还缺少一个，必须依靠一端与已知圆弧（φ38的圆）相切才能作出，所以是中间线段，也就是中间圆弧。

R25的圆弧有定形尺寸R25，圆心的两个定位尺寸都没有，必须依靠两端分别与已画出的中间圆弧（R100的圆弧）、已知直线（铅垂线）相切才能作出，所以是连接线段，也就是连接圆弧。

由此可知，画这一部分圆弧连接的线段时，应该先画已知圆弧和已知线段，然后画中间圆弧，最后画连接圆弧。

1.4.3　平面图形的作图方法及步骤

平面图形的作图方法及步骤如下，图例如表 1 – 12 所示：

（1）对平面图形进行尺寸及线段分析；

（2）选择适当的比例及图幅；

（3）固定图纸，画出基准线（对称线、中心线）；

（4）按已知线段、中间线段、连接线段的顺序依次画出各线段；

（5）加深图线；

（6）标注尺寸，填写标题栏，完成图纸。

表 1 – 12　平面图形的主要画图步骤

步骤	（1）如图 1 – 23 所示，以 $\phi20$、$\phi38$ 这两个圆公共的中心线为高度、水平方向基准，画出基准线。确定左侧端线位置和 $R100$ 的圆心位置 O_2。 作图时所用的尺寸 $R81$ 是由中间弧的半径 100 减去已知圆弧的半径 19 得到的	（2）按已知尺寸画已知弧和已知直线段，即绘制 $\phi20$、$\phi38$ 的圆及左下侧长方形图形，以此确定连接圆弧 $R25$ 的圆心位置 O_3。 确定 O_3 所用圆弧的半径尺寸 $R125$ 是由连接弧的半径 25 加上中间圆弧的半径 100 得到的
图例	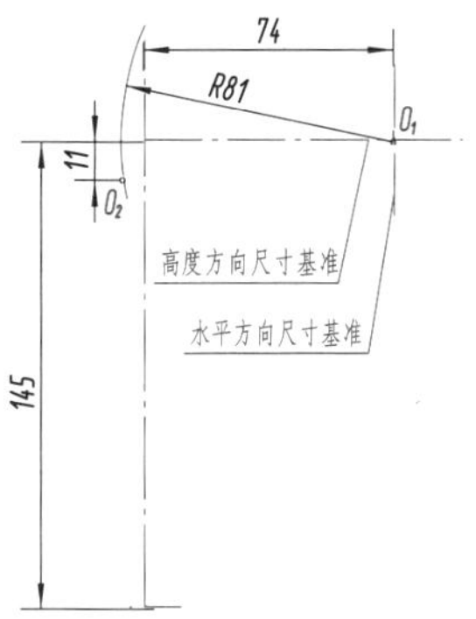	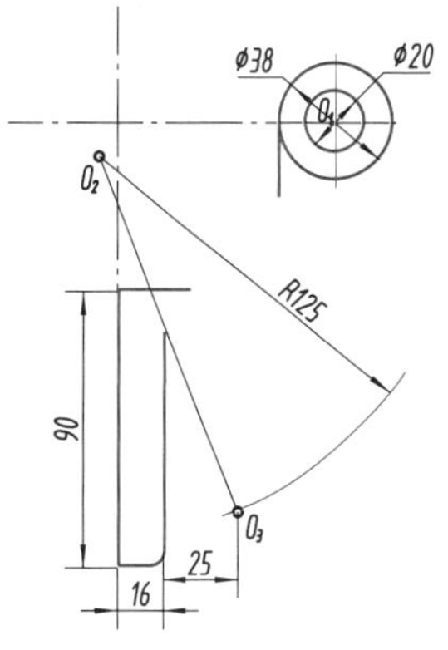
步骤	（3）画中间圆弧 $R30$、$R38$、$R100$。 通过作直线和 $\phi38$ 圆切线的平行线确定圆心 O_4	（4）根据已画出的已知直线和中间弧，画连接弧 $R12$、$R10$、$R25$
图例	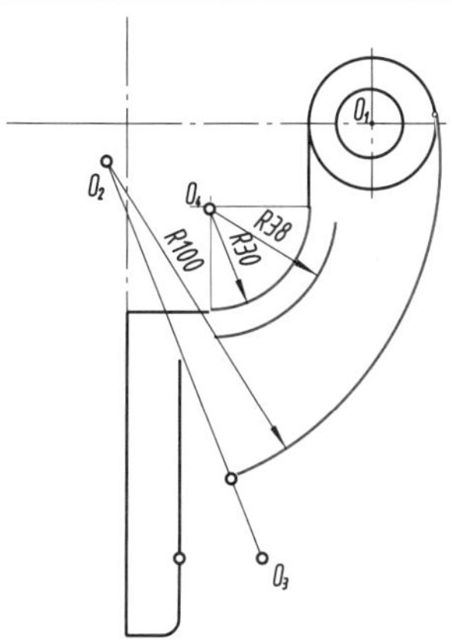	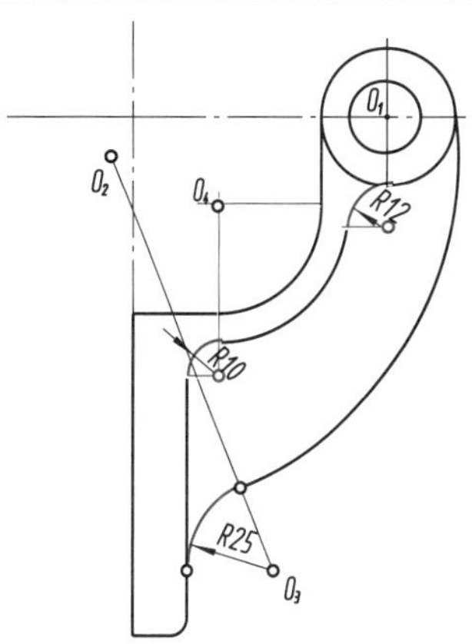

1.5 徒手画图的方法

徒手画图是指不用绘图仪器，凭目测按大致比例徒手画图的方法。在机器测绘、讨论设计方案、技术交流、现场参观时，受现场条件和时间的限制，经常需要徒手绘制草图。徒手画图是工程技术人员必须掌握的一项重要的基本技能。

1.5.1 画草图的要求

草图并非"潦草的图"，画草图的基本要求为：目测尺寸尽量准确，各部分比例均匀；画线要稳，图线清晰；尺寸无误，字体工整。此外，还要有一定的绘图速度。

画草图时所用铅笔的铅芯需稍软些，并削成圆锥状；手握笔的位置要比画仪器图时稍高些，以利于运笔和观察画线方向，笔杆与纸面应倾斜。

画草图时一般使用带方格的图纸，亦称坐标纸，以保证作图质量。

1.5.2 徒手画图的基本方法

1. 直线的画法

画线时，目视线段终点，手腕抬起，小手指微触纸面，笔向终点运动。画垂直线时，自上而下画线；画水平线时，从左向右运笔；画倾斜线时可将图纸转动到某一合适位置后画线，如图 1-24 所示。

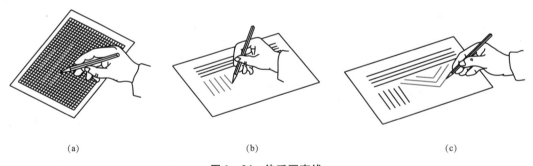

图 1-24　徒手画直线
（a）画水平线；（b）画垂直线；（c）画倾斜线

2. 圆、圆角和椭圆的画法

徒手画小圆时，应先定圆心，画出中心线，在中心线上按半径的大小目测定出 4 点，然后过 4 点分两半画出，如图 1-25（a）所示。画直径较大的圆时，可通过圆心增画 45° 和135° 方向的斜线，并在 4 条线上截取正、反 2 个方向的 8 个点，然后依次连点画出，如图1-25（b）所示。

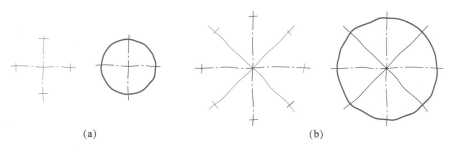

图 1 - 25　徒手画圆

（a）画小圆；（b）画大圆

画椭圆时，可根据椭圆的长、短轴，目测定出 4 个端点位置，过端点画矩形，然后作出与矩形相切的椭圆。也可利用外接的菱形画 4 段圆弧构成椭圆，如图 1 - 26（a）所示。

画圆角时，先通过目测在角分线上选取圆心位置，过圆心向两边引垂线定出圆弧与两边的切点，然后画弧，如图 1 - 26（b）所示。

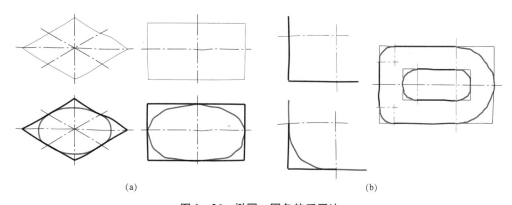

图 1 - 26　椭圆、圆角徒手画法

（a）椭圆的画法；（b）圆角的画法

3. 特殊角度的画法

画 30°、45°、60° 等特殊角度，可根据直角三角形两直角边的比例关系，在两直角边上定出两端点，然后连接而成，如图 1 - 27 所示。

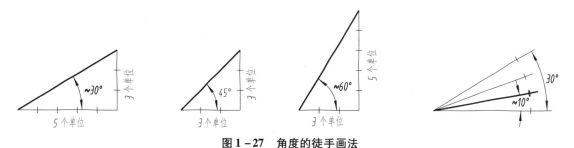

图 1 - 27　角度的徒手画法

【本章内容小结】

内容		要点
国家标准		图幅、图框格式、标题栏、比例、字体、图线宽度及应用、尺寸标注
绘图工具及使用	绘图工具	图板、丁字尺、三角板、圆规及分规、铅笔
	几何作图	等分圆周、正多边形作法、斜度、锥度、椭圆、圆弧连接等
平面图形分析及作图	尺寸分析	尺寸基准、定形尺寸、定位尺寸
	线段分析	已知线段、中间线段、连接线段
	作图要点	正确进行尺寸分析和线段分析→正确选择基准（对称线、中心线）→掌握相连线段两圆心和切点共线的几何关系→准确求出切点及圆心→按照已知线段、中间线段、连接线段的顺序光滑连接
徒手画图的方法		水平、垂直、特殊角度直线画法；圆、圆角及椭圆画法

第 2 章　点和直线

【本章知识点】

（1）投影的概念及正投影的基本性质。

（2）三视图的形成及投影规律。

（3）点的投影及投影规律。

（4）直线的投影及投影规律。

2.1　投影法

2.1.1　投影法及其分类

物体在光线的照射下会产生影子，人们从这一现象中得到启示，并加以抽象研究，总结其中规律，进而形成了投影的方法。如图 2 - 1 所示，设光源 S 为投射中心，平面 P 为投影面，在 S 和平面 P 之间有一空间点 A，S 与点 A 的连线称为投射线，延长 SA 与平面 P 相交于点 a，a 为点 A 在平面 P 上的投影。投射线通过物体，向选定的面投射，并在该面上得到图形的方法称为投影法。根据投影法得到的图形，称为投影。工程上常用各种投影法绘制图样。

投影法分为两类：中心投影法和平行投影法。

1. 中心投影法

投射线都通过投射中心的投射方法称为中心投影法，如图 2 - 2 所示。用中心投影法绘制的图样虽然立体感较强，但不能反映物体的真实形状和大小，且度量性差、作图复杂，故在机械图样中很少采用。

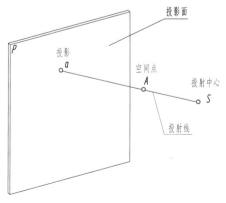

图 2 - 1　投影方法

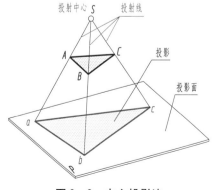

图 2 - 2　中心投影法

中心投影法

2. 平行投影法

若投射中心位于无限远处，则投射线相互平行，这种投射线都相互平行的投射方法称为平行投影法。

根据投射线与投影面是否垂直，平行投影法又分为正投影法和斜投影法两种。

（1）投射线垂直于投影面的平行投影法，即为正投影法，如图2-3（a）所示。

（2）投射线倾斜于投影面的平行投影法，即为斜投影法，如图2-3（b）所示。

正投影法由于能在投影面上较正确地表达空间物体的形状和大小，而且作图也比较方便，因此在工程上得到了广泛的应用。正投影法是绘制机械图样的理论基础。

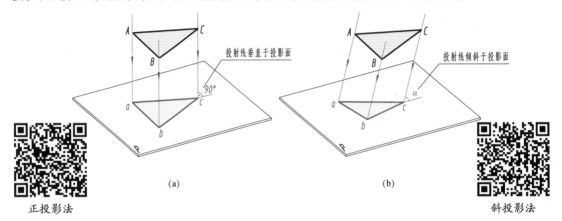

图2-3　平行投影法

（a）正投影法；（b）斜投影法

2.1.2　正投影的基本性质

1. 显实性

当空间直线或平面平行于投影面时，其在所平行的投影面上的投影反映直线的实长或平面的实形，这种性质称为显实性，如图2-4（a）所示。

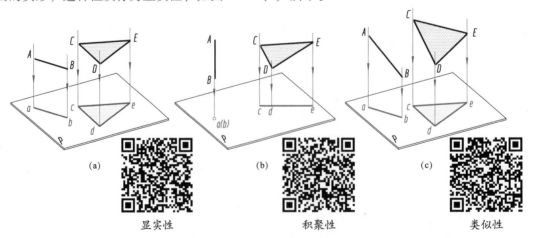

图2-4　正投影的基本性质

（a）显实性；（b）积聚性；（c）类似性

2. 积聚性

当空间直线或平面垂直于投影面时，其在所垂直的投影面上的投影为一个点或一条直线，这种性质称为积聚性，如图2-4（b）所示。

3. 类似性

当空间直线或平面倾斜于投影面时，它在该投影面上的投影仍为直线或与之类似的平面图形，且其投影的长度变短或面积变小，这种性质称为类似性，如图2-4（c）所示。

2.2　三视图的形成及投影规律

2.2.1　三投影面体系的建立

设立相互垂直的3个投影面，分别为正立投影面（简称正面或 V 面）、水平投影面（简称水平面或 H 面）和侧立投影面（简称侧面或 W 面），便组成了三投影面体系，如图2-5所示。相互垂直的3个投影面之间的交线称为投影轴，其中 V 面与 H 面之间的交线称为 OX 轴；H 面与 W 面之间的交线称为 OY 轴；V 面与 W 面之间的交线称为 OZ 轴。3条投影轴相互垂直并相交，交点称为原点 O。

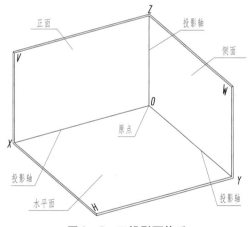

图2-5　三投影面体系

2.2.2　三视图的形成

将物体置于三投影面体系中，分别向3个投影面作正投影所得的图形称为视图，如图2-6所示。物体由前向后投影所得的图形称为主视图；物体由上向下投影所得的图形称为俯视图；物体由左向右投影所得的图形称为左视图。**由此可得到物体的三视图。**

为了使3个视图能画在一张图纸上，规定：V面保持不动，H面绕OX轴向下旋转$90°$，W面绕OZ轴向右旋转$90°$，展开方法如图2-6所示。这样，就得到了展开后的三视图，如图2-7（a）所示。由于在工程图上，视图主要用来表达物体的形状，而没有必要表达物体和投影面间的距离，因此，在绘制视图时不必画出投影轴；为了使图形清晰，也不必画出投影间的连线；为了便于画图和看图，更不必画出投影面的边框线，如图2-7（b）所示。通常，视图间的距离可根据图纸幅面、尺寸标注等因素来确定。

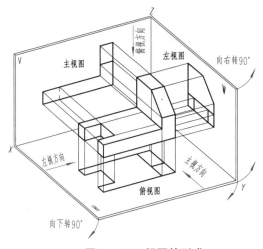

图2-6　三视图的形成

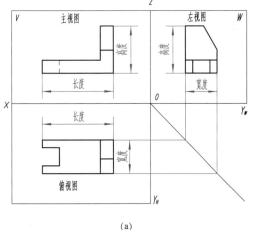

（a）　　　　　　　　　　　　　　　　（b）

图2-7　物体的三视图

（a）有边框线；（b）无边框线

2.2.3　三视图之间的对应关系及投影规律

由三视图的形成过程可以得出三视图间的位置关系、投影规律和方位关系。

1. 三视图间的位置关系

如图2-7（a）所示，俯视图在主视图的正下方，左视图在主视图的正右方。按照这种位置配置视图时，国家标准规定一律不标注视图的名称。

2. 三视图之间的投影规律

国家标准规定：物体左右之间的距离（X 方向）为长；物体前后之间的距离（Y 方向）为宽；物体上下之间的距离（Z 方向）为高。如图 2 – 7（a）所示，每个视图只能反映物体两个方向的尺度，即主视图反映了物体的高度和长度；俯视图反映了物体的长度和宽度；左视图反映了物体的高度和宽度。

根据 3 个视图所反映形体的尺寸情况及投影关系，可得出三视图的投影规律为：

主、俯视图长对正；

主、左视图高平齐；

俯、左视图宽相等。

"长对正，高平齐，宽相等"是画图和看图必须遵循的最基本的投影规律，无论是整个物体还是物体的局部结构都要符合这个规律，如图 2 – 7（b）所示。

3. 三视图之间的方位关系

在应用上述投影规律作图时，要注意物体的左、右、前、后、上、下 6 个方位与视图的关系。每一个视图只能反映物体两个方向的位置关系，如图 2 – 7（b）所示：

主视图反映物体左、右、上、下的相对位置关系；

俯视图反映物体左、右、前、后的相对位置关系；

左视图反映物体前、后、上、下的相对位置关系。

在画图和看图时，应特别注意俯视图和左视图的前、后对应关系。俯视图的下方和左视图的右方反映的是形体的前方；俯视图的上方和左视图的左方反映的是形体的后方。因此，在俯、左视图上量取宽度时，不但要注意量取的起点，还要注意量取的方向。

2.3　点的投影

点是构成空间物体的最基本的几何元素，分析空间物体的投影，必须首先从点开始，然后扩展到线、面和体。

2.3.1　点的直角坐标与点的三面投影

如图 2 – 8（a）所示，将空间点 A 置于三投影面体系中，分别向 3 个投影面 V、H、W 面作投射线，得到 3 个投影，记为 a'、a、a''（任意一点的 3 个投影都用相应的字母表示，其中水平投影用小写字母，正面投影用小写字母加一撇，侧面投影用小写字母加两撇以示区别），称 a' 为空间点 A 的正面投影，a 为空间点 A 的水平投影，a'' 为空间点 A 的侧面投影。

如果把三投影面体系看作直角坐标系，则投影轴、投影面、点 O 分别是直角坐标系中的坐标轴、坐标面和坐标轴原点，设空间点 A 的 3 个坐标为 x_A、y_A、z_A，其与直角坐标轴的关系如下：

$$a'a_Z = aa_Y = Aa'' = Oa_X = x_A$$

$$aa_X = a''a_Z = Aa' = Oa_Y = y_A$$
$$a'a_X = a''a_Y = Aa = Oa_Z = z_A$$

由图 2 - 8（a）可知，点 A 的正面投影 a' 由空间点 A 的 x_A、z_A 坐标确定，水平投影 a 由空间点 A 的 x_A、y_A 坐标确定，侧面投影 a'' 由空间点 A 的 y_A、z_A 坐标确定。

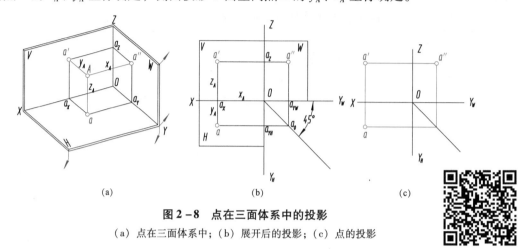

(a) (b) (c)

图 2 - 8 点在三面体系中的投影

（a）点在三面体系中；（b）展开后的投影；（c）点的投影

点的投影

结论：如果已知点的 3 个直角坐标值，则可以确定点在三面投影体系中的位置；反之，如果已知点的 3 个投影，则可以求出点的 3 个坐标值。

【例 2 - 1】如图 2 - 9 所示，已知点 A 的三面投影图，利用直角坐标值，作出立体图，确定点 A 的空间位置。

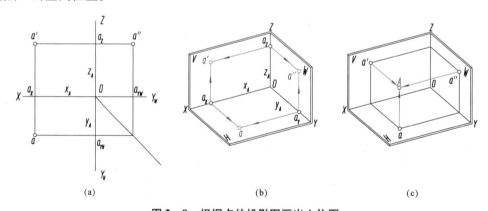

(a) (b) (c)

图 2 - 9 根据点的投影图画出立体图

（a）投影图；（b）投影面中的 3 个投影；（c）立体图

分析：

由点 A 的三面投影图可量得点 A 的 x、y、z 坐标值，并确定其在坐标轴上的位置，即 a_X、a_Y、a_Z，由此可确定空间点 A 的位置。

作图：

（1）如图 2 - 9（a）所示，量取 x_A、y_A、z_A 值。

（2）如图 2 - 9（b）所示，确定点 a_X、a_Y、a_Z 的位置。

（3）过点 a_X、a_Y、a_Z 分别作平行于 X 轴、Y 轴、Z 轴的平行线，得 a'、a、a'' 在立体图中的位置。

（4）再过 a'、a、a'' 作平行于 Y 轴、Z 轴、X 轴的平行线，必交于一点，此点即空间点 A。

2.3.2　投影面的展开及点的投影规律

按图 2-8（a）中箭头所示的方向将投影面展开，保持 V 面不动，沿 OY 轴分开 H 面和 W 面，H 面向下转，W 面向右转，使两个投影面展开至与 V 面一致位置，形成同一平面，如图 2-8（b）所示。此时，Y 轴分为 H 面上的 Y_H 轴和 W 面上的 Y_W 轴，由于平面无限大，故可以把 3 个投影面边界去掉，变成如图 2-8（c）所示的投影图。

由图 2-8（a）可知，Aaa_xa' 是个矩形，$a'a_X \perp X$ 轴，$aa_X \perp X$ 轴，H 面旋转后与 V 面重合，a、a' 连线一定垂直于 X 轴，如图 2-8（b）所示。同理，W 面旋转后，a'、a'' 连线也一定垂直于 Z 轴，如图 2-8（b）所示。aa_{YH} 垂直于 OY_H 轴，$a''a_{YW}$ 垂直于 OY_W 轴。

由此可得出三投影面体系中点的投影规律如下。

（1）空间点的正面投影 a' 和水平投影 a 的连线垂直于 X 轴，这两个投影都反应空间点的 x 坐标，即

$$a'a \perp X 轴，\; a'a_Z = aa_{YH} = x_A$$

（2）空间点的正面投影 a' 和侧面投影 a'' 的连线垂直于 Z 轴，这两个投影都反应空间点的 z 坐标，即

$$a'a'' \perp Z 轴，\; a'a_X = a''a_{YW} = z_A$$

（3）空间点的水平投影 a 到 X 轴的距离等于侧面投影 a'' 到 Z 轴的距离，这两个投影都反映空间点的 y 坐标，即

$$aa_X = a''a_Z = y_A$$

为了作图方便，可作过点 O 的 45° 辅助线，则 aa_{YH}、$a''a_{YW}$ 的延长线必与这条辅助线交于一点，这样可简化作图。

【例 2-2】如图 2-10 所示，已知空间点 A（25，20，15），作出点 A 的三面投影图。

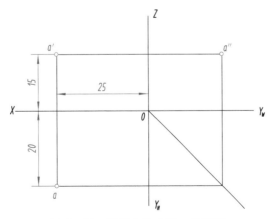

图 2-10　根据点的坐标，求投影

分析：

利用 a_X、a_Y 确定点 A 的水平投影 a，利用 a_X、a_Z 确定点 A 的正面投影 a'，利用 a_Y、a_Z 确定点 A 的侧面投影 a''。

作图：

（1）从点 O 向左沿 X 轴量取 25 处作垂线，沿该垂线向上量取 15，得正面投影 a'。

（2）沿第（1）步垂线向下量取 20，得水平投影 a。

（3）利用正面投影 a' 和水平投影 a 及 45°辅助线作出侧面投影 a''。

根据点的三面投影规律，可由点的 3 个坐标值画出三面投影，也可根据点的两个投影作出第三个投影。

【例 2 – 3】如图 2 – 11 所示，已知点 A 的两个投影 a'、a''，求作第三个投影 a。

分析：

已知点 A 的正面投影 a' 和侧面投影 a''，利用 45°辅助线可作出水平投影 a。

作图：

（1）过 a' 向下作垂直于 X 轴的投射线，如图 2 – 11（b）所示。

（2）再过 a'' 向下作垂直于 Y_W 轴的投射线，交 45°辅助线于一点，过此点向左作垂直于 Y_H 轴的垂线，与过 a' 垂线交一点，即水平投影 a，如图 2 – 11（c）所示。

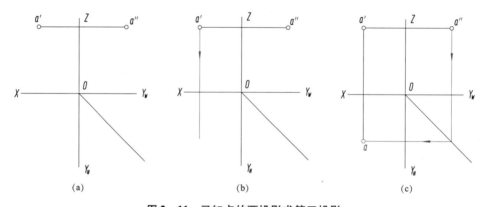

图 2 –11　已知点的两投影求第三投影

（a）点的两个投影；（b）作投射线；（c）确定水平投影

2.3.3　特殊位置点的投影

特殊位置点的投影是指点在投影体系中位于特殊位置时的投影。

1. 投影面上的点

由于投影面上的点的一个坐标值为 0，因此它在三面投影图中必定有一个投影与空间点本身重合，其余两个投影位于坐标轴上。

【例 2 – 4】如图 2 – 12 所示，已知空间点 A（20，0，18）、B（9，11，0），作出两点的三面投影图。

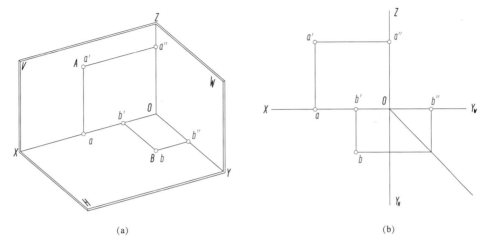

(a)　　　　　　　　　　　　　　　　　(b)

图 2 – 12　投影面上的点

（a）立体图；（b）投影图

分析：

点 A 的 y 坐标为 0，故点 A 是 V 面上的点；点 B 的 z 坐标为 0，故点 B 是 H 面上的点。

作图：

点 A：

（1）从点 O 向左沿 X 轴量取 20 处作垂线，在垂线上沿 X 轴向上量取 18，得正面投影 a'。

（2）过 a' 作垂直于 X 轴的线，与 X 轴的交点就是水平投影 a。

（3）过 a' 作垂直于 Z 轴的线，与 Z 轴的交点就是侧面投影 a''。

点 B：

（1）从点 O 向左沿 X 轴量取 9，得正面投影 b'。

（2）过 b' 向下作垂直于 X 轴的线，在垂线上量取 11，得水平投影 b。

（3）利用正面投影 b' 和水平投影 b 及 45°辅助线作出侧面投影 b''。

2. 投影轴上的点

由于投影轴上点的两个坐标值为 0，因此，它在三面投影图中的两个投影与空间点重合且位于坐标轴上，另一个投影与原点重合。

【例 2 – 5】如图 2 – 13 所示，已知空间点 C（28，0，0），作出其三面投影图。

分析：

点 C 的 y、z 坐标为 0，故点 C 是 X 轴上的点。

作图：

（1）从点 O 向左沿 X 轴量取 10，得点 C 的正面投影 c' 和水平投影 c，均在 X 轴上。注意：c' 写在 X 轴上方，而 c 写在 X 轴下方。

（2）由于 c'' 与原点 O 重合，故 c'' 写在 Z 轴和 Y_W 轴之间。

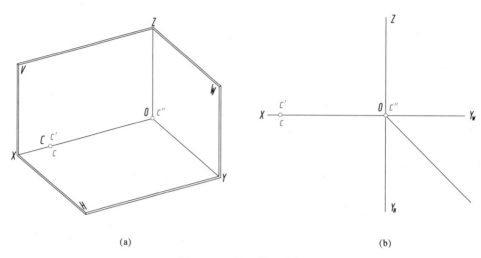

(a)　　　　　　　　　　　　(b)

图 2 – 13　投影轴上的点

（a）立体图；（b）投影图

2.3.4　两点的相对位置

1. 两点相对位置的确定

两点相对位置是指两点间左右、前后、上下的位置关系，可由两点的坐标差来确定。如图 2 – 14 所示，设点 A（x_A，y_A，z_A）和点 B（x_B，y_B，z_B），两点相对位置的判别方法如下：

（1）$x_A - x_B > 0$，点 A 在点 B 左方；反之，点 A 在点 B 右方。

（2）$y_A - y_B > 0$，点 A 在点 B 前方；反之，点 A 在点 B 后方。

（3）$z_A - z_B > 0$，点 A 在点 B 上方；反之，点 A 在点 B 下方。

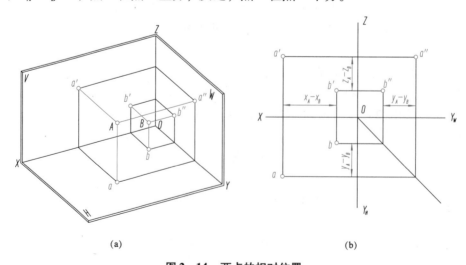

(a)　　　　　　　　　　　　(b)

图 2 – 14　两点的相对位置

（a）立体图；（b）投影图

【例 2 – 6】 如图 2 – 15 所示，已知空间点 A （22，14，15）和点 B （7，7，7），判断空间点 A 相对于点 B 的位置。

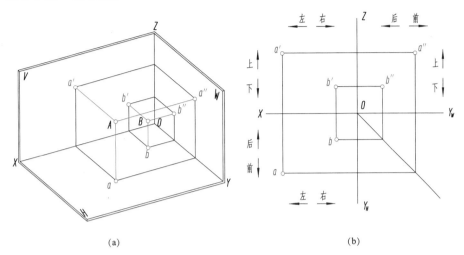

（a）　　　　　　　　　　　　　　　　　（b）

图 2 – 15　判断空间两点的相对位置

（a）两点的空间位置；（b）判断相对位置的投影图

分析：

已知 A、B 两点的坐标值，利用两点 3 个方向的坐标值，可判断两点的空间位置。

作图：

（1） $x_A - x_B = 22 - 7 = 15 > 0$，点 A 在点 B 左方。

（2） $y_A - y_B = 14 - 7 = 7 > 0$，点 A 在点 B 前方。

（3） $z_A - z_B = 15 - 7 = 6 > 0$，点 A 在点 B 上方。

结论：空间点 A 在点 B 左、前、上方的位置。

2. 重影点的投影

当空间两点的坐标值有两个相等、第三个不等时，它们的投影有一个就会出现重合，称为对该投影面的重影点。如图 2 – 16 所示，点 A 与点 C 的 X 轴坐标值和 Z 轴坐标值相等，但 Y 轴坐标值不等，且 $x_A > y_C$，点 A 在点 C 前方，正面投影 a'（c'）重影为一点，则称点 A 和点 C 相对于 V 面是重影点，后面的点 c' 用括号括起来，表示不可见。

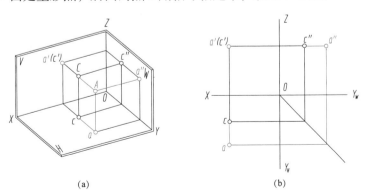

（a）　　　　　　　　　　　　　　　　　（b）

图 2 – 16　重影点

（a）立体图；（b）投影图

重影点

有重影点就要判断点投影的可见性，重影点可见性判断方法如下：

方法一：相对投影面从方位上看，上遮下、左遮右、前遮后。

方法二：比较重影点的坐标值，坐标值较大者为可见。

【例2-7】如图2-17所示，已知空间点 A （20，5，10）和点 B （12，5，10），作出投影图，并判断重影点。

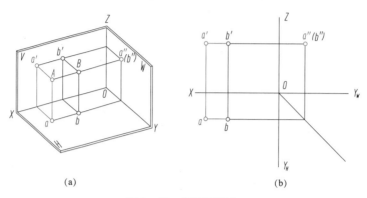

（a）　　　　　　　　　　　（b）

图 2-17　判断重影点

（a）立体图；（b）投影图

分析：

点 A 和点 B 的坐标值是已知的，由两点的坐标可以作出两点的三面投影图，再判断其可见性。

作图：

点 A ：

（1）从点 O 向左沿 X 轴量取 20 作垂线，沿垂线向上量取 10 得正面投影 a' 。

（2）沿上步所作垂线向下量取 5 得水平投影 a 。

（3）利用正面投影 a' 和水平投影 a 及 45°辅助线作出侧面投影 a'' 。

点 B ：

（1）从点 O 向左沿 X 轴量取 12 作垂线，沿垂线向上量取 10 得正面投影 b' 。

（2）沿上步所作垂线向上量取 5 得水平投影 b 。

（3）利用正面投影 b' 和水平投影 b 及 45°辅助线作出侧面投影 b'' 。

点 A 和点 B 的 X 轴坐标值不等，Y 轴坐标值和 Z 轴坐标值相等，侧面投影 a'' （ b'' ）重合为一点，a'' 可见，b'' 不可见，则称点 A 和点 B 相对于 W 面是重影点。

2.4　直线的投影

空间直线是无限长的，直线的投影是指直线上的两点确定的线段的投影，简称直线的投影。

2.4.1　直线的三面投影

空间有一直线 AB，如图 2 - 18（a）所示；分别作出点 A 的三面投影 a'、a、a'' 和点 B 的三面投影 b'、b、b''，如图 2 - 18（b）所示；同面投影连线即得 AB 直线的三面投影 $a'b'$、$a\,b$、$a''b''$，图 2 - 18（c）为直线 AB 的三面投影图。

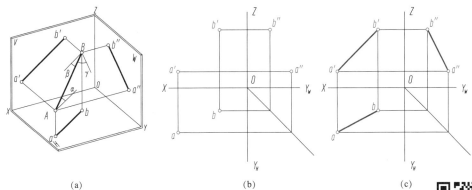

（a）　　　　　　　　　　　　　　　　（b）　　　　　　　　　　　　　　（c）

图 2 - 18　直线的三面投影

（a）立体图；（b）点的三面投影图；（c）直线的三面投影图

直线的投影

2.4.2　各种位置直线的投影特性

直线相对投影面的位置可分为 3 种：一种是投影面倾斜线，也可称为一般位置直线；后两种称为特殊位置直线。

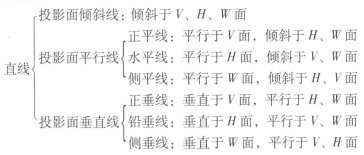

各种位置直线的投影，具有不同的投影特性。

1. 投影面倾斜线

如图 2 - 18 所示，直线 AB 对 V、H、W 面都倾斜，称为投影面倾斜线。直线 AB 与投影面投影的夹角，称为直线相对该投影面的倾角，其对 H 面的倾角为 α，对 V 面的倾角为 β，对 W 面的倾角为 γ。由图 2 - 18 可以看出：$ab = AB\cos\alpha$，$a'b' = AB\cos\beta$，$a''b'' = AB\cos\gamma$，由于 α、β、$\gamma \neq 0°$ 或 $90°$，故各投影长小于实长。由此可得出倾斜线的投影特性：

（1）3 个投影都倾斜于投影轴，投影长小于实长。

（2）投影与投影轴的夹角不反映空间直线相对投影面的倾角。

2. 投影面平行线

平行于一个投影面而与另外两个投影面倾斜的直线称为投影面平行线。以正平线 AB 为例，其投影特性如下：

（1）正面投影 $a'b'$ 反映直线 AB 的实长，它与 X 轴的夹角反映直线对 H 面的倾角 α，与 Z 轴的夹角反映直线对 W 面的倾角 γ。

（2）水平投影 ab 平行于 X 轴，侧面投影 $a''b''$ 平行于 Z 轴，因为 $ab = AB\cos\alpha$、$a''b'' = AB\cos\gamma$，故它们的投影长度小于 AB 的实长。

水平线和侧平线的投影特性类似。投影面平行线的投影特性如表 2 − 1 所示。

表 2 − 1　投影面平行线的投影特性

名称	正平线 (//V 面，倾斜于 H、W 面)	水平线 (//H 面，倾斜于 V、W 面)	侧平线 (//W 面，倾斜于 H、V 面)
立体图	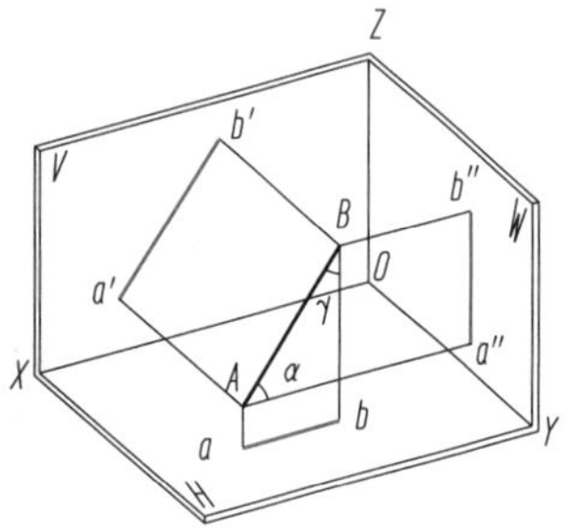	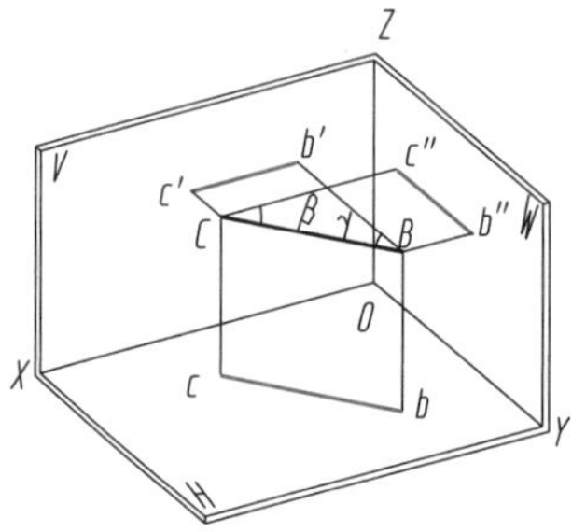	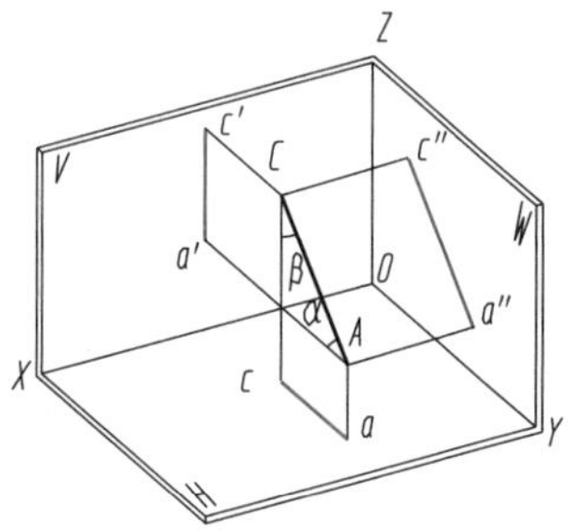
投影	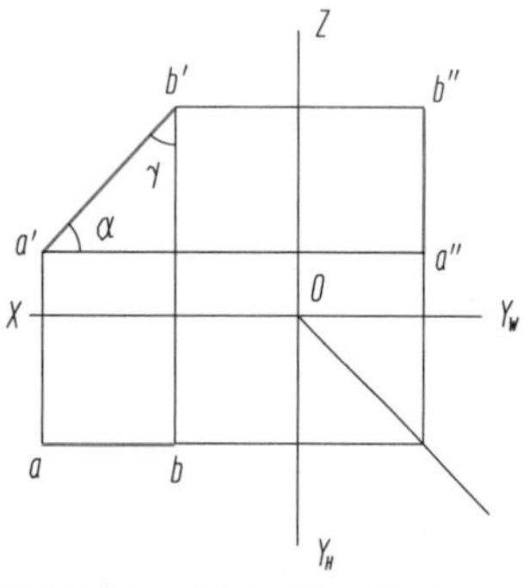	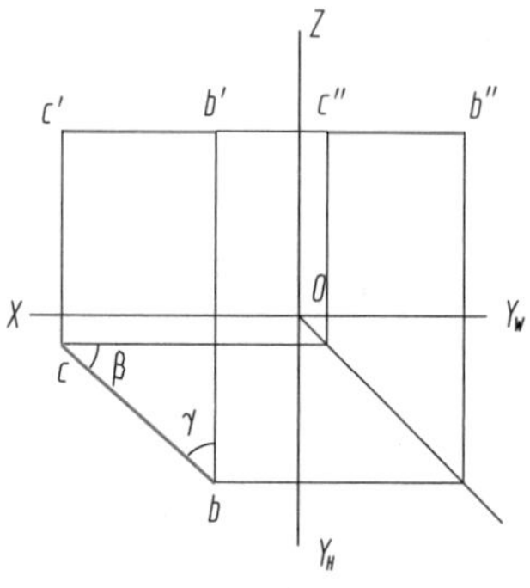	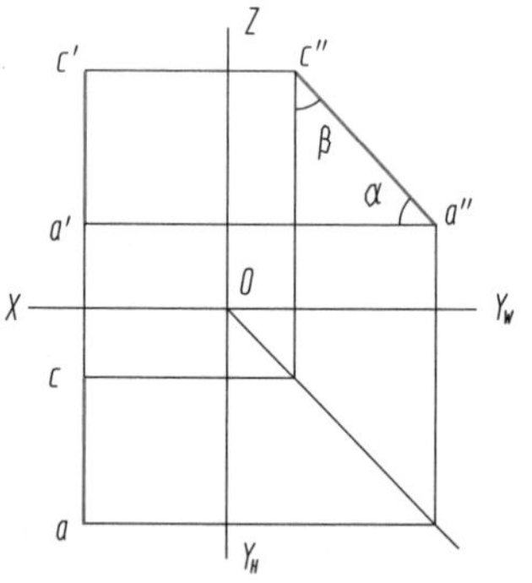
投影特性	（1）$a'b' = AB$，V 面投影反映 α、γ； （2）$ab//OX$，$ab < AB$；$a''b''//OZ$，$a''b'' < AB$ 正平线投影	（1）$cb = CB$，H 面投影反映 β、γ； （2）$c'b'//OX$，$c'b' < BC$；$c''b''//OY_W$，$c''b'' < BC$ 水平线投影	（1）$a''c'' = AC$，W 面投影反映 α、β； （2）$a'c'//OZ$，$a'c' < AC$；$ac//OY_H$，$ac < AC$ 侧平线投影

名称	正平线 (//V面，倾斜于H、W面)	水平线 (//H面，倾斜于V、W面)	侧平线 (//W面，倾斜于H、V面)
应 用 举 例			

3. 投影面垂直线

垂直于一个投影面（即与另外两个投影面都平行）的直线称为投影面垂直线。以铅垂线为例，其投影特性如下：

（1）水平投影 a、d 积聚成一点。

（2）正面投影 a'd' 垂直于 X 轴，侧面投影 a"d" 垂直于 Y_W 轴，a'd'、a"d" 均反映实长。

正垂线和侧垂线的投影特性类似。投影面垂直线的投影特性如表 2 - 2 所示。

表 2 - 2　投影面垂直线的投影特性

名称	正垂线 (⊥V面，//H面、//W面)	铅垂线 (⊥H面，//V面、//W面)	侧垂线 (⊥W面，//H面、//V面)
立 体 图			

续表

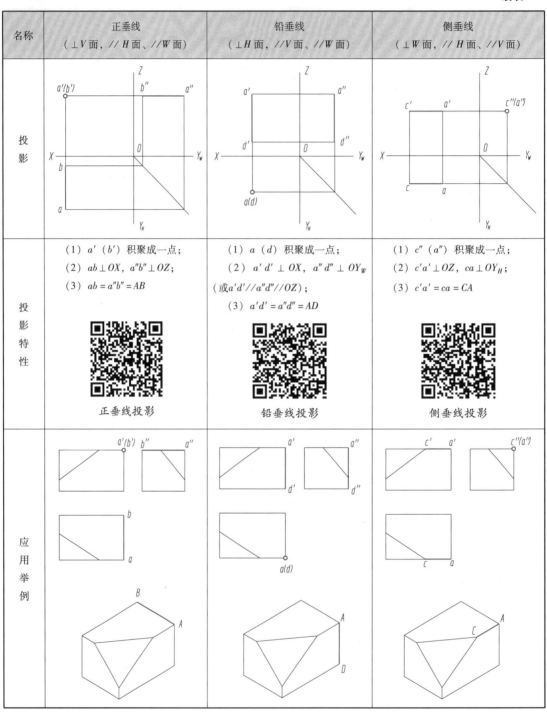

名称	正垂线 （⊥V面，//H面、//W面）	铅垂线 （⊥H面，//V面、//W面）	侧垂线 （⊥W面，//H面、//V面）
投影			
投影特性	(1) a' (b') 积聚成一点； (2) $ab \perp OX$，$a''b'' \perp OZ$； (3) $ab = a''b'' = AB$ 正垂线投影	(1) a (d) 积聚成一点； (2) $a'd' \perp OX$，$a''d'' \perp OY_W$ （或$a'd'//a''d''//OZ$）； (3) $a'd' = a''d'' = AD$ 铅垂线投影	(1) c'' (a'') 积聚成一点； (2) $c'a' \perp OZ$，$ca \perp OY_H$； (3) $c'a' = ca = CA$ 侧垂线投影
应用举例			

【例 2-8】 如图 2-19 所示，已知点 B 的两个投影，作侧平线 BD，实长为 25，$\alpha = 60°$。

分析：

由两个投影 b'、b 可作出侧面投影 b''，因为 BD 为侧平线，侧面投影反映实长和倾角，利用题中给出的 BD 实长和倾角 α 可作出侧面投影 $b''d''$。然后求 $b'd'$、bd 的投影。

作图：

（1）过 b' 作垂直于 Z 轴的线，过 b 作垂直于 Y_H 轴的线，利用 45° 辅助线作出 b''。

（2）过 b'' 作与 Y_W 轴成 60° 角的线，向左倾斜（也可向右倾斜），在其上量取 $b''d'' = 25$，得 d''，连 $b''d''$ 得 BD 侧面投影。

（3）过 d'' 作垂直于 Z 轴的线，过 b 作垂直于 X 轴的线与其交于一点 d'，连 $b'd'$ 即得 BD 正面投影，$b'd' // Z$ 轴。

（4）过 d'' 作垂直于 Y_W 轴的线，利用 45° 辅助线及 d' 作出 d，连 bd 即得 BD 水平投影，$bd // Y_H$ 轴。

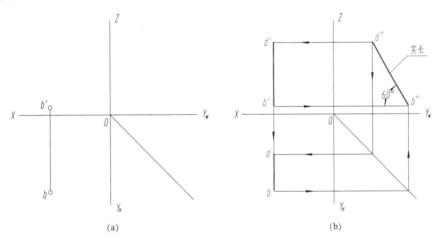

图 2-19 根据已知条件作直线的投影

（a）已知条件；（b）作图过程

2.4.3 直线段的实长和对投影面的倾角

前面介绍了特殊位置直线在投影图中能反映实长和倾角，一般位置直线不反映实长和倾角。为了解决这一问题，工程上常用直角三角形法与换面法求倾斜线的实长和倾角。

1. 直角三角形法几何分析

如图 2-20（a）所示，倾斜线 AB 位于 V/H 两投影面体系中。现过 A 作 $AB_1 // ab$，即得一直角三角形 ABB_1，它的斜边 AB 即实长；$AB_1 = ab$，BB_1 为两端点 A、B 的 z 坐标差（$z_B - z_A$），AB 与 AB_1 的夹角即 AB 对 H 面的倾角。由此可见，根据倾斜线 AB 的投影，求实长和对 H 面的倾角，可归结为求直角三角形 ABB_1 的实形。

如过 A 作 $AB_2 // a'b'$，则得另一直角三角形 ABB_2，它的斜边 AB 即为实长，$AB_2 = a'b'$，BB_2 为两端点 A、B 的 y 坐标差（$y_B - y_A$），AB 与 AB_2 的夹角即 AB 对 V 面的倾角。

2. 作图方法

求直线 AB 的实长和对 H 面的倾角 α。

方法一：如图 2-20（b）所示，过 b 作 ab 的垂线 bB_0，在垂线上量取 $bB_0 = z_B - z_A$，则 aB_0 为所求直线 AB 的实长，$\angle B_0 ab$ 为倾角 α。

方法二：如图 2-20（b）所示，过 a' 作 X 轴的平行线，与 $b'b$ 相交于 b_0（$b'b_0 = z_B -$

z_A），量取 $b_0 A_0 = ab$，则 $b'A_0$ 为直线 AB 的实长，$\angle b' A_0 b_0$ 为倾角 α。

同理，如图 2-20（c）所示，以 $a'b'$ 为直角边，以（$y_B - y_A$）为另一直角边，也可求出 AB 的实长，即 $b'A_0 = AB$，而 $\angle A_0 b'a'$ 为 AB 对 V 面的倾角 β。类似作法，过 b 作 X 轴的平行线，于 $a'a$ 的延长线相交于 a_0，量取 $a_0 B_0 = a'b'$，则 $aB_0 = AB$，$\angle aB_0 a_0$ 为倾角 β。

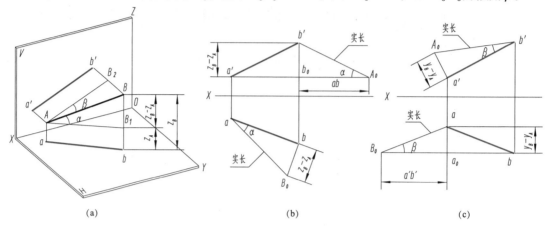

图 2-20　直角三角形法求实长及倾角

（a）立体图；（b）求实长和 α；（c）求实长和 β

【例 2-9】已知直线 AB 的实长 L 和 $a'b'$ 及 a，如图 2-21（a）、（b）所示，求水平投影 ab。

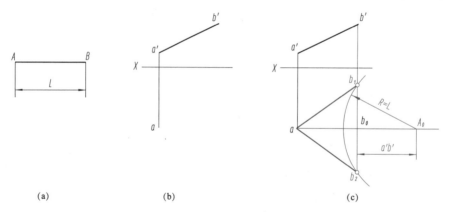

图 2-21　直角三角形法求投影

（a）、（b）已知条件；（c）作图过程

分析：

由已知 $a'b'$ 和实长 L 可组成直角三角形，由此可求出坐标差（$y_B - y_A$），然后可确定 b 的位置。

作图：

（1）由点 b' 作 X 轴的垂线。

（2）如图 2-21（c）所示，由点 a 作 X 轴的平行线，与过点 b' 作的垂线交于 b_0，延长 ab_0 至 A_0，使 $b_0 A_0 = a'b'$。

（3）以 A_0 为圆心，以实长 L 为半径作圆弧交 $b'b_0$ 于 b_1 或 b_2，即可求出水平投影 ab_1 或 ab_2，此题有两个解。

2.4.4　直线上的点

直线上的点具有从属性和定比性的投影特性。

1. 从属性

几何定理：点在直线上，则点的各个投影必定在该直线的同面投影上。反之，如果点的各个投影均在直线的同面投影上，则该点一定在直线上。

如图 2 - 22 所示，直线 AB 上有一点 C，则点 C 的三面投影 c、c'、c'' 必定分别在直线 AB 的同面投影 ab、$a'b'$ 和 $a''b''$ 上。

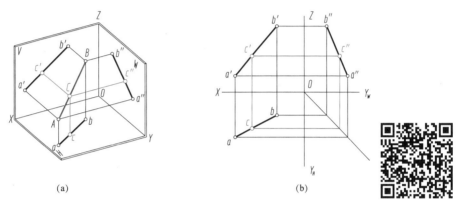

(a)　　　　　　　　　　　　　　　(b)

图 2 - 22　直线上点的投影

（a）立体图；（b）投影图

直线上点的投影

2. 定比性

几何定理：如果点在直线上，则点分直线的两线段长度之比等于它的同面投影长度之比。

如图 2 - 22 所示，点 C 将直线 AB 分为 AC 与 CB 两段，则有

$$AC : CB = ac : cb = a'c' : c'b' = a''c'' : c''b''$$

【例 2 - 10】如图 2 - 23 所示，已知侧平线 AB 的两投影和直线上点 S 的正面投影，求点 S 的水平投影。

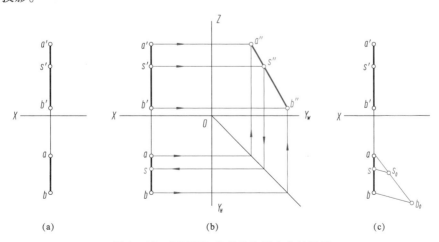

(a)　　　　　　　　　　　(b)　　　　　　　　　　　(c)

图 2 - 23　根据已知条件作直线上点的投影

（a）已知条件；（b）方法一的作图过程；（c）方法二的作图过程

方法一：在三投影面体系作图。

分析：

由于点 S 位于直线 AB 上，故其各个投影均在直线 AB 的 3 个投影上，利用 $a'b'$、ab 作出 $a''b''$，由 s' 作出 $a''b''$ 上的 s''，由 s'' 就可以作出水平投影 s。

作图：

（1）作出 AB 的侧面投影 $a''b''$，同时作出点 S 的侧面投影 s''。

（2）根据点的投影规律，由 s'、s'' 作出 s。

方法二：在两投影面体系作图。

分析：

因为点 S 在直线 AB 上，由点分线段成定比可知 $a's'\colon s'b' = as\colon sb$。

作图：

（1）过点 a（或点 b）以任意角度作一条线，量取 $as_0 = a's'$，$s_0b_0 = s'b'$。

（2）连 bb_0，过 s_0 作 $ss_0//bb_0$ 交 ab 于点 s，则点 s 为所求的水平投影。

2.4.5　两直线的相对位置

空间两直线的相对位置有 3 种：两直线平行、两直线相交和两直线交叉。

1. 两直线平行

几何定理：空间两直线平行，则它们的各组同面投影必定相互平行。反之，如果两直线在投影图上的各组同面投影都互相平行，则两直线在空间必定互相平行。

如图 2 - 24 所示，由于 $AB//CD$，则有 $ab//cd$、$a'b'//c'd'$、$a''b''//c''d''$。

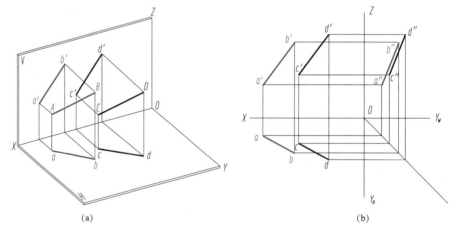

平行两直线的
投影特性

(a)

(b)

图 2 - 24　平行两直线的投影

（a）立体图；（b）投影图

一般情况下，若两个一般位置直线有两个投影互相平行，则可判定空间两直线是平行的。但对于两条同为某投影面的平行线来说，则需从两直线在该投影面上的投影来判断。

【例 2 - 11】 判断如图 2 - 25（a）所示的两侧平线 AB、CD 的相对位置。

此题有两种方法。

方法一：利用平行线比例关系，如图 2 - 25（b）所示。

分析：

此法需要先判断 AB、CD 两直线的两个投影是同向还是异向，因为与 V、H 面成相同倾角的侧平线有两个方向，如果是异向，则直接可判定 AB、CD 是交叉的两直线。因图 2-25（a）中 AB、CD 的两个投影同向，故需利用比例关系作进一步的判断。如两侧平线为平行两直线，则它们的空间比等于投影比，即 $AB : CD = a'b' : c'd' = ab : cd$。

作图：

（1）分别连接 ac 和 $a'c'$。

（2）过 d 和 d' 分别作直线 $ds \mathbin{/\mkern-6mu/} ac$、$d's' \mathbin{/\mkern-6mu/} a'c'$，得交点 s 和 s'。

（3）过点 a 以任意角度作一直线，在其上量取 $as_0 = a's'$，$s_0 b_0 = s'b'$，连 ss_0、bb_0，可看出 $ss_0 \mathbin{/\mkern-6mu/} bb_0$。由于 $as : sb = as_0 : s_0 b_0$，即 $as : sb = a's' : s'b'$，故可以判定 AB 与 CD 在空间是平行的。

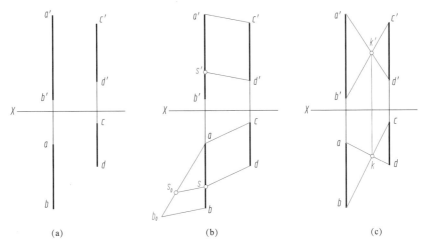

图 2-25　判断两侧平线的相对位置

（a）已知条件；（b）方法一的作图过程；（c）方法二的作图过程

方法二：利用两条平行线可确定一平面，如图 2-25（c）所示。

分析：

如 AB、CD 为平行两直线，则它们可确定一平面，而平面内两条相交直线的交点满足点的投影规律。

作图：

（1）分别把正面投影 a'、d' 和 b'、c' 连线得一交点 k'；分别把水平投影 a、d 和 b、c 连线得一交点 k。

（2）将 k' 和 k 连线，由于 $k'k$ 垂直于 X 轴，满足点的投影规律，故判断 AB、CD 是空间平行的。

2. 两直线相交

几何定理：空间相交的两直线，它们的各组同面投影必定相交，且交点满足点的投影规律。反之，两直线在投影图上的各组同面投影都相交，且各组投影的交点符合空间点的投影规律，则两直线在空间必定相交。

如图 2-26 所示，空间直线 AB、CD 交于点 K，则水平投影 k 既在 ab 上又在 cd 上。同样，

k'必然既在 $a'b'$ 上又在 $c'd'$ 上，k'' 也必然既在 $a''b''$ 上又在 $c''d''$ 上，且符合交点 K 的投影规律。

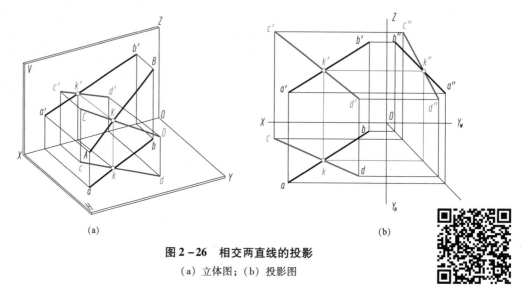

图 2-26 相交两直线的投影

（a）立体图；（b）投影图

相交两直线的投影特性

一般情况下，若两个一般位置直线有两个投影都相交，且交点符合点的投影规律，则可以断定空间两直线是相交的。

【例 2-12】 已知直线 AB、CD、EF 的两面投影，作水平线 MN 与 AB、CD、EF 分别交于点 M、S、K，点 N 在 V 面之前 6 mm，如图 2-27 所示。

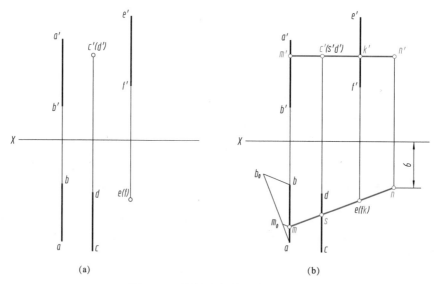

图 2-27 按给定条件作水平线 MN

（a）已知条件；（b）作图过程

分析：

水平线 MN 的正面投影 $m'n' /\!/ X$ 轴，又和正垂线 CD 相交，由此可作出 $m'n'$，利用点在线上可作出点的其他投影。

作图：

（1）s' 积聚在 c'（d'）上，由 s' 作水平线，与 $a'b'$、$e'f'$ 分别交得 m'、k'。

（2） k 积聚在 e（f）上，由 a 任作一直线，在其上量取 $am_0 = a'm'$，$m_0 b_0 = m'b'$；连接 b 和 b_0，作 $m_0 m /\!/ b_0 b$，与 ab 交于点 m；连接 m 和 k，mk 与 cd 交于点 s。

（3）从 OX 轴向下（即向前）6 mm 作 X 轴的平行线，与 mk 的延长线交于 n，由 n 作投影连线，与 $m'k'$ 的延长线交于 n'。于是就作出了水平线 MN 的正面投影 $m'n'$ 和水平投影 mn。

3. 两直线交叉

几何定理：在空间既不平行又不相交的两直线，称为交叉两直线，亦称异面直线；如果两直线的投影不符合平行或相交两直线的投影规律，则可判定它们为空间交叉两直线。

交叉两直线可能有一组或两组投影是互相平行的，但不会三面投影均互相平行。如图 2 - 28 所示，AB、CD 两直线的正面投影 $a'b' /\!/ c'd'$，水平投影 $ab /\!/ cd$，但侧面投影 $a''b''$ 不平行于 $c''d''$。

也可能有投影是相交的，但交点不满足点的投影规律。如图 2 - 29 所示，AB、CD 的 3 个投影均相交，但交点连线不垂直于投影轴，故它们是交叉的两直线。

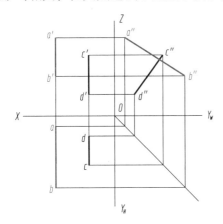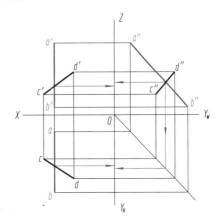

图 2 - 28　交叉两直线的投影（一）　　**图 2 - 29　交叉两直线的投影（二）**

如图 2 - 30 所示，AB、CD 两直线的正面投影 $a'b' /\!/ c'd'$，水平投影 ab 与 cd 不平行，其交点是 AB 直线上的点 Ⅰ 和 CD 线上的点 Ⅱ 相对水平投影面的重影点 1（2）。

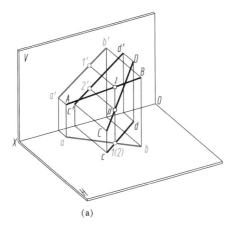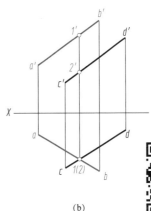

（a）　　　　　　　　　　　　（b）

图 2 - 30　交叉两直线的重影点

（a）立体图；（b）投影图

交叉两直线的
投影特性

【本章内容小结】

内容		要点
投影法	中心投影法	投射线通过投射中心
	平行投影法 （正投影法、斜投影法）	投射线互相平行
	正投影法的特性	显实性、积聚性、类似性
三视图	三视图形成	主视图、俯视图、左视图
	三视图投影规律	长对正、高平齐、宽相等
点的投影	点的投影特性	投影连线垂直于投影轴； 点的正面投影反映点的 x、z 坐标； 点的水平投影反映点的 x、y 坐标； 点的侧面投影反映点的 y、z 坐标
	两点相对位置	判别两点空间方位和重影点可见性
直线的投影	各种位置直线的投影特性	投影面倾斜线、投影面平行线、投影面垂直线
	直线段的实长和 对投影面的倾角	直角三角形作图
	直线上点的投影	从属性、定比性
	两直线的相对位置	两直线平行、两直线相交和两直线交叉

第3章　平面

【本章知识点】

（1）平面的表示法及各种位置平面的投影特性。

（2）点和直线在平面上的几何条件及在平面上取点和直线的作图方法。

（3）直线与平面、平面与平面的相对位置——平行、相交和垂直。

① 直线与平面、平面与平面平行的判定条件及作图方法。

② 直线与平面、平面与平面相交求交点、交线的作图方法及可见性判断。

③ 直线与平面、平面与平面垂直的判定条件及作图方法。

3.1　平面的投影

3.1.1　平面表示法

平面的空间位置通常可用确定该平面的几何元素表示，也可用迹线表示。

1. 几何元素表示法

由初等几何可知，空间一平面可由下列任意一组几何元素来确定：

（1）不在同一直线上的三点。

（2）一条直线和直线外的一点。

（3）两条相交直线。

（4）两条平行直线。

（5）任意平面图形，如平面多边形、圆等。

在投影图中，只要画出决定该平面的任一几何元素组的投影，即可表示该平面的投影，如图 3－1 所示。

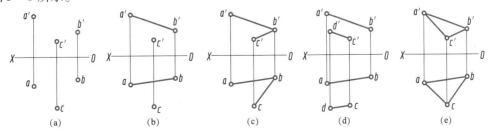

图 3－1　用几何元素表示平面

（a）不在同一直线上的三点；（b）直线与线外一点；（c）两条相交直线；（d）两条平行直线；（e）平面图形

从图 3-1 中可以看出，各几何元素组可以相互转换，例如：连接图 3-1（a）中的 *ab*、*a′b′*，就转换成图 3-1（b）；再连接 *bc*、*b′c′*，又转换成图 3-1（c）；由 *c*、*c′* 作 *cd* ∥ *ab*、*c′d′* ∥ *a′b′*，则得到图 3-1（d）；由图 3-1（c）连接 *ac*、*a′c′* 又转换成图 3-1（e）。以上 5 种表示平面的方法只是形式不同，其本质均是不在同一直线上的三点确定一个平面。

2. 迹线表示法

平面与投影面的交线称为平面在该投影面上的迹线。如图 3-2 所示，平面 *P* 与水平投影面（*H*）、正投影面（*V*）和侧立投影面（*W*）的交线分别称为水平迹线（P_H）、正面迹线（P_V）和侧面迹线（P_W）。P_H、P_V、P_W 两两相交于 *X*、*Y*、*Z* 轴上的一点称为迹线集合点，分别以 P_X、P_Y、P_Z 表示。

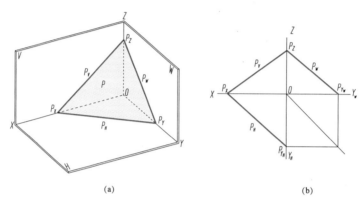

图 3-2　用迹线表示平面
（a）立体图；（b）投影图

3.1.2　各种位置平面的投影特性

根据平面在三投影面体系中位置的不同，可将平面分为 3 类：

（1）投影面倾斜面：与三个投影面都倾斜的平面。

（2）投影面垂直面：垂直于一个投影面，与另两个投影面倾斜的平面。

（3）投影面平行面：平行于一个投影面，与另两个投影面垂直的平面。

投影面倾斜面也称一般位置平面，投影面垂直面和投影面平行面统称特殊位置平面。平面与水平投影面（*H*）、正投影面（*V*）、侧立投影面（*W*）的倾角分别为 *α*、*β*、*γ*。

平面与投影面位置不同，向投影面做投射时，其投影各有特性。

1. 投影面垂直面

投影面垂直面按其所垂直的投影面不同又可分为：垂直于 *H* 面的平面，称为铅垂面；垂直于 *V* 面的平面，称为正垂面；垂直于 *W* 面的平面，称为侧垂面。

以铅垂面为例，讨论其投影特性。如表 3-1 中第二列所示，矩形 *ABCD* 是铅垂面，由于矩形 *ABCD* ⊥ *H* 面，故其水平投影 *abcd* 为一条直线，有积聚性；水平投影 *a*（*b*）（*c*）*d* 与 *OX* 轴的夹角反映矩形 *ABCD* 与 *V* 面的倾角 *β*，水平投影 *a*（*b*）（*c*）*d* 与 *OY* 轴的夹角反映矩形 *ABCD* 和 *W* 面的倾角 *γ*；由于矩形 *ABCD* 相对于 *V* 面、*W* 面都倾斜，则其在两投影面中的投影仍是矩形，但不反映实形，即为其类似形。归纳可得铅垂面投影特性：

（1）铅垂面的水平投影积聚成一条直线，该投影与 OX、OY 轴的夹角分别反映平面与 V 面、W 面的倾角 β、γ。

（2）平面的正面投影、侧面投影是其类似形。

正垂面、侧垂面的投影及其投影特性与铅垂面类似，如表 3-1 所示。

表 3-1　投影面垂直面的投影特性

名称	铅垂面 （⊥H 面，倾斜于 V、W 面）	正垂面 （⊥V 面，倾斜于 H、W 面）	侧垂面 （⊥W 面，倾斜于 H、V 面）
立体图			
投影图			
投影特性	（1）水平投影积聚成一条直线，其与 OX、OY_H 轴的夹角分别反映 β、γ。 （2）正面投影、侧面投影是其类似形 铅垂面投影	（1）正面投影积聚成一条直线，其与 OX、OZ 轴的夹角分别反映 α、γ。 （2）水平投影、侧面投影是其类似形 正垂面投影	（1）侧面投影积聚成一条直线，其与 OY_W、OZ 轴的夹角分别反映 α、β。 （2）水平投影、正面投影是其类似形 侧垂面投影
实例			

由此可知投影面垂直面的投影特性：

（1）投影面垂直面在其垂直的投影面上的投影积聚成一条直线，该投影与投影面上两投影轴的夹角分别反映平面与另两投影面的真实倾角。

（2）另外两个投影是该平面的类似形。

2. 投影面平行面

投影面平行面按其所平行的投影面不同又可分为：平行于 H 面的平面，称为水平面；平行于 V 面的平面，称为正平面；平行于 W 面的平面，称为侧平面。

以正平面为例，讨论其投影特性。如表 3-2 中第三列所示，矩形 $ABCD$ 是正平面，$ABCD /\!/ V$ 面，平面上所有点的 Y 轴坐标相同，即 AB、BC、CD、AD 均平行于 V 面，且其正面投影 $a'b'$、$b'c'$、$c'd'$、$a'd'$ 都反映实长。因此，矩形 $ABCD$ 的正面投影 $a'b'c'd'$ 反映实形。由于矩形 $ABCD$ 垂直于 H 面和 W 面，则其水平投影和侧面投影分别积聚成一条直线，且分别平行于 X 轴、Z 轴。归纳可得正平面投影特性：

（1）正平面的正面投影反映实形。

（2）正平面的水平投影和侧面投影分别积聚成一条直线，并分别平行于 X 轴、Z 轴或同时垂直于 Y 轴。

水平面、侧平面的投影及其投影特性与正平面类似，如表 3-2 所示。

表 3-2　投影面平行面的投影特性

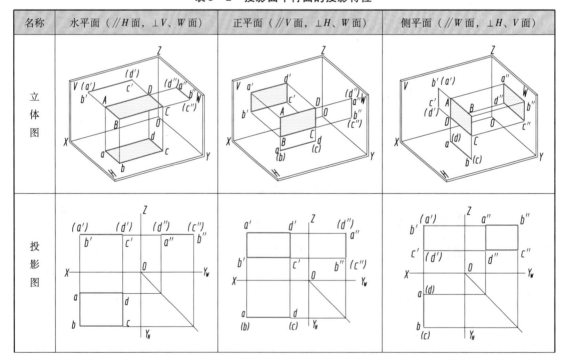

名称	水平面（∥H面，⊥V、W面）	正平面（∥V面，⊥H、W面）	侧平面（∥W面，⊥H、V面）
投影特性	（1）水平投影反映实形。 （2）正面投影和侧面投影分别积聚成一条直线，正面投影平行于OX轴，侧面投影平行于OY_W轴，或两面投影同时垂直于OZ轴 水平面投影	（1）正面投影反映实形。 （2）水平投影和侧面投影分别积聚成一条直线，水平投影平行于OX轴，侧面投影平行于OZ轴，或两面投影同时垂直于OY轴 正平面投影	（1）侧面投影反映实形。 （2）水平投影和正面投影分别积聚成一条直线，水平投影平行于OY_H轴，正面投影平行于OZ轴，或两面投影同时垂直于OX轴 侧平面投影
实例			

由此可得投影面平行面的投影特性：

（1）投影面平行面在其所平行的投影面上的投影反映实形。

（2）另两投影分别积聚成直线，并分别平行于相应的投影轴（同时垂直同一条投影轴）。

3. 投影面倾斜面

投影面的倾斜面与3个投影面都倾斜，如图3-3所示，其三面投影没有积聚性，且三面投影都不反映实形。因此，3个投影都是其类似形，在投影图中不反映平面与投影面的倾角。

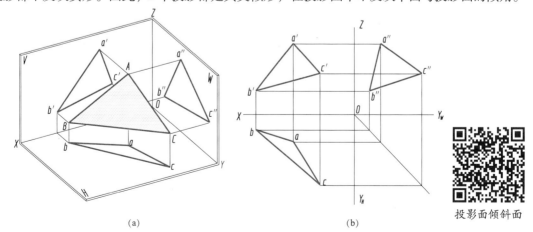

（a）　　　　　　　　　　　　　　　　（b）

投影面倾斜面

图3-3　投影面倾斜面投影及特性

（a）立体图；（b）投影图

由此可得投影面倾斜面的投影特性：

（1）投影面倾斜面的三面投影都是其类似形，不反映平面的实形。

（2）三面投影都不反映平面与投影面的倾角 α、β、γ。

【例3-1】如图3-4（a）所示，已知点 A 的两面投影，过 A 作 $\beta = 45°$ 的铅垂面。

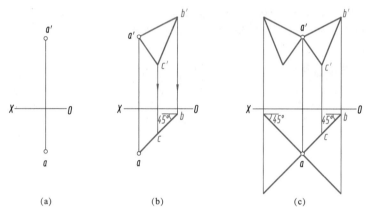

图3-4 过点作铅垂面

（a）已知条件；（b）作图过程；（c）多解

分析：

铅垂面可作成包含 A 的相交两直线或平面多边形。铅垂面的水平投影积聚成一条直线，其与 OX 轴的夹角为 β，因此，只要过点 A 的水平投影作与 OX 轴夹角为45°的直线，即铅垂面的水平投影，过点 A 的正面投影作相交直线、平面多边形即铅垂面的正面投影。

作图：

（1）如图3-4（b）所示，过 a 作直线 ab 与 OX 轴夹角为45°。

（2）过 a' 作直线 $a'b'$、$a'c'$，连接 b' 和 c'。

（3）由 c' 作铅垂投影连线交 ab 于 c，即得铅垂面的两面投影。

过点 A 的水平投影作与 OX 轴夹角为45°的直线，其方向、位置不唯一，因此有多解，如图3-4（c）所示。

【例3-2】如图3-5（a）所示，过直线 CD 作正垂面。

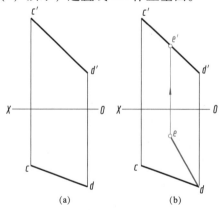

图3-5 过线作正垂面

（a）已知条件；（b）作图过程

分析：

正垂面的正面投影积聚成一条直线。该正垂面的正面投影与 $c'd'$ 重合；两条相交直线可以确定一个平面，其水平投影可任意作一条与 cd 相交的直线。

作图：

（1）如图 3-5（b）所示，过 d 作 de。

（2）过 e 作铅垂投影连线交 $c'd'$ 于点 e'。

【例 3-3】如图 3-6（a）所示，已知点 M 的水平投影，过 M 作水平面，距 H 面 20。

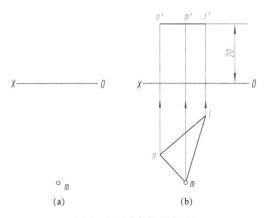

图 3-6　过点作平行面

（a）已知条件；（b）作图过程

分析：

水平面的正面投影积聚成一条直线，且与 OX 轴平行，其与 OX 轴的距离反映水平面与 H 面的距离。据此，可在 OX 轴上方作平行于 OX 轴且距 OX 轴为 20 的平行线，即水平面的正面投影，水平投影可过点 m 任意作两条相交直线、平面多边形等表示平面的投影。

作图：

（1）如图 3-6（b）所示，作 $\triangle MNL$ 的水平投影 mnl（任意作）。

（2）在 OX 轴上方作直线平行于 OX 轴，且距 OX 轴 20。

（3）过 n、m、l 作铅垂投影连线，交平行于 OX 轴的直线于 n'、m'、l'。

3.2　平面上的直线和点

3.2.1　平面上取直线和点

1. 平面上的直线

直线从属于平面的几何条件有以下两条。

（1）直线通过平面上的两点。

如图 3-7 所示，P 是由 $\triangle ABC$ 确定的平面，D、E 分别在 AB、BC 上，所以直线 DE 在

△ABC 确定的平面 P 上。

（2）直线通过平面上的一点，且平行于该平面上的另一条已知直线。

如图 3-8 所示，Q 是相交两直线 EF、FG 确定的平面，K 在 EF 上，KL∥FG，因为 FG 是平面 Q 上的直线，所以直线 KL 在 EF、FG 确定的平面 Q 上。

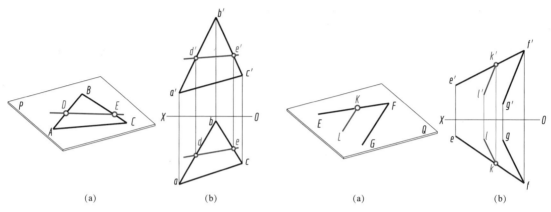

图 3-7　平面上两点作直线　　　　　图 3-8　平面上取直线

（a）立体图；（b）投影图　　　　　（a）立体图；（b）投影图

2. 平面上的点

点从属于平面的几何条件是：若某点在平面内的任一直线上，则该点一定在该平面上。

如图 3-9 所示，R 是相交两直线 AB、BC 确定的平面，点 M 在 AB 上，AB 是平面 R 上的直线，所以点 M 在相交两直线 AB、BC 确定的平面 R 上。因此，在平面上取点时，应先在平面上取直线，再在该直线上取点。

【例 3-4】如图 3-10（a）所示，已知平面 △ABC 的水平、正面投影，在平面 △ABC 上作直线 EF，使 EF∥BC，点 E 在 AC 上且距 V 面 15。

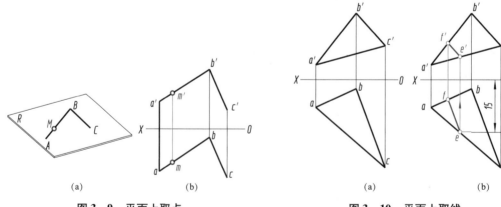

图 3-9　平面上取点　　　　　　图 3-10　平面上取线

（a）立体图；（b）投影图　　　　　（a）已知条件；（b）作图过程

分析：

在 AC 上找到距 V 面 15（即 Y 轴坐标为 15）的点，再过该点作平行于 BC 的线，即满足条件的平面上的线。

作图：

（1）如图 3 - 10（b）所示，在 OX 轴下方作辅助线平行于 OX 轴，且距 OX 轴 15，交 ac 于 e。

（2）过 e 作铅垂投影连线交 a′c′ 于 e′。

（3）作 ef // bc、e′f′ // b′c′。

【例 3 - 5】如图 3 - 11（a）所示，已知平面 △ABC：

（1）点 E 在平面 △ABC 上，已知点 E 的水平投影，求其正面投影；

（2）已知点 F 的两面投影，判断点 F 是否在平面上。

分析：

在平面上取点及判断点是否在平面上，都必须在平面上取直线。

作图：

（1）如图 3 - 11（b）所示，连接 ae 交 bc 于 1，过 1 作铅垂投影连线交 b′c′ 于 1′，连 a′1′ 并延长，过 e 作铅垂投影连线与 a′1′ 延长线交于 e′。

（2）连接 bf 并延长，交 ac 于 2，过 2 作铅垂投影连线交 a′c′ 于 2′，连接 b′2′，因为 f′ 不在 b′2′ 上，所以点 F 不在平面 △ABC 上。

【例 3 - 6】如图 3 - 12（a）所示，已知平面图形 ABCDE 的正面投影和部分点的水平投影，完成平面图形的水平投影。

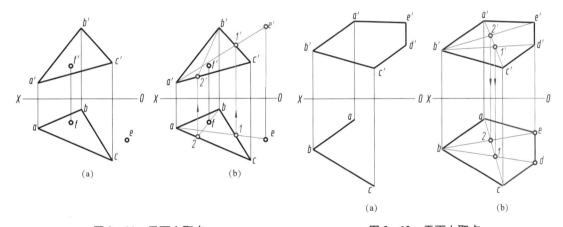

图 3 - 11　平面上取点

（a）已知条件；（b）作图过程

图 3 - 12　平面上取点

（a）已知条件；（b）作图过程

分析：

两条相交直线确定一个平面，已知 ab、bc 和多边形平面的正面投影，且 D、E 在平面上，则在平面上取点可求其水平投影。

作图：

（1）如图 3 - 12（b）所示，连接 a′c′、ac，连接 b′d′、b′e′ 分别交 a′c′ 于 1′、2′。

（2）过 1′、2′ 作铅垂投影连线分别交 ac 于 1、2，连接 b1、b2 并延长，与过 d′、e′ 的铅垂投影连线交于 d、e。

（3）连 cd、de、ea，完成平面图形 ABCDE 的水平投影。

3.2.2 平面上的特殊直线

在平面内可作无数条直线，它们对于投影面的位置各不相同，也就是说其对投影面的倾角各不相同，但其中有两种直线位置比较特殊，一种是投影面平行线，即与投影面倾角为0°的线；另一种是投影面的最大斜度线，即与投影面倾角为最大的线。

1. 平面上的投影面平行线

平面上的投影面平行线既要满足投影面平行线的投影特性，又要满足直线在平面上的投影特性。

【例3-7】如图3-13（a）所示，已知△ABC的水平、正面投影，在△ABC平面上作：

（1）水平线和正平线；

（2）距H面20的水平线和距V面15的正平线。

分析：

平面上的正平线、水平线各有无数条，根据正平线的水平投影平行于OX轴、水平线的正面投影平行于OX轴，可作出该投影，另一投影在平面上取线即可作出。

作图：

（1）如图3-13（b）所示，过c′作c′1′∥OX轴，由1′求1，连接c1即得△ABC上的水平线；过a作a2∥OX轴，由2求2′，连接a′2′即得△ABC上的正平线。

（2）如图3-13（c）所示，在OX上方作直线∥OX，且距OX轴20，交a′b′、b′c′于d′、e′，由d′、e′作d、e，连接de即得距H面20的水平线。

（3）如图3-13（c）所示，在OX下方作直线∥OX，且距OX轴15，交ac、bc于f、g，由f、g作f′、g′，连接f′g′即得距V面15的正平线。

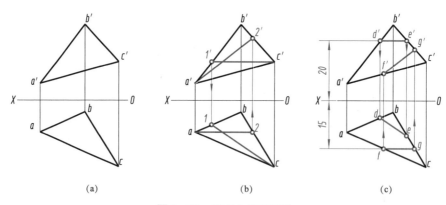

图3-13 平面上作平行线

（a）已知条件；（b）作水平线、正平线；（c）作满足条件的平行线

2. 平面上的投影面最大斜度线

平面上的投影面最大斜度线应满足直线在平面上的投影特性，同时也要满足直线对投影面倾角为最大的要求。

1）过平面上一点作各种直线

如图3-14所示，已知一平面P，P_H是平面P的水平迹线，K是平面P上一点，过K可作无数条直线，如 KL、KM、KN、$\cdots$，其中 $KL /\!/ H$ 面，$KM \perp KL$，Kk、Ll 是投射线，KL、KM、KN、$\cdots$ 在 H 面上的投影分别为 kl、km、kn、$\cdots$，且 KM、KN、$\cdots$ 与 H 面的倾角各不相同，分别为 α、α_1、$\cdots$。

2）最大斜度线与投影面平行线关系

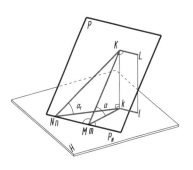

图 3-14　平面上最大斜度线

由投射线 Kk 与 KM、KN、$\cdots$ 及它们在 H 面上的投影 km、kn、$\cdots$ 分别组成一系列等高的直角三角形，在这些直角三角形中，斜边与另一条直角边（其在 H 面上投影）间的夹角分别为 α、α_1、$\cdots$，斜边越小，其与直角边的夹角越大；由于 $KL /\!/ H$ 面，即 KL 是水平线，P_H 是平面 P 的水平迹线，则 $KL /\!/ P_H$。又因为 $KM \perp KL$，所以 $KM \perp P_H$，两平行线间垂直距离最短，即 $KM < KN < \cdots$（KM 是最短的斜边），$\alpha > \alpha_1 > \cdots$（其倾角 α 为最大），即 KM 是平面 P 上过点 K 对 H 面的最大斜度线。KL 是水平线，$KM \perp KL$，由直角投影定理得 $mk \perp kl$。根据上述分析可知：

（1）最大斜度线与投影面平行线的关系：平面对投影面的最大斜度线必定垂直于平面上对该投影面的平行线；

（2）最大斜度线的投影特性：平面对投影面的最大斜度线在该投影面上的投影必定垂直于平面上对该投影面平行线的同面投影。

3）平面对投影面的倾角与最大斜度线对投影面的倾角的关系

KL 是水平线，Kk 是投射线，则 $KL \perp Kk$、$KM \perp KL$、$KL \perp \triangle KMk$，又因为 $KL /\!/ P_H$，所以 $P_H \perp \triangle KMk$，KM 与 Mk 的夹角 α 是平面 P 对 H 面的倾角。

由此可知，平面对投影面的倾角是平面上对该投影面的最大斜度线对该投影面的倾角。平面对 H 面、V 面、W 面的最大斜度线各不相同，因此，若要求平面对三投影面的倾角，则应首先求平面对 H 面、V 面、W 面的最大斜度线，然后再分别求相应的最大斜度线对 H 面、V 面、W 面的倾角 α、β、γ。

【例 3-8】如图 3-15（a）所示，已知 $\triangle ABC$ 的水平、正面投影，求 $\triangle ABC$ 平面对 V 面的倾角 β。

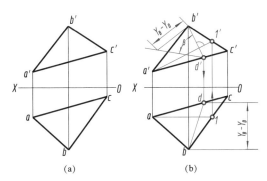

图 3-15　作平面对 V 面的倾角

(a) 已知条件；(b) 作图过程

分析：

△ABC 平面对 V 面的倾角，即 △ABC 平面上对 V 面的最大斜度线对 V 面的倾角。

作图：

（1）如图 3-15（b）所示，过 a、a′ 作平面上的正平线 a1、a′1′；

（2）过 b′ 作 b′d′⊥a′1′，作出 bd 即为最大斜度线；

（3）用直角三角形法求 BD 对 V 面的倾角，即 △ABC 对 V 面的倾角 β。

3.3 直线与平面、平面与平面的相对位置

直线与平面、平面与平面的相对位置可分为 3 种情况：平行、相交和垂直。其中，垂直是相交的特殊情况。

3.3.1 平行问题

平行问题分为直线与平面平行、平面与平面平行两种。

1. 直线与平面平行

几何定理：若平面外的一条直线与平面上任意一条直线平行，则此直线一定平行于该平面。如图 3-16（a）所示，P 是 △ABC 确定的一平面，D 在 AB 上，E 在 BC 上，MN∥DE，DE 在平面 P 上，所以 MN∥平面 P。

投影特性：

（1）一直线与平面上任意一条直线的同面投影平行，则直线平行于该平面。如图 3-16（b）所示，若 mn∥de、m′n′∥d′e′ 且 DE 在 △ABC 平面上，则 MN∥△ABC。

（2）一直线与投影面垂直面有积聚性的同面投影平行，则直线平行于该平面。如图 3-16（c）所示，△ABC 是铅垂面，若 mn∥abc，则 MN∥△ABC。

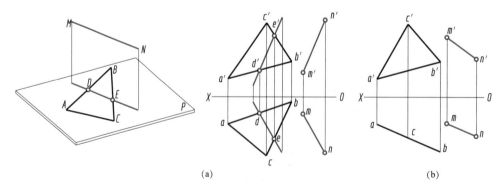

图 3-16 直线与平面平行

（a）直线平行于倾斜面；（b）直线平行于垂直面

【例 3-9】如图 3-17（a）所示，已知 △ABC 的水平、正面投影，及点 E 的正面投影，过点 E 作一条距 V 面 15 的正平线 EF∥△ABC。

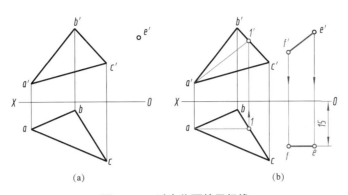

图 3 - 17　过点作面的平行线

（a）已知条件；（b）作图过程

分析：

EF 为平行于 $\triangle ABC$ 平面上的正平线，且距 V 面 15，因此，EF 可求。

作图：

（1）如图 3 - 17（b）所示，过 a 作 $a1 /\!/ OX$，由 1 求 $1'$，连接 $a'1'$；

（2）作 $ef /\!/ a1$，且 ef 距 OX 轴 15，$e'f' /\!/ a'1'$。

【例 3 - 10】如图 3 - 18（a）所示，已知直线 AB、点 C 的水平、正面投影，过点 C 作一平面平行于直线 AB。

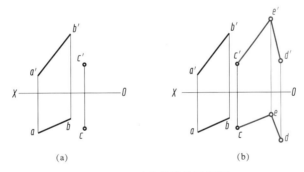

图 3 - 18　过点作线的平行面

（a）已知条件；（b）作图过程

分析：

过点 C 作直线平行于已知直线，包含所作直线作两相交直线表示面，即为所求。

作图：

（1）如图 3 - 18（b）所示，过 c、c' 作 $ce /\!/ ab$、$c'e' /\!/ a'b'$；

（2）作 de 、$d'e'$。

2. 平面与平面平行

几何定理：一个平面上的两条相交直线与另一平面上的两条相交直线对应平行，则两平面平行。如图 3 - 19（a）所示，$AB /\!/ DE$，$BC /\!/ EF$，AB、BC 确定平面 Q，DE、EF 确定平面 R，则平面 $Q /\!/$ 平面 R。

投影特性：

（1）一个平面上的两相交直线与另一平面上的两相交直线的同面投影对应平行，则两平面平行。如图 3 – 19 （b）所示，$ab \mathbin{/\mkern-5mu/} de$，$a'b' \mathbin{/\mkern-5mu/} d'e'$，$bc \mathbin{/\mkern-5mu/} ef$，$b'c' \mathbin{/\mkern-5mu/} e'f'$，$AB$、$BC$ 确定平面 Q，DE、EF 确定平面 R，则平面 $Q \mathbin{/\mkern-5mu/}$ 平面 R。

（2）两投影面的垂直面在其垂直的投影面上有积聚性的同面投影相互平行，则两平面平行。如图 3 – 19 （c）所示，$\triangle ABC$、$\triangle DEF$ 是铅垂面，$abc \mathbin{/\mkern-5mu/} def$，则 $\triangle ABC \mathbin{/\mkern-5mu/} \triangle DEF$。

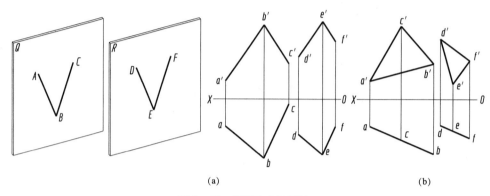

图 3 – 19　平面与平面平行

（a）倾斜面平行；（b）垂直面平行

【例 3 – 11】如图 3 – 20 （a）所示，已知 $\triangle ABC$、点 K 的水平、正面投影，过点 K 作一平面平行于 $\triangle ABC$。

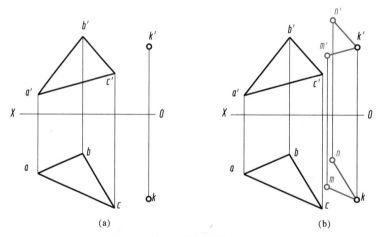

图 3 – 20　过点作面的平行面

（a）已知条件；（b）作图过程

分析：

过点 K 作两相交直线对应平行 $\triangle ABC$ 上的两相交直线，则过点 K 两相交直线确定的平面即为所求。

作图：

（1）如图 3 – 20 （b）所示，过 k 作 $kn \mathbin{/\mkern-5mu/} bc$、$km \mathbin{/\mkern-5mu/} ac$；

（2）过 k' 作 $k'n' \mathbin{/\mkern-5mu/} b'c'$、$k'm' \mathbin{/\mkern-5mu/} a'c'$。

3.3.2 相交问题

相交问题按几何元素分为两种：直线与平面相交、平面与平面相交。

直线与平面、平面与平面不平行则必相交；直线与平面相交必有交点，交点是直线与平面的共有点；平面与平面相交必有交线，交线是平面与平面的共有线，只需求出两平面的两个共有点，即可求出两平面的交线。

求交点、交线的方法有两种：投影的积聚性法和辅助平面法。

1. 利用投影的积聚性求交点、交线

当两相交的几何元素之一在某一投影面上的投影有积聚性时，交点或交线在该投影面上的投影可直接求得，再利用直线上取点或平面上取点、取直线的方法即可求出交点或交线在另外投影面上的投影。

1）垂直线与倾斜面相交

【例 3 – 12】如图 3 – 21（a）所示，求铅垂线与倾斜面的交点。

分析：

DE 是铅垂线，水平投影积聚为一点，交点是直线上的点，则交点水平投影与 de 重合，且交点也在平面上，在平面上取点，即可求出交点的正面投影。

作图：

（1）求交点。如图 3 – 21（b）所示，标出 k，连接 bk 并延长交 ac 于 f，作 f'，连接 $b'f'$ 交 $d'e'$ 于 k'。

（2）判断可见性。如图 3 – 21（a）和图 3 – 21（c）所示，BC 上的点 Ⅰ（1，1'）与 DE 上的点 Ⅱ（2，2'）在正投影面上重影，从水平投影上可以看出 $y_1 > y_2$，即点 Ⅰ 在点 Ⅱ 之前，点 Ⅰ 可见，点 Ⅱ 不可见，则 DE 上的 Ⅱ K 线段的正面投影不可见，画成细虚线；以交点为界，另一线段可见，画成粗实线。水平投影上 D、E 积聚为一点，所以不需要判断可见性。

（3）连线。可见画成粗实线，不可见画成细虚线。$k'2'$ 画成细虚线，交点另一端画成粗实线。

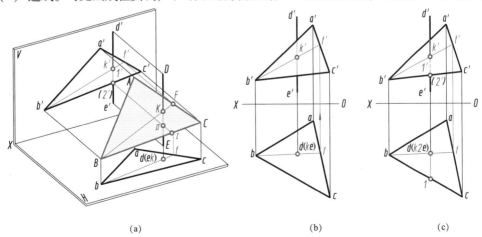

（a）　　　　　　　　　　（b）　　　　　　　　　　（c）

图 3 – 21　垂直线与倾斜面相交

（a）立体图；（b）求交点；（c）可见性判断

2）垂直面与倾斜线相交

【例3－13】如图3－22（a）所示，求倾斜线 AB 与正垂面 $CDEF$ 的交点。

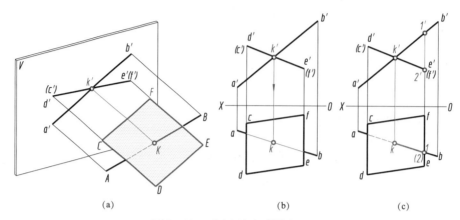

图3－22　垂直面与倾斜线相交

（a）立体图；（b）求交点；（c）可见性判断

分析：

正垂面 $CDEF$ 的正面投影积聚为直线 (c') $d'e'$ (f')，(c') $d'e'$ (f') 与直线 AB 的正面投影 $a'b'$ 交于点 k'（直线与正垂面相交的交点 K 的正面投影），交点也在直线上，在直线上取点，即可求出交点的水平投影。

作图：

（1）求交点。如图3－22（b）所示，(c') $d'e'$ (f') 与 $a'b'$ 的交点即 k'；由 k' 作投影连线交 ab 于 k。

（2）判断可见性。如图3－22（c）所示，AB 上的点 I（1，$1'$）与 EF 上的点 II（2，$2'$）在水平投影面上重影，从正面投影上可以看出 $z_1 > z_2$，即点 I 在点 II 之上，点 I 可见，点 II 不可见，则 AB 上 I K 线段的水平投影可见，画成粗实线；以交点为界，另一端投影不可见，画成细虚线。正面投影上 $CDEF$ 积聚为直线，所以不需要判断可见性。

（3）连线。可见画成粗实线，不可见画成细虚线。$k1$ 画成粗实线，以交点为界另一端画成细虚线。

3）垂直面与倾斜面相交

【例3－14】如图3－23（a）所示，求铅垂面与倾斜面的交线。

分析：

铅垂面 $DEFG$ 的水平投影积聚为直线 d (e) (f) g，交线 KL 在 $DEFG$ 上，则交线 KL 的水平投影 kl 与 d (e) (f) g 重合，即交线也在 $\triangle ABC$ 上，在平面上取线，可求得交线的正面投影。

作图：

（1）求交线。如图3－23（b）所示，kl 与 d (e) (f) g 重合可直接求得，K 在 AC 上，L 在 AB 上，根据点在直线上，则点的投影在直线的同面投影上，求得 k'、l'；交线可见，则 $k'l'$ 画成粗实线。

（2）判断可见性。如图3－23（c）所示，AC 上的点 I（1，$1'$）与 DE 上的点 II（2，

2′）在正投影面上重影，从水平投影上可以看出 $y_1 > y_2$，即点Ⅰ在点Ⅱ之前，点Ⅰ可见，点Ⅱ不可见，则 AC 上Ⅰ K 线段的正投影可见，画成粗实线；以交点为界，另一线段正投影不可见，画成细虚线；其余部分的可见性按同面可见性相同，异面可见性相反，重影点、交点两边可见性相反，拐点可见性相同的判断原则依次执行即可判断出。可见画成粗实线，不可见画成细虚线。$DEFG$ 在水平投影面上的投影为直线，所以不需要判断可见性。

（3）连线。可见画成粗实线，不可见画成细虚线。$k'1'$ 画成粗实线，以交点为界，另一端画成细虚线。根据上述可见性判断，补全图形。

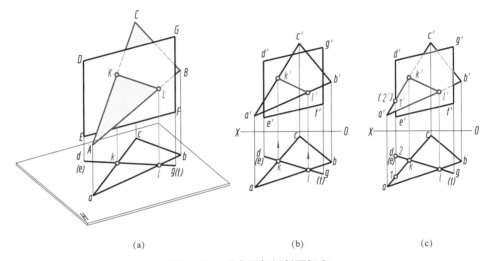

图 3 - 23　垂直面与倾斜面相交

（a）立体图；（b）求交线；（c）可见性判断

2. 利用辅助平面法求交点、交线

当两相交几何元素的投影都没有积聚性时，可以采用辅助平面法求交点、交线。如图 3 - 24 所示，DE 与 △ABC 相交于点 F，过点 F 可在 △ABC 上作无数条直线，所作直线与直线 DE 构成一平面，该平面称为辅助平面，图 3 - 24 中过点 F 在 △ABC 上所作的直线是 KL，KL 与 DE 构成辅助平面，辅助平面与 △ABC 的交线即过点 F 在 △ABC 上的直线 KL，KL 与 DE 的交点即直线 DE 与平面 △ABC 的交点 F。由此用辅助平面法求交点的步骤如下：

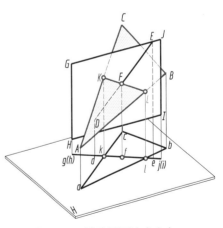

图 3 - 24　辅助平面法求交点

（1）包含已知直线作一辅助平面。

（2）求辅助平面与已知平面的交线。

（3）求该交线与已知直线的交点，即已知直线与已知平面的交点。

1）倾斜直线与倾斜平面相交

【例 3 - 15】如图 3 - 25（a）所示，求倾斜线 DE 与倾斜面 △ABC 相交。

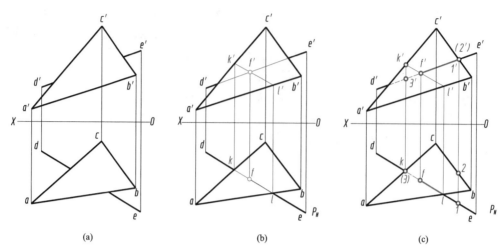

图 3 – 25　倾斜线与倾斜面相交

（a）已知条件；（b）求交点；（c）可见性判断

作图：

（1）如图 3 – 25（b）所示，包含已知直线 DE 作一辅助平面 P⊥H，包含 de 作 P_H。

（2）作面 P 与△ABC 的交线 KL，即 kl 与 de、P_H 重合，直接标出，再作 k′l′。

（3）求 DE 与 KL 的交点 F，d′e′ 与 k′l′ 的交点为 f′，由 f′ 求 f。

（4）判断可见性。如图 3 – 25（c）所示，DE 上的点 Ⅰ（1，1′）与 BC 上的点 Ⅱ（2，2′）在正投影面上重影，从水平投影上可以看出 $y_1 > y_2$，即点 Ⅰ在点 Ⅱ之前，点 Ⅰ可见，点 Ⅱ不可见，则 DE 上 ⅠF 线段的正投影可见，画成粗实线；以点 F 为界，另一端正投影不可见，画成细虚线。由于两几何要素的水平投影也没有积聚性，故也存在可见性问题，判断方法与上述相同。

（5）连线。完成作图，如图 3 – 25（c）所示。

2）倾斜平面与倾斜平面相交

【例 3 – 16】如图 3 – 26（a）所示，求倾斜面与倾斜面相交的交线。

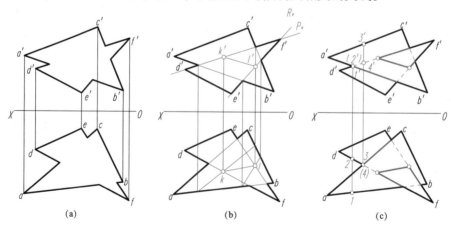

图 3 – 26　倾斜面与倾斜面相交

（a）已知条件；（b）求交线；（c）可见性判断

作图：

（1）如图 3 - 26（b）所示，分别包含已知直线 DF、EF 作辅助平面 P、R，两辅助平面垂直于 V 面。包含 d'f'作 P_V，包含 e'f'作 R_V。

（2）利用辅助平面 P、R 分别求出直线 DF、EF 与△ABC 的交点 K（k，k'）、L（l，l'）。连线 kl、k'l'即交线 KL 的投影。

（3）判断可见性。如图 3 - 26（c）所示，由于两平面倾斜于投影面，其在投影面上投影均没有积聚性，因此正面投影、水平投影都需要判断可见性。正面投影可见性判断：AB 上的点 Ⅰ（1，1'）与 DF 上的点Ⅱ（2，2'）在正投影面上重影，从水平投影上可以看出 $y_1 >$ y_2，即点 Ⅰ 在点 Ⅱ 之前，点 Ⅰ 可见，点 Ⅱ 不可见，则 AB 正面投影可见，画成粗实线；DF 上重影点到交点段不可见，画成细虚线。其余部分可见性判断参见【例 3 - 14】。由于两几何要素的水平投影也没有积聚性，故水平投影也存在可见性问题，判断方法与上述过程相同。

（4）连线。完成作图，如图 3 - 26（c）所示。

3.3.3　垂直问题

垂直问题分为直线与平面垂直、平面与平面垂直。

1. 直线与平面垂直

几何定理：如果一条直线垂直于平面上的任意两条相交直线，则直线垂直于该平面。反之，如果直线与平面垂直，则直线垂直于平面上的所有直线。

如图 3 - 27 所示，MN⊥△ABC，M 在△ABC 上。过点 M 分别作水平线 BD、正平线 EF，则 MN⊥BD、MN⊥EF，由直角投影定理可知，mn⊥bd、m'n'⊥e'f'。

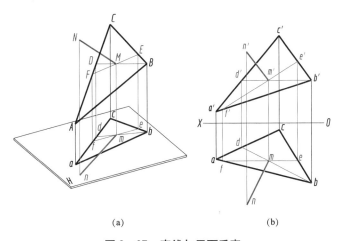

图 3 - 27　直线与平面垂直
（a）立体图；（b）投影图

投影特性：如果一条直线垂直于一个平面，则该直线的水平投影必定垂直于该平面上水平线的水平投影，该直线的正面投影必定垂直于该平面上正平线的正面投影。反之，如果直线的水平和正面投影分别垂直于平面上水平线的水平投影和正平线的正面投影，则直线垂直于该平面。

【例3-17】 如图3-28（a）所示，已知△ABC、点 M 的水平、正面投影，过点 M 作△ABC 的垂线。

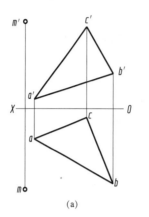 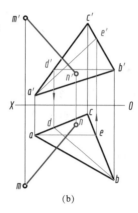

（a）　　　　　　　　　（b）

图3-28　求直线垂直平面

（a）已知条件；（b）作图过程

分析：

直线与平面垂直的条件是直线垂直于平面上的任意两条相交直线，已知同一平面上的正平线和水平线是相交直线，因此，只要作直线垂直于已知平面上的正平线和水平线，则该直线垂直于已知平面。

作图：

（1）如图3-28（b）所示，在△ABC 上作水平线 BD（bd，b'd'）、正平线 AE（ae，a'e'）。

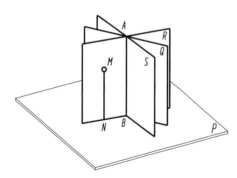

图3-29　面与面垂直

（2）作 mn⊥bd，m'n'⊥a'e'，则 MN 为所求。

2. 平面与平面垂直

平面与平面垂直的判定条件：如果直线垂直于一平面，则包含这条直线的所有平面垂直于该平面。

平面与平面垂直的性质：两个平面互相垂直，则过一个平面上的任意一点向另一个平面作垂线，所作的垂线在第一个平面内。

如图3-29所示，AB⊥平面 P，则包含 AB 的面 S、Q、R 均垂直于平面 P。点 M 在平面 R 上，作 MN⊥平面 P，则 MN 在平面 R 上。

【例3-18】 如图3-30（a）所示，已知△ABC，点 K 的水平、正面投影，过点 K 作铅垂面与△ABC 垂直。

分析：

过点作平面与已知平面垂直，只要过点作直线与已知平面垂直，则包含该直线的所有面与已知平面垂直。所求面是铅垂面，其水平投影积聚成直线，因此，所作铅垂面的水平投影只要与已知平面水平线的水平投影垂直即可，正面投影可画成过点 k 的任意平面图。

作图：

（1）如图 3 – 30（b）所示，在△ABC 上作水平线 BD（bd，b'd'）。

（2）作平面 kmn⊥bd，然后作 m'、n'，则△KMN 为所求。

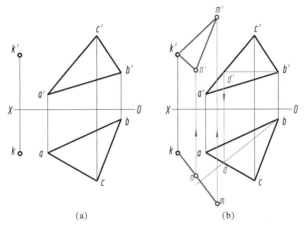

（a）　　　　　　　　　　　　（b）

图 3 – 30　铅垂面与已知面垂直

（a）已知条件；（b）作图过程

【本章内容小结】

内容	本章要点
平面的表示法	几何元素表示法 迹线表示法
平面的投影特性	一般位置平面（倾斜面）的投影特性 投影垂直面（铅垂面、正垂面、侧垂面）的投影特性 投影平行面（水平面、正平面、侧平面）的投影特性
平面上点、线	平面上点的判断及作图方法 平面上线的判断及作图方法 平面上特殊直线的作图方法
直线与平面、平面与平面的相对位置	平行（直线与平面平行、平面与平面平行） 相交（直线与平面相交、平面与平面相交；交点、交线求法；可见性判断） 垂直（直线与平面垂直、平面与平面垂直）

第4章　投影变换

【本章知识点】

（1）换面法的基本概念。

（2）点的投影变换规律。

（3）投影变换的4个基本问题。

（4）综合应用换面法图解空间几何元素间定位和度量问题。

4.1　投影变换的目的和方法

4.1.1　投影变换的目的

由前述内容可知，当直线或平面相对于投影面处于特殊（平行或垂直）位置时，它们的投影反映线段的实长、平面的实形及其与投影面的倾角，根据这一特性就能较容易地解决定位问题（如求交点、交线等）和度量问题（如求直线实长、平面实形和倾角等），如图4-1所示。当直线或平面相对于投影面处于一般位置时，它们的投影则不具备上述特性。

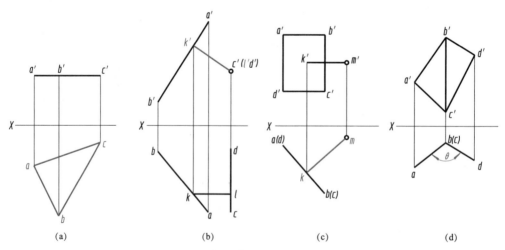

|(a)|(b)|(c)|(d)|

图4-1　几何元素处于有利于解题位置

（a）△abc 反映实形；（b）kl 反映实长；（c）km 反映实长；（d）θ 反映真实倾角

投影变换的目的就是将直线或平面从一般位置变换成与投影面平行或垂直的位置，以便求解定位和度量问题。

4.1.2　换面法的基本概念

在投影体系中保持空间几何元素不动，用新的投影面替换旧的投影面，使新的投影面对于空间几何元素处于有利于解题的位置。这种方法称为变换投影面法，简称换面法。

如图 4 - 2 所示，一铅垂面 $\triangle ABC$ 在 V/H 体系中不能反映实形，现作一个与 H 面垂直的新投影面 $V_1 /\!/ \triangle ABC$，组成新的投影面体系 V_1/H，再将 $\triangle ABC$ 向 V_1 面进行投影，则该投影反映 $\triangle ABC$ 实形。

新投影面的选择应符合以下两个条件：

（1）新投影面必须对于空间几何元素处于有利于解题的位置。

（2）新投影面必须垂直于原来投影面体系中的一个不变投影面，以组成一个新的两投影面体系。

其中，前一条件是解题需要，后一条件是为了应用两投影面体系中的投影规律。

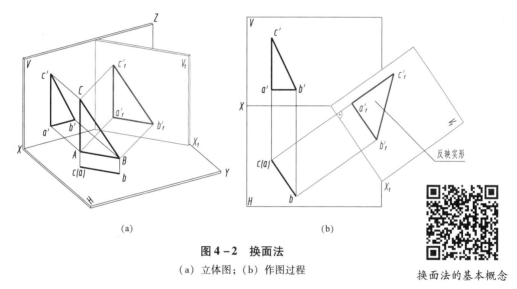

（a）　　　　　　　　　　　　　　（b）

图 4 - 2　换面法

（a）立体图；（b）作图过程

换面法的基本概念

4.2　点的投影变换

点是最基本的几何元素，因此，必须首先研究点的投影变换规律。

4.2.1　点的一次变换

如图 4 - 3 所示，点 A 在 V/H 体系中，它的两个投影为 a、a'，若用一个与 H 面垂直的新投影面 V_1 代替 V 面，建立新的 V_1/H 体系，则 V_1 面与 H 面的交线称为新的投影轴，以 X_1 表示。由于 H 面为不变投影面，所以点 A 的水平投影 a 的位置不变，称为不变投影，而点 A 在 V_1 面上的投影为新投影 a_1'。由图 4 - 2 可以看出，点 A 的各个投影 a、a'、a_1' 之间的关系，即点的投影规律如下：

（1）在新投影面体系中，不变投影 a 和新投影 a_1' 的连线垂直于新投影轴 X_1，即 $aa_1' \perp X_1$ 轴。

（2）新投影 a_1' 到新投影轴 X_1 的距离等于原来（即被代替的）投影 a' 到原来（即被代替的）投影轴 X 的距离，点 A 的 z 坐标在变换 V 面时是不变的，即

$$a_1' a_{x1} = a' a_x = Aa = z_A$$

根据上述投影之间的关系，点的一次变换的作图步骤如下：

（1）作新投影轴 X_1，以 V_1 面代替 V 面形成 V_1/H 体系，X_1 轴与点 a 的距离、X_1 轴的倾斜位置与 V_1 面对空间几何元素的相对位置有关，可根据作图需要确定。

（2）过点 a 作新投影轴 X_1 的垂线，得交点 a_{x1}。

（3）在 aa_{x1} 的垂线上上截取 $a_1' a_{x1} = a' a_x$，即得点 A 在 V_1 面上的新投影 a_1'。

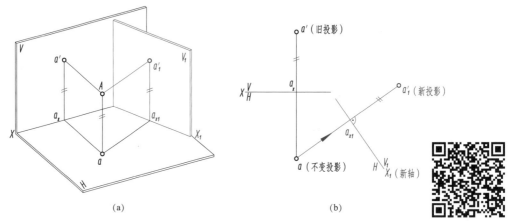

图 4 - 3　点的一次变换（变换 V 面）

（a）立体图；（b）作图过程

如图 4 - 4 所示，点 A 在 V/H 体系中，它的两个投影分别为 a、a'，亦可用一个垂直于 V 面的投影面 H_1 代替 H 面，建立新的 V/H_1 体系，这时点 A 在 V/H_1 体系中的投影为 a'、a_1。同理，点 A 的各个投影 a、a'、a_1 之间的关系如下：

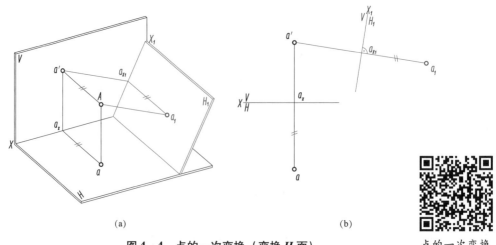

图 4 - 4　点的一次变换（变换 H 面）

（a）立体图；（b）作图过程

（1） $a_1 a' \perp X_1$ 轴。

（2） $a_1 a_{x1} = a a_x = A\ a' = y_A$。

其作图步骤与变换 V 面时类似。

综上所述，点的变换投影面法的基本规律可归纳如下：

（1） 不论在新的还是原来的（即被代替的）投影面体系中，点的两面投影的连线均垂直于相应的投影轴。

（2） 点的新投影到新投影轴的距离等于原来投影到原来投影轴的距离。

4.2.2 点的二次变换

由于新投影面必须垂直于原来投影体系中的一个投影面，因此在解题时，有时变换一次投影面还不能解决问题，而必须变换两次或多次。这种变换两次或多次投影面的方法称为二次变换或多次变换。

当进行二次或多次变换时，由于新投影面的选择必须符合前述两个条件，因此不能同时变换两个投影面，而必须变换一个投影面后，在新的两投影面体系中再变换另一个未被代替的投影面，即轮流进行投影面变换。

二次变换的作图方法与一次变换的作图方法完全相同，只是重复一次作图过程。如图 4-5 所示，点的二次变换作图步骤如下：

（1） 先变换一次，以 V_1 面代替 V 面，组成新体系 V_1/H，作出新投影 a_1'。

（2） 在 V_1/H 体系基础上，再变换一次，这时如果仍变换 V_1 面就没有实际意义，因此，第二次变换应变换前一次变换中未被代替的投影面，即以 H_2 面来代替 H 面组成第二个新体系 V_1/H_2，这时 $a_1' a_2 \perp X_2$ 轴、$a_2 a_{x2} = a\ a_{x1}$，由此作出新投影 a_2。

二次变换投影面时，也可先变换 H 面，再变换 V 面，即由 V/H 体系先变换成 V/H_1 体系，再变换成 V_2/H_1 体系。变换投影面的先后次序按图 4-5 所示情况及实际需要而定。

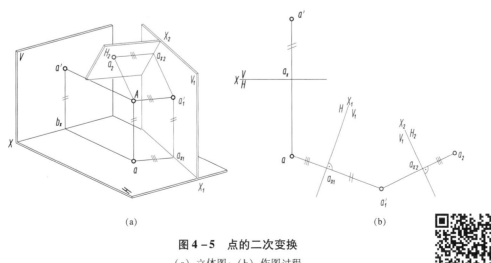

（a）   （b）

图 4-5 点的二次变换

（a）立体图；（b）作图过程

点的二次变换

4.3 4个基本问题

4.3.1 将投影面倾斜线变为投影面平行线

如图4-6所示，AB为一投影面倾斜线，若变换为正平线，则必须变换 V 面使新投影面 $V_1 /\!/ AB$，这样 AB 在 V_1 面上的投影 $a_1' b_1'$ 将反映 AB 的实长，$a_1' b_1'$ 与 X_1 轴的夹角反映直线对 H 面的倾角 α，具体作图步骤如下：

（1）作新投影轴 $X_1 /\!/ ab$；

（2）分别过 a、b 作 X_1 轴的垂线，与 X_1 轴交于 a_{x1}、b_{x1}，然后在垂线上量取 $a_1' a_{x1} = a' a_x$，$b_1' b_{x1} = b' b_x$，得到新投影 a_1'、b_1'；

（3）连接 a_1'、b_1' 得投影 $a_1' b_1'$，它反映 AB 的实长，其与 X_1 轴的夹角反映 AB 对 H 面的倾角 α。

如果要求出 AB 对 V 面的倾角 β，则要作新投影面 $H_1 /\!/ AB$，即 AB 在 V/H_1 体系中为水平线。作图时作 $X_1 /\!/ a' b'$，如图4-7所示。

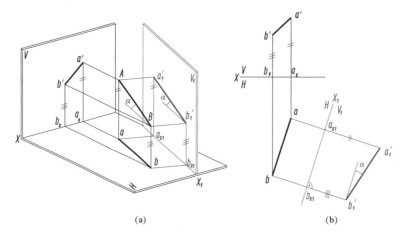

倾斜线变换成平行线
（变换 V 面）

（a）　　　　　　　　　　　（b）

图4-6　投影面倾斜线变换成投影面平行线（变换 V 面）

（a）立体图；（b）作图过程

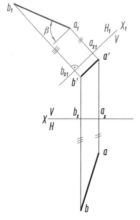

图4-7　投影面倾斜线变换成投影面平行线（变换 H 面）

4.3.2　将投影面倾斜线变为投影面垂直线

将投影面倾斜线变换成投影面垂直线必须经过二次变换，第一次将投影面倾斜线变换成投影面平行线；第二次将投影面平行线变换成投影面垂直线。

如图 4-8 所示，AB 为一投影面倾斜线，若先变换 V 面，使 V_1 面 $// AB$，则 AB 在 V_1/H 体系中为投影面平行线；再变换 H 面，作 H_2 面 $\perp AB$，则 AB 在 V_1/H_2 体系中为投影面垂直线。具体作图步骤如下：

（1）先作 X_1 轴 $// ab$，求得 AB 在 V_1 面上的新投影 $a_1'b_1'$；

（2）再作 X_2 轴 $\perp a_1'b_1'$，得出 AB 在 H_2 面上的投影（a_2）b_2，这时 a_2 与 b_2 积聚为一点。

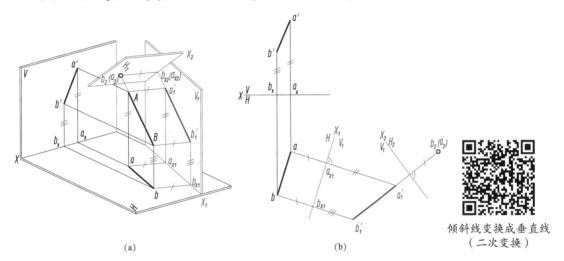

（a）　　　　　　　　　　　　　（b）

倾斜线变换成垂直线
（二次变换）

图 4-8　投影面倾斜线变换成投影面垂直线

（a）立体图；（b）作图过程

4.3.3　将投影面倾斜面变为投影面垂直面

如图 4-9 所示，$\triangle ABC$ 为投影面倾斜面，如果变换为正垂面，则必须取新投影面 V_1 既垂直于 $\triangle ABC$ 又垂直于 H 面。为此，可在 $\triangle ABC$ 上先作一水平线，然后作 V_1 面与该水平线垂直，由此 V_1 面也一定与 $\triangle ABC$ 垂直，这时平面在 V_1/H 体系中为正垂面。具体作图步骤如下：

（1）在 $\triangle ABC$ 上作水平线 CD，其投影为 $c'd'$ 和 cd；

（2）再作 X_1 轴 $\perp cd$；

（3）作 $\triangle ABC$ 在 V_1 面的投影 $a_1'b_1'$（c_1'），而 $a_1'b_1'$（c_1'）积聚为一直线，则它与 X_1 轴的夹角即反映 $\triangle ABC$ 对 H 面的倾角 α。

如果要求出 $\triangle ABC$ 对 V 面的倾角 β，则必须使平面 $\perp H_1$ 面，即在 V/H_1 体系中为一铅垂面。为此，可在此平面上作一正平线 BE，再作 H_1 面 $\perp BE$，则 $\triangle ABC$ 在 H_1 面上的投影为一直线，它与 X_1 轴的夹角反映 $\triangle ABC$ 对 V 面的倾角 β，具体作图如图 4-10 所示。

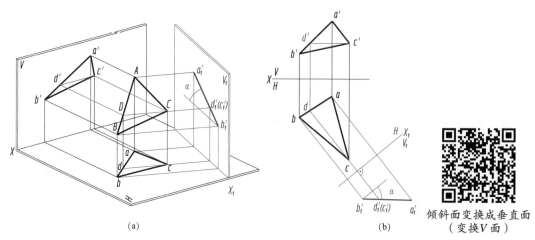

图 4 - 9　投影面倾斜面变换成投影面垂直面（变换 V 面）

（a）立体图；（b）作图过程

4.4.4　将投影面倾斜面变为投影面平行面

将投影面倾斜面变换成投影面平行面，必须经过二次变换，第一次将投影面倾斜面变换成投影面垂直面；第二次再将投影面垂直面变换成投影面平行面。

如图 4 - 11 所示，先将 △ABC 变换成垂直于 H_1 面；再将 △ABC 变换成平行于 V_2 面。具体作图步骤如下：

（1）在 △ABC 上作正平线 BE，作新投影面 $H_1 \perp BE$，即作 X_1 轴 $\perp b'e'$，然后作出 △ABC 在 H_1 面的新投影 $a_1b_1c_1$，而 $a_1b_1c_1$ 积聚为一条直线；

（2）作新投影面 V_2 平行于 △ABC，即作 X_2 轴 $/\!/ a_1b_1c_1$，然后作出 △ABC 在 V_2 面的投影 $\triangle a_2'b_2'c_2'$，则 $\triangle a_2'b_2'c_2'$ 反映 △ABC 的实形。

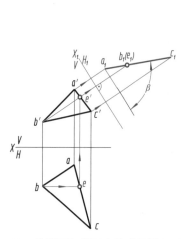

图 4 - 10　投影面倾斜面变换成投影面垂直面

（变换 H 面）

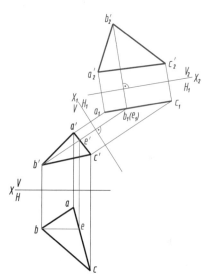

图 4 - 11　投影面倾斜面变换成投影面平行面

4.4.5　换面法的应用

【例 4-1】 如图 4-12（a）所示，已知直线 AB、点 K 的水平、正面投影，求点 K 到直线 AB 的距离。

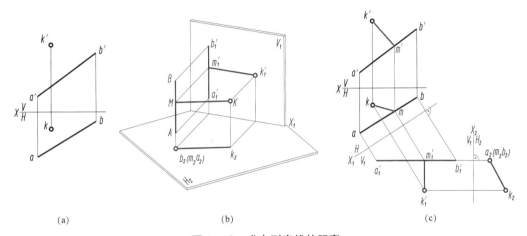

图 4-12　求点到直线的距离
（a）已知条件；（b）立体图；（c）作图过程

分析：

点到直线的距离就是点到直线的垂线实长。如图 4-12（a）所示，AB 为投影面倾斜线，若将其变换为某投影面垂直线，则其垂线 KM 为该投影面平行线，在该投影面上反映实长。具体作图过程如图 4-12（c）所示。

作图：

（1）如图 4-12（b）所示，将直线 AB 经过二次变换成为 H_2 面上的垂直线，其在 H_2 面上的投影积聚为一点，即 b_2（a_2），垂足 M 在 H_2 面上的投影亦为该点。点 K 也随之变换，其在 H_2 面上的投影为 k_2。

（2）连接 k_2、m_2，k_2m_2 即垂线 KM 在 H_2 面上的投影，由于 KM 在 V_1/H_2 体系中为水平线，因此，k_2m_2 为点 K 到直线 AB 的距离 KM 的实长。

如要求出 KM 在原来体系中的投影，可先过 k_1' 作 $k_1'm_1'$ // X_2 或 $k_1'm_1' \perp a_1'b_1'$ 交 $a_1'b_1'$ 于 m_1'，再根据点的变换规律作出 km、$k'm'$。

【例 4-2】 如图 4-13（a）所示，已知 $\triangle ABC$，点 S 的水平、正面投影，求点 S 到 $\triangle ABC$ 平面的距离。

分析：

点到平面的距离就是点到平面的垂线实长。如图 4-13（a）所示，$\triangle ABC$ 为投影面倾斜面，若将其变换为某投影面垂直面，则其垂线 SK 为该投影面平行线，在该投影面上反映实长，即可求得点 S 到 $\triangle ABC$ 平面的距离。具体作图过程如图 4-13（b）所示。

作图：

（1）将 $\triangle ABC$ 经过一次变换成为 H_1 面的垂直面（亦可变换为 V_1 面的垂直面），其在 H_1 面上的投影重影为一条直线，即 $a_1b_1c_1$。点 S 也随之变换，其在 H_1 面上的投影为 s_1。

（2）过 s_1 作 $s_1k_1 \perp a_1b_1c_1$，得垂足 k_1，由于 SK 在 V/H_1 体系中为水平线，因此 s_1k_1 即点 S 到 $\triangle ABC$ 平面距离 SK 的实长。

如要求出 SK 在原来体系中的投影，可先过 s' 作 $s'k' \parallel X_1$ 轴，再根据点的变换规律作出 sk。

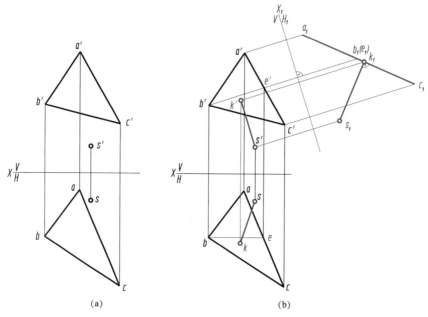

图 4-13　求点到平面的距离

（a）已知条件；（b）作图过程

【例 4-3】如图 4-14（a）所示，已知相交两平面 $\triangle ABC$、$\triangle ADC$ 的正面投影及 $\triangle ABC$ 的水平投影，且它们的夹角为 $160°$，补全 $\triangle ADC$ 的水平投影。

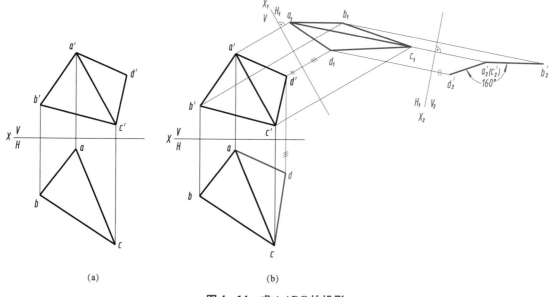

图 4-14　求 $\triangle ADC$ 的投影

（a）已知条件；（b）作图过程

分析：

当两平面的交线垂直于投影面时，则两平面在该投影面上的投影为两相交直线，它们之间的夹角反映两平面间的夹角。在新投影面体系中利用已知夹角及 $\triangle ADC$ 的正面投影即可求得 $\triangle ADC$ 的水平投影。具体作图过程如图 4-14（b）所示。

作图：

（1）将直线 AC 经过二次变换成为 V_2 面上的垂直线，其在 V_2 面上的投影积聚为一点，即 a_2'（c_2'）；点 B 也随之变换，其在 V_2 面上的投影为 b_2'。连接该两点得 $\triangle ABC$ 在 V_2 面上的投影，该投影积聚为直线 a_2'（c_2'）b_2'。

（2）同理，$\triangle ADC$ 在 V_2 面上的投影亦积聚为直线，两直线的夹角即反映 $\triangle ABC$ 与 $\triangle ADC$ 两平面的夹角。因此，过 a_2'（c_2'）作一条直线与直线 a_2'（c_2'）b_2' 成 160°，该直线即 $\triangle ADC$ 在 V_2 面上的投影 a_2'（c_2'）d_2'。

（3）根据点的变换规律，由 d_2' 求得 d'，再求得 d，连接 ad、dc，即得 $\triangle ADC$ 的水平投影。

【本章内容小结】

内容		要点
投影变换的基本概念	换面法的概念	保持空间几何元素不动，用新投影面替换旧投影面，使新的投影面对于空间元素处于有利解题的位置
	投影变换的目的	让直线或平面相对投影面处于特殊（平行或垂直）位置
	新投影面选择条件	（1）新投影面必须和空间几何元素处于有利于解题的位置； （2）新投影面垂直于原来投影面体系中一个不变投影面，以组成一个新的两投影面体系
	投影变换规律	（1）不变投影与新投影的连线垂直于新投影轴； （2）新投影到新轴的距离等于旧投影到旧轴的距离
投影变换的4个基本问题	投影面倾斜线→ 投影面平行线	一次变换
	投影面倾斜线→ 投影面垂直线	二次变换
	投影面倾斜面→ 投影面垂直面	一次变换
	投影面倾斜面→ 投影面平行面	二次变换
解题要考虑的几个问题		根据已知条件，分析空间几何元素（点、线、面）在投影面体系中所处的位置
		根据要求得到的结果，确定出相关几何元素对新投影面应处于什么样的特殊位置（垂直或平面），据此确定解题思路和方法
		在具体作图过程中，要注意新投影与原投影在变换前后的关系，既能在新投影体系中正确无误地求得结果，又能将结果返到原投影体系中去

第 5 章　立体及其表面交线

【本章知识点】

（1）基本立体投影的画法及其表面取点。

（2）截交线的分析及作图方法。

（3）相贯线的分析及作图方法。

（4）特殊相贯线的画法。

5.1　平面立体

　　任何立体都可以看成由平面或曲面围成的实体。由若干平面多边形围成的立体称为平面立体，如棱柱、棱锥。由平面和曲面或者全部由曲面围成的立体称为曲面立体，如圆柱、圆锥、圆球和圆环。本节主要介绍平面立体的形成方式、结构特点及其表面取点的方法。

5.1.1　常见平面立体的形成方式及结构特点

　　表 5-1 给出了常见平面立体的形成方式及结构特点。

表 5-1　常见平面立体的形成方式及结构特点

平面立体	棱柱	棱柱体	棱锥	棱台
立体图			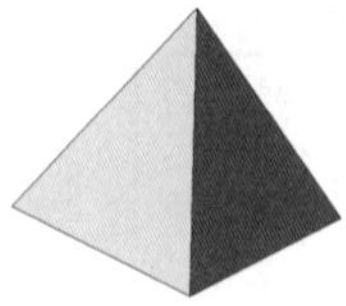	
形成方式	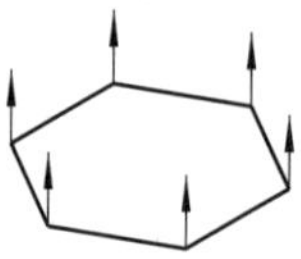	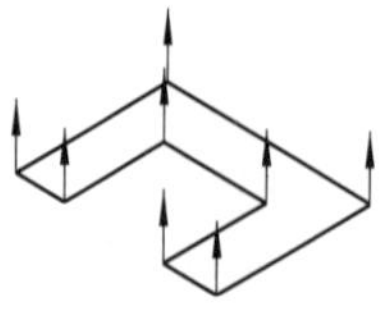	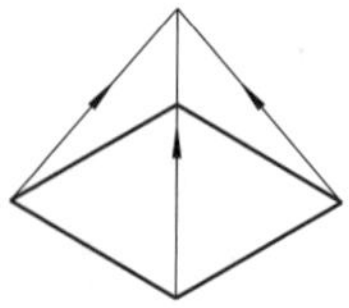	
结构特点	由上、下两底面和若干棱面组成，棱面垂直于底面，各棱线相互平行；底面形状反映立体特征，为特征平面，不同底面形成不同柱体		由一个或两个底面和具有公共顶点的棱面组成，各棱线交于顶点；锥状体的形状取决于底面的形状	

5.1.2　棱柱

棱柱是由一个顶面、一个底面和几个侧棱面围成的立体。侧棱面之间的交线称为侧棱线，侧棱线相互平行。

1. 棱柱的投影

图 5 – 1（a）所示为一正六棱柱的投影图。它由顶面、底面和 6 个侧棱面围成，顶面和底面为正六边形，侧棱面为长方形。棱柱的投影过程如图 5 – 1（b）所示。

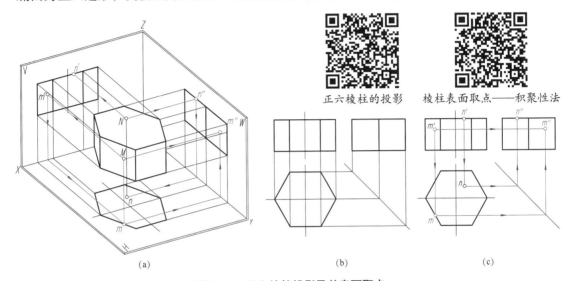

正六棱柱的投影　　　棱柱表面取点——积聚性法

（a）　　　　　　　　　　　（b）　　　　　　　　　（c）

图 5 – 1　正六棱柱投影及其表面取点

（a）棱柱的投影过程；（b）棱柱的投影图；（c）棱柱表面取点

分析：

（1）水平投影。正六棱柱顶面和底面均为水平面，水平投影重合，为反映其实形的正六边形；6 个棱面的投影积聚成线，与六边形的 6 条边重合。

（2）正面投影。顶面和底面的正面投影积聚成线；最前、最后棱面均为正平面，正面投影重合，且为反映其实形的矩形；其他 4 个棱面均与 V 面相倾斜，正面投影为其类似形，且前后重影。

（3）侧面投影。顶面、底面和最前、最后棱面的侧面投影均积聚成线；其他 4 个棱面的侧面投影为其类似形，且左右重影。

作图：

（1）如图 5 – 1（b）所示，作正六棱柱的投影时，画出对称中心线、对称线。

（2）作出棱柱水平投影（正六边形）。

（3）按照投影关系画出它的正面投影和侧面投影。

注意：当棱线投影与对称线重合时应画成粗实线。

2. 棱柱表面取点

平面立体表面上取点的原理和方法与在平面上取点相同，由于正放六棱柱的各个表面都处于特殊位置，因此，在其表面上取点均可利用平面投影的积聚性作图，并标明其可见性。

【例 5 – 1】如图 5 – 1（c）所示，在正六棱柱表面上有两点，分别为 M 和 N，已知点 M 的正面投影 m′，求作其水平投影 m 和侧面投影 m″；已知点 N 的水平投影 n，求其正面投影 n′ 和侧面投影 n″。

分析及作图：

（1）求点 M 另两面投影。由于点 M 的正面投影是可见的，该点必定在左前方的棱面上，而该棱面为铅垂面，因此点 M 的水平投影 m 必在该棱面有积聚性的水平投影直线上，再根据投影关系由 m′ 和 m 求出 m″，如图 5 – 1（c）所示。由于点 M 所在棱面处于左前方，因此点 M 的侧面投影也可见。

（2）求点 N 另两面投影。由于 n 可见，点 N 必定在顶面上，而顶面为水平面，其正面投影和侧面投影都具有积聚性，因此 n′ 和 n″ 也必分别在顶面的同面投影上，如图 5 – 1（c）所示。

5.1.3　棱锥

1. 棱锥的投影

图 5 – 2（a）为一正三棱锥的投影过程。正三棱锥由 1 个底面和 3 个侧棱面围成。底面是由 3 条棱线围成的正三角形，3 个侧棱面均是由 3 条侧棱线和 3 条底棱线围成大小相等的等腰三角形。

分析：

（1）水平投影。正三棱锥的底面为水平面，水平投影为反映其实形的 $\triangle abc$；3 个侧棱面 $\triangle SAB$、$\triangle SBC$ 和 $\triangle SAC$ 均与水平面倾斜，水平投影为其类似形，分别为 $\triangle sab$、$\triangle sbc$ 和 $\triangle sac$。

（2）正面投影。正三棱锥底面的正面投影积聚成平行于 X 轴的直线 $a'b'c'$；3 个侧棱面都与 V 面倾斜，正面投影为其类似形，分别为 $\triangle s'a'b'$、$\triangle s'b'c'$ 和 $\triangle s'a'c'$。

（3）侧面投影。三棱锥底面的侧面投影积聚成平行于 Y 轴的直线 $a''（c''）b''$；$\triangle SAC$ 棱面为侧垂面，侧面投影积聚成直线 $s''a''（c''）$，其余两个侧棱面的侧面投影均为其类似形且左右重影。

作图：

（1）如图 5 – 2（b）所示，作三棱锥的三面投影时，先画其底面的投影。三棱锥底面为水平面，因此，其正面与侧面投影积聚为直线，水平投影反映实形。

（2）作出顶点 S 的三面投影 s'、s 和 s''。

（3）将 s'、s、s'' 与底面各顶点同面投影相连，即得各个侧棱面的三面投影。

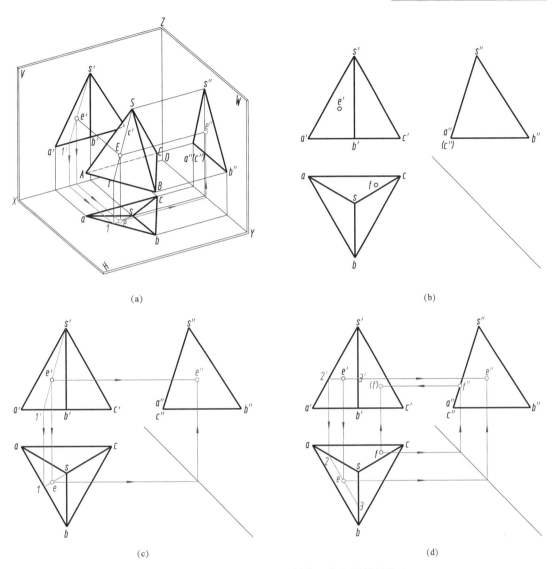

(a)　　　　　　　　　　　　　　　　(b)

(c)　　　　　　　　　　　　　　　　(d)

图 5 - 2　正三棱锥投影图及其表面上点投影的作法

（a）棱锥的投影过程；（b）棱锥的投影图；（c）过锥顶作辅助线法求点 E 另两面投影；

（d）利用平面投影重影性求点 F 另两面投影

正三棱锥投影

棱锥表面取点——过锥顶辅助线法

棱锥表面取点——平行底面辅助线法

2. 棱锥表面取点

　　正三棱锥的表面既有特殊位置平面，也有一般位置平面。特殊位置平面上点的投影，可利用该平面投影的积聚性直接作图；一般位置平面上点的投影，可通过在平面上作辅助线的方法求得。

　　【例 5 - 2】如图 5 - 2（b）所示，在正三棱锥表面有两点 E 和 F，已知点 E 的正面投影

e'，求其水平投影 e 和侧面投影 e''；已知点 F 的水平投影 f，求其正面投影 f' 和侧面投影 f''。

分析及作图：

棱锥表面取点的作图原理与在平面上取点时相同。由于 e 可见，所以点 E 在左棱面 $\triangle SAB$（一般位置平面）上。欲求点 E 的另两个投影 e、e''，必须利用辅助线作图。具体方法有以下两种：

（1）过点 E 和锥顶作辅助直线 $S\,\mathrm{I}$，其正面投影 $s'1'$ 必通过 e'；求出辅助线 $S\,\mathrm{I}$ 的水平投影 $s1$ 和侧面投影 $s''1''$，则点 E 水平投影 e 必在 $s1$ 上，侧面投影也必在 $s''1''$ 上。

（2）过点 E 作底棱 AB 的平行线 $\mathrm{II}\,\mathrm{III}$，则 $2'3'//a'b'$ 且通过 e'，求出 $\mathrm{II}\,\mathrm{III}$ 的水平投影 $23//ab$，且必通过 e，根据 e' 和 e 即可作出点 E 的侧面投影 e''。

由于 f 可见，所以点 F 是在侧棱面 $\triangle SAC$ 上，而不是在底面 $\triangle ABC$ 上。侧棱面 $\triangle SAC$ 是侧垂面，其侧面投影具有积聚性，故 f'' 可利用积聚性直接求出，即 f'' 必在 $s''a''$ 上，再由 f 和 f'' 求出 f'。

最后，还要判别点的投影的可见性。由于侧棱面 $\triangle SAB$ 处于左方，侧面投影可见，故其上的点 E 的侧面投影 e''、水平投影 e 也可见。而侧棱面 $\triangle SAC$ 处于后方，正面投影不可见，故其上的点 F 的正面投影 f' 不可见。

5.2 回转体

5.2.1 常见回转体的形成方式及结构特点

常见回转体的形成方式及结构特点如表 5 - 2 所示。

表 5 - 2　常见回转体的形成方式及结构特点

回转体	圆柱	圆锥	圆球	圆弧回转体
立体图	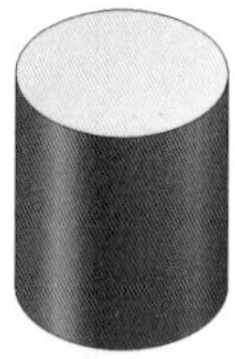			
形成方式	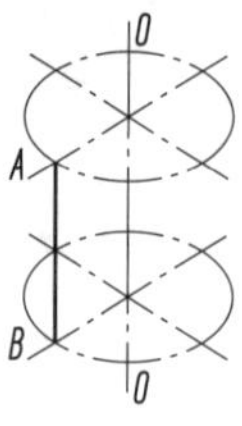	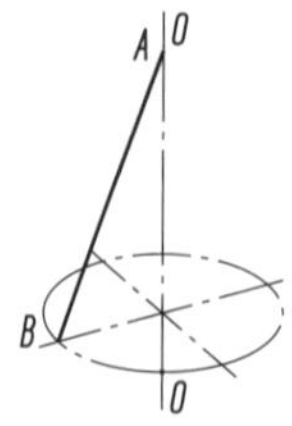	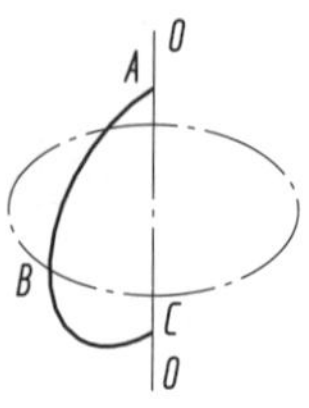	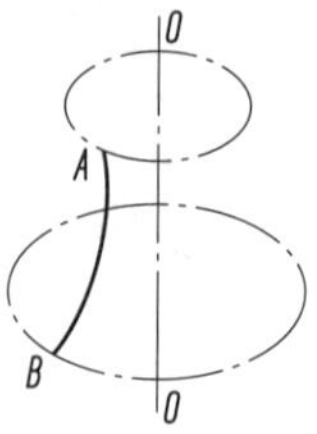
结构特点	由上、下两个底面和一个回转面组成，回转面垂直于底面，圆柱素线与轴线平行	由一个底面和一个回转面组成，各条素线交于顶点	由一圆母线绕过圆心且与圆在同一平面的轴线回转形成	由上、下底面和圆弧回转面组成，两底面互相平行，素线为一段圆弧

5.2.2 圆柱

1. 圆柱的投影

如图 5-3（a）所示，圆柱面可看作一条直线 AB 绕与其平行的轴线 OO_1 回转形成。OO_1 为回转轴，直线 AB 称为母线，母线转至任一位置时均称为素线。圆柱体表面由圆柱面和上、下两个圆平面组成。

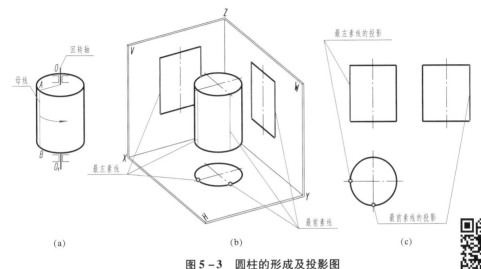

(a)　　　　　　　　　　　　　(b)　　　　　　　　　　　　　(c)

图 5-3　圆柱的形成及投影图

（a）圆柱的形成；（b）圆柱的投影过程；（c）圆柱的投影图

圆柱投影

分析：

（1）水平投影。圆柱上、下底面均为水平面，水平投影为反映实形的圆，该圆也是圆柱面的积聚性投影。

（2）正面投影。圆柱的正面投影为一矩形，矩形上、下边线为圆柱上、下底面的积聚性投影；左、右边线为圆柱最左、最右素线的投影，也是圆柱正面投影可见与不可见的分界线。

（3）侧面投影。圆柱的侧面投影为一矩形，矩形上、下边线为圆柱上、下底面的积聚性投影；左、右边线为圆柱最后、最前素线的投影，也是圆柱侧面投影可见与不可见的分界线。

作图：

（1）如图 5-3（c）所示，作圆柱的投影时，首先画出正面投影的对称中心线，以确定回转轴的位置。

（2）然后画出投影为圆的水平投影。

（3）根据投影圆确定的轮廓线位置和圆柱的高度画出其余两个面投影。

2. 圆柱表面取点

圆柱表面上点的投影可根据积聚性投影及三面投影规律来作。

【例 5-3】如图 5-4（a）所示，已知圆柱体表面点 M 和 N 的正面投影 m' 及 n'，求其水平投影 m、n 和侧面投影 m''、n''。

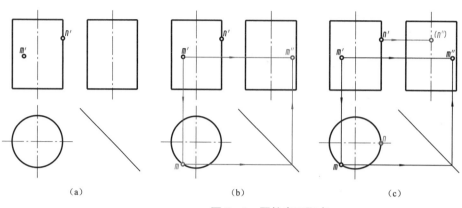

图5-4　圆柱表面取点

（a）已知题目；（b）求点 M 另两面投影；（c）求点 N 另两面投影

分析及作图：

（1）根据给定的 m' 的位置，可断定点 M 在前半圆柱的左半部分，由 m' 和 m 可求得 m''，且 m'' 可见，如图 5-4（b）所示。

（2）根据给定的 n' 的位置，可判定点 N 在圆柱的最右素线上，由此可得其水平投影 n，再由 n' 直接求得 n''，由于点 N 在圆柱的最右素线上，所以其侧面投影 n'' 不可见，如图 5-4（c）所示。

5.2.3　圆锥

1. 圆锥的投影

圆锥由一圆锥面和底面组成。圆锥面可看作由一直母线 SA 绕与其相交的轴线旋转一周形成。圆锥面上通过锥顶的任一直线称为圆锥面的素线，如图 5-5（a）所示。

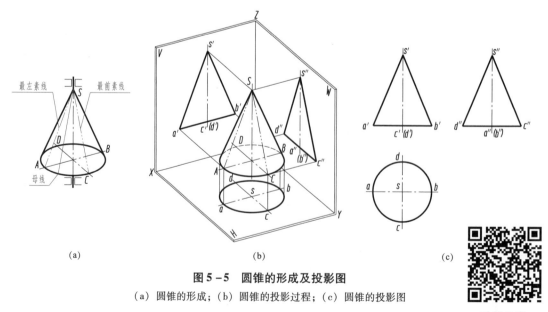

（a）　　　　　　　　　　　　　　　（b）　　　　　　　　　　　　　　　（c）

图5-5　圆锥的形成及投影图

（a）圆锥的形成；（b）圆锥的投影过程；（c）圆锥的投影图

分析：

（1）水平投影。圆锥底面为一水平圆，水平投影为反映实形的圆，圆锥面的水平投影也重影在该圆上。

（2）正面投影。圆锥的正面投影为等腰三角形，三角形的底边为圆锥底面的积聚性投影；另外两条边 $s'a'$ 和 $s'b'$ 为圆锥最左、最右素线 SA、SB 的投影，是圆锥正面投影可见与不可见的分界线。

（3）侧面投影。圆锥的侧面投影为等腰三角形，三角形的底边为圆锥底面的积聚性投影；三角形两腰 $s''c''$、$s''d''$ 为圆锥最前、最后素线 SC、SD 的投影，也是圆锥侧面投影可见与不可见的分界线。

作图：

（1）如图 5 – 5（c）所示，画圆锥投影图时，首先画出正面投影的对称中心线，以确定回转轴的位置。

（2）然后画出投影为圆的那个投影。

（3）根据投影圆确定的轮廓线位置和圆锥的高度画出其余两个面投影。

2. 圆锥表面取点

【例 5 – 4】如图 5 – 6 所示，已知圆锥表面点 M 的正面投影 m'，求其水平投影 m 和侧面投影 m''。可采用两种方法来作点 M 的其他两面投影。

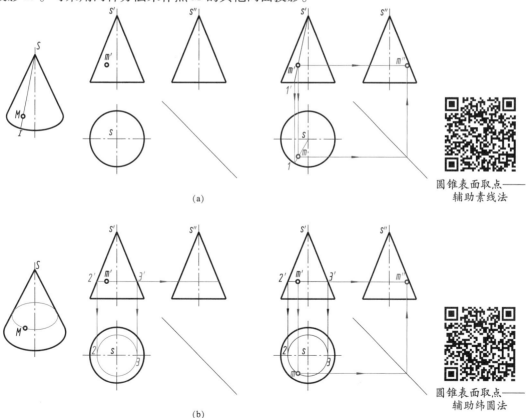

圆锥表面取点——
辅助素线法

（a）

圆锥表面取点——
辅助纬圆法

（b）

图 5 – 6　圆锥表面取点

（a）辅助素线法；（b）辅助纬圆法

（1）辅助素线法。如图 5 - 6（a）所示，过点 M 及圆锥的锥顶作一辅助线 SI，根据已知投影确定 SI 的正面投影 s'1'，然后作出其水平投影 s1，根据点的投影的从属性就可以确定点 M 的水平投影 m，最后再由 m' 和 m 确定出 m''。根据给定的 m' 的位置可以判定点 M 在左半圆锥面上，所以它的侧面投影 m'' 可见。

（2）辅助纬圆法。如图 5 - 6（b）所示，过点 M 作一平行于圆锥底面的水平辅助圆，该圆的正面投影必然为过 m' 且平行于圆锥底面正面投影的直线 2'3'，其水平投影为一直径为 23 的圆，点 m 必定在此圆周上，由 m' 求出 m 后，再由 m' 和 m 求出 m''。

5.2.4　圆球

1. 圆球的投影

圆球由球面组成。球面可以看成由一个半圆绕其自身直径旋转而成，如图 5 - 7（a）所示，投影过程如图 5 - 7（b）所示。

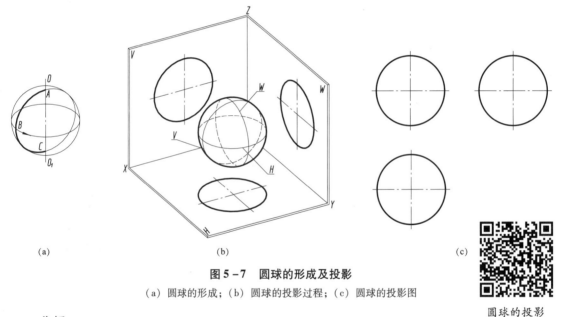

(a)　　　　　　　　　　　(b)　　　　　　　　　　　(c)

图 5 - 7　圆球的形成及投影
（a）圆球的形成；（b）圆球的投影过程；（c）圆球的投影图

圆球的投影

分析：

（1）水平投影。圆球的水平投影为圆，是圆球表面平行于 H 面的圆素线的投影，也是上、下半球的分界线，是圆球面水平投影可见与不可见的分界线。

（2）正面投影。圆球的正面投影为圆，是圆球表面平行于 V 面的圆素线的投影，也是前、后半球的分界线，是圆球面正面投影可见与不可见的分界线。

（3）侧面投影。圆球的侧面投影为圆，是圆球表面平行于 W 面的圆素线的投影，也是左、右半球的分界线，是圆球面侧面投影可见与不可见的分界线。

作图：

（1）如图 5 - 7（c）所示，首先画出中心线，以确定球心的位置。

（2）其次以相同的半径画出各个投影圆。

2. 圆球表面取点

因圆球面上不能取到直线，所以只能用辅助纬圆法来确定圆球面上点的投影。当点位于圆球的最大圆上时，可直接利用最大圆求出点的投影。

【例 5 – 5】如图 5 – 8（a）所示，已知圆球面上点 M 和 N 的正面投影 m' 和 n'，求它们的另两面投影。

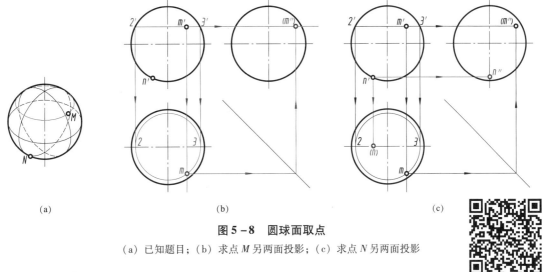

图 5 – 8　圆球面取点

（a）已知题目；（b）求点 M 另两面投影；（c）求点 N 另两面投影

圆球表面取点

分析及作图：

求点 M 的另两面投影，可过点 M 作一个平行于 H 面的辅助纬圆，其正面投影为 $2'3'$，水平投影为直径为 23 的圆，点 m 必定在该圆上，由 m' 可求得 m，再由 m' 和 m 求出 m''，由 m' 可知点 M 在上半球的右边，所以 m 可见，m'' 不可见，如图 5 – 8（b）所示。

求点 N 的另两面投影，由 n' 的位置可判定其位置是在球的平行于 V 面的圆素线的下方，从而由 n' 直接求出 n，由于点 N 在左半球的下方，所以其水平投影 n 不可见。最后由 n' 和 n 求出 n''，如图 5 – 8（c）所示。

5.2.5　圆环

1. 圆环的投影

如图 5 – 9（a）所示，圆环可以看成以圆为母线，绕与圆共面但不通过圆心的轴线旋转而成。圆环外面的一半表面称为外环面，内部的一半表面称为内环面。圆环的投影过程如图 5 – 9（b）所示。

分析：

（1）水平投影。圆环的水平投影为圆环在该方向最大最小素线圆的投影，由于两圆均为水平圆，所以水平投影反映实形，为一组同心圆。图中细点画线为两同心圆的中心线及素线圆圆心轨迹的投影。

（2）正面投影。正面投影中，左、右两圆为圆环在 V 面投影方向的素线的投影，即母线圆在平行于 V 面时的投影，上、下两条水平线的投影为母线圆上最高点和最低点旋转而成的水平圆的正面投影，左、右两素线圆中各有半个圆不可见，故用细虚线表示，图中细点画线分别为素线圆中心线及回转轴线的投影。

（3）侧面投影。侧面投影中，前、后两圆为圆环在 W 面投影方向素线的投影，即母线圆在平行于 W 面时的投影，上、下两条水平线的投影为母线圆上最高点和最低点旋转而成的水平圆的侧面投影，前、后两素线圆中各有半个圆不可见，故用细虚线表示，图中细点画线分别为素线圆中心线及回转轴线的投影。

作图：

（1）如图 5-9（c）所示，首先画中心线，在水平投影上画出环面上最大圆和最小圆（区分上、下环面的转向线）的投影。

（2）在正面投影上作 A、B 两圆的投影。

（3）在侧面投影上作 C、D 两圆的投影。

（4）在正面投影和侧面投影上作环面最高、最低圆的投影，分别为两直线。

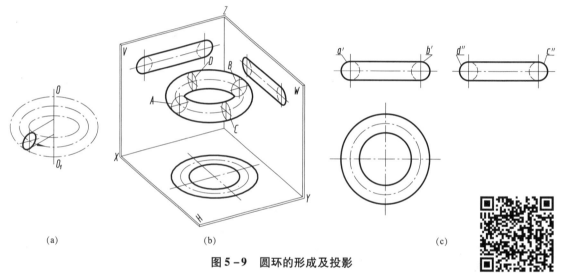

（a）　　　　　　　　　　　　　（b）　　　　　　　　　　　　　（c）

图 5-9　圆环的形成及投影

（a）圆环的形成；（b）圆环的投影过程；（c）圆环的投影图

圆环投影

2. 圆环面上取点

【例 5-6】如图 5-10（a）所示，已知圆环面上点 M 的正面投影 m'，求其水平投影 m 和侧面投影 m''。

分析与作图：

可过 M 作平行于水平面的辅助圆，由 m' 求出 m，再由 m' 和 m 求出 m''，如图 5-10（b）所示。

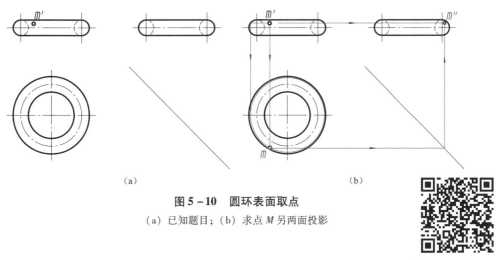

（a）　　　　　　　　　　　　　　　　　　（b）

图 5 - 10　圆环表面取点

（a）已知题目；（b）求点 M 另两面投影

圆环表面取点——
辅助纬圆法

5.3　平面与立体相交

　　如图 5 - 11 所示，平面与立体相交，可以认为是用平面截切立体。截切立体的平面称为截平面，截平面与立体表面的交线称为截交线，立体被截切后的断面称为截断面，它是由截交线围成的平面图形。图 5 - 12 为工程实际中常见的截切体。

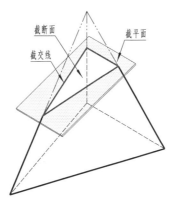

图 5 - 11　截交线与截断面

切割体与
截交线的概念

（a）　　　　　　　　（b）　　　　　　　　（c）

图 5 - 12　工程实际中常见的截切体

（a）V 形块；（b）球轴承；（c）十字接头

研究平面与立体相交就是求截交线的投影以及截断面的实形。

立体被平面截切时，立体形状和截平面相对位置不同，所形成的截交线的形状也不相同。为了正确地画出截交线的投影，应掌握截交线的基本性质：

（1）截交线是截平面和立体表面交点的集合，截交线既在截平面上，又在立体表面上，是截平面和立体表面的共有线。

（2）立体是由表面围成的，所以截交线必然是由一条或多条直线或平面曲线围成的封闭平面图形。

（3）求截交线的实质是求平面和立体的共有点。

5.3.1 平面与平面立体相交

研究平面与平面立体相交的实质就是求平面与平面立体各表面的交线。平面与平面立体相交所得的截交线是由直线组成的封闭多边形，多边形的边数取决于立体上与平面相交的棱线的数目。

【例 5 – 7】如图 5 – 13 所示，试求六棱柱被正垂面 P 截切后截交线的水平投影和侧面投影。

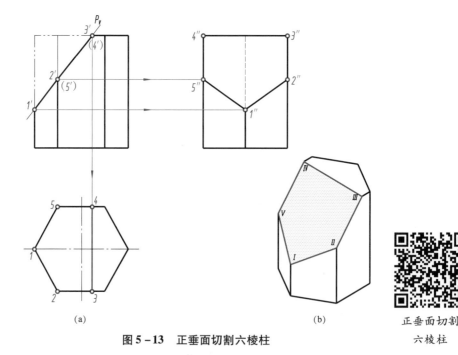

(a)   (b)   正垂面切割
六棱柱

图 5 – 13 正垂面切割六棱柱

分析：

截断面的顶点都是平面与棱线和底边的交点。与六棱柱棱线的交点为 Ⅰ、Ⅱ、Ⅴ，其正面投影为 1′、2′、5′，与上顶面边的交点为 Ⅲ、Ⅳ，其正面投影为 3′、4′，共计 5 个交点。分别作出这 5 个交点水平投影和侧面投影，依次连接各点的投影，并判断截交线的可见性，即得到截交线的三面投影。作图过程略。注意：侧面投影中出现细虚线，这是由于可见棱线被切掉一段后，原先重合的不可见棱线就以细虚线形式表示出来。

【例 5 – 8】如图 5 – 14 所示，三棱锥被相交的水平面和正垂面所截，试求作截切后截交线的水平投影和侧面投影。

分析：

如图 5 – 14 所示，正垂面与三棱锥的右边侧棱有一个交点Ⅰ，其正面投影为 1′，水平截面与三棱锥中间棱线及左边侧棱共有两个交点Ⅲ、Ⅳ，其正面投影为 3′、4′，两个截平面相交，与三棱锥前后两个侧面有两个交点Ⅱ、Ⅴ，其正面投影为 2′、5′，共计 5 个交点。根据点的从属性可直接作出Ⅰ、Ⅲ、Ⅳ的水平投影和侧面投影。Ⅱ、Ⅴ为棱面上点的投影，需借助辅助直线求出另外两面投影。可以过顶点引辅助直线，也可以利用平行线的投影特性来作，本题采用平行线的方法求解。

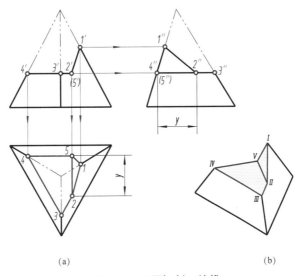

（a）　　　　　　　　　　　　　　　　　　　（b）　　　　　　　　　平面切割
图 5 – 14　平面切割三棱锥　　　　　　　　　　　　　三棱锥

作图：

（1）分别过 1′、3′、4′点向 W 面作投影连线，与对应棱线的侧面投影的交点即为对应的侧面投影 1″、3″、4″，再由 3′、3″作出其水平投影 3。

（2）分别过点 1′、4′向 H 面作投影线，与对应棱线的水平投影的交点即为其水平投影 1、4。

（3）过水平投影 3 作右底面棱的水平投影的平行线，过水平投影 4 作后底面棱的水平投影的平行线，过 2′5′向水平投影面作投影连线，与所作两平行线的交点即为其水平投影 2 和 5。

（4）根据 2′、5′及 2、5 作出其侧面投影 2″、5″。

（5）判别可见性后，顺序连接各投影点，即得到所求的侧面投影和水平投影。

5.3.2　平面与曲面立体相交

一般情况下，平面与曲面立体相交的截交线为一封闭的平面曲线。但由于截平面与曲面立体相对位置的不同，也可能得到由直线和平面曲线组成的截交线，或者完全由直线段组成的截交线。

平面与曲面立体相交，截交线上的点，分为特殊点和一般点。特殊点包括：曲面素线上的点，极限位置点，即相对于投影体系的最高点、最低点、最前点、最后点、最左点、最右点，以及椭圆长、短轴端点等。

以下主要讨论平面与圆柱、圆锥、圆球以及组合回转体相交时截交线的性质及作图方法。

1. 平面与圆柱相交

如表 5 − 3 所示，平面与圆柱相交，截交线的形状因平面与圆柱相对位置的变化有 3 种情况，其中 α 为截平面与 H 面的夹角。

（1）当截平面与圆柱轴线平行时，它与圆柱面的截交线为两条平行直线。

（2）当截平面与圆柱轴线垂直时，截交线为圆。

圆柱表面
截交线

（3）当截平面与圆柱轴线斜交时，且该截平面与 H 面的夹角不等于 45°时，它与圆柱面的截交线为一椭圆；截平面与 H 面的夹角为 45°时，截交线投影为圆。

表 5 − 3　圆柱表面截交线

截平面位置	平行于轴线	垂直于轴线	倾斜于轴线（α ≠ 45°）
立体图			
投影图			
截交线	两条平行直线	圆	椭圆

【例 5 − 9】如图 5 − 15（a）所示，求作圆柱被正垂面截切时截交线的投影。

分析：

由表 5 − 3 知，正垂面与圆柱的截交线为椭圆，正面投影中的斜线为截交线的正面投影，其水平投影为圆，侧面投影为椭圆。椭圆的画法根据曲线的投影方法来画，先找出椭圆上特殊点（与素线的交点，极限位置点等）的投影，再在特殊点中间找一般点的投影，最后判别可见性后光滑连接。

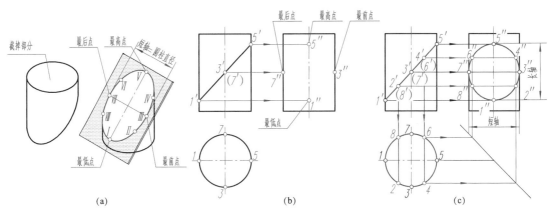

图 5 – 15   圆柱被正垂面切割

（a）切割圆柱；（b）求特殊点；（c）求一般点并连线

作图：

（1）求特殊点。如图 5 – 15（a）所示，点Ⅰ、Ⅲ、Ⅴ、Ⅶ分别为圆柱最左、最前、最右与最后素线上的点，属于截交线上的特殊点。其正面投影 1′、3′、5′、7′和水平投影 1、3、5、7 可直接作出，根据正面投影可直接作出其侧面投影 1″、3″、5″、7″，如图 5 – 15（b）所示。

（2）求中间点。在其正面投影上任取两对重影点（或取等分点）Ⅱ、Ⅳ、Ⅵ、Ⅷ，其正面投影为 2′、4′、6′、8′，利用投影关系作出其侧面投影 2″、4″、6″、8″，如图 5 – 15（c）所示。

（3）连点成线。如图 5 – 15（c）所示，依次光滑地连接各点，即为截交线的投影。

在图 5 – 15（c）中，截交线椭圆的长轴是正平线，它的两个端点在最左和最右素线上；短轴与长轴相互垂直平分，是一条正垂线，两个端点在最前和最后素线上。两轴的侧面投影仍然互相垂直平分，它们是截交线侧面投影椭圆的长轴和短轴。确定了长、短轴，就可以用近似画法作出椭圆。

随着截平面与圆柱轴线夹角 α 的变化，椭圆的侧面投影也会发生如下变化：

（1）当 $\alpha < 45°$ 时，椭圆长轴与圆柱轴线相同，如图 5 – 15（c）所示。

（2）当 $\alpha = 45°$ 时，椭圆的长轴等于短轴（投影为圆），如图 5 – 16（a）所示。

（3）当 $\alpha > 45°$ 时，椭圆的长轴垂直于圆柱轴线，如图 5 – 16（b）所示。

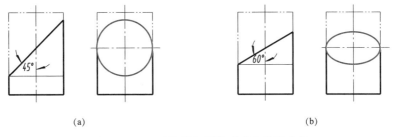

图 5 – 16   正垂面斜切圆柱时截交线的变化

（a）$\alpha = 45°$；（b）$\alpha > 45°$

【例 5 – 10】如图 5 – 17（a）所示，试完成开槽圆柱的水平投影和侧面投影。

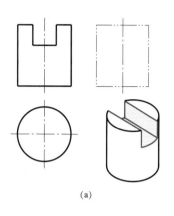

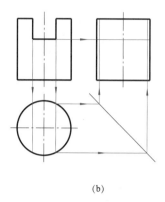

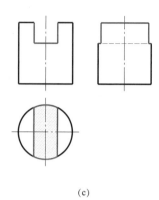

（a）   （b）   （c）

图 5 – 17   开槽圆柱的画法

（a）已知题目；（b）求解；（c）整理轮廓

分析：

如图 5 – 17（a）所示，开槽部分的侧壁是由两个侧平面、槽底是由一个水平面截切而成的，圆柱面上的截交线分别位于被切出的各个平面上。由于这些面均为投影面平行面，其投影具有积聚性或显实性，因此截交线的投影应依附于这些投影，不需另行求出。

作图：

（1）如图 5 – 17（b）所示，根据开槽圆柱的正面投影，先在水平投影中作出槽两侧面的积聚性投影；再按"高平齐、宽相等"的投影规律，作出槽的侧面投影。

（2）如图 5 – 17（c）所示，擦去作图线，校核切割后的圆柱轮廓，加深描粗，并判断可见性。

2. 平面与圆锥相交

如表 5 – 4 所示，平面与圆锥相交时，根据截平面与圆锥轴线的位置不同，其截交线有 5 种形状——圆、椭圆、抛物线、双曲线和两相交直线。

圆锥表面
截交线

表 5 – 4   圆锥表面截交线

截平面位置	垂直于轴线	倾斜于轴线（$\alpha < \theta$）	倾斜于轴线（$\alpha = \theta$）	平行或倾斜于轴线（$\alpha > \theta$）	过锥顶
立体图					

续表

截平面位置	垂直于轴线	倾斜于轴线 ($\alpha < \theta$)	倾斜于轴线 ($\alpha = \theta$)	平行或倾斜于轴线 ($\alpha > \theta$)	过锥顶
投影图					
截交线	圆	椭圆	抛物线	双曲线	两相交直线

【例 5－11】 如图 5－18（a）所示，圆锥被正垂面截切，求作截交线的水平投影和侧面投影。

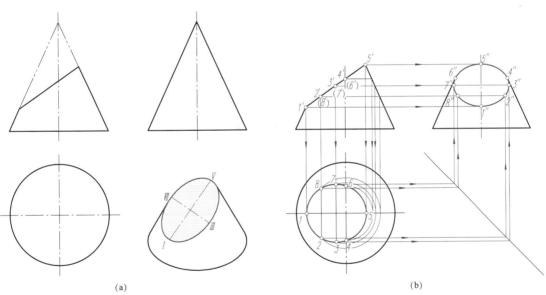

（a）

图 5－18　辅助圆法求圆锥的截交线
（a）已知题目；（b）求截交线的另两面投影

（b）

分析：

从图中截切位置看，截交线应为椭圆，椭圆的长轴为正平线Ⅰ Ⅴ，短轴为正垂线Ⅲ Ⅶ，二者相互垂直平分。截交线的正面投影为直线，也正好是长轴的正面投影，水平投影和侧面投影皆为椭圆。点Ⅰ、Ⅴ既是椭圆长轴的端

辅助圆法求
圆锥的截交线

点，也是圆锥最左、最右素线上的点；Ⅲ、Ⅶ为椭圆短轴的端点；Ⅳ、Ⅵ分别为圆锥最前、最后素线上的点，这6个点都是截交线上的特殊点。

作图：

（1）先作特殊点。如图 5 – 18（b）所示，在正面投影中，可以直接作出截平面与圆锥最左、最右素线交点Ⅰ、Ⅴ的正面投影 1′、5′，由 1′、5′可直接作出 1、5 和 1″、5″。点Ⅰ、Ⅴ也是空间椭圆长轴的两个端点。

取 1′5′的中点，即为空间椭圆短轴有积聚性的正面投影 3′7′。过 3′7′按照圆锥表面取点的方法作辅助水平圆，作出该圆的水平投影，由 3′、7′即可求得 3、7，再由 3′、7′和 3、7 求得 3″和 7″。3′7′、37 和 3″7″即为空间椭圆短轴的三面投影。

取截交线上位于圆锥最前、最后素线的点Ⅳ、Ⅵ，作出其正面投影 4′、6′及其侧面投影 4″、6″，然后由 4′、6′和 4″、6″求出其水平投影 4、6。

（2）再作适当数量的一般点。如图 5 – 18（b）所示，为了准确地画出截交线，还需要在上、下两半椭圆上对称取出适当数量的一般点。可先在截交线的正面投影上定出 2′、8′，再作辅助水平圆，求出 2、8，并由 2′、8′和 2、8 求得 2″、8″。

（3）如图 5 – 18（b）所示，依次平滑地连接各点即得截交线的水平投影和侧面投影。图中，15、37 分别为水平投影椭圆的长、短轴；3″7″、1″5″分别为侧面投影椭圆的长、短轴。

【例 5 – 12】如图 5 – 19（a）所示，圆锥被正平面截切，求作截交线的正面投影。

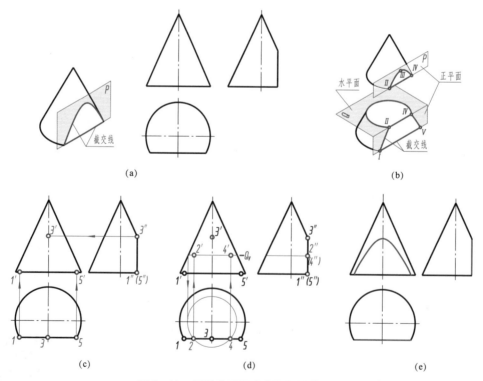

图 5 – 19　用辅助平面法求圆锥的截交线

（a）已知题目；（b）三面共点原理；（c）求特殊点；（d）辅助平面法求一般点；（e）完成作图

分析：

如图 5 – 19（b）所示，作垂直于圆锥轴线的辅助平面 Q 与圆锥面相交，其截交线为圆。

此圆与截平面 P 相交得 Ⅱ、Ⅳ 两点，这两个点是圆锥面、截平面 P 和辅助平面 Q 三个面的共有点，亦即三面共点，当然也是截交线上的点。由于截平面 P 为正平面，截交线的水平投影和侧面投影分别积聚为一直线，故只需作出其正面投影。

作图：

（1）求特殊点。如图 5 - 19（b）所示，Ⅲ 点为截交线的最高点，根据其侧面投影 3″，可作出 3 及 3′；Ⅰ、Ⅴ 为最低点，根据其水平投影 1 和 5，可作出 1′、5′ 及 1″、5″，如图 5 - 19（c）所示。

（2）利用辅助平面法求一般点。如图 5 - 19（b）所示，作辅助平面 Q 与圆锥相交，截交线为圆（辅助圆）。辅助圆的水平投影与截平面的水平投影相交于 2 和 4，即为所求共有点的水平投影。根据 2 和 4，再求出 2′、4′ 及 2″、4″，如图 5 - 19（d）所示。

（3）如图 5 - 19（e）所示，依次平滑地连接各点即得截交线的正面投影。

3. 平面与圆球相交

如表 5 - 5 所示，圆球被平面截切时，根据圆球与截平面的相对位置，其截交线分为两种情况。

当截平面 P 平行或垂直于球的轴线时，截交线投影为圆，可利用辅助纬圆法求出。当截平面 P 倾斜于轴线时，截交线投影为椭圆，可利用辅助纬圆法在球面取点，进而求其投影。

圆球表面
截交线

表 5 - 5 圆球表面截交线

截平面位置	截平面平行或垂直于轴线			截平面倾斜于轴线
截交线的投影	圆			椭圆
直观图				
投影图				

【例 5 - 13】求正垂面与圆球相交时其截交线的水平投影，如图 5 - 20 所示。

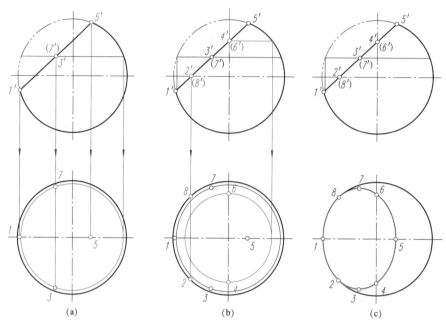

图 5－20　正垂面与球相交

（a）求椭圆长、短轴端点；（b）求最大水平圆和最大侧平圆上的点；（c）光滑连线

分析：

球被正垂面截切，截交线的正面投影积聚成一直线，该直线的长度等于截交圆的直径，截交线的水平投影为一椭圆。作图时，可通过求截交线上的特殊点和适当数量的一般点来确定其投影，特殊点通常为位于最大素线圆上的点以及椭圆的长、短轴端点。

作图：

（1）求特殊点。如图 5－20（a）、（b）所示，特殊点包括椭圆长短轴的端点Ⅰ、Ⅲ、Ⅴ、Ⅶ，最大水平圆上的点Ⅱ、Ⅷ，以及最大侧平圆上的点Ⅳ、Ⅵ。在截交线的正面投影上可直接作出Ⅰ、Ⅴ点的正面投影 1′、5′，1′5′即为椭圆的短轴，由于Ⅰ、Ⅴ点在球面的最大正平圆上，因此由 1′、5′即可求出其水平投影 1、5。

椭圆长、短轴垂直平分，所以 1′5′中点即为椭圆长轴端点Ⅲ、Ⅶ点的正面投影 3′、7′，过点Ⅲ、Ⅶ在球面上作辅助水平圆，即可求得其水平投影 3、7；如图 5－20（b）所示，Ⅱ、Ⅷ点是最大水平圆上的点，其正面投影 2′、8′可直接作出，再根据 2′、8′求出其水平投影 2、8；，Ⅳ、Ⅵ点是最大侧平圆上的点，其正面投影 4′、6′可直接作出，过Ⅳ、Ⅵ点在球面作辅助水平圆即可求出其水平投影 4、6。

（2）再作适当数量的一般点。为保证作图准确性，可再增加若干一般点，具体参见圆球表面取点的方法。

（3）如图 5－20（c）所示，依次平滑地连接以上各点，即为切割球的截交线的水平投影椭圆。

应用举例：

图 5－21 为一半圆头螺钉头部的立体图及其三面投影。半圆头螺钉的头部是用以球左右轴线为对称线的两个侧平面及一个水平面切割而成。求截交线时，应先作出其具有积聚性的

正面投影，然后根据正面投影找出截交圆弧的半径，完成截交线的其他投影。

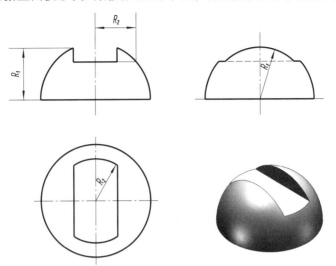

图 5 – 21　半圆头螺钉头部立体图及投影

4. 平面与组合回转体相交

组合回转体是由若干基本回转体组合而成的。作图时首先要分析其各组成部分的曲面性质，然后按照它的几何特性确定截交线的形状，再分别作出其各面投影。

【例 5 – 14】　如图 5 – 22 所示，求连杆头上截交线的正面投影。

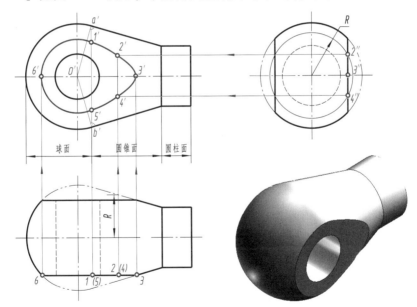

图 5 – 22　连杆头上截交线

分析：

连杆头的表面由轴线为侧垂线的圆柱面、圆锥面和球面组成，前后均被正垂面截切，球面部分的截交线为圆；圆锥面部分的截交线为双曲线；圆柱面未被截切。

作图：

（1）如图 5 – 22 所示，首先要确定球面与圆锥面的分界线。从球心 O' 作圆锥面正面外形轮廓线的垂线得交点 a'、b'，连线 $a'b'$ 即为球面与圆锥面的分界线，以 $O'6'$ 为半径作圆，即为球面的截交线，该圆与 $a'b'$ 相交于 $1'$、$5'$ 点，即为截交线上圆与双曲线的连接点。

（2）按照水平面与圆锥相交求截交线的方法作出圆锥面上的截交线，即完成连杆头上截交线的正面投影。

5.4　两立体表面交线

5.4.1　相贯线的基本概念、基本形式与特性

在机器零件上常出现两立体相交的情况，两立体表面的交线称为相贯线。相贯线不仅出现在两立体外表面相交的情况，还经常见到由于在立体上穿孔而形成的孔口交线、或孔与孔的孔壁交线。相贯线具有下列性质：

（1）相贯线是两立体表面的共有线，也是两立体表面的分界线；

（2）相贯线在一般情况下为空间曲线或折线，特殊情况下为平面曲线或直线。

因此，求相贯线的基本问题是求两立体表面的共有点。

两立体相交可分为两平面立体相交、平面立体与曲面立体相交、两曲面立体相交3种情况。以下主要讨论平面立体与曲面立体相交、曲面立体与曲面立体相交这两种情况。

相贯线的基本概念、基本形式与特性

5.4.2　平面立体与曲面立体相交

平面立体与曲面立体的相贯线即为平面立体的相关平面与曲面立体表面各交线的组合，求交线的实质就是求各棱面与回转面的截交线。平面立体的棱线与曲面立体表面的交点称为贯穿点，它们是各段截交线之间的连接点。四棱柱与圆柱相交如图 5-23 所示。

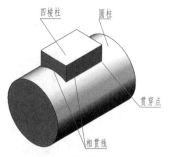

图 5-23　四棱柱与圆柱相交

【例 5-15】图 5-24 所示为一直三棱柱与圆锥相交，求其相贯线的水平投影和侧面投影。

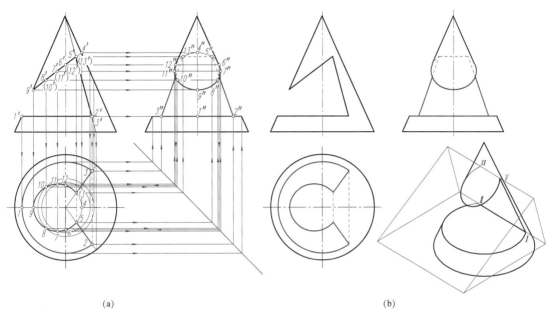

图 5 – 24　直三棱柱与圆锥相交
（a）求相贯线水平投影和侧面投影；（b）整理后的相贯线投影

分析：

如图 5 – 24（a）所示，其相贯线实际为棱柱表面与圆锥表面交线的组合，3 个棱面与圆锥面的交线分别为圆、两条直线和椭圆。

作图：

（1）如图 5 – 24（a）所示，求水平棱面与圆锥面的截交线。水平棱面与圆锥底面平行，与圆锥面相交产生的截交线其水平投影为圆，由于左右没有切穿，所以为 Ⅱ、Ⅲ 左边的大半个圆弧，其交线的正面投影积聚为一条直线。

（2）求过锥顶的正垂棱面与圆锥面的截交线。其水平投影与侧面投影均为其所在的圆锥素线的一部分。

（3）求倾斜于圆锥体轴线的正垂棱面与圆锥面的截交线。其水平投影和正面投影均为部分椭圆，需找出椭圆长、短轴的端点（Ⅳ、Ⅸ、Ⅶ、Ⅺ），再作出位于圆锥前后素线上的点（Ⅵ、Ⅻ），最后找适当数量的中间点（如Ⅷ、Ⅹ、Ⅴ、ⅩⅢ），分别作出其水平和侧面投影。

（4）求相邻两正垂棱面间交线 Ⅴ ⅩⅢ、Ⅱ Ⅲ 的投影。**注意**：多个截平面截切立体时，不能漏掉相邻两截平面间交线的投影。

（5）判别截交线及其截平面间交线投影的可见性，依次光滑地连接各点的同面投影。相贯线投影的可见性要根据投影方向判别。在同一投影方向上，两相交立体表面都可见的部分产生的交线才可见，否则为不可见。可见部分用粗实线光滑连线，不可见部分用细虚线。

（6）如图 5 – 24（b）所示，整理圆锥各素线的投影，检查、擦去多余的图线，加深可见的轮廓线，完成全图。

5.4.3　曲面立体与曲面立体相交

如图 5 - 25 所示，机械零件多由两个以上的立体组合而成，结合时表面常出现交线，称为相贯线，两相交立体称为相贯体。

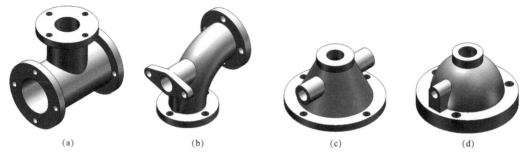

（a）　　　　　　　　　（b）　　　　　　　　　（c）　　　　　　　　　（d）

图 5 - 25　曲面立体与曲面立体相交

（a）圆柱与圆柱正交；（b）圆柱与圆环正交；（c）圆柱与圆锥相交；（d）圆柱与圆球相交

两曲面立体相交，其相贯线的一般性质如下：

（1）相贯线是两曲面立体表面的共有线，也是两曲面立体表面的分界线。相贯线上的所有点都是两曲面立体表面的共有点。

（2）由于立体的表面是封闭的，因此相贯线在一般情况下是封闭的线条。当两立体的表面处在同一平面上时，两表面在此平面部位上没有共有线，即相贯线不封闭。

（3）相贯线的形状取决于曲面的形状、大小以及两曲面之间的相对位置。一般情况下为空间曲线，特殊情况下可以由平面曲线或直线组成。

两曲面立体相交主要有 3 种情况：

（1）两立体外表面与外表面相交；

（2）两立体内表面与外表面相交；

（3）两立体内表面与内表面相交。

表 5 - 6 给出了轴线垂直相交的两圆柱体相贯的 3 种形式。

表 5 - 6　轴线垂直相交的两圆柱体相贯的 3 种形式

相交形式	外表面与外表面相交	外表面与内表面相交	内表面与内表面相交
立体图			

续表

相交形式	外表面与外表面相交	外表面与内表面相交	内表面与内表面相交
投影图	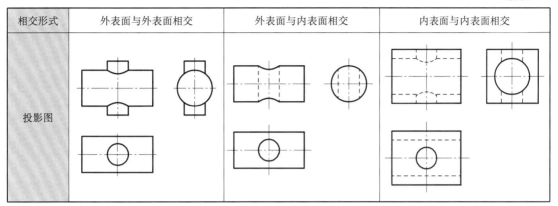		

求两曲面立体相贯线的投影，其实质是求两曲面立体相贯线上若干共有点的投影，然后判断各面投影的可见性，再用相应图线平滑地连接各点的投影。求解相贯线的常用方法有：表面投影积聚性法、辅助平面法和辅助球面法。作图时，通常可先作出相贯线上特殊点的投影，然后再作一系列中间点，平滑连线即可。两曲面立体相贯，相贯线上的特殊点通常是指其最高、最低、最前、最后、最左、最右点，圆柱素线上的点，或者球体素线圆上的点。

1. 表面投影积聚性法

两曲面立体相交，且其投影均具有积聚性时，可利用积聚性直接求出其相贯线。

【例 5 - 16】 如图 5 - 26（a）所示，一铅垂圆柱和一水平圆柱相交，且两者轴线在同一正平面内垂直正交，求相贯线的投影。

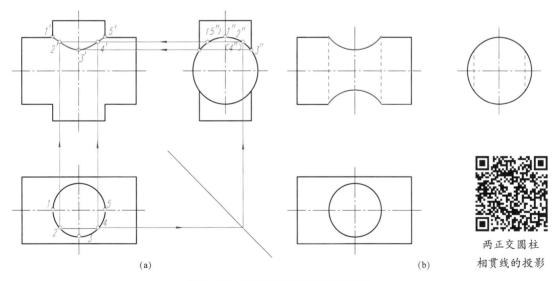

（a）　　　　　　　　　　　　　　　　　　　（b）

图 5 - 26　两正交圆柱相贯线的投影

（a）已知题目；（b）求相贯线的投影

两正交圆柱
相贯线的投影

分析：

两者的相贯线为一条前后、左右对称的空间闭合曲线。相贯线的水平投影就积聚在铅垂圆柱的水平投影圆上，侧面投影积聚在水平圆柱的侧面投影上，现已知相贯线的水平和侧面投影，可采用表面投影积聚性法求其正面投影。

作图：

（1）先作特殊点。圆柱与圆柱相贯，如图5-26（a）所示，点Ⅲ既是铅垂圆柱面最前素线与水平圆柱面的交点，也是两圆柱面相贯线的最前点和最低点，根据其水平投影3与侧面投影3″可直接求出其正面投影3′；点Ⅰ、Ⅴ既是铅垂圆柱面最左、最右素线与水平圆柱面的交点，也是相贯线的最高点，其三面投影均可在图上直接作出。

（2）再作一般点。如图5-26（a）所示，在铅垂圆柱面的水平投影圆上取点2、4，它们是相贯线上Ⅱ、Ⅳ两点的水平投影，其侧面投影2″、4″积聚在水平圆柱的侧面投影上，可根据投影规律作出，再由2、4和2″、4″作出其正面投影2′、4′。

（3）连线并判别可见性。依次平滑地连接1′、2′、3′、4′、5′即得相贯线前半部分的正面投影，是可见的。相贯线的后半部分和前半部分'重影且不可见。

图5-26（b）所示的铅垂圆柱孔与水平圆柱相交，其相贯线为水平圆柱面上的孔口曲线。作图方法与图5-26（a）相同，但需作出铅垂圆柱孔的轮廓线，因其不可见，故用细虚线表示。

2. 辅助平面法

辅助平面法是利用三面共点原理，作一系列截平面截切两相贯体表面，每截切一次即得两条截交线，这两条截交线即为三面（截平面、两相贯体表面）的共有点，同时也是相贯线上的点，当得出一系列共有点后，依次顺序连线即得相贯线的投影。

辅助平面法适用于所有表面相交的情况，是求相贯线的通用方法。实际作图时，要使选择的辅助平面与相交两立体表面的交线是简单、易画的几何图形。辅助平面一般取投影面的平行面。

【例5-17】如图5-27（a）所示的水平圆柱与半球相贯，已知相贯线的侧面投影，求作其正面投影和水平投影。

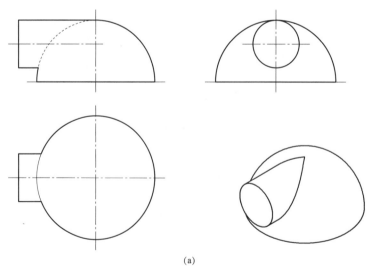

（a）

图5-27 圆柱与半球相交

（a）立体图

圆柱与半球相交

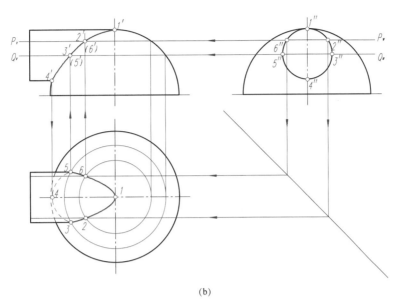

(b)

图 5－27　圆柱与半球相交（续）

（b）作图原理

分析：

相贯体的公共对称面平行于 V 面，故其相贯线的正面投影为抛物线，侧面投影积聚在水平圆柱的侧面投影上，水平投影为四次曲线。其辅助平面可以选择与圆柱轴线平行的水平面，辅助平面与圆柱面的交线为两条平行直线，与球面交线为圆。也可选择侧平面或正平面作为辅助平面。

作图：

（1）先作特殊点。如图 5－27（b）所示，点 Ⅰ、Ⅳ为相贯线的最高点和最低点，也是最左点和最右点，同时也是圆柱体最上与最下素线上的点，其三面投影可直接作出；过圆柱上下对称面作辅助平面 Q，它与圆柱面的截交线为其最前、最后素线，与球面的截交线为圆，两组截交线的交点为点 Ⅲ、Ⅴ。它们的水平投影交于点 3、5，也是相贯线水平投影曲线的可见部分与不可见部分的分界点，可由 3、5 直接作出其正面投影 3′、5′。

（2）再作一般点。如图 5－27（b）所示，作辅助平面 P，它与圆柱面的截交线为两条平行直线，与球面的截交线为圆，直线与圆的交点 Ⅱ、Ⅵ即为辅助平面 P、圆柱面、球面的共有点，亦即相贯线上的点，其水平投影为 2、6。由此可求出其正面投影 2′、6′，这是一对重影点的重合投影。

（3）依照相贯线在侧面投影中所显示的各点顺序，依次连接各点的水平投影和正面投影，连接顺序为 Ⅰ—Ⅱ—Ⅲ—Ⅳ—Ⅴ—Ⅵ—Ⅰ。

（4）判别可见性。相贯线可见性判别原则为：两曲面公共可见部分的交线才可见，否则即为不可见。如图 5－27（b）所示，Ⅲ—Ⅳ—Ⅴ在下半圆柱面，因此其水平投影不可见，故 3—4—5 画细虚线，其余部分均可见，画成粗实线。

【例 5－18】如图 5－28 所示，一弯管由一圆柱与圆环相交而成，求作其外表面相贯线的投影。

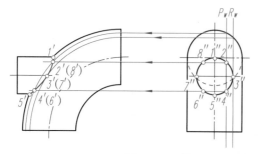

图5-28　柱面与环面相交

分析：

因为圆柱的轴线垂直于侧面，所以相贯线的侧面投影积聚在圆上。同时，因为两曲面具有平行于正面的公共对称面，所以相贯线在空间是前后对称的，它的正面投影积聚成一条曲线。

从实际情况分析，采用一系列与圆环轴线垂直的正平面作为辅助面最方便，因为它与圆环的截交线是圆，与圆柱面的截交线是两直线，都是简单易画的图形；而用水平面或侧平面作辅助平面都不妥，因为它们与圆环的截交线是复杂曲线。

作图：

（1）先求特殊点的投影。由于相贯线的侧面投影积聚在圆上，所以它的最高点、最低点、最前点和最后点的侧面投影 $1''$、$5''$、和 $3''$、$7''$ 可以直接找出，通过 $1''$、$5''$ 可以直接作出其正面投影 $1'$、$5'$。而最前、最后点的正面投影 $3'$、$7'$ 需通过辅助平面 R 求出。

（2）作一般点。通过辅助平面 P 作出中间点 Ⅳ、Ⅵ 的正面投影 $4'$、$6'$，Ⅱ、Ⅷ 的正面投影 $2'$、$8'$。

（3）将所得各点光滑连线，即得所求相贯线的投影。

3. 辅助球面法

辅助球面法是应用球面作为辅助面。如图5-29所示，其基本原理为：当两回转面相交时，以其轴线的交点为球心作一球面，则球面与两回转面的交线均为圆〔图5-29（b）所示的圆 A、圆 B、圆 C〕，这些圆的交点即为两回转面的共有点。若回转面的轴线平行于某一投影面时，则该圆在该投影面上的投影为一垂直于轴线的线段，该线段就是球面与回转面投影轮廓线的交点的连线。

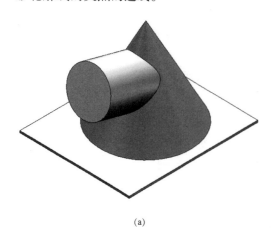

(a)

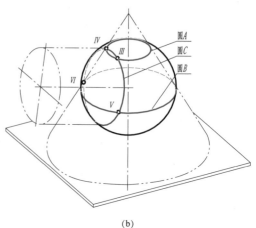

(b)

图5-29　辅助球面法作图原理

利用辅助球面法求相贯线，要求相贯体必须满足以下条件：

（1）参加相贯的立体都是回转体。

（3）两回转体轴线相交。

（3）两回转体轴线所决定的平面，及两回转体的公共对称面平行于某一投影面，从而保证球面与两回转面的交线在平行于轴线的投影面上的投影均为垂直于轴线的直线段。

【例 5 - 19】图 5 - 30 所示为一圆柱和圆锥斜交，求其相贯线的正面投影和水平投影。

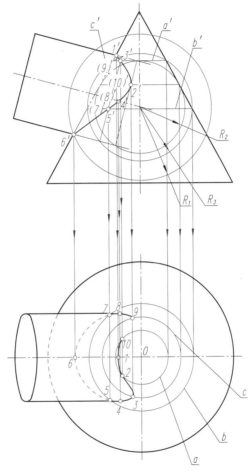

图 5 - 30　辅助球面法求两曲面的相贯线

作图：

（1）由于两回转体轴线相交且平行于 V 面，因此两曲面交线的最高点 Ⅰ 和最低点 Ⅱ 的正面投影 $1'$、$2'$ 可直接在正面投影上确定，再由 $1'$、$2'$ 作出其水平投影 1、2。

（2）由辅助平面法求出其他点。先以两回转体轴线正面投影的交点为圆心 O，取适当半径值 R_3 作圆，该圆即为辅助球面的正面投影，然后作出球面与圆锥面的交线圆 A、B 的正面投影 a'、b' 以及球面与圆柱面的交线圆 C 的正面投影 c'，这两组圆的正面投影相交，交点 $3'$、$4'$、$5'$、$6'$ 即为两回转体表面的共有点 Ⅲ、Ⅳ、Ⅴ、Ⅵ 的正面投影。

（3）再作若干不同半径的同心球面，以同样的方法求出一系列相贯线上的点。作图时，球半径应取在最大和最小辅助球半径之间，一般由球心投影到两曲面轮廓线交点中最远一点 $2'$ 的距离 R_1 即为球面的最大半径。若作半径比 R_1 大的辅助球面，将得不到圆柱与圆锥的共有点。从球心投影向两曲面轮廓线作垂线，两垂线中较长的一个 R_2 就是球面的最小半径。半径比 R_2 更小的球面就不能和圆锥相交。因此，辅助球面的半径 R 必须在 R_1、R_2 之间，即 $R_2 \leqslant R \leqslant R_1$。

（4）共有点的水平投影可通过作相应的辅助水平圆求出。如图 5-30 所示，作过点 Ⅴ、Ⅵ的水平圆的水平投影后即可求得点 5、6。

（5）依次平滑地连接各点，即得相贯线的投影。正面投影为双曲线，水平投影为四次曲线。

（6）判别可见性。相贯线水平投影上 9、10 是其可见部分与不可见部分的分界点，因此左边部分的连线 9—5—2—6—10 画成细虚线，其余均为粗实线。

通过以上作图可以得出，应用辅助球面法可以在一个投影上完成相贯线在该投影面上投影的全部作图过程，这是其独特的优点。

4. 相贯线的变化趋势

通过对相贯线的分析和求解方法可知，相贯线的空间形状取决于两曲面立体的形状、大小以及它们的相对位置；而相贯线的投影形状，还取决于它们对投影面的相对位置。

表 5-7 给出了相交两曲面立体各自几何形状及相对位置不变的情况下，因其尺寸大小发生变化时，引起相贯线变化的情况。两曲面立体所在的平面是正平面。从表中可以看出：相贯线的双曲线投影总是向相对较大的曲面体的轴线方向弯曲，而且两曲面立体的大小差别越大，相贯线的曲率越小，反之曲率越大。当相交的两圆柱直径相同时，或圆柱与圆锥公切一个球时，相贯线的正面投影为两条相交直线。

表 5-8 给出了圆柱与圆柱偏交时，两立体相对位置的变化，引起相贯线变化的情况。

表 5-7　相贯线的变化趋势

相贯立体	立体尺寸的变化		
圆柱与圆柱（轴线正交）	投影图 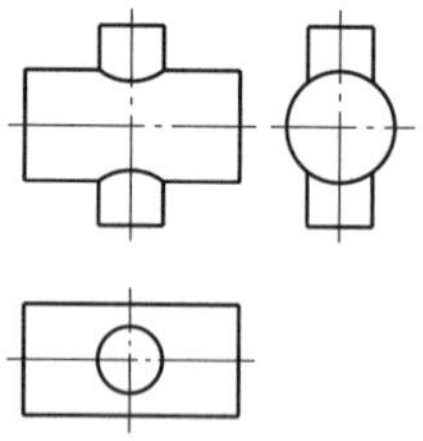 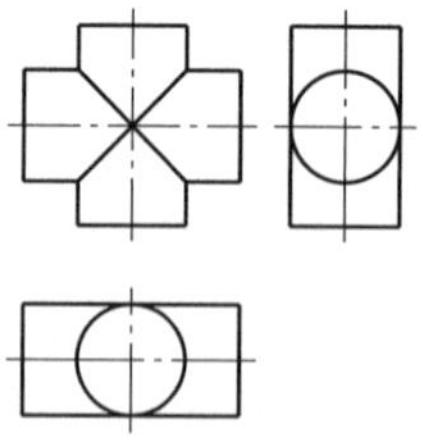 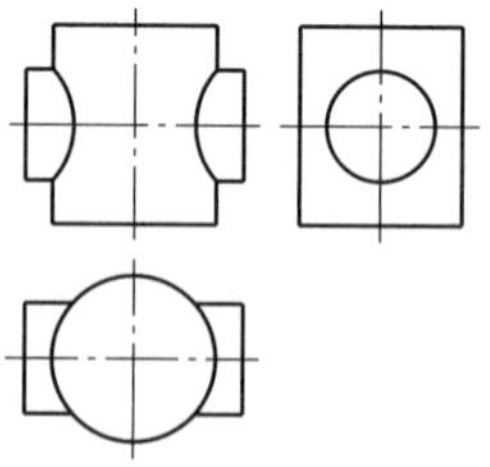		
	相贯线形状	上下对称的两条空间曲线	相交的两平面曲线——椭圆	左右对称的两条空间曲线

续表

相贯立体		立体尺寸的变化		
圆柱与圆锥 （轴线正交）	投影图			
	相贯线 形状	左右对称的两条空间曲线	相交的两平面曲线—— 椭圆	上下不同的两条空间 曲线

表 5-8　两圆柱偏交时相贯线的变化趋势

相贯立体		相对位置的变化		
圆柱与圆柱 （轴线垂直 交叉）	投影图			
	相贯 线形状	左右、上下均对称的空间 曲线	左右对称的空间曲线且在 切点处交于一点	左右对称的空间曲线

5.4.4　相贯线的简化画法和特殊情况

1. 相贯线的简化画法

两回转体相交，其相贯线一般为封闭的空间曲线，但也有一些特殊情况，其相贯线是封闭的平面曲线（圆、椭圆）或直线。表 5-9 为相贯线为封闭的空间曲线时的简化画法。

表 5-9　相贯线为封闭的空间曲线时的简化画法

简化 画法			
位置	外表面与外表面相交	外表面与内表面相交	内表面与内表面相交

2. 相贯线的特殊情况

1）相贯线为平面曲线

（1）如图 5-31 所示，当两个同轴回转体相交时，相贯线一定是垂直于轴线的圆。当回转体轴线平行于某一投影面时，这个圆在该投影面上的投影为垂直于轴线的直线。

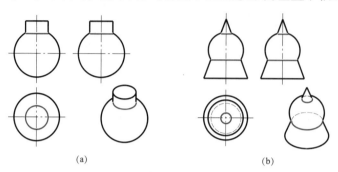

（a）   （b）

图 5-31 同轴回转体的相贯线——圆

（a）圆柱与球同轴相交；（b）圆锥与球同轴相交

（2）如图 5-32 所示，当轴线相交的两圆柱（或圆柱与圆锥）公切于同一球面时，相贯线一定是平面曲线，即两个相交的椭圆。

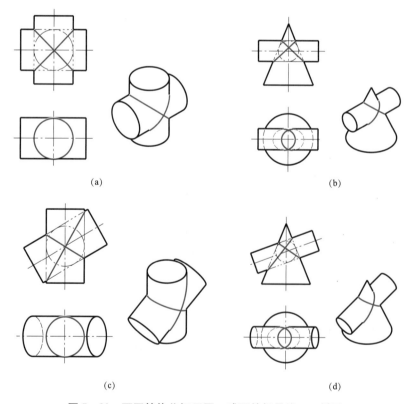

（a）   （b）

（c）   （d）

图 5-32 两回转体公切于同一球面的相贯线——椭圆

（a）圆柱与圆柱等径正交；（b）圆柱与圆锥正交；

（c）圆柱与圆柱等径斜交；（d）圆柱与圆锥斜交

2）相贯线为直线

如图 5 – 33（a）所示，当相交两圆柱的轴线平行时，相贯线为直线；当两圆锥共顶时，相贯线也是直线，如图 5 – 33（b）所示。

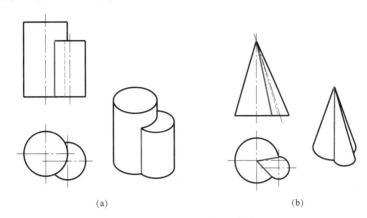

（a）   （b）

图 5 – 33　相贯线为直线的情况

（a）相交两圆柱的轴线平行；（b）两圆锥共顶

【本章内容小结】

内容		要点
平面立体	棱柱	组成：由顶面、底面和多个侧棱面等平面组成
		投影：一面投影反映顶面和底面的实形；另两面投影为侧棱面的投影，均为四边形的组合
		表面取点：投影积聚性法
	棱锥	组成：由一个底面和多个侧棱面组成
		投影：一面投影反映底面的实形；另两面投影为各侧棱面的投影，均为三角形的组合
		表面取点：投影积聚性法、辅助线法
	表面取点基本方法与步骤	步骤：判断点所在的位置，即点位于平面立体的哪个平面上→判断该平面的类型（特殊位置平面、一般位置平面）→确定点的投影的作图方法
		投影积聚性法：点在特殊位置平面（投影面平面或垂直面）上，点的投影在相应平面的积聚性投影上
		辅助线法（主要针对棱锥）：点在一般位置平面，过已知点作投影面的平行线或过已知点及锥顶作辅助线
曲面立体（回转体）	圆柱	组成：由圆柱面和顶面圆及底面圆组成
		投影：在垂直于轴线的投影面上投影为圆，另两面投影为矩形
		表面取点：投影积聚性法
	圆锥	组成：由圆锥面和圆底面组成
		投影：在垂直于轴线的投影面上投影为圆，另两面投影为等腰三角形
		表面取点：投影积聚性法（点在底面上）、辅助素线法和辅助圆法（点在圆锥面上）
	圆球	组成：由圆球面组成
		投影：三面投影均为圆
		表面取点：辅助纬圆法

内容		要点
曲面立体（回转体）	圆环	组成：由圆环面组成 投影：在垂直于轴线的投影面上为反映圆环内径和外径的两个圆，正面投影为平行于 V 面的两个母线圆的投影以及圆环面最高、最低圆的投影；侧面投影为平行于 W 面的两个母线圆的投影以及圆环面最高、最低圆的投影 表面取点：辅助圆法
平面与立体相交	平面与平面立体相交	组成：平面立体（棱柱、棱锥）与平面相交 截交线：直线围成的封闭平面多边形，多边形的顶点位于截平面与平面立体棱边、顶面或底面的交点 作图方法：投影积聚性法
	平面与曲面立体相交	组成：曲面立体（圆柱、圆锥、圆球）与平面相交 截交线：可能是直线、圆、椭圆、抛物线或双曲线，取决于截平面与回转体轴线的相对位置 作图方法：投影积聚性法（平面与圆柱相交）；辅助圆法与辅助素线法（平面与圆锥相交）；辅助纬圆法（平面与圆球相交）
	解题	分析截交线形状→确定截交线投影特性→找特殊点（最前、最后点，最左、最右点，最上、最下点或椭圆长、短轴端点等）→补充适当数量一般点→平滑连线
立体与立体相交	平面立体与平面立体相交	组成：两平面立体（棱柱、棱锥） 相贯线：封闭平面多边形 作图方法：投影积聚性法
	平面立体与曲面立体相交	组成：某个平面立体（棱柱、棱锥）与某个曲面立体（圆柱、圆锥、圆球）相交 相贯线：平面立体相关平面与曲面立体表面交线的组合 作图方法：投影积聚性法、辅助圆法、辅助素线法、辅助纬圆法
	两曲面立体相交	组成：某两个曲面立体（圆柱、圆锥、球）相交 相贯线：空间曲线或折线，特殊情况下为平面曲线或直线 作图方法：投影积聚性法、辅助平面法
	解题	实质是求两曲面相贯线上若干共有点的投影，然后判断其各面投影的可见性并连线。具体步骤和截交线求解一致

第 6 章 组合体的视图

【本章知识点】

（1）组合体的形体分析和组合体的组合形式。

（2）组合体的画法。

（3）组合体的尺寸标注。

（4）组合体的读图方法。

6.1 形体分析法绘图

6.1.1 形体分析法的概念

任何复杂的物体都可以看成由若干个基本形体组合而成。这些基本形体可以是完整的基本几何体（如棱柱、棱锥、圆柱、圆锥、圆球等），也可以是不完整的基本几何体，即它们经过切割、穿孔后的简单组合。如图 6-1（a）所示的支座，可看成由圆筒、底板、肋板、耳板和凸台组合而成，如图 6-1（b）所示。在绘制组合体视图时，应首先将组合体分解成若干个简单的基本形体，并按各部分的位置关系和组合形式画出各基本几何形体的投影，综合起来，即得到整个组合体视图。这种假想把复杂的组合体分解成若干个基本形体，分析它们的形状、组合形式、相对位置和表面连接关系，使复杂问题简单化的思维方法称为形体分析法。它是组合体画图、尺寸标注和看图的基本方法。

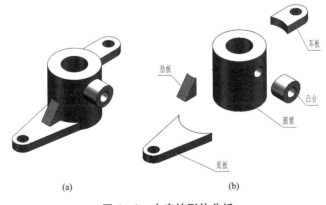

（a） （b）

图 6-1 支座的形体分析

（a）立体图；（b）分解图

支座的形体分析

6.1.2 组合体的组合形式

组合体可分为叠加和切割两种基本组合形式，或者是两种组合形式的综合。常见的组合体大多数属于综合型的组合体。

叠加是将各基本体以平面接触相互堆积、叠加后形成组合形体；切割是在基本体上进行切块、挖槽、穿孔等切割后形成组合体；综合型的组合体则是叠加和切割两种形式的综合。组合体的组合形式如表6-1所示。

表6-1　组合体的组合形式

组合形式	形体	
	组合体	组合过程
叠加 叠加型 组合体分析		
切割 切割型 组合体分析		
综合 综合型 组合体分析		

6.1.3　相邻两形体表面的过渡关系

组合体表面连接关系有平齐、相交和相切3种形式。弄清组合体表面连接关系，对画图和看图都很重要。

1. 组合体连接的过渡形式

(1) 当组合体中两基本体的表面平齐（共面）时，在视图中不应画出分界线。

(2) 当组合体中两基本体的表面相交时，在视图中的相交处应画出交线。

(3) 当组合体中两基本体的表面相切时，在视图中的相切处不应画线。

组合体相邻两表面的过渡关系如表6－2所示。

表6－2　组合体相邻两表面的过渡关系

过渡关系	举例	
平齐 （共面） 表面平齐		
不平齐 （不共面） 表面不平齐		
相交 表面相交		

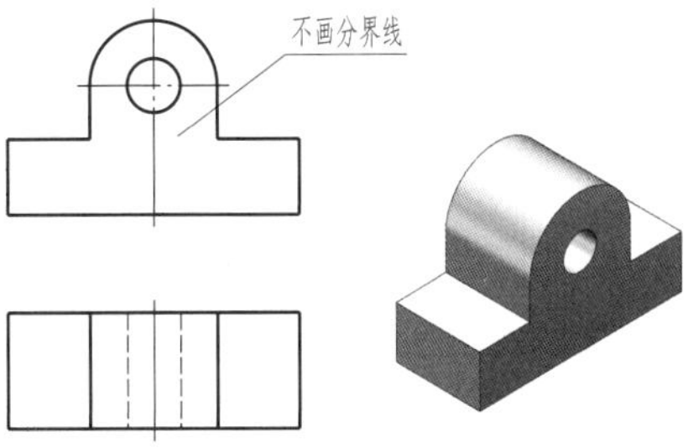

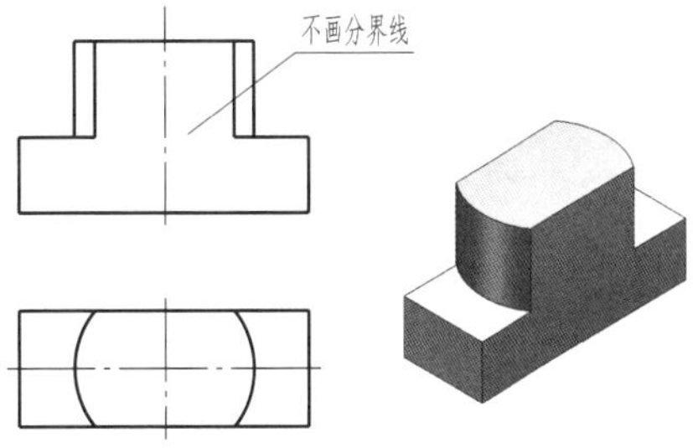

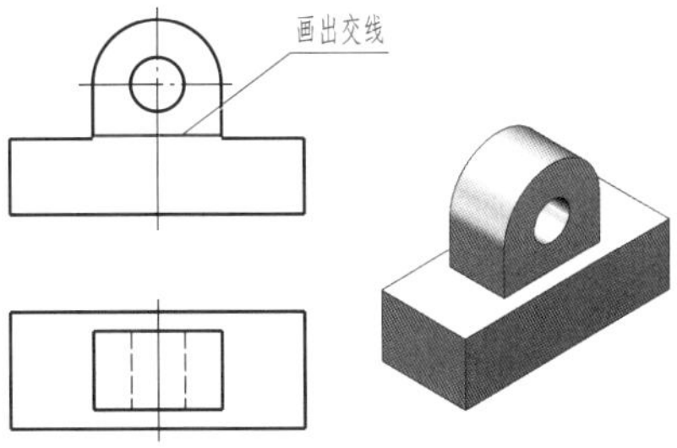

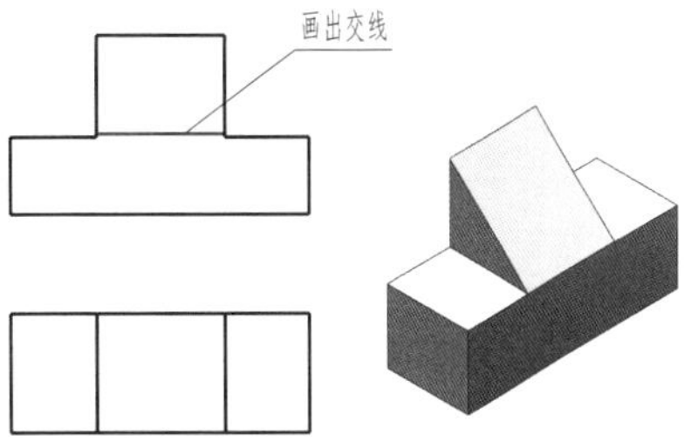

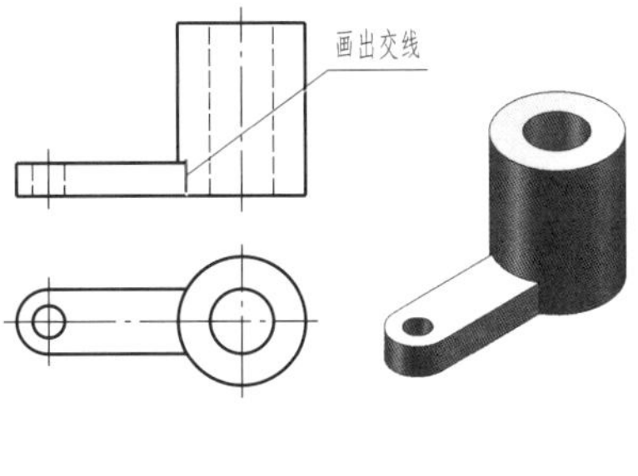

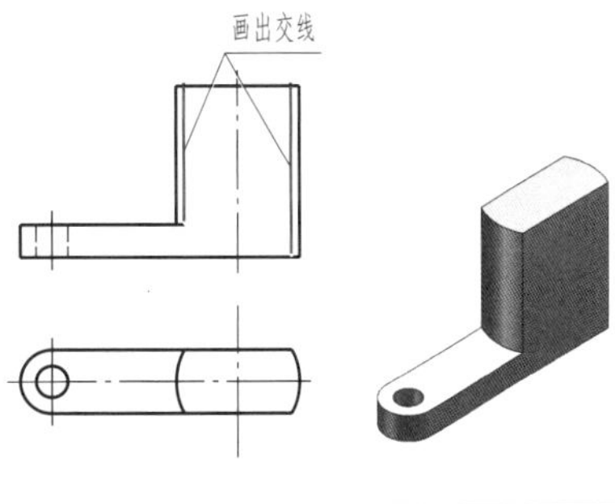

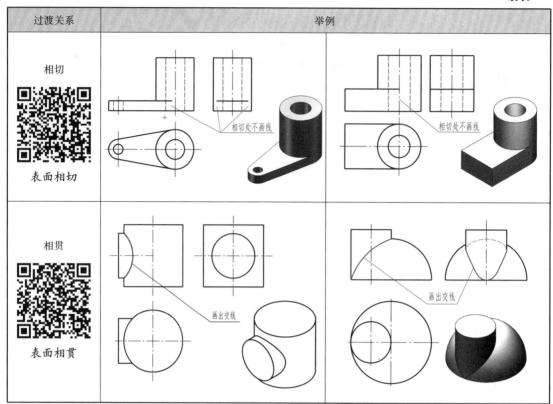

过渡关系	举例
相切 表面相切	相切处不画线　　相切处不画线
相贯 表面相贯	画出交线　　画出交线

2. 公切面的过渡形式

当公切面平行于投影面或倾斜于投影面时，则相切处在该投影面上的投影不画线；当公切面垂直于投影面时，则相切处在所垂直的投影面上的投影应画线，如图6-2所示。

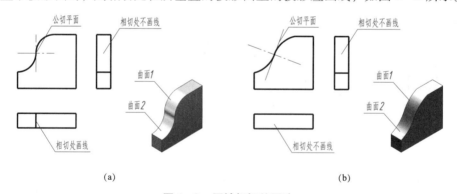

图6-2　压铁相切处画法

（a）公切面垂直于投影面；（b）公切面平行或倾斜于投影面

3. 基本形体的切割形式

基本形体的切割形式包括切割、开槽和挖孔3种，随着截切面位置不同，视图表达也不同。表6-3列出了平面立体、圆柱体和空心圆柱体被切割、开槽和挖孔的情况。

表 6 - 3　基本形体的切割形式

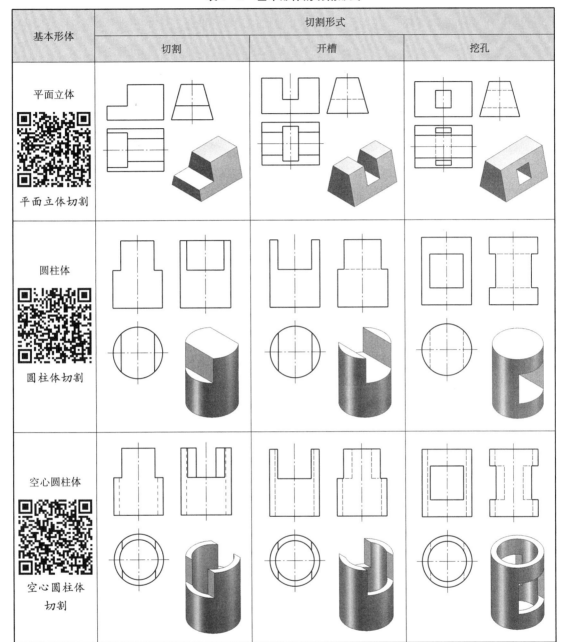

基本形体	切割形式		
	切割	开槽	挖孔
平面立体 平面立体切割			
圆柱体 圆柱体切割			
空心圆柱体 空心圆柱体 切割			

6.1.4　叠加型组合体视图的画法和步骤

画组合体的视图时，首先要运用形体分析法将组合体合理地分解为若干个基本形体，并按照各基本形体的形状、组合形式、形体间的相对位置和表面连接关系进行作图。

本节以图 6 - 3（a）所示的机座为例，介绍叠加型组合体视图的画法和步骤。

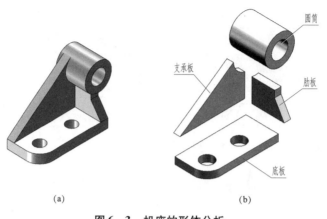

图6-3 机座的形体分析

（a）立体图；（b）分解图

机座的形体分析

1. 形体分析

如图6-3（b）所示，机座可分解为底板、圆筒、支承板和肋板4个部分。底板上有直径相等的两个圆孔和1/4圆角，圆筒、支承板和肋板由上而下依次叠加在底板上面。支承板与底板的后面平齐，圆筒与支承板的后面不平齐，支承板的左侧面与圆筒的外表面相切，肋板位于圆筒的正下方并与支承板垂直相交，其左侧面、前面与圆筒的外表面相交。

2. 选择主视图

1）组合体的安放

主视图是表达组合体的一组视图中最主要的视图。选择主视图时通常应将组合体放正，使其主要平面平行或垂直于投影面，以便在投影时得到实形。

2）投射方向的选择

一般应该选择反映组合体形状特征最明显、位置特征最多的方向作为主视图的投射方向，同时应考虑在投影作图时避免在其他视图上出现较多的虚线，以免影响图形的清晰性和标注尺寸。

如图6-4所示，将机座底板平行于水平投影面放置，并使支承板平行于正投影面。以

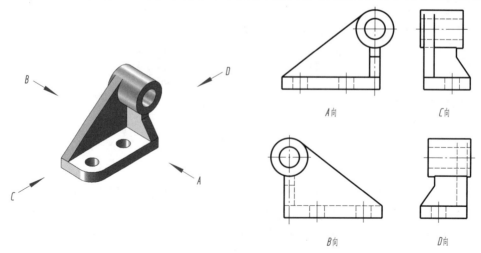

图6-4 主视图投射方向的选择

A、B、C、D 4 个方向作为机座主视图的投射方向，可以看出：A、B 两个方向相比较，选择 B 向则肋板在主视图的投影为细虚线，并且支承板的左视图也为细虚线，因此，A 向好于 B 向；同样，C、D 两个方向比较，C 向好于 D 向。比较 A、C 两个方向，A 向能反映机座各组成部分的主要形状特征和较多的位置特征，符合主视图的要求，所以选择 A 向作为主视图投射方向。

3. 选比例、定图幅

选定主视图后，要根据组合体的实际大小，按国标规定选择比例和图幅。一般情况下，应根据组合体的大小和复杂程度确定绘图所用比例及相应的图幅。选择图幅时，应留有足够的空间标注尺寸。

4. 布置视图

应根据组合体的总长、总宽、总高确定各视图在图框内的具体位置，使视图分布均匀。在画图时应首先画出各视图的主要中心线或定位线，确定各基本形体之间的相对位置，如图 6 – 5 (a)所示。

5. 画底稿

按形体分析法，从主要形体着手，按各基本形体之间的相对位置逐个画出视图，如图 6 – 5 (b) ~图 6 – 5 (e) 所示。

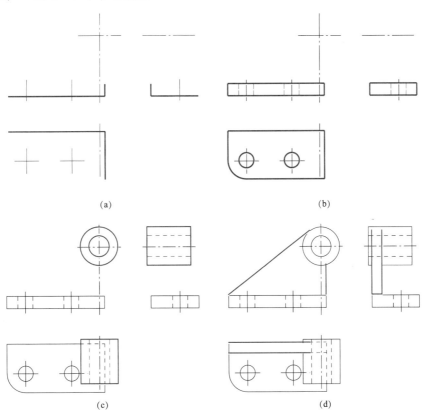

图 6 – 5　机座视图的画法和步骤

(a) 布图：画各视图的作图基准线；(b) 画底板：先画俯视图；(c) 画圆筒：先画主视图；
(d) 画支承板：先画主视图；

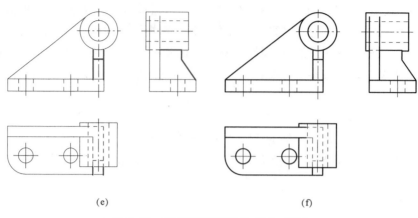

(e)   (f)

图6-5   机座视图的画法和步骤（续）

（e）画肋板：先画主视图；（f）检查、描深

6. 检查、描深

底稿完成后，要仔细检查全图，分析是否存在多线、漏线，并改正错误。准确无误后，按国家标准规定的线型加粗、描深。描深时应先画圆或圆弧，后画直线；先画小圆，后画大圆，如图6-5（f）所示。

画图时应注意以下几点：

（1）应先画出反映形状特征的视图，再画其他视图，3个视图应配合画出，各视图应注意保持"长对正、高平齐、宽相等"。

（2）在作图过程中，每增加一个组成部分，要特别注意分析该部分与其他部分之间的相对位置关系和表面连接关系，同时注意被遮挡部分应随手改为细虚线，以避免画图时出错。

6.2   线面分析法绘图

6.2.1   线面分析法的概念

物体都是由若干面（平面或曲面）、线（直线或曲线）所围成的。利用前面所学的知识，分析围成物体的点、线、面的投影，有助于正确地绘制组合体视图。因此，线面分析法就是把组合体看成由若干点、线、面所围成，分析并确定这些点、线、面形状及相对位置，进而绘制出这些点、线、面投影的一种思维方法。在绘制组合体视图及读图时，对于较复杂的组合体，尤其是当形体被切割或形状较为复杂时，需要借助线面分析法来绘制这些局部结构形状。

6.2.2   切割型组合体视图的画法和步骤

以图6-6所示的组合体为例，介绍切割型组合体视图的画法和步骤。

1. 形状分析

该组合体的原始形体是一个长方体，在此基础上用一个正垂面和一个水平面截切，切去了形体 1（四棱柱）；用两个侧垂面截切，切去了形体 2（三棱柱）；用两个正平面和一个侧平面截切，切去了形体 3（四棱柱）。最后形成切割型组合体，如图 6 - 6 所示。

2. 画原始形体的三视图

先画基准线，布好图，再画出其原始形体的三视图，如图 6 - 7（a）和图 6 - 7（b）所示。

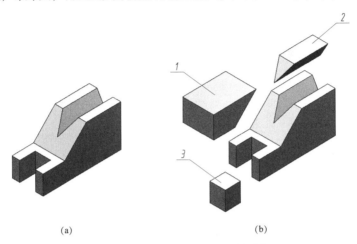

（a）   （b）

图 6 - 6 切割型组合体的形体分析

（a）立体图；（b）分解图

切割型组合体的
形体分析

3. 用正垂面和水平面截切物体

正垂面和水平面在主视图上的投影有积聚性，应从主视图画起，确定其投影。然后利用投影规律，求出两截平面与长方体的截交线及两截平面交线的另外两投影，如图 6 - 7（c）所示。

4. 用两个侧垂面截切物体

两个侧垂面在左视图上的投影有积聚性，应从左视图画起，确定其投影。然后利用投影规律，求出两截平面与长方体的截交线及两截平面交线的另外两投影，如图 6 - 7（d）所示。

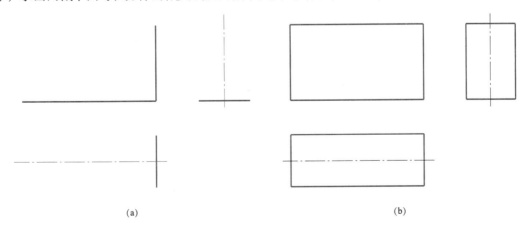

（a）   （b）

图 6 - 7 切割型组合体视图的画图方法和步骤

（a）画基准线和位置线；（b）画原始形体的三视图；

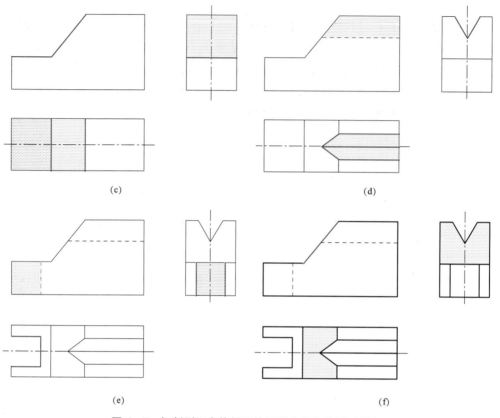

图 6 – 7 切割型组合体视图的画图方法和步骤（续）

（c）画切去形体 1 的三视图；（d）画切去形体 2 的三视图；（e）画切去形体 3 的三视图；（f）加粗、描深

5. 用两个正平面和一个侧平面截切物体

两个正平面和一个侧平面在俯视图上的投影有积聚性，应从俯视图画起，确定其投影。然后利用投影规律，求出各截平面与长方体的截交线及截平面之间交线的另外两投影，如图 6 – 7（e）所示。

6. 检查、描深

完成上述切割后，仔细检查各投影是否正确，是否有缺漏和多余的图线。根据平面的投影特性，长方体被正垂面截切后，其另外两投影为空间形状的类似形，即图中俯、左视图上的七边形。长方体被水平面截切后，其水平投影反映空间形状的实形，即俯视图上的八边形，另外两投影积聚成直线。检查无误后，按国家标准规定的线型加粗、描深，如图 6 – 7（f）所示。

6.3 组合体的尺寸注法

视图只能表达组合体的形状和结构，要表示它们的大小则需要进行尺寸标注。尺寸标注的基本要求：

（1）正确——标注的尺寸数值应准确无误，标注方法要符合国家标准中有关尺寸注法的基本规定。

（2）完整——标注尺寸必须能唯一确定组合体及各基本形体的大小和相对位置，做到无遗漏、不重复。

（3）清晰——尺寸的布局要整齐、清晰，以便于查找和看图。

（4）合理——所注尺寸应能符合设计和制造、装配等工艺要求，并使加工、测量和检验方便。

6.3.1　尺寸分类

1. 尺寸基准

标注尺寸的起始位置称为尺寸基准。组合体有长、宽、高 3 个方向的尺寸，每个方向至少应有一个尺寸基准。组合体的尺寸标注中，常选取对称面、底面、端面、轴线或圆的中心线等几何元素作为尺寸基准。每个方向应有一个主要尺寸基准，根据情况还可以有几个辅助基准。主要尺寸基准选定后，重要尺寸（尤其是定位尺寸）应从主要尺寸基准出发，进行标注。

如图 6-8 所示的支架，是以竖板的右端面作为长度方向主要尺寸基准；以前、后对称平面作为宽度方向的主要尺寸基准；以底板的底面作为高度方向的主要尺寸基准。

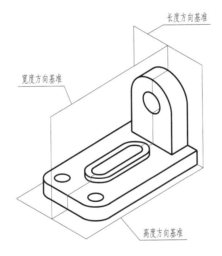

图 6-8　支架的尺寸基准分析

2. 尺寸种类

要使尺寸标注完整，既无遗漏，又不重复，最有效的办法是对组合体进行形体分析，根据各基本形体形状及其相对位置分别标注以下几类尺寸。

1）定形尺寸

确定各基本形体形状大小的尺寸。如图 6-9（a）中的 50、40、11、R8 等尺寸确定了底板的形状，而 R14、18 等即竖板的定形尺寸。

2）定位尺寸

确定各基本形体之间相对位置的尺寸。如图 6-9（a）所示，俯视图中的尺寸 10 确定竖板在宽度方向的位置，主视图中的尺寸30确定 φ16 孔在高度方向的位置。

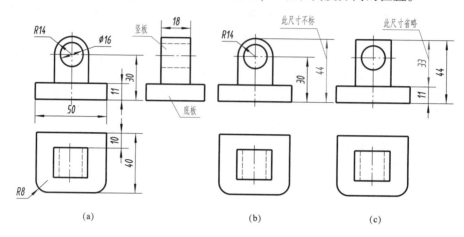

图6-9 尺寸种类

3）总体尺寸

确定组合体外形总长、总宽、总高的尺寸。总体尺寸有时和定形尺寸重合，如图6-9（a）中的总长50和总宽40既是组合体的总体尺寸，同时也是底板的定形尺寸。对于具有圆弧面的结构，通常只注中心线位置尺寸，而不注总体尺寸。如图6-9（b）中总高可由30和 R14 确定，此时就不再标注总高44了。当标注了总体尺寸后，有时可能会出现尺寸重复，这时可考虑省略某些定形尺寸。如图6-9（c）中总高44与定形尺寸11和33重复，此时可根据情况省略1个尺寸。

6.3.2 基本形体的尺寸注法

组合体是由基本形体经过叠加、切割而构成的形体。要掌握组合体的尺寸标注，必须先熟悉和掌握基本形体的尺寸标注方法。一般应标出长、宽、高3个方向的尺寸，但并非每个基本形体都需标出3个方向的尺寸，如在圆柱、圆锥的非圆视图上直接注出直径"φ"，可以减少1个方向尺寸，还可省去1个视图，因为"φ"有双向尺寸功能；在球的1个视图中标出"Sφ"就可以表示球。表6-4和表6-5为常见基本形体尺寸标注示例。

表6-4 常见基本形体尺寸标注示例（一）

尺寸数量	1个尺寸	2个尺寸			3个尺寸
回转体 尺寸标注	球	圆柱	圆锥	圆环	圆台

表6-5 常见基本形体尺寸标注示例（二）

尺寸数量	2个尺寸	3个尺寸	4个尺寸	5个尺寸
平面立体 尺寸标注	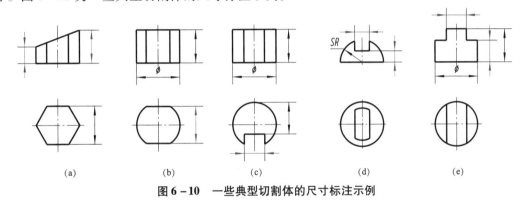			

6.3.3 切割体和相贯体的尺寸注法

几何形体被切割后，截交线和相贯线上不应直接标注尺寸，因为它们的形状和大小取决于形成交线的平面与立体或立体的形状、大小及其相互位置，交线是在加工时自然产生的，画图时是按一定的作图方法求得的。

故在标注截交线部分的尺寸时，只需标注参与截交的基本形体的定形尺寸和截平面的尺寸。图6-10为一些典型切割体的尺寸标注示例。

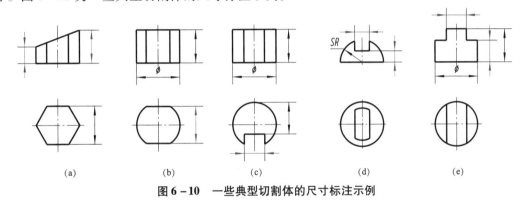

(a)   (b)   (c)   (d)   (e)

图6-10 一些典型切割体的尺寸标注示例

对于相贯的立体，应加注确定各相贯立体之间相对位置的定位尺寸，这些尺寸标注后相贯线就随之确定了。因此，相贯线上一律不注尺寸。其标注示例如图6-11所示。

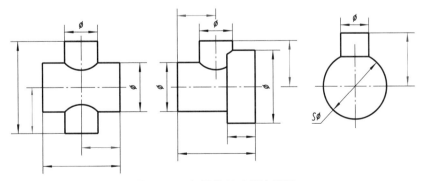

图6-11 相贯体尺寸标注示例

对于不完整的圆柱面、球面，一般大于一半者标注直径尺寸，尺寸数字前加"ϕ"；等于或小于一半者标注半径尺寸，尺寸数字前加"R"，半径尺寸必须注在反映圆弧实际形状的视图上。

表 6 - 6 分析了切割体和相贯体的尺寸注法。

表 6 - 6　切割体和相贯体的尺寸注法

组合体	正确标注方法	错误标注方法
切割体		
相贯体		

注："×"为错误标注方法。

6.3.4　常见板状体的尺寸注法

常见板状体的尺寸标注示例如图 6 - 12 所示。

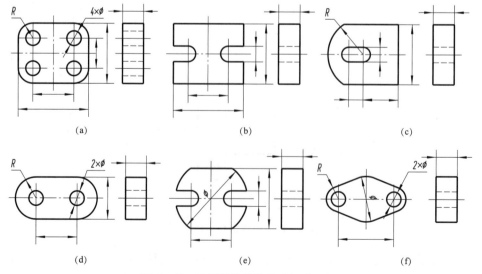

(a)　　　　　　　　(b)　　　　　　　　(c)

(d)　　　　　　　　(e)　　　　　　　　(f)

图 6 - 12　常见板状体的尺寸标注示例

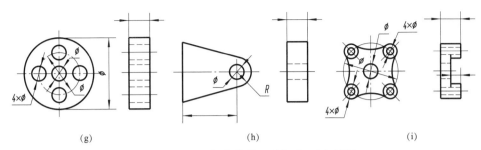

(g)　　　　　　　　(h)　　　　　　　　(i)

图 6 - 12　常见板状体的尺寸标注示例（续）

6.3.5　组合体的尺寸标注要点

1. 标注尺寸要完整

标注尺寸要完整，即标注尺寸必须不多不少，且能唯一确定组合体的形状、大小及其相互位置。标注组合体的尺寸通常采用形体分析法，将组合体分成若干个基本形体，逐个标出其定形尺寸，再确定各基本形体的定位尺寸，还要考虑标注出组合体的总体尺寸。

总体尺寸是确定组合体外形所占空间大小的总长、总宽、总高的尺寸。从形体分析和相对位置上考虑，全部标注出定形尺寸、定位尺寸，这时尺寸已经标注齐全，若再加注总体尺寸，则会出现多余尺寸。因此，每加注一个总体尺寸，必定要去掉一个同方向的定形尺寸或定位尺寸，也就是说尺寸的数量总是一定的。如图 6 - 13（a）所示，删除小圆柱的高度尺寸，标注总高。另外，当组合体的一端为回转体时，该方向上一般不注总体尺寸，如图 6 - 13（b）所示。

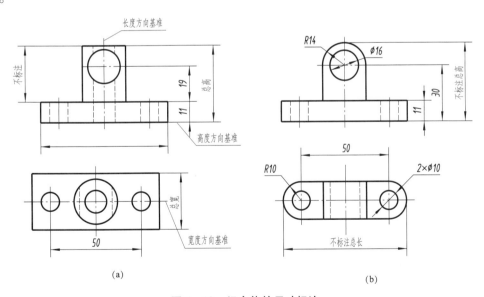

(a)　　　　　　　　　　　　　　　(b)

图 6 - 13　组合体的尺寸标注

（a）尺寸基准；（b）不注总体尺寸的情况

2. 标注尺寸要清晰

标注尺寸要清晰，即尺寸要恰当布局，以便于查找和看图，不致发生误解和混淆。标注尺寸应注意以下几点：

（1）尺寸应尽可能标注在反映基本形体形状特征较明显、位置特征较清楚的视图上。组合体上有关联的同一基本形体的定形尺寸与定位尺寸应尽可能集中标注在反映形状和位置特征明显的同一视图上，以便查找和看图。

如图6-14（a）所示，主视图上矩形槽的定形尺寸10、8和高度方向的定位尺寸30，直角梯形立板的定形尺寸44、20、38和高度方向的定位尺寸50；俯视图上底板两圆柱孔的定形尺寸2×φ9与长度方向的定位尺寸9、26和宽度方向的定位尺寸27都应集中标注在同一视图上。如图6-14（b）所示的分散标注不好。

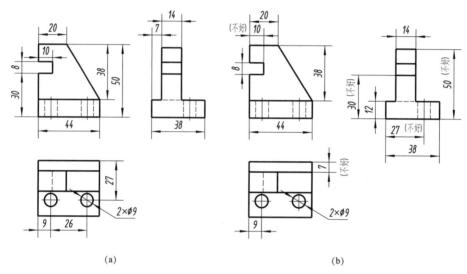

图6-14　尺寸尽量集中标注在反映形体特征明显的视图上

（a）好；（b）不好

（2）为保持图形清晰，尺寸应尽量注在视图外面。尺寸排列要整齐，且应使小尺寸在里（靠近图形）、大尺寸在外。如图6-15（a）所示，其尺寸50在外、32在里，尺寸40在外、28在里。否则，尺寸线与尺寸界线相交，会显得紊乱，如图6-15（b）所示。当图上有足够地方能清晰地注写尺寸数字又不影响图形的清晰度时，也可注在视图内，如图6-14（a）所示主视图上矩形槽定形（长）尺寸10要比如图6-14（b）所示注在视图外好，又如图6-15（a）所示主视图上半圆头槽圆心长度方向的定位尺寸12要比如图6-15（b）所示注在视图外好。

（3）标注圆柱、圆锥的直径尺寸应尽量注在非圆的视图（其轴线平行于投影面的视图）上，半圆以及小于半圆的圆弧的半径尺寸一定要注在反映为圆弧的视图上，如图6-16（a）所示，又如图6-15（a）中主视图的尺寸R6和俯视图的尺寸R8。

在板状零件上存在多孔分布时，其直径尺寸应注在投影为圆的视图上。

（4）同一基本形体的定形、定位尺寸应尽量集中标注。

（5）尺寸尽量不标注在虚线上。但为了布局需要和尺寸清晰，有时也可标注在虚线上。

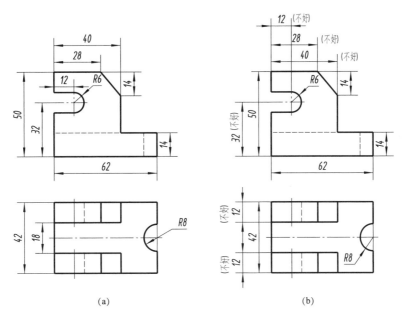

图 6 – 15　尺寸尽量集中标注在视图外边，且小尺寸在里、大尺寸在外

（a）清晰；（b）不好

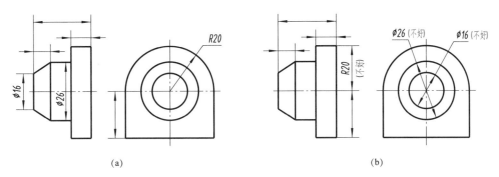

图 6 – 16　直径、半径尺寸标注

（a）清晰；（b）不好

以上各点并非是标注尺寸的固定模式，在实际标注尺寸时，有时会出现不能完全兼顾的情况，应在保证尺寸标注正确、完整、清晰的基础上，根据尺寸布置的需要灵活运用和进行适当的调整。

6.3.6　组合体尺寸标注方法和步骤

标注组合体的尺寸时，首先应运用形体分析法分析形体，找出该组合体长、宽、高 3 个方向的主要基准，分别注出各基本形体之间的定位尺寸和各基本形体的定形尺寸，再标注总体尺寸并进行调整，最后校对全部尺寸。

【例 6 – 1】现以图 6 – 17 所示支座为例，说明标注组合体尺寸的方法和步骤。

分析：

（1）对组合体进行形体分析，确定尺寸基准。如图 6 – 17 所示，依次确定支座长、宽、高 3 个方向的主要基准。通过圆筒轴线的侧平面作为长度方向的主要基准，通过圆筒轴线的正平面作为宽度方向的主要基准，底板的底面可作为高度方向的主要基准，耳板和圆筒顶面为高度方向的辅助尺寸基准。

（2）标注定位尺寸。从组合体长、宽、高 3 个方向的主要基准和辅助基准出发依次注出各基本形体的定位尺寸。如图 6-17 所示，标注出尺寸 80、56、52，确定底板和耳板相对于圆筒的左右位置；在宽度和高度方向上标注出尺寸 48、28，确定凸台相对于圆筒的上下和前后位置。

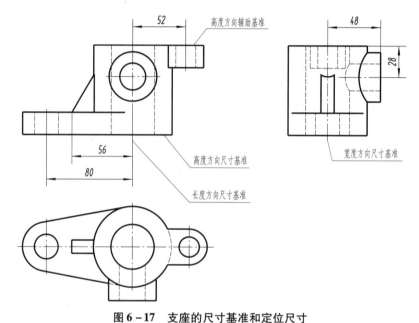

图 6-17　支座的尺寸基准和定位尺寸

（3）标注定形尺寸。依次标注支座各组成部分的定形尺寸，如图 6-18 所示。

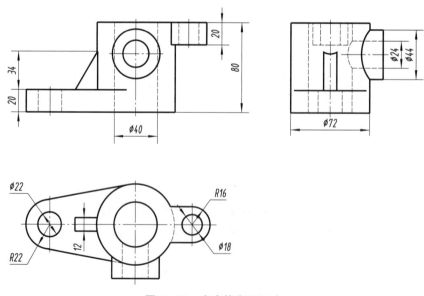

图 6-18　支座的定形尺寸

（4）标注总体尺寸。为了表示组合体外形的总长、总宽和总高，应标注相应的总体尺寸。如图 6 - 19 所示，支座的总高尺寸为 80，它也是圆筒的高度尺寸；已标注了定位尺寸80、52 以及圆弧半径 $R22$ 和 $R16$ 后，不再标注总长，左视图上标注了定位尺寸 48 后，不再标注总宽。

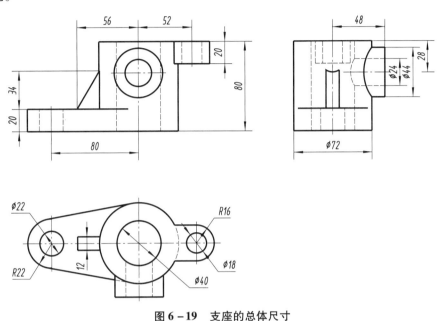

图 6 - 19　支座的总体尺寸

6.4　组合体的看图方法

6.4.1　看图的基本要领

看组合体的视图，就是根据组合体投影图构思组合体形状的思维过程，是画组合体视图的逆过程，所以看图同样也要运用形体分析及线面分析。对于形体组合特征明显的组合体视图宜采用形体分析法看图；但对于形体组合特征不明显或有局部不明显的组合体视图则宜采用线面分析的手段构思组合体的形状。

1. 视图中图线的空间含义

视图中的每一条线：表示具有积聚性的面（平面或柱面）的投影，如图 6 - 20（a）中的线条 a 是平面 A 的积聚性投影；表示面与面（两平面、两曲面，或一平面和一曲面）交线的投影，如图 6 - 20（a）中的线条 b 是平面 E 与圆柱面 C 的交线；表示曲面转向轮廓线在某方向上的投影，如图 6 - 20（a）中的线条 c 是圆柱面 C 的转向轮廓线。

2. 掌握视图中线框的空间含义

视图中的线框可能表示不同的含义，圆形线框可能代表球体、圆柱体、圆锥体等；长方形线框可能代表长方体、三棱柱等。具体情况如表 6 - 7 所示。

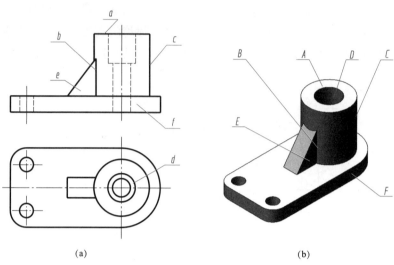

图 6 - 20　视图中图线和线框的含义

表 6 - 7　线框可能的含义

线框类型	可能的含义
（圆形线框）	（立体图示）
（矩形线框）	（立体图示）

（1）视图中的封闭线框：表示凹坑或通孔积聚的投影，如图 6 - 20（a）中的圆形线框 d 表示的就是圆柱形通孔 D 的投影；表示一个面（平面或曲面）的投影，如图 6 - 20（a）中的三角形 e 就是平面 E 的投影；表示曲面及其相切的组合面（平面或曲面）的投影，如图 6 - 20（a）中的 f 就是平面与圆柱面相切形成的组合面的投影。

（2）视图中相邻封闭线框：表示不共面、不相切、位置不同的两个面的投影，如图 6 - 21（a）所示表示位置不同的两个面的投影；如图 6 - 21（b）所示表示不相切的两个面的投影；如图 6 - 21（c）所示表示不共面的两个面的投影。

（3）大线框内包括的小线框，一般表示在大立体上凸出或凹下的小立体的投影。如图 6 - 21（d）所示，俯视图上的小圆线框表示凸出的圆柱体的投影；如图 6 - 21（e）所示，俯视图上的小圆线框表示凹下的圆柱孔的投影。

（4）线框边上有开口线框和闭口线框，分别表示通槽和不通槽。图 6 - 21（f）表示的就是通槽；图 6 - 21（g）和图 6 - 21（h）表示的就是不通槽。

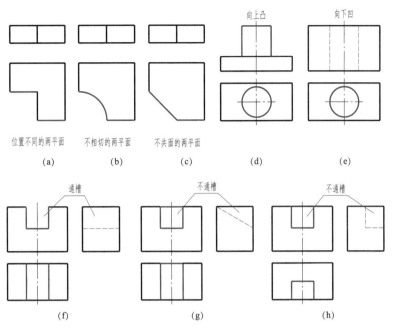

位置不同的两平面　　不相切的两平面　　不共面的两平面

(a)　　　　(b)　　　　(c)　　　　(d)　　　　(e)

(f)　　　　　　　(g)　　　　　　　(h)

图6-21　相邻封闭线框的含义

3. 几个视图联系起来进行分析，找出特征视图

看组合体视图时，要把几个视图联系起来进行分析。在一般情况下，一个视图是不能完全确定组合体的形状的，如图6-22所示，多种组合体的投影图可能为同一个。再如，图6-23（a）和图6-23（b）所示的两组视图中，主视图相同，但两组视图表达组合体却完全不相同；有时，两个视图也不能完全确定组合体的形状，如图6-23（c）和图6-23（d）所示的两组三视图中，俯、左视图相同，两组三视图表达的组合体形状也不相同。由此可见，表达组合体必须要有反映形状特征的视图，看图时，要把几个视图联系起来进行分析，才能想象出组合体的形状。

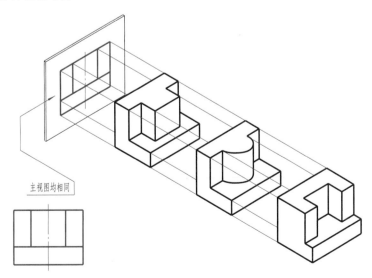

图6-22　一个视图不能确切表示物体形状

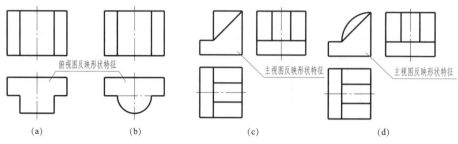

图 6-23　几个视图联系起来进行分析

从最能反映组合体形状和位置特征的视图看起。如图 6-24（a）和图 6-24（b）所示的两组三视图中，主、俯视图完全相同，须结合左视图起来才能反映形体的结构。主视图能反映主要形状特征，故看图时若想知道组合体形状应看主视图；而左视图是最能反映组合体各形体的位置特征，故看图时若想知道组合体位置关系应先看左视图。

图 6-24　从反映组合体形状和位置特征的视图看起

一般来讲，主视图是反映组合体整体的形状和位置特征的视图，但组合体各组成部分的形状和位置特征并不一定全部集中在主视图上。

如图 6-25 所示的支架，由 3 个基本形体叠加而成，主视图反映了该组合体的形状特征，同时也反映了形体Ⅰ的形状特征；俯视图主要反映形体Ⅱ的形状特征；左视图主要反映形体Ⅲ的形状特征。看图时，应当抓住有形状和位置特征的视图，如分析形体Ⅰ时，应从主视图看起；分析形体Ⅱ时，应从俯视图看起；分析形体Ⅲ时，应从左视图看起。

从形状特征、位置特征看图

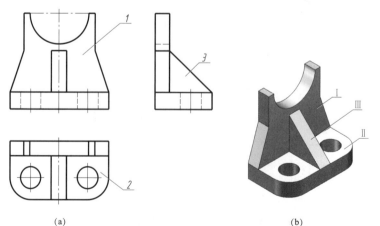

从形状特征看图

图 6-25　从反映组合体各组成部分形状特征的视图看起

看图时要善于抓住反映组合体各组成部分形状与位置特征较多的视图，并从它入手，就能较快地将其分解成若干个基本体，再根据投影关系，找到各基本形体所对应的其他视图，并经分析、判断后，想象出组合体各基本形体的形状，最后达到看懂组合体视图的目的。

6.4.2　形体分析法读图

形体分析法是在看叠加型组合体的视图时，根据投影规律分析基本形体的三视图，从图上逐个识别出基本形体的形状和相互位置，再确定它们的组合形式及其表面连接关系，综合想象出组合体的形状的分析方法。

应用形体分析法看图的特点是：从基本形体出发，在视图上分线框。

【例6-2】下面以图6-26所示的支承架为例，介绍应用形体分析法看图的方法和步骤。

分析：

1）划线框，分形体

从主视图看起，将主视图按线框划分为1′、2′、3′，并在俯视图和左视图上找出其对应的线框1、2、3和1″、2″、3″，将该组合体分为立板Ⅰ、凸台Ⅱ和底板Ⅲ三部分。

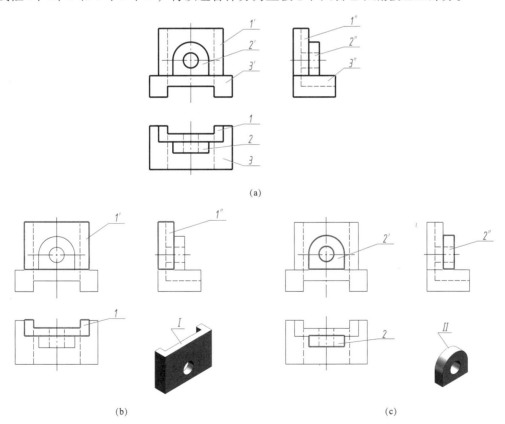

(a)

(b)　(c)

图6-26　用形体分析法看支承架视图的方法和步骤

（a）划线框，分形体；（b）想象立板Ⅰ的形状；（c）想象凸台Ⅱ的形状

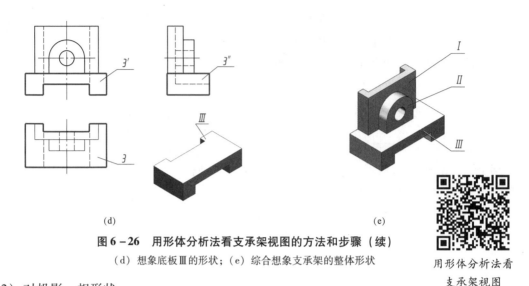

(d)   (e)

图 6-26   用形体分析法看支承架视图的方法和步骤（续）

（d）想象底板Ⅲ的形状；（e）综合想象支承架的整体形状

用形体分析法看
支承架视图

2）对投影，想形状

按照"长对正、高平齐、宽相等"的投影关系，从每一个基本形体的特征视图开始，找出另外两个投影，想象出每一个基本形体的形状，如图 6-26（b）~图 6-26（d）所示。

3）合起来，想整体

根据各基本形体所在的方位，确定各部分之间的相互位置及组合形式，从而想象出支承架的整体形状，如图 6-26（e）所示。

6.4.3   线面分析法读图

看图时，在应用形体分析法的基础上，对一些较难看懂的部分，特别是对切割型组合体的被切割部位，还要根据线面的投影特性分析视图中线和线框的含义，弄清组合体表面的形状和相对位置，综合起来想象出组合体的形状。

线面分析法的看图特点：从面出发，在视图上分线框。

【例 6-3】现以如图 6-27 所示的压块为例，介绍用线面分析法看图的方法和步骤。

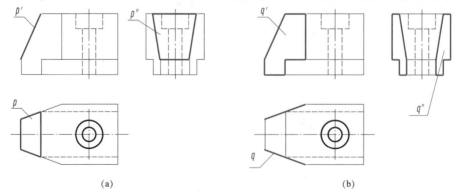

(a)   (b)

图 6-27   用线面分析法看压块视图的方法和步骤

（a）分析正垂面 P；（b）分析铅垂面 Q

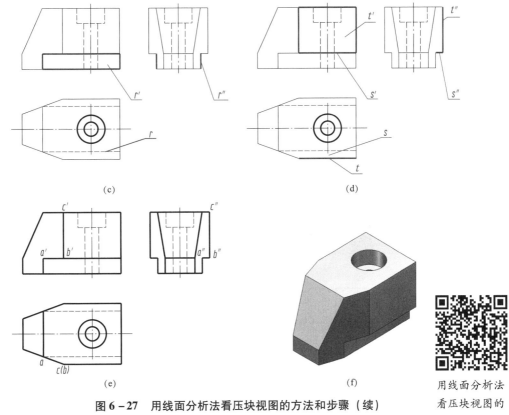

图 6 - 27　用线面分析法看压块视图的方法和步骤（续）

（c）分析正平面 R；（d）分析水平面 S 和正平面 T；（e）分析交线；（f）主体图

分析：

先分析整体形状，压块 3 个视图的轮廓基本上都是矩形，所以它的原始形体是个长方体；再分析细节部分，压块的右上方有一阶梯孔，其左上方和前后面分别被切掉一角。

从某一视图上划分线框，并根据投影关系在另外两个视图上找出与其对应的线框或图线，确定线框所表示的面的空间形状和对投影面的相对位置。

（1）压块左上方的缺角：如图 6 - 27（a）所示，在俯、左视图上相对应的投影是等腰梯形线框 p 和 p''，在主视图上与其对应的投影是一倾斜的直线 p'。由正垂面的投影特性可知，平面 P 是梯形的正垂面。

（2）压块左方前、后对称的缺角：如图 6 - 27（b）所示，在主、左视图上方对应的投影是七边形线框 q' 和 q''，在俯视图上与其对应的投影为一倾斜直线 q。由铅垂面的投影特性可知，平面 Q 是七边形铅垂面。同理，处于后方与之对称的位置也是七边形铅垂面。

（3）压块下方前、后对称的缺块：如图 6 - 27（c）和图 6 - 27（d）所示，它们是由两个平面切割而成，其中一个平面 R 在主视图上为一可见的矩形线框 r'，在俯视图上的对应投影为水平线 r（细虚线），在左视图上的对应投影为垂直线 r''。另一个平面 S 在俯视图上是有一边为细虚线的直角梯形 s，在主、左视图上的对应投影分别为水平线 s' 和 s''。由投影面平行面的投影特性可知，平面 R 和平面 T 是长方形的正平面，平面 S 是直角梯形的水平面。压块下方后面的缺块与前面的缺块对称，不再赘述。

在图 6 - 27（e）中，$a'b'$ 不是平面的投影，而是平面 R 和平面 Q 交线的投影。同理，

$b'c'$是长方体前方平面 T 和平面 Q 的交线的投影，其余线框及其投影读者自行分析。这样，就既从形体上又从线面的投影上弄清了压块的三视图，综合起来，便可想象出压块的整体形状，如图 6 - 27（f）所示。

6.4.4　根据两个视图补画第三视图

已知组合体两视图补画第三视图，实际上是看图和画图的综合训练，一般的方法和步骤为：根据已知视图，用形体分析法与必要的线面分析法分析和想象组合体的形状，在弄清组合体形状的基础上，按投影关系补画出所缺的视图。

补画视图时，应根据各组成部分逐步进行。对叠加型组合体，先画局部后画整体；对切割型组合体，先画整体后切割，并按先实后虚、先外后内的顺序进行。

【例 6 - 4】如图 6 - 28（a）所示，已知机座的主、俯视图，想象该组合体的形状并补画左视图。

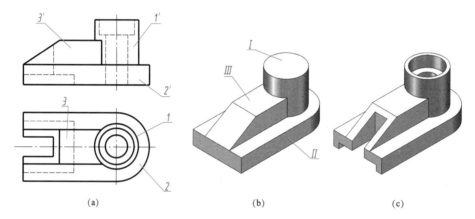

（a）　　　　　　　　　　　（b）　　　　　　　　　（c）

图 6 - 28　想象机座的形状

（a）将机座分解成三部分，找出对应的投影；（b）想象出三部分形体的形状；
（c）想象出机座左端的长方形凹槽、矩形通槽与阶梯圆柱孔的位置和形状

分析及作图：

（1）分析：按主视图上的封闭线框，将机座分为Ⅰ底板、Ⅱ圆柱体、右端与圆柱面相交的厚肋板Ⅲ三部分，再分别找出三部分在俯视图上对应的投影，想象出它们各自的形状，如图 6 - 28（a）和图 6 - 28（b）所示。进一步分析细节，如主视图右边的细虚线表示阶梯圆柱孔，主、俯视图左边的细虚线表示长方形凹槽和矩形通槽。综合起来想象出机座的整体形状，如图 6 - 28（c）所示。

（2）补画左视图，其过程如图 6 - 29 所示。

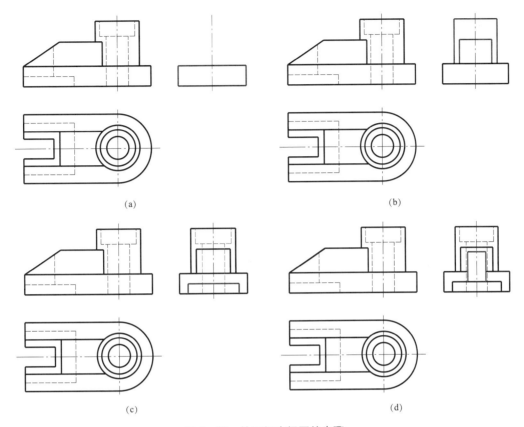

图 6 - 29　补画机座视图的步骤

（a）补画底板Ⅱ的左视图；（b）补画圆柱体Ⅰ和厚肋板Ⅲ的左视图；

（c）补画长方形凹槽和阶梯圆柱孔的左视图；（d）补画矩形通槽的左视图

【例 6 - 5】如图 6 - 30（a）所示，已知切割型组合体的主、左视图，想象该组合体的形状，并补画俯视图。

分析及作图：

（1）形体分析：由主、左视图可以看出，该组合体的原始形状是一个四棱柱。用正平面 P 和正垂面 Q 在左前方切去一块后，再用正平面 S 和侧垂面 R 在右前方切去一角，如图 6 - 30（b）所示。

（2）线面分析：正平面 P 和 S 在主视图中的封闭线框分别是三角形和四边形，根据投影特性可知，其在俯视图上必积聚为直线，如图 6 - 30（c）和图 6 - 30（d）所示。正垂面 Q 在主视图上积聚为直线、左视图上为六边形，而侧垂面 R 在左视图上积聚为直线、主视图为四边形，根据投影特性可知，它们的俯视图必为相似的六边形和四边形，如图 6 - 28（c）和图 6 - 28（d）所示。水平面 T 在主、左视图上积聚为直线，根据"长对正、宽相等"的对应关系和投影特性可求得俯视图上反映真实形状的六边形，如图 6 - 30（d）所示。

（3）补画俯视图：先分别画出正平面 P 和正垂面 Q 在俯视图的投影，如图 6 - 30（c）所示。再分别画出侧垂面 R、正平面 S 和水平面 T 的俯视图，如图 6 - 30（d）所示。

（4）检查后按线型加粗图线，如图 6 - 30（e）所示。

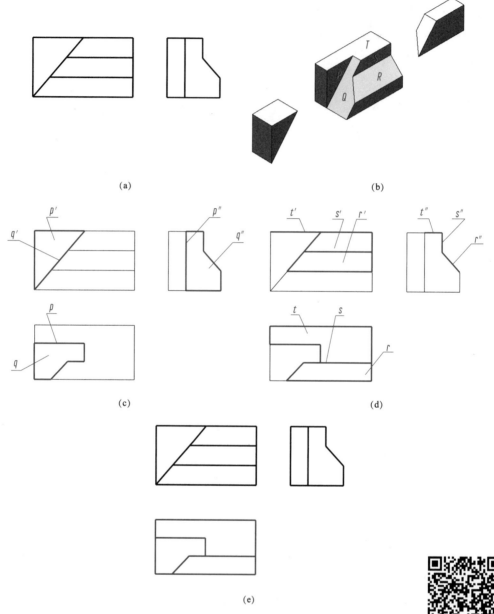

图 6-30　补画切割型组合体的俯视图

（a）已知条件；（b）形体分析；（c）画正平面 P 和正垂面 Q；
（d）画侧垂面 R、正平面 S 和水平面 T；（e）检查、加深

补画切割型组合体
的俯视图

【本章内容小结】

内容		要点
组合体画图、看图基本方法	**形体分析法** 分析组合体各形体的形状及相对位置	基本形体（锥、柱、球、环……）； 形体间的基本组合形式（叠加、切割）； 邻接表面的关系（共面、相切、相交）
	线面分析法 分析形体上线、面、及形体相交切割的关系	运用面、线的空间性质和投影规律，特别要注意投影面平行面、投影面垂直面、一般位置面的实形性、积聚性和类似性
组合体画图		（1）形体分析； （2）组合形式、相对位置及相邻表面关系的投影特点； （3）画图方法和步骤
组合体看图		（1）形体分析和线面分析； （2）组合形式、相对位置及相邻表面关系的投影特点； （3）看图方法和步骤，注意反复对照
尺寸标注		（1）基准的选定； （2）尺寸类型（定形尺寸、定位尺寸、总体尺寸）； （3）标注原则（完整、准确、清晰）
综合		（1）把组合体分解为若干部分，逐个地把各组成部分认识清楚，再通过归纳、综合，形成、加深整体认识； （2）适当记忆常见组合体的形状、视图和标注示例，多画、多看、多想，不断实践

第7章　机件常用的表达方法

【本章知识点】

（1）视图（基本视图、向视图、斜视图、局部视图）的形成、画法、标注及应用。

（2）剖视图的概念、种类、适用条件、画法及标注。

（3）应用单一剖切面、几个平行的剖切面、几个相交的剖切面剖切表达机件的内部结构的方法。

（4）断面图的概念、种类、适用条件、画法及标注。

（5）局部放大图、简化画法及其他规定画法。

（6）第三角投影简介。

在生产实践中，当机件的形状和结构比较复杂时，仅采用前面介绍的主、俯、左3个视图，往往不能将机件的内、外结构形状准确、完整、清晰地表达出来。为了满足这些要求，国家标准《技术制图》及《机械制图》规定了用视图（GB/T 17451—1998、GB/T 4458.1—2002）、剖视图（GB/T 17452—1998、GB/T 4458.6—2002）、断面图（GB/T 17452—1998、GB/T 4458.6—2002）、局部放大图（GB/T 4458.6—2002）、简化画法和其他规定画法（GB/T 16675.1—1996、GB/T 4458.1—2002）等各种表达机件的方法。对于一名合格的工程技术人员，在表达机件时，要根据机件的复杂程度，分析其结构特征，选用适当的表达方法，本章着重介绍一些常用的表达方法。

7.1　视图

视图是采用正投影法所绘制出的物体图形，它主要用来表达物体的外部结构形状，一般只画出物体的可见部分，必要时才用细虚线表达其不可见部分。

国家标准规定，表达物体的视图通常有基本视图、向视图、局部视图和斜视图4种。

7.1.1　基本视图

将物体向基本投影面投射所得的视图，称为基本视图。

当物体的构形复杂时，为了完整、清晰地表达物体各方面的形状，国家标准规定，在原有3个投影面的基础上，再增设3个投影面，组成一个正六面体，正六面体的6个面作为基本投影面，如图7-1（a）所示，将物体置于正六面体中，分别从前、后、左、右、上、下6个方向向6个基本投影面投射，所得到的6个图形称为6个基本视图。

在 6 个基本视图中，除了前面已介绍的主、俯、左 3 个视图外，还有右视图、仰视图和后视图，如图 7 – 1（b）所示。

右视图——由右向左投射所得的视图；

仰视图——由下向上投射所得的视图；

后视图——由后向前投射所得的视图。

为使 6 个基本视图处于同一平面上，将 6 个基本投影面连同其投影按图 7 – 1（b）所示的形式展开，即规定 V 面不动，其余各面按箭头所示方向旋转展开至与 V 面在同一平面上。

若 6 个基本视图在同一图纸上且按图 7 – 1（c）配置时，一般不标注视图的名称。

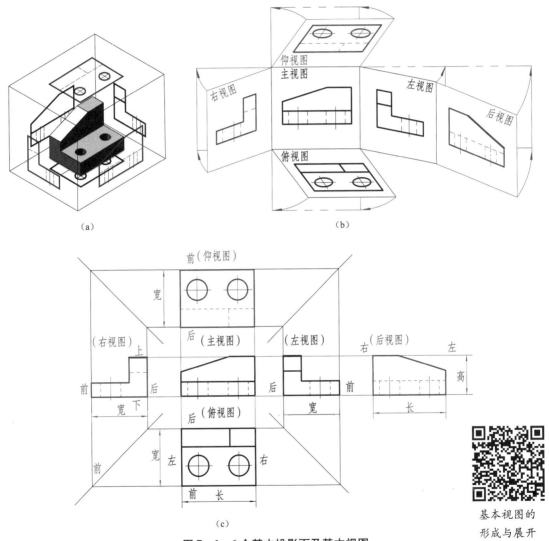

基本视图的
形成与展开

图 7 – 1　6 个基本投影面及基本视图

（a）6 个基本投影的获得；（b）6 个基本投影面的展开；（c）6 个基本视图配置

6 个基本视图之间仍然符合"长对正、高平齐、宽相等"的"三等"投影规律，即

主、俯、仰、后视图，长对正；

主、左、右、后视图，高平齐；

俯、左、右、仰视图，宽相等。

图7-1（c）用投影连线表明了上述的投影规律。从图中还可以看出，由于左视图和右视图是从物体左、右两侧进行投射的，因此这两个视图的形状正好左右颠倒；同理，俯视图和仰视图正好上下颠倒，主视图和后视图也是左右颠倒，画图时必须特别注意。图7-1（c）中还注明了物体前后部位在左、右、俯、仰视图上的位置，从图中可以看出：左、右、俯、仰4个视图远离主视图的一侧反映物体的前面，靠近主视图的一侧反映物体的后面。

在实际绘图时，不是任何物体都要选用6个基本视图，除主视图外，其他视图的选取由物体的结构特点和复杂程度而定，一般优先选用主、俯、左3个视图。在完整、清晰地表达物体形状的前提下，应使视图数量最少，以便于画图和读图。

7.1.2　向视图

向视图是可以自由配置的基本视图。

在设计绘图过程中，为了合理利用图幅，当基本视图不能按图7-1（c）所示的投影关系配置或不能画在同一张图纸上时，可将其配置在适当的位置，并称这种视图为向视图，如图7-2所示。

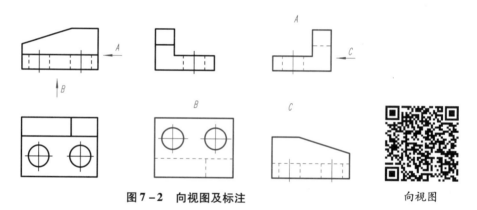

图7-2　向视图及标注

向视图

向视图应进行下列标注：

（1）在向视图的上方标注出视图名称"X"（"X"为大写拉丁字母）；

（2）在相应视图附近用箭头指明投射方向，并标注相同的字母。

7.1.3　局部视图

将机件的某一部分向基本投影面投射所得的视图，称为局部视图。

局部视图适用情况：当机件的主体结构已由基本视图表达清楚，还有部分结构需要表达，而又没有必要画出完整的基本视图时，常采用局部视图来表达。局部视图是基本视图的一部分，利用局部视图可减少基本视图的数量，作为补充表达基本视图尚未表达清楚的部分。

如图7-3所示，机件用主、俯视图表达后，机件左、右侧的两个凸台在主、俯视图中未表达清楚，而又不必要画出完整的左、右视图，这时可用"A""B"两个局部视图表达。既简化作图，又清楚明了。

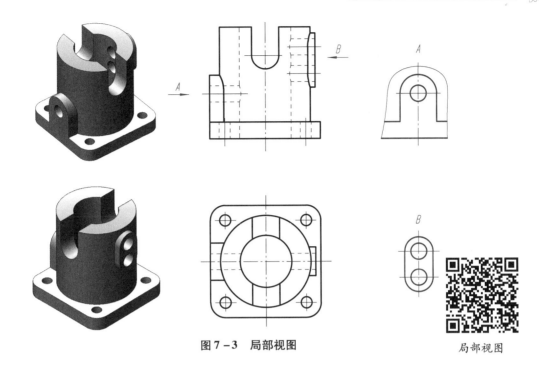

图 7 – 3　局部视图

局部视图

画局部视图时应注意以下几点。

（1）一般应在局部视图上方用大写的拉丁字母标出视图的名称"X"；在相应的视图附近用箭头指明投射方向，并注上相同的字母。

（2）局部视图可按基本视图或向视图配置。当局部视图按基本视图配置、中间又没有其他图形隔开时，可省略标注；当局部视图按向视图配置时，可按向视图的标注方法标注。

（3）局部视图的断裂边界通常用波浪线或双折线表示其范围，如图 7 – 3 中的 A 向视图。但当所表示的局部结构是完整的，且外形轮廓线又封闭时，可以省略波浪线。如图 7 – 3 中的 B 向视图。

7.1.4　斜视图

将机件向不平行于任何基本投影面的平面（斜投影面）投射所得到的视图称为斜视图。

图 7 – 4（a）所示为弯板斜视图的形成。该弯板具有倾斜结构，其倾斜表面为正垂面，倾斜表面在基本视图（俯、左视图）上不反映实形，这就给画图、看图和尺寸标注都带来困难。为了表达该倾斜部分的实形并简化作图，可设立一个与倾斜部分的主要平面平行且垂直于某一基本投影面（如 V 面）的新投影面（P 面），然后将倾斜结构按垂直于新投影面的方向 A 作正投影，即可得到反映该倾斜部分实形的视图，即斜视图。再将新投影面连同投影展开至与主视图在同一平面上，如图 7 – 4（b）所示。斜视图通常只用来表达机件倾斜部分的实形，故其余部分不必全部画出，其断裂边界用波浪线或双折线表示。

画斜视图时应注意以下几点：

（1）斜视图应进行标注。通常在斜视图的上方用大字拉丁字母标出视图的名称，在相应的视图附近用箭头指明投射方向，并注上同样的字母。**注意**：表明投射方向的箭头应垂直于被表达的部位，字母一律水平书写，如图 7-4（b）所示。

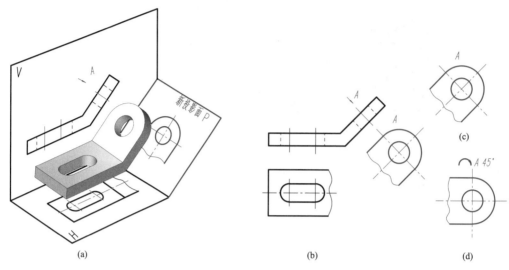

图 7-4 弯板斜视图的形成

（a）斜视图形成；（b）斜视图按投影关系配置；（c）斜视图自由配置；（d）斜视图旋转配置

（2）斜视图只用来表示倾斜部分的局部结构，其断裂边界用波浪线或双折线表示，其余不反映实形的部分可省略不画。同样，在相应的基本视图中也可省去倾斜部分的投影，如图 7-4（b）所示的俯视图没画倾斜部分的投影。

斜视图形成
与画法

（3）斜视图一般配置在箭头所指的方向，并保持投影关系，如图 7-4（b）所示；必要时也可配置在其他适当位置，如图 7-4（c）所示；在不致引起误解时，还允许将图形旋转配置，这时应在斜视图名称后加注旋转符号，表示该视图名称的大写拉丁字母应靠近旋转符号的箭头端，旋转符号的方向要与实际旋转方向一致。必要时，也允许将旋转角度标注在字母之后，如图 7-4（d）所示。

旋转符号是一个半圆，其半径应等于字体高度 h。旋转符号的画法如图 7-5 所示。

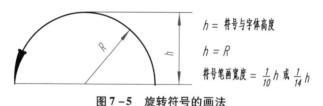

h = 符号与字体高度

$h = R$

符号笔画宽度 $= \frac{1}{10}h$ 或 $\frac{1}{14}h$

图 7-5 旋转符号的画法

7.2 剖视图

当机件的内部结构形状复杂时，视图中就会出现较多虚线，如图 7-6（b）所示，这些虚线与虚线、虚线与实线相互交错重叠，从而破坏了图形的清晰性和层次性，既不便于看图也不便于标注尺寸。为了清晰地表达物体的内部形状，GB/T 4458.6—2002《技术制图　图

样画法　剖视图和断面图》规定可采用剖视图表达机件的内部结构形状。

7.2.1　剖视图的基本概念

1. 剖视图的形成

假想用剖切面剖开机件，将处在观察者和剖切平面之间的部分移去，而将其余部分向投影面投射所得的图形，称为剖视图，简称剖视。

如图 7 – 6（a）所示，用正平面作为剖切面，在机件的前后对称面处假想将其剖开，移去前面部分，使其内部的孔、槽等结构都显示出来，将其余的部分向正立投影面上作投射，从而得到它的剖视的主视图，如图 7 – 6（c）所示。

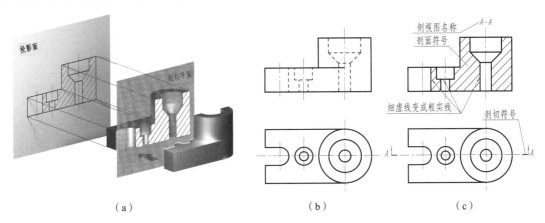

（a）　　　　　　　　　　　　（b）　　　　　　　　　　　　（c）

图 7 – 6　剖视图的形成

（a）剖视图的形成；（b）机件的视图；（c）机件的剖视图

剖视图形成　　　　　　剖视图画法

如图 7 – 6（b）、（c）所示，将视图与剖视图相比较可以看出，由于主视图采用了剖视图的画法，原来不可见的孔，变成可见的了，视图中的细虚线在剖视图中变成了粗实线，再加上在剖面区域内画出了规定的剖面符号，图形看起来层次分明，清晰易懂。

2. 剖视图的画法

1）确定剖切面的位置

画剖视图时，首先要考虑在什么位置剖开机件，即剖切位置的选择。为了表达机件内部的实形，剖切平面一般应通过机件内部孔、槽等结构的对称面或轴线，并平行或垂直某一投影面，如图 7 – 6 中选取平行于 V 面的前后对称面为剖切平面。

2）画剖视图

用粗实线绘制剖切平面剖切到的断面轮廓线，并补画其后的可见轮廓线。而断面之后仍不可见的结构形状的细虚线，如果在其他视图中表达清楚的情况下可以省略不画，如

图 7 – 6 （c） 所示。

3）画剖面符号

剖切平面与机件接触的部分（实心部分）称为剖面区域。为了区分机件的实心和空心部分，国家标准规定在剖面区域上应画上规定的剖面符号。为了区别被剖切机件的材料，国家标准（GB/T 17453—1998）规定采用表 7 – 1 所示的剖面符号表示，其中金属材料的剖面符号为与水平方向成 45°（左右倾斜均可）、相互平行且间隔相等的细实线，也称剖面线。当不需要在剖面区域中表示材料的类型时，可采用通用剖面线表示。通用剖面线最好采用与主要轮廓线或剖面区域的对称线成 45°角的等距细实线表示。

表 7 – 1　各种材料的剖面符号

金属材料 （已有规定剖面符号者除外）	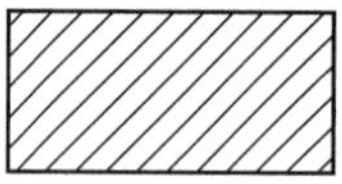	木质胶合板（不分层数）	
绕组元件	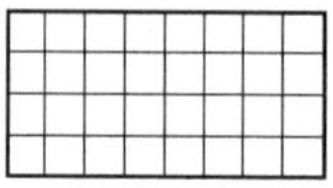	基础周围的泥土	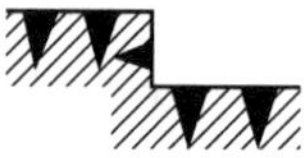
转子、电枢、变压器和 电抗器等的叠钢片	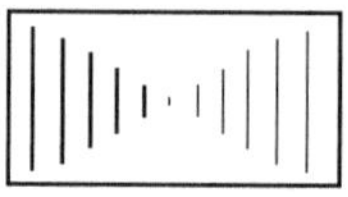	混凝土	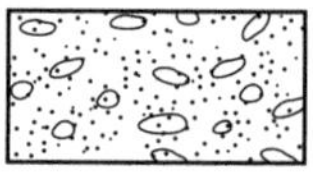
非金属材料 （已有规定剖面符号者除外）	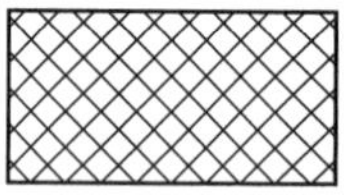	钢筋混凝土	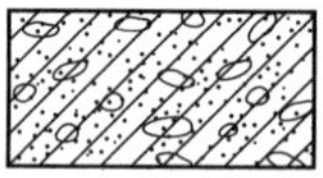
型砂、填砂、粉末冶金、砂轮、 陶瓷刀片、硬质合金刀片等		砖	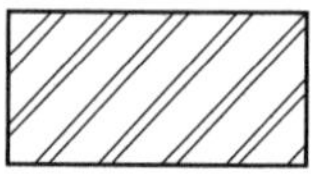
木材	纵断面	液体	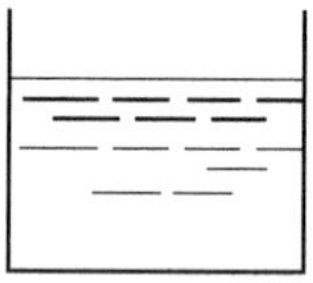
	横断面		

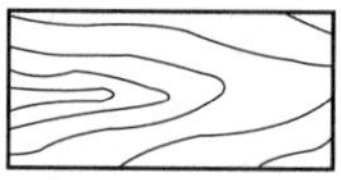

在同一张图样上，同一物体在各剖视图上的通用剖面线方向和间距应保持一致。

当图形中的主要轮廓线与水平线成 45°时，该图形的剖面线应画成与水平成 30°或 60°的平行线，其倾斜的方向和间距仍与其他图形的剖面线一致，如图 7 – 7 所示。

3. 剖视图的标注

为了便于找出剖切位置和判断投影关系，剖视图一般需要标注剖视图名称、剖切符号和投射方向。

（1）剖视图名称：一般在剖视图的上方用大写拉丁字母标出剖视图的名称"X—X"，字母必须水平书写，如图 7 – 6 （c） 所示。

（2）剖切符号：用于表示剖切面的位置。剖切符号用断开的粗短线，线宽为 （1 ~ 1.5）

d（d 为粗实线的宽度），长度约为 5 mm，表示剖切面的起、讫和转折处位置，并尽量不与图形的轮廓线相交。

（3）投射方向：在剖切符号的起、讫处用粗短线，外侧用细实线箭头表示投射方向，再注上相应的字母"X"；若同一张图纸上有几个剖视图，应用不同的字母表示。

在下列情况下，可省略或简化标注。

（1）当剖视图按投影关系配置，中间又没有其他图形隔开时，可省略箭头。

（2）当单一剖切平面通过机件的对称平面或基本对称平面，剖视图按投影关系配置，中间又没有其他图形隔开时，可省略标注。如图 7 – 6（c）中剖视图可不标注。

4. 画剖视图时的注意事项。

（1）剖切的假想性与真实性：对机件来说，剖切是假想的。在一个视图上画了剖视图，如图 7 – 6（c）的主视图，其他未画剖视的视图仍应完整画出，如图 7 – 6（c）所示的俯视图。对所画的剖视图来说，剖切又是真实的，应按剖切后的情况画出。

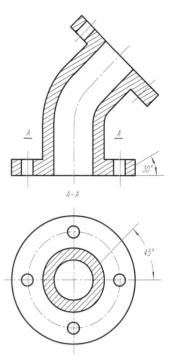

图 7 – 7　30°或 60°剖面线画法

（2）剖视图与剖切面的位置：剖视图本身不能反映剖切面的位置，剖切面的位置只能在其他视图上表示。如图 7 – 6（c）所示的主视图，剖切面是通过机件的前后对称平面剖切的，剖切面的位置在俯视图上才能表示出来。为了使剖视图不出现多余的截交线，选择的剖切平面应通过机件的对称平面或回转中心线，并要平行或垂直于某一投影面。

（3）细虚线的处理：画剖视图是为了表达机件的内部形状，减少视图中的细虚线，增强图形的清晰性。因此，在某个视图画了剖视图以后，凡是已经表达清楚的内、外结构形状，在其他视图上的细虚线不再画出。如图 7 – 6（c）所示，主视图左侧部分表示平板上表面投影的水平虚线就没有画出，因为在俯视图上已经清楚表示它的结构。但当画少量的细虚线可以减少视图数量，而又不影响剖视图的清晰度时，也可以画出细虚线，如图 7 – 8 所示。

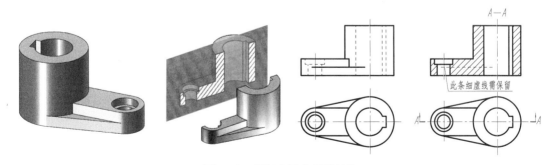

图 7 – 8　用细虚线表示的结构

（4）剖视图上可见的轮廓线不要遗漏：应仔细分析不同结构剖切后的投影特点，避免漏画剖切平面之后的可见台阶面或交线，也不要多画轮廓线，如图 7 – 9 所示。

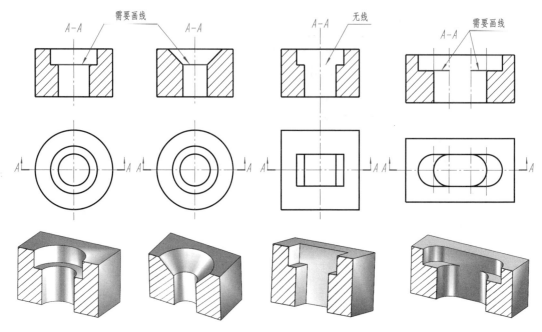

图 7 - 9　剖视图中容易漏线或多线的示例

7.2.2　剖切面的种类

多数剖视图采用平面剖切机件，有时也可采用柱面剖切。根据机件的结构特点，可选择以下 3 种形式的剖切面剖开零件，即单一剖切面剖切、几个平行的剖切面剖切和几个相交的剖切面剖切。现分述如下。

1. 用单一剖切面剖切

单一剖切面剖切是指只采用一个剖切面剖开机件而获得剖视图，常见的有以下几种。

1）用平行于某一基本投影面的单一剖切平面剖切

图 7 - 6、图 7 - 8 及图 7 - 9 中的每个剖视图，都是只采用平行于某一基本投影面的单一剖切面剖切所得到的剖视图。

2）用不平行于任何基本投影面的单一剖切面剖切

图 7 - 10 所示弯管的上部具有倾斜结构，只有采用垂直于该倾斜结构对称线的斜剖切平面进行剖切，所得的斜剖视图才能反映该部分实形。图 7 - 10 所示弯管的 A—A 全剖视图就是用斜剖画出的，它表达了弯管及其顶部凸缘、凸台与通孔等结构的实形。

这种用不平行于任何基本投影面的剖切平面剖开机件的方法称为斜剖，所得的剖视图称为斜剖视图。

斜剖视图与斜视图的画法与标注规则相类似，即通常按向视图配置法，既可以按投影关系配置在与剖切符号相对应的位置［见图 7 - 10（b）］，也可将其平移至图纸的适当位置，在不致引起误解时，还允许将图形旋转放置，这时应在旋转后的斜剖视图上方画出旋转符号［见图 7 - 10（c）］，斜剖视图必须标注。

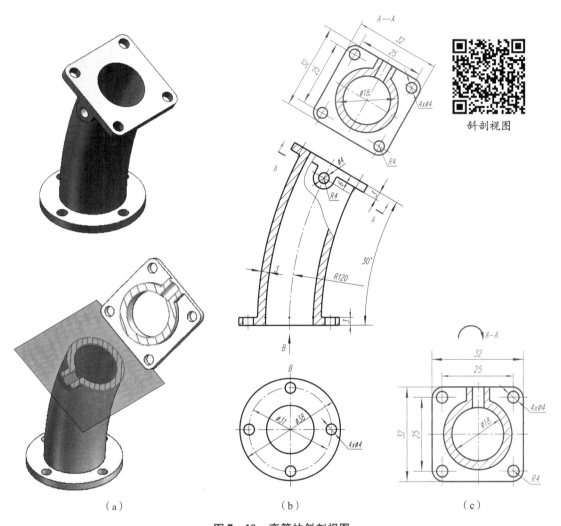

图 7－10　弯管的斜剖视图

（a）弯管立体图；（b）弯管斜剖视图；（c）旋转放置的斜剖视图

2. 用几个平行的剖切面剖切——阶梯剖

用几个平行的剖切面剖开机件的方法称为阶梯剖。

如图 7－11（a）所示，机件上面分布的孔不在前后对称面上，用一个剖切平面不能同时剖到，为了表示这些孔的结构，用 3 个平行的剖切面剖开机件。

这种剖切方法主要适用于机件上有较多需要表达的内部结构，并分布在几个相互平行的平面上的情况。几个互相平行的剖切面必须是投影面的平行面或垂直面，各剖切面的转折处成直角。

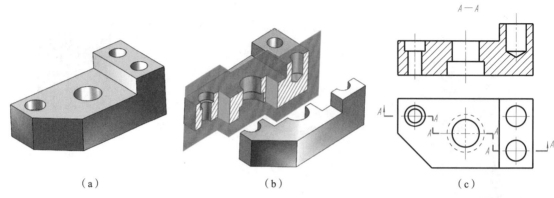

（a）　　　　　　　　　　（b）　　　　　　　　　　（c）

图 7 – 11　阶梯剖的画法与标注

（a）机件三维模型图；（b）几个平行的剖切面；（c）阶梯剖的画法

画阶梯剖时应注意以下 3 点。

阶梯剖视图

（1）阶梯剖必须标注。即在剖切平面的起、讫、转折处画粗短线并标注字母，在起、讫外侧画上箭头，表示投射方向；在相应的剖视图上方以相同的字母"X – X"标注剖视图的名称。但当剖视图按投影关系配置，中间又无其他图形隔开时，也可省略箭头，如图 7 – 12（a）所示。

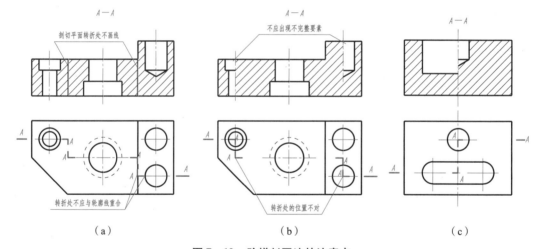

（a）　　　　　　　　　　（b）　　　　　　　　　　（c）

图 7 – 12　阶梯剖画法的注意点

（a）不应画出剖切平面的交线；（b）不应出现不完整要素；（c）允许出现不完整要素的阶梯剖

（2）由于剖切是假想的，因此两个剖切平面转折处不应画出交线，剖切平面转折处也不应与图中的轮廓线重合，如图 7 – 12（a）所示。

（3）要恰当地选择剖切位置，避免在剖视图上出现不完整的要素，如图 7 – 12（b）所示。只有当两个要素在图形上具有公共对称中心线或轴线时，可以以对称中心线或轴线为界，各画一半，如图 7 – 12（c）所示。

3. 用几个相交的剖切面剖切

1）用两个相交的剖切平面剖切——旋转剖

用交线垂直于某一基本投影面的两个相交的剖切面剖开机件的方法称为旋转剖。

如图 7 – 13 所示，这种剖切方法主要用来表达具有公共回转轴线的机件，如轮、盘、盖等机件上的孔、槽等内部结构。

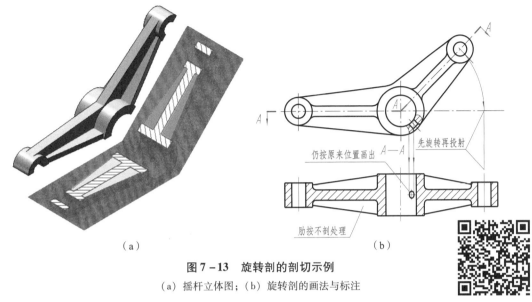

图 7 – 13　旋转剖的剖切示例

（a）摇杆立体图；（b）旋转剖的画法与标注

旋转剖视图

画旋转剖时应注意以下几点：

（1）采用这种剖切方法时，先假想按剖切位置剖开机件，然后将被剖切面剖开的倾斜结构旋转到与选定的投影面平行后再进行投影。剖切面后的其他结构一般仍按原来的位置投射，如图 7 – 13 中小油孔的俯视图。

（2）当采用旋转剖后使机件的某部分产生不完整要素时，则将此部分按不剖绘制，如图 7 – 14 中机件右边中间部分的形体在主视图中按不剖处理。

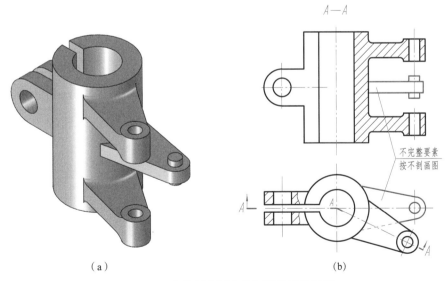

图 7 – 14　旋转剖中不完整要素的画法示例

（a）立体图；（b）不完整要素

（3）旋转剖必需的标注。即在剖切的起、讫和转折处画粗短线并标注大写字母"X"，在起、讫外侧用细实线画上箭头；在剖视图上方注明剖视图的名称"X—X"。当转折处地方有限又不致引起误解时，允许省略标注转折处的字母。

　　2）用组合的剖切面剖切——复合剖

　　当机件的内部结构形状较复杂，用前面的几种剖切面剖切不能表达完整时，可采用一组相交的剖切面剖切，这种用组合的剖切面剖开机件的方法称为复合剖。复合剖剖切符号的画法和标注，与旋转剖和阶梯剖相同，如图 7 – 15 所示。

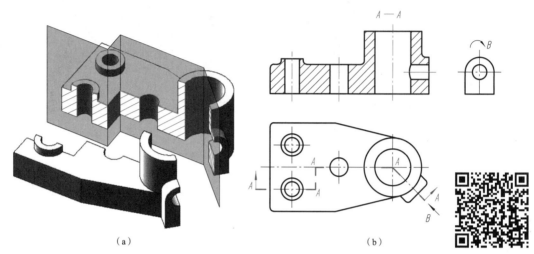

（a）　　　　　　　　　　　　　　　（b）

图 7 – 15　复合剖画法示例

（a）立体图；（b）复合剖画法与标注

复合剖视图

　　如图 7 – 16 所示的机件，由于采用了 4 个连续相交的剖切面剖切，因此在画剖视图时可采用展开画法，对于展开的复合剖，图名应标出"$X—X$ 展开"。

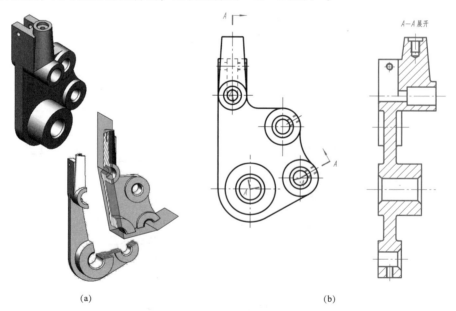

(a)　　　　　　　　　　　　　　　(b)

图 7 – 16　复合剖的展开画法示例

（a）立体图；（b）复合剖展开画法

7.2.3　剖视图的种类

按照剖切面剖开机件的范围不同，可将剖视图分为全剖视图、半剖视图和局部剖视图 3 种。

1. 全剖视图

用剖切面完全地剖开机件所得的剖视图，称为全剖视图。

全剖视图一般用于表达外形比较简单、内形比较复杂并且在投射方向不对称的机件的投影，或外形简单的回转图零件，如图 7 – 17 所示压盖的主视图为全剖视图。全剖视图的标注如前所述。

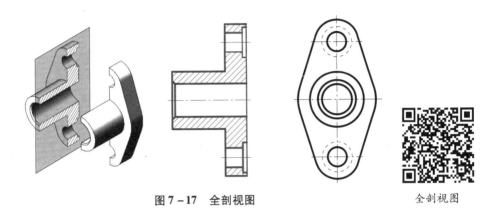

图 7 – 17　全剖视图

全剖视图

2. 半剖视图

当机件具有对称平面时，在垂直于对称平面的投影面上投射所得的图形，以对称中心线为界，一半画成剖视，另一半画成视图，这种剖视图称为半剖视图。

如图 7 – 18（a）所示机件，内外形状都较复杂，主视图如画成视图，内部形状的表达

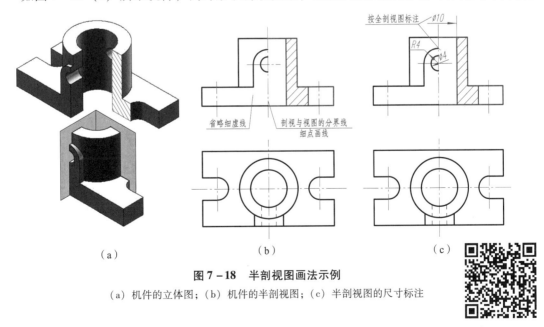

（a）　　　　　　　　　　（b）　　　　　　　　　　（c）

图 7 – 18　半剖视图画法示例

（a）机件的立体图；（b）机件的半剖视图；（c）半剖视图的尺寸标注

半剖视图

不够清晰，如画成全剖视图，则其前方的凸台形状又无法表达。由于该机件左、右对称，因此以左右对称面为界，一半画剖视图表达机件的内部形状，另一半画视图表达机件的外部形状。这样可将机件的内、外形状都表达清楚，如图7-18（b）所示。

画半剖视图时应注意以下几点：

（1）半个剖视图和半个视图的分界线应是细点画线，不能是其他任何图线。若机件虽然对称，但对称面的外形或内部上有轮廓线时不宜作半剖，如图7-19所示。

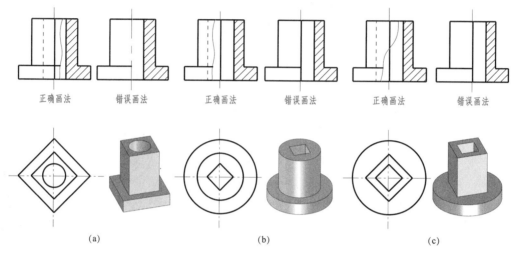

正确画法　　　错误画法　　　正确画法　　　错误画法　　　正确画法　　　错误画法

（a）　　　　　　　　　　（b）　　　　　　　　　　（c）

图7-19　不宜作半剖的机件示例

（2）在半剖视图中已表达清楚的内形在另半个视图中的细虚线可省略，但应画出孔或槽的中心线，如图7-18（b）主视图的左边的视图部分所示。

（3）半剖视图的尺寸标注方法与全剖视图相同。在半剖视图中标注对称结构的尺寸时，由于结构形状未能完整显示，因此尺寸线应略超过对称中心线，并只在另一端画出箭头，如图7-18（c）所示。

（4）在半剖视图中，剖视部分的位置通常按以下原则配置：

在主视图中——位于对称中心线的右侧；

在俯视图中——位于对称中心线的下侧；

在左视图中——位于对称中心线的右侧。

半剖视图常用于表达内、外形状都比较复杂的对称机件，如图7-18所示，也用于表达形状接近对称，且不对称的结构已在其他图形中表达清楚的机件。

如图7-20所示带轮，由于带轮上下不对称的局部只是在轴孔的键槽处，而轴孔和键槽已由A向局部视图表达清楚，因此也可将主视图画成半剖视图。

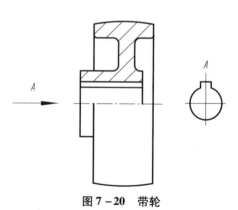

图7-20　带轮

3. 局部剖视图

用剖切面局部地剖开机件所得的剖视图，称为局部剖视图。

局部剖视图常用于内、外形状均需要表达，但又不宜作全剖或半剖时的机件，如图 7 - 21 中的主、俯视图都是用一个平行于相应投影面的剖切面局部地剖开机件后所得的局部剖视图。

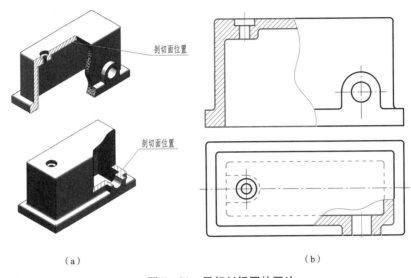

（a）　　　　　　　　　　　　　　（b）

图 7 - 21　局部剖视图的画法

（a）立体图；（b）局部剖视图

局部剖视图
的画法

局部剖视图是一种比较灵活的表达方法，下列 4 种情况宜采用局部剖视图。

（1）机件只有局部内部形状需要表达，而不必或不宜采用全剖视图时，可采用局部剖视图表达，如图 7 - 21 所示。

（2）机件内、外形状均需表达而又不对称时，可采用局部剖视图表达，如图 7 - 21 所示。

（3）机件对称，但由于轮廓线与对称线或图形的中心线重合而不宜采用半剖视图时，可采用局部剖视图表达，如图 7 - 19 所示。

（4）剖中剖的情况，即在剖视图中再做一次简单剖视的情况，可采用局部剖视图表达，如图 7 - 22 所示。

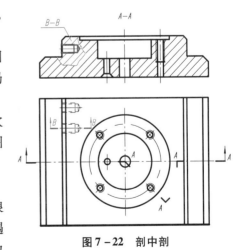

图 7 - 22　剖中剖

画局部剖视图时应注意以下几点。

（1）局部剖视图的视图和剖视图之间用波浪线分界，波浪线只能画在机件的实体部分，如遇孔、槽等中空结构应自动断开，不能穿空而过，也不应超出视图中被剖切部分的轮廓线，如图 7 - 23（c）、（d）所示，而且波浪线不能与视图中的轮廓线重合，如图 7 - 23（b）所示。

（2）当被剖切结构为回转体时，允许将该结构的中心线作为局部剖视图与视图的分界线，如图 7 - 24（a）中的主视图。当对称物体的内部（或外部）轮廓线不宜采用半剖时，可采用局部剖，如图7-24（b）所示。

（3）局部剖视图的标注方法与全剖视图相同，当用单一剖切面剖切，且剖切位置明显时，一般可以省略标注，如图7-21、图7-23所示。

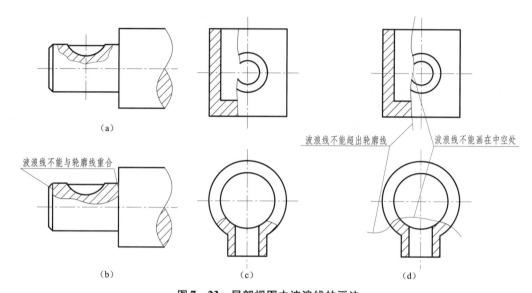

（a）

波浪线不能与轮廓线重合

波浪线不能超出轮廓线

波浪线不能画在中空处

（b）

（c）

（d）

图7-23　局部视图中波浪线的画法

（a）正确；（b）错误；（c）正确；（d）错误

（4）局部剖视图是一种比较灵活的表达方法，运用得好，可使视图简明清晰，但在同一视图中局部剖视图的数量不宜过多，不然会使图形过于破碎，不利于看图。

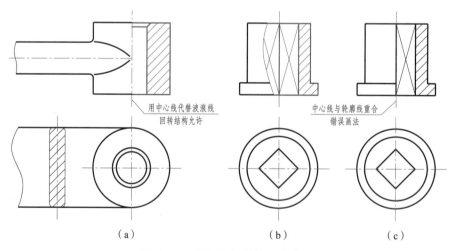

用中心线代替波浪线
回转结构允许

中心线与轮廓线重合
错误画法

（a）

（b）

（c）

图7-24　局部剖视图的特殊情况

（a）用中心线作为分界线；（b）正确画法；（c）错误画法

7.3　断面图

7.3.1　断面图的概念

假想用剖切面将机件的某处切断，仅画出该剖切面与物体接触部分的图形，称为断面图，简称断面，通常在断面上画上剖面线，如图 7 – 25（b）所示。断面图主要用来表达机件某结构的断面形状。

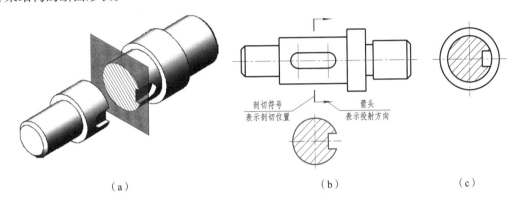

（a）　　　　　　　　　　　（b）　　　　　　　　　　（c）

图 7 – 25　断面图的画法
（a）用剖切平面将轴切断；（b）轴的断面图；（c）轴的剖视图

断面图与剖视图的区别在于：断面图只画出机件切断后的断面图形，而剖视图除画出断面图形之外还要画出剖切平面后面的可见轮廓的投影，如图 7 – 25（c）所示。

断面图的概念

断面图主要用于表达物体某一局部的断面形状，如物体上的肋板、轮辐、键槽、小孔以及各种型材的断面形状等。

按照断面图所画的区域不同，断面图分为移出断面图和重合断面图两种。

7.3.2　移出断面图的画法与标注

画在视图轮廓线之外的断面图，称为移出断面图，如图 7 – 25（b）所示。

1. 移出断面图的画法

（1）移出断面图的轮廓线用粗实线绘制。

（2）移出断面图应尽量配置在剖切符号或剖切面迹线的延长线上。剖切面迹线是剖切面与投影面的交线，用细点画线表示，如图 7 – 26 右端所示。为了合理布置图面，也可将移出断面图配置在其他适当位置，如图 7 – 26 中"*A—A*""*B—B*"所示。

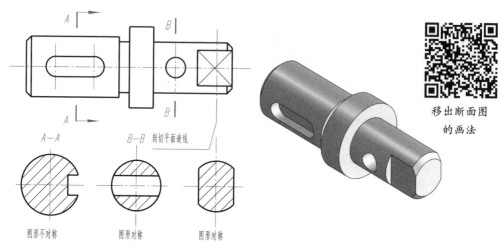

图 7-26 移出断面图的画法

（3）当断面图形对称时，可以将移出断面图画在视图中断处，如图 7-27 所示。

（4）由两个或多个相交平面剖切得出的移出断面图，可以画在一起，但中间应断开，如图 7-28 所示。

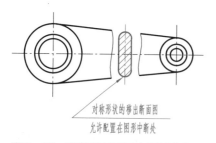

图 7-27 移出断面图画在视图中断处

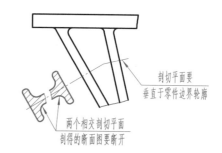

图 7-28 移出断面图的断开画法

（5）画断面图时，一般只画断面的形状，但当剖切平面通过由回转面形成的孔或凹坑的轴线时，这些结构应按剖视画出，如图 7-29 所示。

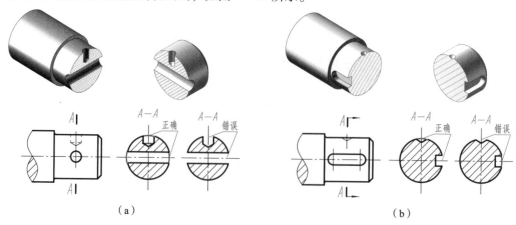

图 7-29 带有孔或凹坑的移出断面图画法

（a）对称断面图；（b）不对称断面图

（6）当剖切平面通过非圆孔，会导致出现完全分离的两个断面时，这样的结构也应按剖视图绘制，且在不致引起误解时，还允许将移出断面图旋转，但应注出旋转符号，如图7－30所示。

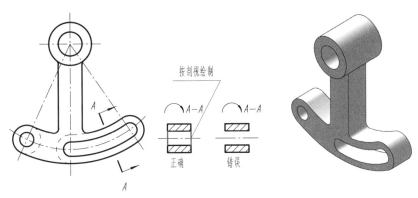

图7－30　断面图形分离时的画法

2. 移出断面图的标注

（1）移出断面图的标注形式与剖视图相同。即用剖切符号表示剖切位置、用带字母的箭头指明投射方向，并在移出断面图的上方用相同的字母标出断面图的名称"$X—X$"，如图7－31（a）所示。

（2）当移出断面图配置在剖切符号或剖切平面迹线的延长线上时，若不对称，可以省略字母，如图7－31（b）所示；若对称，可以省略标注，如图7－31（c）所示。

（3）当移出断面图不配置在剖切符号的延长线上时，若按投影关系配置，则可以省略箭头，如图7－31（d）所示；若不按投影关系配置，则必须标注，如图7－31（a）所示。

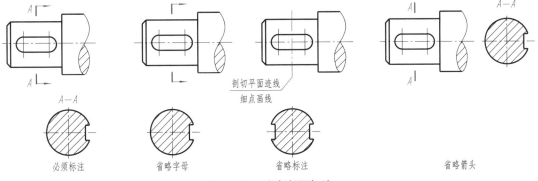

图7－31　移出断面标注

7.3.3　重合断面图的画法与标注

画在视图轮廓线之内的断面图，称为重合断面图，如图7－32所示。重合断面图的轮廓线用细实线绘制。当视图中的轮廓线与重合断面的轮廓线重合时，视图中的轮廓线仍应连续画出，不可间断，如图7－32（a）所示。配置在剖切符号上的不对称重合断面图，不必标注字母，但仍要在剖切符号处画出表示投射方向的箭头，如图7－32（a）所示；对称的重合断面图可省略标注，如图 7 – 32（b）所示。

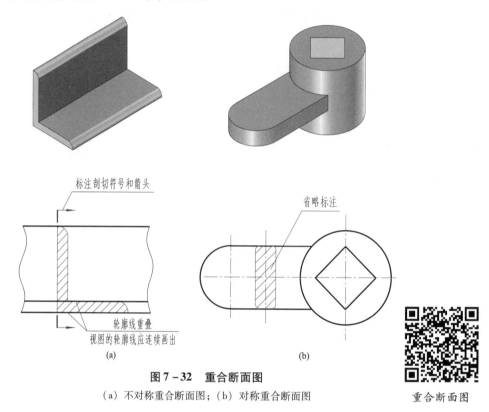

图 7 – 32　重合断面图

（a）不对称重合断面图；（b）对称重合断面图

重合断面图

7.4　局部放大图和简化画法

为了使画图简便、看图清晰，除了前面所介绍的表达方法外，还可采用局部放大图、简化画法和规定画法表示机件。

7.4.1　局部放大图

当机件上的某些细小结构在原视图上由于图形过小而表达不清，或标注尺寸有困难时，可将这些结构的图形用大于原图形所采用的比例单独画出。这种将机件的部分结构，用大于原图形所采用的比例放大画出的图形称为局部放大图，如图 7 – 33 及图 7 – 34 所示。

画局部放大图时应注意以下几点。

（1）局部放大图可画成视图、剖视图、断面图，它与被放大部位的表达方式无关，其断裂边界用波浪线围起来。若局部放大图为剖视图或断面图时，其剖面符号应与被放大部位的剖面符号一致。局部放大图应尽量配置在被放大部位的附近，如图 7 – 33 轴上的退刀槽和挡圈槽以及图 7 – 34 泵盖孔内的槽等。

（2）画局部放大图时，要用细实线圈出被放大的部位，并在图形上方注明比例大小。局部放大图上标注的比例，指该图形中物体要素的线性尺寸与实际物体相应要素的线性尺寸之比，与原图形所采用的比例无关。当同一零件上有几处被放大时，必须用罗马数字依次标明被放大的部位，并在局部放大图的上方用分数的形式标注出相应的罗马数字和所采用的比例，如图 7 - 33 所示。

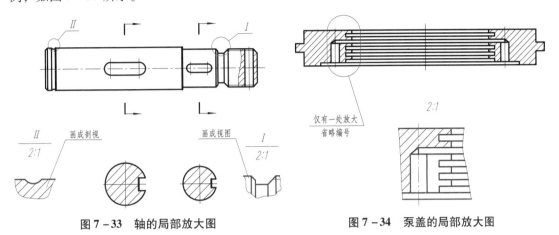

图 7 - 33　轴的局部放大图　　　　　　　图 7 - 34　泵盖的局部放大图

7.4.2　简化画法

简化画法是包括规定画法、省略画法、示意画法等在内的图示方法，其目的是减少绘图工作量，提高设计效率及制图的清晰度。现将一些常用的画法介绍如下。

1. 轮辐、肋及薄壁在剖视图中的画法

对于机件上的肋、轮辐及薄壁等，如按纵向剖切，即剖切面通过其厚度方向的对称平面剖切时，这些结构都不画剖面符号（剖面线），而只用粗实线将它与邻接部分分开，如图 7 - 35 中纵向剖切、图 7 - 38 中剖切面通过轮辐所示。

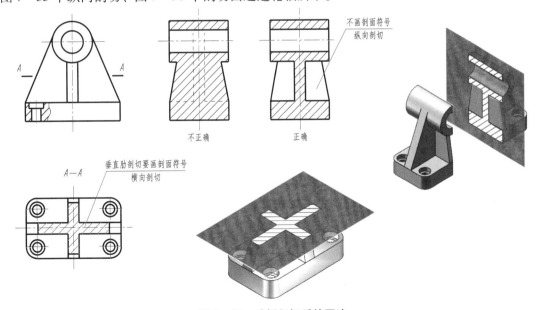

图 7 - 35　肋板剖切后的画法

当剖切平面垂直于轮辐和肋的对称平面或轴线（即横向剖切）反映肋板厚度时，轮辐和肋仍要画上剖面符号，如图7－35所示的A—A剖视图中，肋板仍要画上剖面线。

2. 均匀分布的结构要素在剖视图中的画法

当机件回转体上均匀分布的肋、轮辐、孔等结构不处于剖切平面上时，应将这些结构旋转到剖切平面上画出，分别如图7－36、图7－37、图7－38所示，图中"EQS"表示孔在圆周上均匀分布。

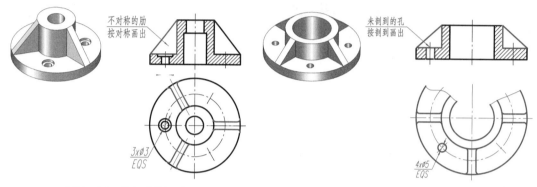

图7－36　均布肋的画法　　　　　　　　图7－37　均布孔的画法

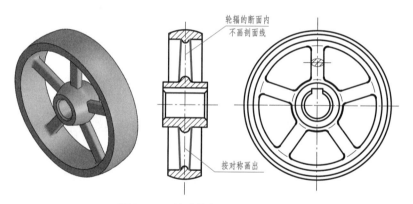

图7－38　均布轮辐剖切后的画法

3. 对称图形的简化画法

在不致引起误解时，对于对称机件的视图可只画1/2或1/4，并在对称中心线的两端画出两条与其垂直的平行细实线（对称符号），如图7－39所示。也可以画成略大于一半，如图7－37所示。

4. 相同结构的简化画法

当机件具有若干相同结构（如齿、槽等），并按一定规律分布时，只需画出几个完整的结构，其余用细实线连接，并在视图中注明该结构的总数，如图7－40所示。

图7－39　对称图形的
简化画法

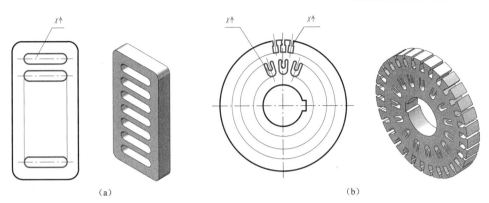

（a）　　　　　　　　　　　　　　　　（b）

图 7 - 40　按规律分布的相同要素的简化画法

若干直径相同、且按规律分布的孔（圆孔、螺孔、沉孔等），可以仅画出一个或少量几个，其余用细点画线表示其中心位置，并在视图中注明孔的总数，如图 7 - 41 所示。

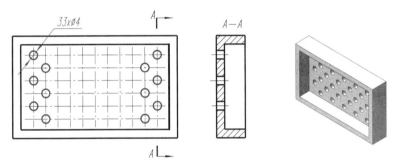

图 7 - 41　按规律分布的孔的简化画法

5. 回转体上平面的画法

当图形不能充分表达平面时，可用平面符号（相交的两条细实线）表示。如图 7 - 42 为一轴端，该形体为圆柱体被平面切割，由于不能在这一视图上明确地看清它是一个平面，所以需加上平面符号。如其他视图已经把这个平面表示清楚，则平面符号可以省略。

6. 网状物、编织物或物体上的滚花

网状物、编织物或物体上的滚花，可以只在轮廓线附近用粗实线示意地画出一小部分，也可以省略不画，但在零件图上或技术要求中要注明这些机构的具体要求，如图 7 - 43 所示。

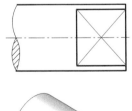

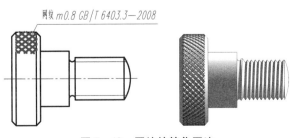

图 7 - 42　平面的简化画法　　　　　　　图 7 - 43　网纹的简化画法

7. 折断画法

较长的物体（如轴、杆、型材、连杆等）沿长度方向的形状一致或按一定规律变化时，可以断开后缩短绘制。断开后的尺寸仍应按实际长度标注，断裂处的边界可采用波浪线、中短线或双折线绘制，如图7-44所示。

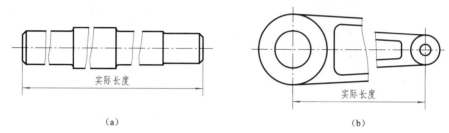

(a)   (b)

图7-44 较长机件的简化画法

8. 机件上较小结构投影的简化画法

机件上某些较小结构的形状已在一个视图中表示清楚时，则该结构的邻接边界面交线在其他图形中可以简化或省略，即不必按真实的投影情况画出所有的图线，如图7-45（a）中的主视图省略了平面与圆柱面部分截交线的投影，图7-45（b）中用直线代替相贯线，图7-45（c）中较小斜度的斜面只按小端画。

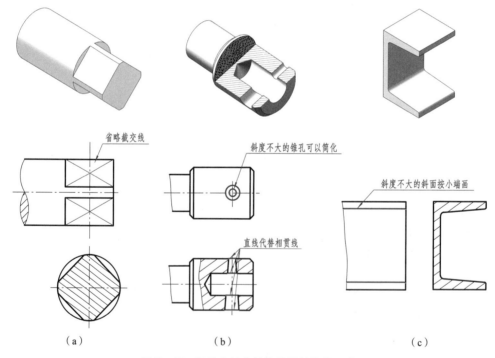

(a)   (b)   (c)

图7-45 机件上较小结构投影的简化画法

(a) 省略部分截交线；(b) 相贯线及锥孔的简化画法；(c) 斜度不大的斜面按小端画

9. 省略剖面符号

在不致引起误解时，物体的移出断面图允许省略剖面符号，但剖切位置和断面图的标注必须遵照7.3节中的规定，如图7-46所示。

10. 法兰和类似零件上均匀分布的孔的画法

圆柱形法兰和与其类似的零件上均匀分布的孔可按图7-47所示（由机件外向该法兰断面方向投射）的方法简化表示。

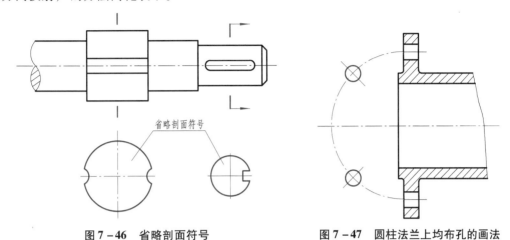

图 7-46　省略剖面符号　　　　　　　　图 7-47　圆柱法兰上均布孔的画法

11. 圆投影为椭圆的简化画法

与投影面倾斜角度小于或等于30°的圆或圆弧，可用圆或圆弧来代替其在投影面上的投影——椭圆、椭圆弧，如图7-48所示，俯视图上各圆的中心位置按投影来决定。

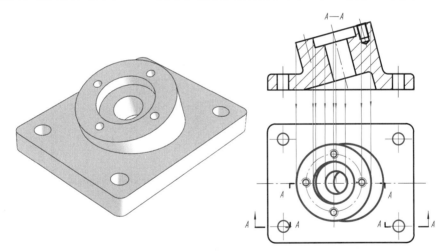

图 7-48　与投影面夹角≤30°的圆、圆弧画法

12. 过渡线与相贯线的简化

在不致引起误解时，图形中的过渡线或相贯线允许简化绘制，如用圆弧或直线来代替非圆曲线，也可以采用模糊画法表示相贯线，如图7-49所示。

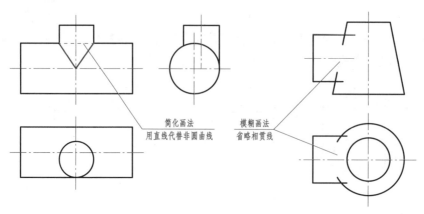

图 7 – 49　相贯线的简化画法

7.4.3　其他规定画法

　　允许在剖视图的剖面中再作一次局部剖。采用这种表达方法时，两个剖面的剖面线应同方向、同间隔，但要互相错开，并用引出线标注其名称，如图 7 – 50 所示的 B—B 剖视图。若剖切位置明显时，也可省略标注。

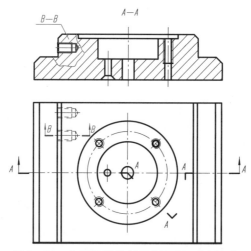

图 7 – 50　在剖视图的断面中再作一次局部剖

　　在需要表示位于剖切面前的结构时，这些结构按假想投影的轮廓线（即用细双点画线）绘制，如图 7 – 51 所示机件前面的长圆形槽在 A—A 剖视图中的画法。

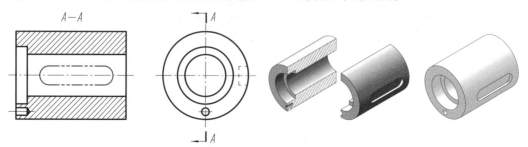

图 7 – 51　剖切面前的结构的规定画法

7.5　机件表达方法综合举例

前面介绍了机件的各种表达方法，在绘制机械图样时，应根据机件的形状和结构特点灵活选用视图、剖视图、断面图等各种表达方法，使得机件各部分的结构与形状能完整、清晰地表示出来，而图形数量又较少。对于同一个机件，可以有多种表达方案，应加以比较，择优选取。在选择表达方案时，应考虑看图的方便，在完整、清晰地表示机件形状的前提下力求制图简便，要求每一个视图有一个表达重点，各视图之间应相互补充而不重复；同时，还应结合标注尺寸等问题一起考虑。

确定机件表达方案一般按以下三步进行。

1）分析机件的结构形状特点，为选择恰当的图样画法做好准备

首先要分析机件的结构形状特点，对于具有倾斜结构的机件，要分析机件是否具有旋转轴线，以及倾斜结构与非倾斜结构之间的夹角情况，为选择适合该机件结构形状特点的图样做好准备。

2）确定机件的主视图及其采用的图样画法

在选择视图时，应把表示物体信息量最多的那个视图作为主视图，通常是根据机件的工作位置、加工位置或安装位置来确定主视图方向，进而确定适宜表达该机件内部结构和外部形状特点的主视图图样画法。对尚需斟酌的表达方案可以做几种备选画法，待综合权衡其他视图的图样画法后再确定。

3）确定机件的其他视图采用的图样画法及视图数量

分析该机件经主视图表达后还有哪些结构形状及各结构形状之间的相对位置还需要表达，再逐一选择适合的表达方式。表达方案的视图数量与所选择的图样画法相关。在完整、清晰表示机件内外形状的前提下，应使视图的数量为最少，并尽量避免使用细虚线表达物体的轮廓及棱线，同时也要避免不必要的细节重复。

下面以叉架、箱体、壳体为例，分析其所用的各种表达方法。

【例 7 - 1】根据图 7 - 52 所给出的叉架的三视图，按完整、清晰、简便的原则重新表达该机件。

分析：

（1）分析叉架形体：由叉架的三视图，经过形体分析可知，该叉架是由上部水平放置的空心圆柱体、中间的十字肋板及底部带有 4 个圆角和圆柱孔的长方体倾斜底板组成。叉架的三维模型如图 7 - 53 所示。

（2）叉架原三视图表达方法分析：倾斜底板在俯、左视图上的投影不反映实形，尤其是倾斜底板四周上的 4 个小圆孔和圆角在俯、左视图上投影为椭圆孔和椭圆角，绘图较烦琐，而叉架主视图上部的空心圆柱孔及倾斜底板上的小圆孔的表达都是虚线，这样给绘图及看图带来了不便。

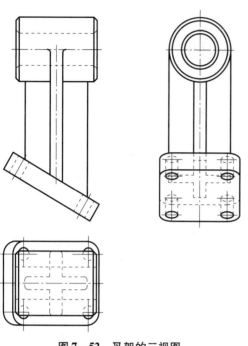

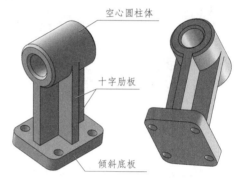

空心圆柱体

十字肋板

倾斜底板

图7-52　叉架的三视图

图7-53　叉架的三维模型

（3）叉架新表达方法：针对叉架在原三视图表达中存在的不足，拟订图7-54和图7-55所示的两种表达方案。表7-2对两种表达方案进行了详细的分析对比。

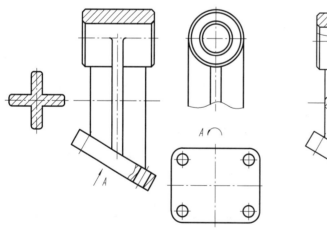

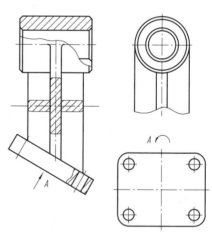

图7-54　叉架表达方案1

图7-55　叉架表达方案2

表7-2　叉架的表达方案分析

方案1，如图7-54所示	方案2，如图7-55所示
采用局部剖的主视图、局部左视图、A向斜视图、移出断面图4个图形表达。	采用局部剖的主视图（含重合断面图）、局部左视图、A向斜视图3个图形表达。

续表

方案 1，如图 7 - 54 所示	方案 2，如图 7 - 55 所示
主视图：将叉架的原主视图换成两个局部剖视图，重点表达上部水平圆柱体内的通孔结构及倾斜底板上的小圆柱通孔，上面的局部剖视图也表达了上部空心圆柱体与肋板的连接关系。 经主视图用局部剖视图表达后，尚有倾斜底板的特征面实形、十字肋的形状，以及十字肋与上部圆柱体、底板的前后相对位置需要表达	**主视图**：将叉架原主视图换成两个局部剖视图，表达上部水平圆柱体内的通孔结构及倾斜底板上的小圆柱通孔，但与方案 1 比较，上部局部剖的范围有所不同。 在主视图中间的十字肋板处用重合断面图来反映十字肋板的断面形状。 经主视图用局部剖视图表达后，尚有倾斜底板的特征面实形，以及十字肋与上部圆柱体、底板的前后相对位置需要表达
局部左视图：重点表达上部水平的空心圆柱体与十字肋板的前后相对位置关系。 _A 向斜视图_：主要用来表达叉架底部倾斜底板的实形	
移出断面图：用来反映十字肋板的断面形状	**重合断面图**：在主视图中用来反映十字肋板的断面形状
两种表达方案的比较：两种表达方案最大的区别在于表达十字肋板的断面形状及主视图局部剖的剖切范围上。 方案 1 用移出断面图表达十字肋板的断面形状，而方案 2 用重合断面图表达十字肋板的断面形状，虽然在方案 2 中用重合断面图表达十字肋板的断面形状比方案 1 用移出断面图表达十字肋板的断面形状从视图数量上少了一个图形，但由于重合断面图的轮廓线与竖直肋板的轮廓线重合，使得主视图看起来不够清晰，而方案 1 用移出断面图表达十字肋板的断面形状，使得主视图和断面图看起来都十分清晰，比方案 2 的重合断面图效果要好。 方案 1 在局部剖切上部的回转体空心圆柱体时，采用了用回转体的中心线作为局部剖视图与视图的分界线的画法。 通过比较，方案 1 比方案 2 更好些	

【例 7 - 2】由图 7 - 56 所给出的箱体的三视图，按完整、清晰、简便的原则重新表达该机件。

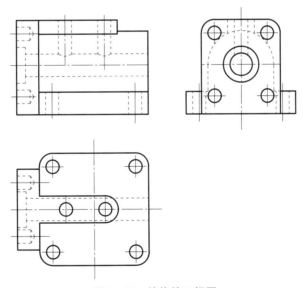

图 7 - 56 箱体的三视图

分析：

（1）分析箱体形体：由箱体的三视图作出箱体的三维模型图，如图 7 - 57 所示。经过形体分析可知，该箱体是由 4 个部分构成的，如图 7 - 57（a）所示，形体 1 顶部与形体 2 的底部叠合，形体 3 的外表面与形体 2 的半圆柱外表面相交产生交线，形体 4 的右端面与形体 1、形体 2、形体 3 的左侧面叠合，叠合后的组合体中间开有阶梯型的圆柱孔，如图 7 - 57（b）所示。该箱体在前后方向上具有对称性。

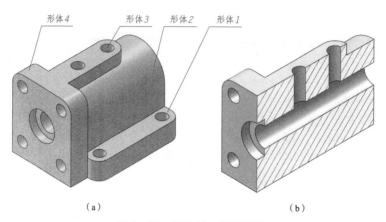

图 7-57 箱体的三维模型图

（a）箱体的轴测图；（b）箱体的轴测剖视图

（2）箱体原三视图表达方法分析：由于箱体内部孔、槽较多，因此 3 个视图中虚线较多，且主视图内部的孔都是虚线，给画图和看图带来了不便；左视图中形体 4 的长方体遮挡了形体 2 的半圆柱形的长方体，造成形体 2 在左视图表达中出现了虚线。

（3）箱体新表达方法：针对箱体原三视图表达中出现的过多虚线，在重新选择表达方案时，应该利用剖视图来表达箱体内部的孔、槽等结构，使图形看起来清晰。由于箱体的内、外结构都需要表达，在选择剖视图时，我们拟订 7-58（a）、图 7-58（b）、图 7-58（c）和图 7-58（d）4 种表达方案。

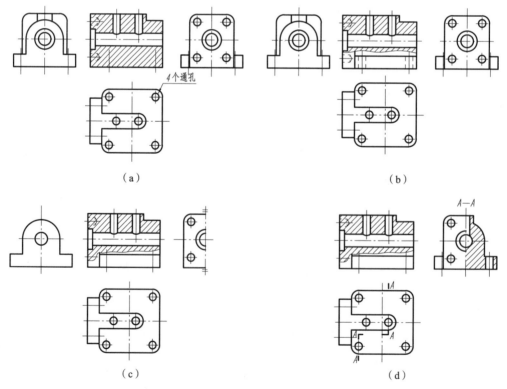

图 7-58 箱体机件表达方案比较

（a）表达方案 1；（b）表达方案 2；（c）表达方案 3；（d）表达方案 4

表 7 – 3 对箱体的 4 种表达方案进行了详细的分析对比。

表 7 – 3　箱体的表达方案分析

方案 1，如图 7 – 58（a）所示	方案 2，如图 7 – 58（b）所示	方案 3，如图 7 – 58（c）所示	方案 4，如图 7 – 58（d）所示
方案 1、2、3：均采用主、俯、左、右 4 个视图表达，但每组视图的表达各有不同的侧重点			方案 4：采用主、俯、左 3 个视图表达
俯视图：4 种表达方案的俯视图均相同，重点表达形体 1 与形体 3 的特征面实形和 4 个主体结构之间的相对位置关系			
主视图：按箱体在原三视图中的放置位置和投射方向，主视图选用单一剖切平面的全剖视图，可以清楚表达箱体中间阶梯型圆柱孔及上部的两个圆柱孔的内部形状结构。但这种全剖视图忽视了箱体的外部形状表达	主视图：按箱体在原三视图中的放置位置和投射方向，主视图选用单一剖切面剖得的局部剖视图。 　　这种局部剖视图既能清楚地表达箱体上部形体 2、形体 4 内部阶梯型圆柱孔及形体 3 内部的两个圆柱孔的形状结构同时又能表达箱体右侧形体 1 的外部形状及高度，这样就同时兼顾了箱体内部与外部形状的表达。而方案 1 的主视图采用全剖视图并不能更多地表达箱体的内部结构，相反还会失去表达外部形状的机会，通过比较发现主视图用局部剖视图表达更好些。 　　经主视图表达后，组成该箱体的 4 个主要形体的形状还没有完全表达清楚		
左、右视图：方案 1 和方案 2 中所采用的 4 个视图中除主视图剖切范围不同外，其他俯、左、右 3 个视图都相同，左、右两个基本视图表达的完整性好	左、右视图：方案 3 把左、右视图改为局部视图表达，更突出表达了箱体左、右两侧的外形结构。但与前两个方案比较，局部视图与基本视图表达的完整性差些		左视图：方案 4 虽然只用了 3 个视图表达，但用两个平行的剖切平面剖得的半剖左视图 A—A 确同时表达了 3 个不同层面上的形状，体现了用几个平行的剖切面剖切机件可同时表达多层面空腔形状和半剖视图兼顾表达内部结构、外部形状的方便性
4 种表达方案体现绘图者的不同偏好。对形状复杂的机件，结构在各视图间必要的重复表达，可以提供直观的图形关联信息，给看图带来方便			

【例 7 – 3】根据图 7 – 59 所给出的壳体的三视图，按完整、清晰、简便的原则重新表达该机件。

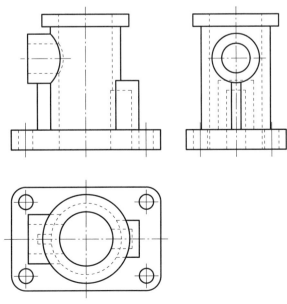

图 7 – 59　壳体的三视图

分析：

（1）分析壳体形体：由壳体的三视图作出壳体的三维模型图，如图7-60所示。

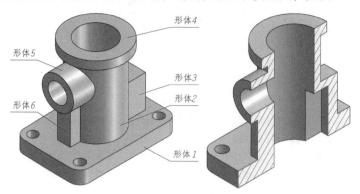

图7-60　壳体的三维模型图

经过形体分析可知，该壳体是由6个基本形体构成的，如图7-60（a）所示。这6个基本形体是带有圆角和圆孔的长方体底板（形体1）、中间竖直的空心圆柱体（形体2）、顶部的圆柱体法兰（形体4）、右侧的长方体凸缘（形体3）、左侧的水平空心圆柱体（形体5）及左侧的肋板（形体6）。形体1、形体2与形体4之间是简单的叠合，形体5与形体2外表面之间相交形成了相贯线，形体3、形体6的前后表面与形体2的外表面也是相交的，形成了截交线。该壳体的前后是完全对称的。

（2）壳体原三视图表达方法分析：由于壳体内部孔、槽较多，因此虚线较多，给画图和看图都带来了不便，需要采用剖视图表达解决内部的虚线问题。

（3）壳体新表达方法：针对壳体原三视图表达中出现的过多虚线，在重新选择表达方案时，应该采用剖视图来表达箱体内部的孔、槽等结构，使图形看起来清晰。由于壳体的内、外结构都需要表达，在选择剖视图时，初步拟订7-61（a）、图7-61（b）、图7-61（c）和图7-61（d）4种表达方案。

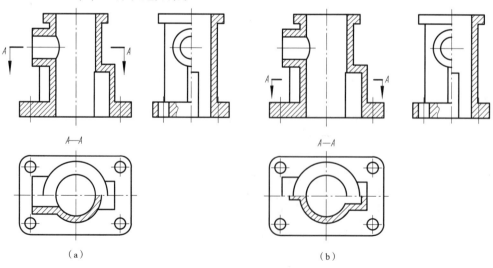

（a）　　　　　　　　　　　　　　（b）

图7-61　壳体机件的表达方法比较

（a）表达方案1；（b）表达方案2

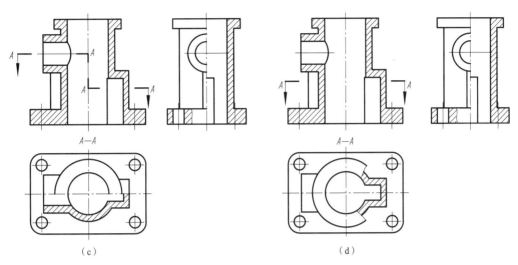

图7-61 壳体机件的表达方法比较（续）

（c）表达方案3；（d）表达方案4

表7-4对壳体的4种表达方案进行了详细的分析对比。

表7-4 壳体的表达方案分析

方案1，如图7-61（a）所示	方案2，如图7-61（b）所示	方案3，如图7-61（c）所示	方案4，如图7-61（d）所示
4种表达方案均采用主、俯、左3个视图表达，并且主、左两个视图完全相同，主要是俯视图不同			
主视图：按壳体在原三视图中的放置位置和投射方向，由于该壳体前后完全对称，因此主视图可以选用通过壳体前后对称面的单一剖切平面剖得的全剖视图。 经主视图表达后，组成该壳体的6个主要形体的形状还没有完全表达清楚，还需要借助俯、左视图来表达			
左视图：4种表达方案的左视图都采用半剖视图来表达该壳体机件的内外结构，附加一个局部剖视图来表达底板上的圆柱孔。 4种表达方案的俯视图由于在主视图上的剖切位置不同，所画的图形也不同			
俯视图：方案1的剖切位置，使得主视图右下方的空腔没有得到表达，需借助于左视图的交线推测，而左侧的小空心圆柱已经在主视图中表达清楚了，与主视图的表达有重复	**俯视图**：方案2的剖切位置，使得左侧的肋板和右下方的空腔都得到表达，剖切位置选择得较好	**俯视图**：方案3的剖切位置，使得左侧的空心圆柱内部与右下方的空腔都得到表达，只是左侧的小空心圆柱已经在主视图中表达清楚了，与主视图的表达有重复，表达方案较好	**俯视图**：方案4的剖切位置与方案2的剖切位置相同，只是俯视图采用了局部剖，表达较灵活，整体内外兼顾，表达方案好

通过以上的实例，我们清楚地看到，对于同一个机件可以选择各种不同的表达方案，必须仔细分析对比才能选出最优的表达方案，来完整、清晰、简便地图示机件的内外形状，这也是我们进行表达方案选择比较的意义所在。

7.6 第三角投影法简介

虽然世界上各国都采用正投影法表达机件的结构形状，但有些国家采用第一角画法，如我国和俄罗斯、英国、德国等国家；有些国家则采用第三角画法，如日本、加拿大、美国等。而且 GB/T 14692—1993《技术制图 投影法》规定，绘制技术图样应以正投影法为主，采用第一角画法，但同时提出，必要时（如合同规定等），允许使用第三角画法。尤其是当前随着国际间技术交流和国际贸易日益增长，学生在今后的工作中很可能会遇到要阅读和绘制第三角画法的图样，因而学生也应该对第三角画法有所了解，故在此简要介绍。

7.6.1　第三角画法视图的形成

如图 7-62 所示，两个互相垂直相交的投影面将空间分成Ⅰ、Ⅱ、Ⅲ、Ⅳ这 4 个分角。

采用第三角画法时，如图 7-63（a）所示，将物体置于第三分角内，这时投影面处于观察者与物体之间，以人—图—物的关系进行投射，在 V 面上形成的由前向后投射所得的图形称为前视图，在 H 面上形成的由上向下投射所得的图形称为顶视图，在 W 面上形成的由右向左投射所得的图形称为右视图。然后将其展开：令 V 面保持正立位置不动，将 H 面与 W 面沿交线拆开且分别绕它们与 V 面的交线向上、向右转90°，使这 3 个面展成同一个平面，即得到物体的三视图，如图 7-63（b）所示。

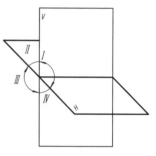

图 7-62　4 个分角

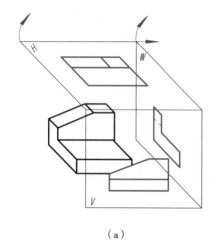

（a）

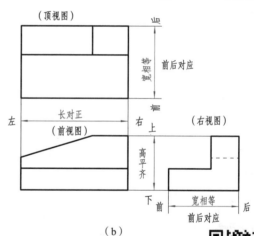

（b）

图 7-63　采用第三角画法的三视图

（a）立体图；（b）三视图

从图中可总结出采用第三角画法的三视图的投影规律：前、顶视图长对正；前、右视图高平齐；顶、右视图宽相等，如图 7-63（b）所示。

第三角画法

采用第三角画法时，与第一角画法相类似，除了图 7-63 中已有的 H、V、W 这 3 个基本投影面外，还可分别增设与它们相平行的 3 个基本投影面，围成一个长方体，从而在这些基本投影面上分别得到一个视图。除了前视图、顶视图、右视图以外，还有由左向右投射所得的左视图，由下向上投射所得的底视图，以及由后向前投射所得的后视图。然后，仍令 V 面保持正立位置不动，将各投影面按图 7-64（a）所示展开成同一个平面，展开后各视图的配置关系如图 7-64（b）所示。在同一张图纸内按图 7-64（b）配置视图时，一律不注视图名称。

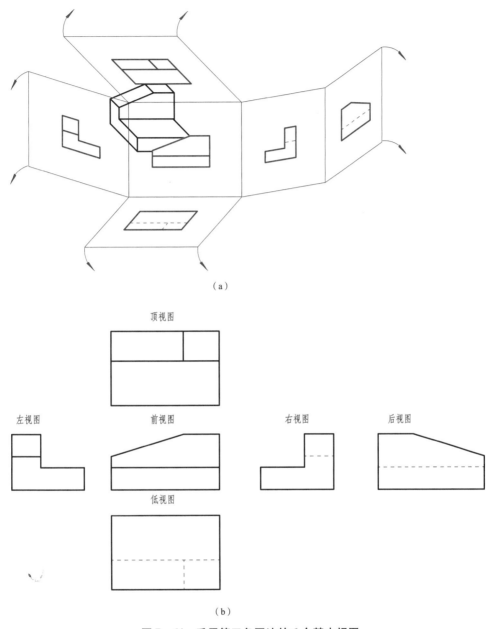

（a）

顶视图

左视图　　　前视图　　　　右视图　　　后视图

低视图

（b）

图 7-64　采用第三角画法的 6 个基本视图

（a）6 个基本视图的展开；（b）6 个基本视图

7.6.2　第三角画法与第一角画法的比较

第一角画法与第三角画法的主要区别在于：

第一角画法是把物体放在观察者与投影面之间，投影方向是人—物—图（投影面）的关系，如图 7-65 所示。

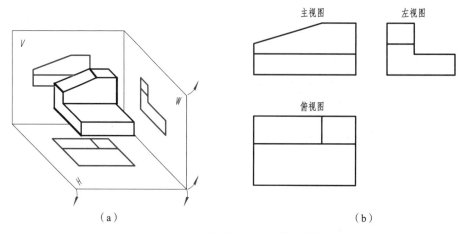

图 7-65　采用第一角画法的三视图

（a）立体图；（b）三视图

　　第三角画法是把物体放在投影面的另一边，投影方向是人—图（投影面）—物的关系，即将投影面视为透明的（像玻璃一样），投影时就像隔着"玻璃"看物体，将物体的轮廓形状印在物体前面的"玻璃"（投影面）上，如图 7-63 所示。

7.6.3　第三角画法的标识

　　国家标准规定，可以采用第一角画法，也可以采用第三角画法。为了区别这两种画法，必须在图纸上的标题栏内（或外）画上投影标识符号，其画法如图 7-66 所示。

h =图中尺寸数字高度（$H=2h$）

d 为图中粗实线宽度

图 7-66　两种画法的标识符号

（a）第一角画法；（b）第三角画法

【本章内容小结】

分类		适用情况	注意事项
视图 （主要用于表达机件的外部结构形状）	基本视图	用于表达机件的整体外形	按规定位置配置各视图，不加任何标注
	向视图	一般用于表达机件的整体外形，在不能按规定位置配置时使用	用字母和箭头表示要表达的部位和投射方向，在所画的向视图、局部视图或斜视图的上方中间位置用相同的字母写上名称，如"A"
	局部视图	用于表达机件的局部外形	
	斜视图	用于表达机件倾斜部分的外形	

续表

分类		适用情况	注意事项
剖视图 (主要用于表达机件的内部结构形状)	全剖视图	用于表达机件的整个内形(剖切面完全切开机件)	用平行于或不平行于基本投影面的单一剖切面、用几个相交、平行的剖切面剖切都可获得这 3 种剖视图; 除单一剖切面通过机件的对称面或剖切位置明显时,且中间又无其他图形隔开,可省略标注外,其余都必须标注剖切标记; 标记为在剖切面的起、讫、连接处画出粗短线并注上相同的字母,在起、讫的粗短线外端画出箭头表示投射方向。在所画的剖视图的上方中间位置用相同的字母标注出其名称"X—X"
	半剖视图	用于表达机件有对称平面的外形与内形(以对称线为界)	
	局部剖视图	用于表达机件的局部内形和保留机件的局部外形(局部地剖切)	
断面图 (主要用于表达机件某一截断面的形状)	移出断面图	用于表达机件局部结构的截断面形状	如果画在剖切线的延长线或剖切符号的延长线上: 剖面区域为对称——不注标记; 剖面区域不对称——画粗短线、箭头。 如果画在其他地方: 剖面区域为对称——画粗短线、注字母; 剖面区域不对称——画粗短线、箭头、注字母
	重合断面图	用于表达机件局部结构的截断面的形状,且在不影响图形清晰度的情况下采用	同画在剖切线延长线上或剖切符号的延长线上的移出断面图

第 8 章　轴测投影图

【本章知识点】

（1）轴测投影图的形成、原理、基本特性、种类和基本作图方法。

（2）正等轴测图的特点、适用条件和作图方法。

（3）斜二等轴测图的特点、适用条件和作图方法。

（4）轴测剖视图的剖切方法和剖面线的画法。

多面正投影图通常能完整、准确地表达出形体各部分的形状和大小，而且作图简便，因此，在工程图中被广泛采用，如图 8-1（a）的三面正投影图所示。但由于这种图缺乏立体感，直观性较差，故只有具有一定读图能力的人才能看懂。轴测投影图是一种能在一个投影面上同时反映物体长、宽、高 3 个方向的形状，立体感较强的工程图样，但其作图复杂，且不能确切地表达形体原来的形状和大小。如图 8-1（b）所示的轴测投影图直观性好，但对形体的表达不全面，没有反映出形体各个侧面的实形，如侧面上的圆在轴测图中变成了椭圆，原来的长方形平面变成了平行四边形，另外，底板上右侧槽的深度没有表达清楚。所以在工程设计和工业生产中，轴测投影图常用作辅助图样，用以帮助阅读正投影图。但有些较简单的形体，也可以用轴测图来代替部分正投影图。

（a）　　　　　　　　　　　　　　（b）

图 8-1　多面正投影图和轴测投影图

（a）正投影图；（b）轴测投影图

8.1　轴测投影的基本知识

8.1.1　轴测图的形成

在物体上建立一个适当的直角坐标系，用平行投影法将物体连同其参考直角坐标系一起沿不平行于任一坐标平面的方向投影到单一投影面上，所得到的具有立体感的图形称为轴测投影图，简称轴测图。如图 8 - 2 所示，该投影面 P 称为轴测投影面，投射线方向 S 称为投射方向。空间坐标轴 OX、OY、OZ 在轴测投影面上的投影 O_1X_1、O_1Y_1、O_1Z_1 称为轴测投影轴，简称轴测轴。轴测轴是画轴测图和识别轴测图的主要依据，因而也是研究轴测投影的一个主要问题。

按投影方向与投影面的位置关系有以下两种形成轴测图的方法。

1. 正轴测图的形成

投射方向与投影面垂直，将形体斜放，使形体的 3 个坐标面与投影面都倾斜，这样所得到的投影图称为正轴测图，如图 8 - 2（a）所示。

2. 斜轴测图的形成

投射方向与投影面倾斜，将形体放正，使形体上的一个坐标面与投影面平行，这样得到的投影图称为斜轴测图，如图 8 - 2（b）所示。

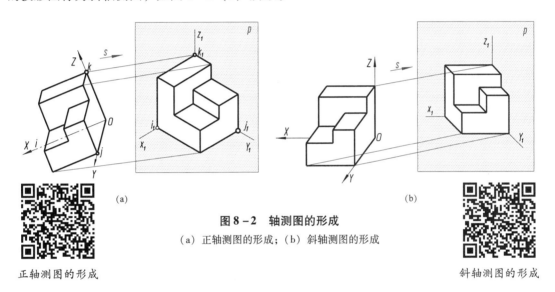

（a）　　　　　　　　　　　　　　　　　（b）

图 8 - 2　轴测图的形成

（a）正轴测图的形成；（b）斜轴测图的形成

正轴测图的形成　　　　　　　　　　　　　　　　斜轴测图的形成

8.1.2　轴间角和轴向伸缩系数

两轴测轴之间的夹角 $\angle X_1O_1Y_1$、$\angle Y_1O_1Z_1$、$\angle Z_1O_1X_1$ 称为轴间角。随着空间坐标轴、投射方向与轴测投影面相对位置的不同，轴间角大小也不同。显然，这 3 个夹角中的任何一个都不允许等于 0°。

轴测轴上的单位长度与相应空间坐标轴上的单位长度之比，称为轴向伸缩系数。设空间坐标轴上的单位长分别为 i、j、k，在轴测轴上的投影分别为 i_1、j_1、k_1，则轴向伸缩系数可用下面的表达式来描述：

$$p = i_1/i（沿 O_1X_1 轴的轴向伸缩系数）$$
$$q = j_1/j（沿 O_1Y_1 轴的轴向伸缩系数）$$
$$r = k_1/k（沿 O_1Z_1 轴的轴向伸缩系数）$$

8.1.3 轴测图的基本特性

由于轴测图是用平行投影法得到的，因此必然具有下列特性：

（1）立体上相互平行的线段，在轴测图上仍然相互平行。因此，立体上平行于3个坐标轴的线段，在轴测投影上都分别平行于相应的轴测轴。

（2）立体上两平行线段或同一直线上的两线段长度之比，在轴测图上保持不变。因此，立体上平行于坐标轴的线段的轴测投影长度与线段实长之比，等于相应的轴向伸缩系数。

根据以上性质，若已知各轴向伸缩系数，在轴测图上即可直接按比例测量长度，画出平行于轴测轴的各线段。

8.1.4 轴测图的种类

根据投射线方向和轴测投影面的位置不同，轴测图分为两类：正轴测图和斜轴测图，如图 8-2 所示。按照 3 个轴向伸缩系数是否相等，每类轴测图又可分为 3 种。

1. 正轴测图

1）正等轴测图

3 个轴向伸缩系数均相等的正轴测图称为正等轴测图（简称正等测），即 $p = q = r$，此时 3 个轴间角相等。

2）正二轴测图

2 个轴向伸缩系数相等的正轴测图称为正二轴测图（简称正二测），即 $p = r \neq q$ 或 $p = q \neq r$ 或 $p \neq q = r$。

3）正三轴测图

3 个轴向伸缩系数均不相等的正轴测图称为正三轴测图（简称正三测），即 $p \neq q \neq r$。

2. 斜轴测图

1）斜等轴测图

3 个轴向伸缩系数均相等的斜轴测图称为斜等轴测图（简称斜等测），即 $p = q = r$。

2）斜二轴测图

轴测投影面平行于一个坐标面且平行于坐标面的那两个轴的轴向伸缩系数相等的斜轴测图称为斜二轴测图（简称斜二测）。

3）斜三轴测图

3 个轴向伸缩系数均不相等的斜轴测图称为斜三轴测图（简称斜三测），即 $p \neq q \neq r$。

理论上可以画出许多种轴测图，由于正等测和斜二测作图相对简单并且立体感较强，因此，本书只介绍这两种轴测图的画法。当作物体的轴测图时，应首先选择作哪一种轴测图，并由此确定轴间角和轴向伸缩系数。轴测轴在图中的位置可根据已确定的轴间角，按表达清晰和作图方便来安排，通常把 Z_1 轴画成竖直的，用粗实线画出轴测图中物体的可见轮廓，必要时可用细虚线画出物体的不可见轮廓。

8.2　正等轴测图

8.2.1　正等轴测图的轴间角和轴向伸缩系数

1. 正轴测投影的两个基本性质

（1）任意锐角三角形的 3 条高线，可认为是正轴测投影的 3 条轴测轴。

（2）正轴测投影的 3 个轴向伸缩系数的平方和等于 2，即

$$p^2 + q^2 + r^2 = 2$$

由该式可知，正轴测投影的 3 个轴向伸缩系数只要任意给定两个，第 3 个轴向伸缩系数可通过公式推算出，轴向伸缩系数确定，则轴间角也随之确定。

2. 轴向伸缩系数

将 $p = q = r$ 代入公式 $p^2 + q^2 + r^2 = 2$，可计算出

$$p = q = r \approx 0.82$$

按照理论上的轴向伸缩系数作图时，需要把形体上的每个轴向尺寸乘以伸缩系数后再进行作图。为了便于作图，在实际画图时，通常采用简化的伸缩系数作图：取 $p = q = r = 1$。按照简化伸缩系数画出的正等轴测图的每一轴向尺寸比形体的真实投影放大了 $1/0.82 \approx 1.22$ 倍，但形状不变，图 8-3 为两者的区别。

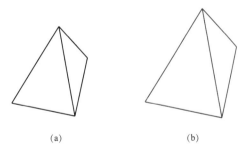

（a）   （b）

图 8-3　用理论和简化轴向伸缩系数画出三棱锥正等测的区别

（a） $p = q = r = 0.82$；（b） $p = q = r = 1$

3. 轴间角

在正等轴测图中，只要空间坐标系与轴测投影面相对位置确定，则轴向伸缩系数和轴间角也就随之被确定。根据求出的正等测轴向伸缩系数，就可以得到正等测的轴间角

$$\angle X_1 O_1 Y_1 = \angle Y_1 O_1 Z_1 = \angle Z_1 O_1 X_1 = 120°$$

在作图时，一般将 $O_1 Z_1$ 轴画成竖直线，$O_1 X_1$、$O_1 Y_1$ 轴与水平线成 30°，正等轴测图的轴测轴与轴向伸缩系数如图 8-4 所示。

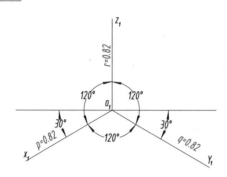

图 8 - 4 正等轴测图的轴测轴与轴向伸缩系数

8.2.2 平面立体的正等轴测图画法

画轴测图的基本方法是坐标法，即根据平面立体的尺寸或各顶点的坐标画出点的轴测投影，然后将同一棱线上的两点连成直线即得立体的轴测图。为了便于作图，均采用简化轴向伸缩系数。

【例 8 - 1】如图 8 - 5（a）所示，已知三棱锥的三面投影图，试画出三棱锥的正等轴测图。

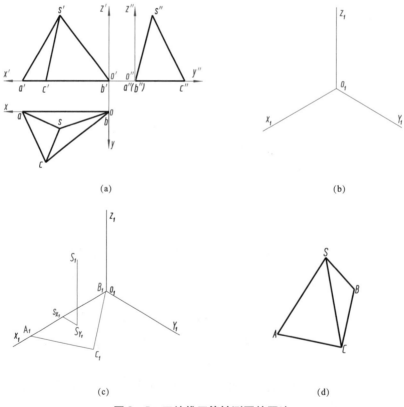

图 8 - 5 三棱锥正等轴测图的画法

作图：

（1）根据形体的特点，在多面投影图上确定直角坐标系的投影，如图 8 - 5（a）所示。

（2）画出正等轴测图的轴测轴，如图 8 - 5（b）所示。

（3）根据三棱锥 4 个顶点 S、A、B 和 C 的坐标值，分别画出它们的正等轴测投影 S_1、A_1、B_1 和 C_1，如图 8-5（c）所示。

（4）连接各顶点，擦掉作图辅助线，用粗实线表示可见线，不可见线不画，即得到三棱锥的正等轴测图，如图 8-5（d）所示。

由此可见，画线段的轴测图需要先画出线段端点的轴测图，而在画点的轴测图时，要根据点的坐标和轴向伸缩系数计算出该点的轴测坐标值，再沿着轴测轴度量，才能画出点的轴测图，这种沿着轴测轴用坐标定位的方法是画轴测图的最基本的方法。

【例 8-2】 如图 8-6（a）所示，根据六棱柱的两面投影，画出它的正等轴测图。

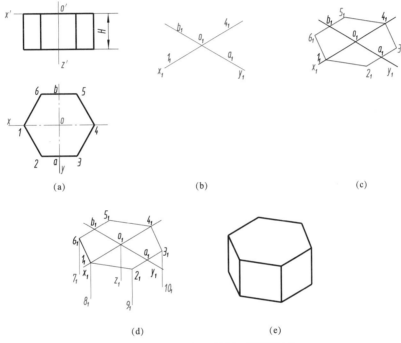

（a）　　　　　　　　　　（b）　　　　　　　　　　（c）

（d）　　　　　　　　　　（e）

图 8-6 六棱柱正等轴测图的画法

作图：

（1）在两面投影图上确定直角坐标系和坐标原点的两面投影，根据形体特点，取上顶面六边形的对称中心为原点，如图 8-6（a）所示。

（2）画正等轴测轴，并在其上量得 1_1、4_1 和 a_1、b_1，如图 8-6（b）所示。

（3）通过 a_1、b_1 作 O_1X_1 的平行线，以 a_1、b_1 为中点分别向两边截取六边形边长的一半，得到 2_1、3_1 和 5_1、6_1，连成顶面，如图 8-6（c）所示。

（4）由点 6_1、1_1、2_1、3_1 向下作 Z_1 轴的平行线，截取六棱柱的柱高 H，得 7_1、8_1、9_1、10_1，如图 8-6（d）所示。

（5）连接 7_1、8_1、9_1、10_1，整理描深，结果如图 8-6（e）所示。

8.2.3　曲面立体的正等轴测图画法

1. 平行于各坐标面的圆的正等轴测图

画回转体正等轴测图的关键是回转体上与坐标面平行的圆的正等轴测图——椭圆的画法。

在正等轴测图中，由于空间各坐标面对轴测投影面的位置都是倾斜的，故由轴向伸缩系数可推出各坐标面与轴测投影面的倾角均相等，其值为

$$\alpha = \beta = \gamma = \arccos 0.82 \approx 35°16'$$

所以平行于各坐标面的直径相同的圆，其正等测投影是长、短轴大小相等的椭圆。为了画出椭圆，需要掌握椭圆长、短轴的方向、大小和椭圆的画法。

1）椭圆长、短轴的方向（见图 8 - 7）

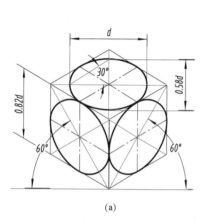
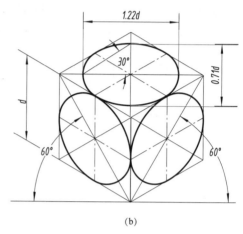

(a)　　　　　　　　　　　　　　(b)

图 8 - 7　平行于坐标面圆的正等轴测图

（a）按理论轴向伸缩系数作图；（b）按简化轴向伸缩系数作图

平行于 XOY 坐标面的圆的正等轴测图为水平椭圆，椭圆的长轴垂直于 O_1Z_1 轴，短轴平行于 O_1Z_1 轴。

平行于 XOZ 坐标面的圆的正等轴测图为正面椭圆，椭圆的长轴垂直于 O_1Y_1 轴，短轴平行于 O_1Y_1 轴。

平行于 YOZ 坐标面的圆的正等轴测图为侧面椭圆，椭圆的长轴垂直于 O_1X_1 轴，短轴平行于 O_1X_1 轴。

综上所述：椭圆的长轴垂直于与圆平行坐标面垂直的那个轴的轴测轴，短轴则平行于该轴测轴。

2）椭圆长、短轴的大小

椭圆的长轴是圆内平行于轴测投影面的直径的轴测投影。因此，在采用轴向伸缩系数 0.82 作图时 [见图 8 - 7（a）]，椭圆长轴的大小为圆的直径 d，而短轴的大小可用下式来表达

$$d \sin 35°16' \approx 0.58d$$

在采用简化轴向伸缩系数作图时，由于整个轴测图放大了 1.22 倍，所以椭圆的长、短轴也相应放大了 1.22 倍。故长轴等于 1.22d，短轴为 1.22 × 0.58d ≈ 0.71d，如图 8 - 7（b）所示。

在正等轴测图中，椭圆长、短轴端点的连线与长轴约成 30°角。因此，只要已知长轴的大小，即可求出短轴的大小，反之亦然。

3）椭圆的近似画法

考虑到轴测图是一种辅助性的图形，为了便于作图，轴测图中的椭圆一般采用近似画

法。用四心圆弧法画椭圆，即用圆弧连接的办法来代替椭圆。

现以水平圆为例，说明四心圆弧法画椭圆的方法和步骤。

（1）过圆心作坐标轴和圆的外切正方形，切点为 1、2、3、4，如图 8－8（a）所示。

（2）作正等测的轴测轴和切点 1_1、2_1、3_1、4_1，通过这些点作外切正方形的正等测菱形，并作对角线，如图 8－8（b）所示。

（3）过 1_1、2_1、3_1、4_1 作各边的垂线，交得 4 段圆弧的圆心 A_1、B_1、C_1、D_1，A_1、B_1 为短对角线的顶点，C_1、D_1 在长对角线上，如图 8－8（c）所示。

（4）分别以 A_1、B_1 为圆心，以 $A_1 1_1$ 为半径作 $1_1 2_1$ 圆弧和 $3_1 4_1$ 圆弧；分别以 C_1、D_1 为圆心，以 $C_1 4_1$ 为半径作 $1_1 4_1$ 圆弧和 $2_1 3_1$ 圆弧。连成近似椭圆，如图 8－8（d）所示。

（5）擦除多余的作图辅助线，加深完成全图，如图 8－8（e）所示。

另外，如图 8－8（f）所示，4 段圆弧的 4 个切点 1_1、2_1、3_1、4_1，2 个圆心 A_1、B_1 到 O_1 的距离相等，为圆的半径。因此，可以不画外切菱形，直接画同心圆确定 1_1、2_1、3_1、4_1、A_1、B_1 后再确定 C_1、D_1。

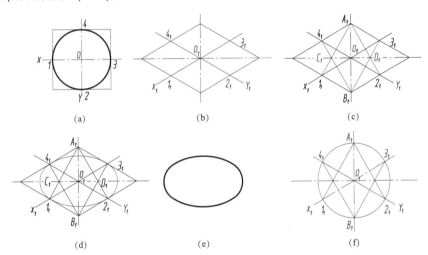

图 8－8　四心近似圆弧法画椭圆

2. 常见曲面立体正等轴测图的画法

对于曲面立体来说，可先画出曲线轮廓上适当点的轴测投影并连成曲线，然后分析并画出轴测图中曲面立体的轮廓线。掌握了圆的正等测投影的画法，就可以画圆锥、圆柱等的正等轴测图了，作图时，分别作出两个端面圆的正等测椭圆，再画出两个椭圆的外公切线，最后画出轮廓。

【例 8－3】如图 8－9（a）所示，已知圆柱的两面投影，画出它的正等轴测图。

作图：

（1）在圆柱的投影图中，建立直角坐标系的两面投影，如图 8－9（a）所示。

（2）作正等测的轴测轴和顶面圆的正等测椭圆，如图 8－9（b）所示。

（3）采用移心法，将 4 个圆心和 4 个切点沿着圆柱轴线 $O_1 Z_1$ 的方向平移圆柱的柱高，画出底面圆的正等测椭圆，并画出两个椭圆的外公切线，如图 8－9（c）所示。

（4）擦除作图辅助线，描深轮廓完成全图，如图 8－9（d）所示。

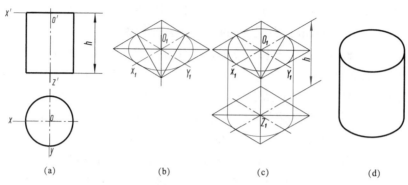

图 8 - 9　圆柱正等轴测图的画法

【例 8 - 4】 如图 8 - 10（a）所示，画圆锥台的正等轴测图。

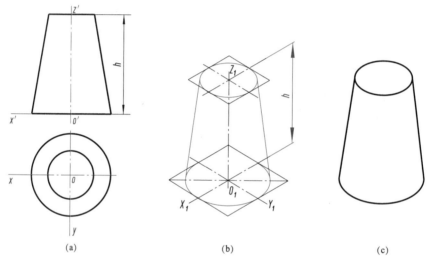

图 8 - 10　圆锥台正等轴测图的画法

分析：

如图 8 - 10 所示，圆锥台正等轴测图的画法和圆柱相同。注意：圆锥台两个端面圆直径不等，因此正等测的椭圆大小不同，要分别画椭圆，不能采用移心法。另外，圆锥台的轮廓线是大小椭圆的公切线。

3. 圆角的画法

图样上经常出现 90°包角的圆弧，这种圆弧的正等轴测投影可以采用一段圆弧近似表达，90°包角圆弧的画法如图 8 - 11 所示。

作图：

（1）画出平板的外形轴测图，如图 8 - 11（a）所示。

（2）由顶角点在相邻边上量取圆角半径 R 得 4 个切点，过切点作它所在边的垂线，得到相邻垂线的交点 O_1、O_2。O_1、O_2 为两段圆弧的圆心，如图 8 - 11（b）所示。

（3）用移心法从 O_1、O_2 向下量取板厚尺寸 h，即得到平板底面的圆弧圆心 O_3、O_4，如图 8 - 11（b）所示。

（4）分别以 O_1、O_2、O_3、O_4 为圆心，以 R 为半径，画出圆弧与直线相切，并作两个小圆弧的外公切线，如图 8-11（c）所示。

（5）擦除作图辅助线，描深轮廓完成全图，如图 8-11（d）所示。

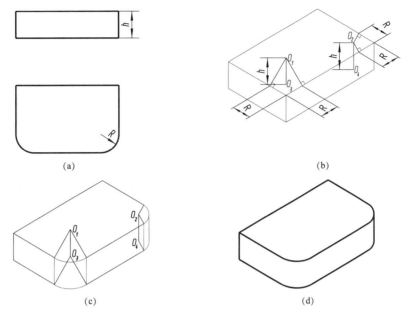

图 8-11 90°包角圆弧正等轴测图的画法

4. 截交线的画法

平面和曲面立体表面的交线，即截交线，既可用坐标法作图，也可用在表面上取点的方法作图。

用坐标法求截交线轴测投影的步骤如下：

（1）在视图上定出点的坐标，如图 8-12（a）所示。

（2）画出整体轮廓和切口为直线的投影，如图 8-12（b）所示。

（3）按坐标画出曲线上各点的投影，光滑连线，如图 8-12（c）所示。

（4）擦除作图线，整理加深，完成全图，如图 8-12（d）所示。

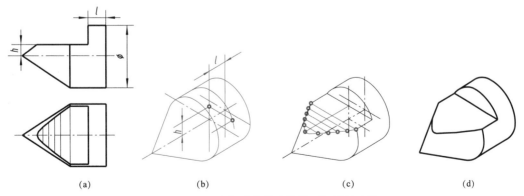

图 8-12 用坐标法求截交线轴测投影的步骤

5. 相贯线的画法

轴测图上相贯线的画法有两种：坐标法和辅助平面法。

用辅助平面法求相贯线的步骤如下：

（1）在视图上作出一系列辅助平面，找出相贯线上的点，如图8-13（a）所示。

（2）画出两相交圆柱，求出圆柱两端平面的交线 L，如图8-13（b）所示。

（3）作出辅助平面与两圆柱都相交，求出两交线的交点，即相贯线上的点，如图8-13（c）所示。

（4）将求出的点光滑顺次连接，即得相贯线，如图8-13（d）所示。

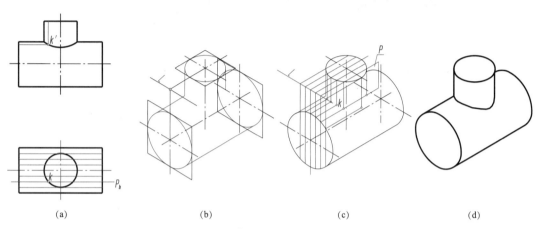

| (a) | (b) | (c) | (d) |

图8-13　用辅助平面法求相贯线的步骤

8.2.4　组合体的正等轴测图画法

画组合体的轴测图时，也要进行形体分析。根据组合体的组合形式，选择下列两种方法画图。

1. 切割法

对于切割型组合体适合用切割法，采用此方法作图时，首先要画出形体切割前的完整轴测图，再根据切割平面的位置画出切割平面与形体表面的交线，最后去掉切去的部分，完成形体的轴测图。

2. 堆砌法

当所画组合体为叠加型组合体时，可先画出组合体中的主要形体，再按相对位置关系逐个画出形体上的次要形体及表面之间的交线，最后完成整体轴测图。

【例8-5】完成切块的正等轴测图，如图8-14所示。

作图：

（1）根据所注尺寸画出完整的长方体，如图8-14（b）所示。

（2）用切割法切去左上方的三棱柱和左前方的三棱柱，分别如图8-14（c）和图8-14（d）所示。

（3）擦除作图线，整理加深，得到形体的正等轴测图，如图8-14（e）所示。

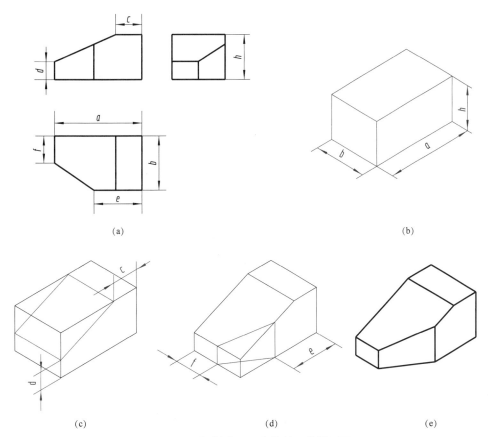

(a)　　　　　　　　　　　　　　　　　(b)

(c)　　　　　　　　(d)　　　　　　　　(e)

图 8 – 14　切割法画组合体的正等轴测图

【例 8 – 6】完成支架的正等轴测图，如图 8 – 15 所示。

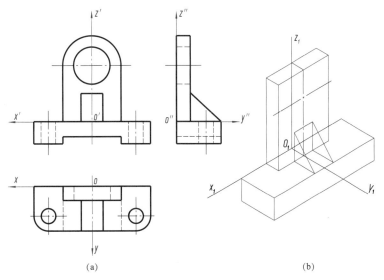

(a)　　　　　　　　　　　　　　(b)

图 8 – 15　堆砌法画组合体的正等轴测图

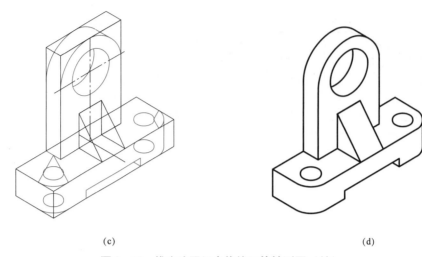

(c)   (d)

图 8－15　堆砌法画组合体的正等轴测图（续）

作图：

（1）在视图上确定直角坐标系和坐标原点，如图 8－15（a）所示。

（2）画轴测轴，然后画出 3 个平板的外形，如图 8－15（b）所示。

（3）画出竖板上的半个外圆柱和一个圆孔以及底板上的圆角和槽，如图 8－15（c）所示。

（4）擦除作图线，整理加深，得到支架的正等轴测图，如图 8－15（d）所示。

切割法和堆砌法是根据形体分析得出的。在绘制复杂形体的轴测图时，常将两种方法综合使用。

8.3　斜二等轴测图

8.3.1　斜二等轴测图的轴间角和轴向伸缩系数

通常将物体放正，使 XOZ 坐标面平行于轴测投影面，采用斜投影法，使画出的轴测图 XOZ 坐标面或平行面在轴测投影面上的投影反映实形，称为正面斜二等轴测图（简称斜二测）。这是最常用的一种斜轴测图，其轴间角为

$$\angle X_1O_1Z_1 = 90°, \quad \angle X_1O_1Y_1 = \angle Y_1O_1Z_1 = 135°$$

O_1X_1 和 O_1Z_1 轴的轴向伸缩系数 $p = r = 1$；为作图方便，O_1Y_1 轴的轴向伸缩系数一般取 $q = 0.5$。作图时，一般使 O_1Z_1 处于竖直位置，O_1X_1 轴为水平线，O_1Y_1 轴与水平线成 45°，如图 8－16 所示。

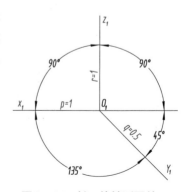

图 8－16　斜二等轴测图的轴测轴及轴向伸缩系数

8.3.2　斜二等轴测图画法

斜二等轴测图的基本画法仍然是坐标法。复杂形体的画法与正轴测图相似。

1. 圆的斜二等轴测图

平行于坐标面的圆的斜二等轴测图如图 8–17 所示；平行于 XOY 和 YOZ 面的圆的斜二等轴测投影为椭圆，椭圆的形状相同，但长、短轴的方向不同，它们的长轴都和圆所在坐标面内某一轴测轴成 $7°10'$ 夹角。平行于 XOZ 面的圆的斜二等轴测投影仍是圆。

（1）平行于 XOY 面的圆的斜二等轴测图的画法如图 8–18 所示。

① 画 X_1、Y_1 轴及椭圆长、短轴的方向。

② 在 X_1 轴上截取 $O_1A = O_1B = d/2$（d 为圆的直径）。

③ 在短轴上截取 $O_1 1 = O_1 2 = d$，得到 1、2 两点。

④ 连接 $1A$ 和 $2B$，分别与长轴交于 3、4 两点，即点 1、2、3、4 为画近似椭圆的 4 个圆心。

⑤ 分别以点 1、2 为圆心，以 $1A$ 为半径画两个大圆弧；分别以点 3、4 为圆心，以 $3A$ 为半径画两个小圆弧。圆弧的切点在连心线的延长线上。

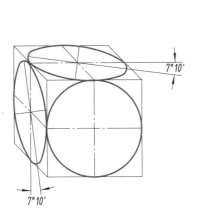

图 8–17　平行于坐标面的圆的
　　　　　斜二等轴测图

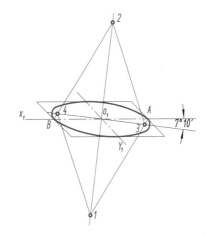

图 8–18　平行于 XOY 面的圆的斜二等
　　　　　轴测图画法

（2）平行于 YOZ 坐标面的圆的斜二等轴测图画法与上述方法类似，只是长、短轴的方向不同。

2. 支架的斜二等轴测图

斜二等轴测图能如实表达物体在某一个坐标面上的实形，因而宜用来表达某一方向的形状复杂或只有一个方向有圆的物体。如图 8–19（a）所示的支架符合上述要求，常用斜二等轴测图表达。

支架的斜二等轴测图作图步骤如下：

（1）在两视图上建立直角坐标系和坐标原点的投影，如图 8–19（a）所示。

（2）画上部前面的形状，与主视图一样，如图 8–19（b）所示。

（3）在 Y_1 轴上定 $O_1O_2 = a/2$，画出后面形状，将前面和后面的对应点连线（只画可见部分），并作出两半圆的公切线，如图 8 – 19（c）所示。

（4）由支架上部前面下边的中点，沿 Y_1 轴正向量取 $b/2$，确定下部长方体前面上边的中点；画出前面的形状，与主视图完全一样；再沿 Y_1 轴反向量取 $c/2$，画出后面形状，将前、后面的对应点连线，如图 8 – 19（d）所示。

（5）擦除作图线，整理加深，完成全图，如图 8 – 19（e）所示。

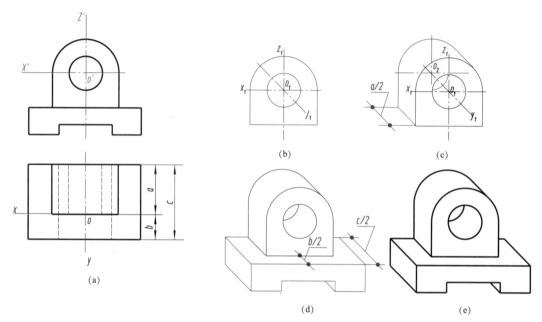

图 8 – 19　支架的斜二等轴测图的画法

8.3.3　组合体的斜二等轴测图画法

如图 8 – 20 所示的拨叉，由于在 XOZ 坐标面上有多个圆，因此采用斜二等轴测图的画法。

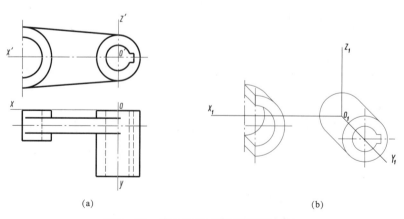

图 8 – 20　拨叉的斜二等轴测图的画法

| 202 |

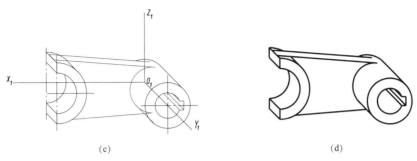

（c）　　　　　　　　　　　　　　　　　（d）

图 8 - 20　拨叉的斜二等轴测图的画法（续）

作图：

（1）在两个视图上建立直角坐标系和坐标原点的投影，如图 8 - 20（a）所示。

（2）画出左、右两个圆筒，如图 8 - 20（b）所示。

（3）画出中间的连杆和键槽，如图 8 - 20（c）所示。

（4）擦除作图线，整理加深，完成全图，如图 8 - 20（d）所示。

8.4　轴测剖视图

8.4.1　轴测图的剖切方法

当绘制内部形状较复杂形体的轴测图时，为了表达形体内部的结构形状，一般采用剖视的方法。假想地用剖切面将形体的一部分剖去，这种剖切后的轴测图称为轴测剖视图。作轴测剖视图时，一般用两个相互垂直的轴测坐标面（或其平行面）剖切形体，其能较完整地表达形体的内、外形状，最常见的剖切形式如图 8 - 21 所示。

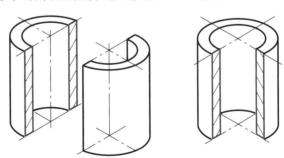

图 8 - 21　轴测图的剖切方法

轴测剖视图中的剖面线按照图 8 - 22 所示方向画出，正等轴测图剖面线方向应按图 8 - 22（a）所示的规定来画；斜二等轴测图剖面线方向应按图 8 - 22（b）所示的规定来画。

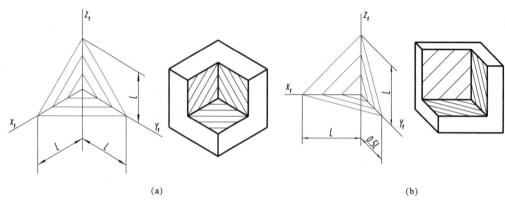

图 8 – 22 常用两种轴测图上的剖面线方向

（a）正等轴测图；（b）斜二等轴测图

8.4.2 轴测剖视图的画法

在轴测图上作剖视时，有两种画法：可以先画整体的外形轮廓，然后画剖面与内部看得见的结构和形状，如图 8 – 23 所示；也可以先画剖面形状，后画外面和内部看得见的结构，如图 8 – 24 所示，这种画法可以省画那些被剖切部分的轮廓线，有助于保持图面的整洁。

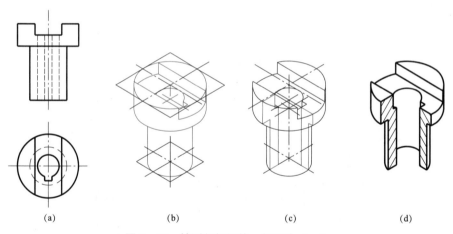

图 8 – 23 轴测剖视图的一般画法（一）

（a）视图；（b）画外形；（c）画剖面轮廓；（d）画剖面线，描深完成全图

画剖切轴测图时，如剖切平面通过肋板或薄壁结构的对称面时，则在这些结构的剖面内，规定不画剖面符号，但要用粗实线把它和邻接部分分开，如图 8 – 24 所示。

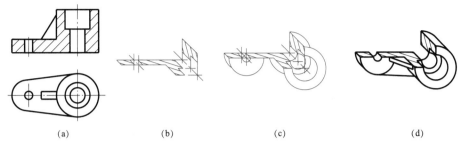

（a）　　　　　　　（b）　　　　　　　（c）　　　　　　　（d）

图 8 - 24　轴测剖视图的一般画法（二）

（a）视图；（b）画剖面形状；（c）画剖切的外形及内部可见结构；（d）描深完成全图

【本章内容小结】

内容	要点
轴测投影图分类	正轴测图：采用平行直角投影； 斜轴测图：采用平行斜角投影
	正等测（斜等测）：$p = q = r$
	正二测（斜二测）：$p = r \neq q$ 或 $p = q \neq r$ 或 $p \neq q = r$
	正三测（斜三测）：$p \neq q \neq r$
轴测投影基本特性	遵循平行投影的性质： （1）空间平行的两线段，其轴测投影仍平行； （2）与坐标轴平行的线段，其伸缩系数与该坐标轴相同
轴间角	（1）正等测的轴间角均为120°，简化伸缩系数为1，凡平行于各坐标轴的线段均按原尺寸画图；
轴向伸缩系数	（2）斜二测的 X 轴是水平线，Z 轴为铅垂线，Y 轴与水平线成45°角，其伸缩系数为：沿 X、Z 轴是1，沿 Y 轴是0.5。平行于 Y 轴的线段按原尺寸的1/2画图
轴测投影图（正等测、斜二测）画法	基本作图方法：坐标法、切割法、堆砌法及3种方法的综合应用
	度量特点：只能在平行于坐标轴的线段上测量尺寸
	基本步骤： （1）首先正确定出各形体之间的相对位置。 （2）先画外形，后画内形；先画前面和上面部分；再画后面和下面部分；先画轮廓，后画细节

第9章 零件图

【本章知识点】

（1）零件图的作用与内容。

（2）零件的构型设计与工艺结构。

（3）零件的常见结构和表达方案。

（4）零件图的尺寸标注和技术要求。

（5）零件图识读。

（6）零件测绘。

9.1 零件图概述

9.1.1 零件与机器的概念

任何一台机器或一个部件都是由一定数量、相互联系的零件按照一定的装配关系和要求装配而成的，因此零件是组成机器或部件的基本单元。图 9－1 所示的齿轮油泵是由泵体、右泵盖、左泵盖、主动齿轮轴、从动齿轮轴、密封圈、压紧螺母、螺钉、螺母、垫片、传动齿轮和销等零件组成的。

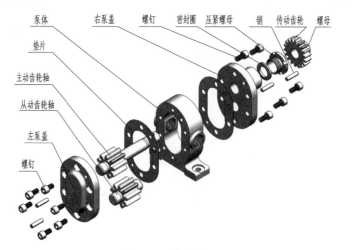

图 9－1 齿轮油泵

齿轮油泵的
零件组成

9.1.2 零件的分类

由于零件的结构形状是复杂、多样的，因此习惯上根据零件在机器或部件中的作用，将其分为 3 种类型。

1）一般零件

图 9 - 1 中泵体、左泵盖、右泵盖、齿轮轴等零件皆为一般零件。一般零件按它的结构特点可分为：轴套类、盘盖类、叉架类、箱体类等。这类零件的结构形状、大小，常根据它们在机器或部件中的作用，按照机器或部件的性能和结构要求，以及零件制造的工艺要求进行设计，所以一般零件都要画出相应的零件图。

2）传动零件

齿轮、蜗轮、蜗杆、带轮等为传动零件。这类零件在机器或部件中起传递动力和改变运动方向的作用，其结构要素（如齿轮上的轮齿，带轮上的 V 形槽等）大多已经标准化，并且在国家标准中有相应的规定画法。所以，在表达这类零件时，要按照规定画法画出它们的零件图。

3）标准件

螺纹紧固件（螺钉、螺栓、螺柱、螺母、垫圈）、键、销、滚动轴承、油杯、螺塞等为标准件。这类零件在机器或部件中主要起零件间的连接、支承、密封等作用。对于标准件通常不必画出零件图，只需标注出它们的规定标记。按规定标记查阅有关的标准，便能得到相应零件的结构形状、全部尺寸和相关技术要求等。

9.1.3 零件图的作用和内容

要制造机器或部件必须按要求生产出零件，生产和检验零件所依据的图样称为零件图。图 9 - 2 为图 9 - 1 中齿轮油泵主动齿轮轴的零件图，图 9 - 3 为图 11 - 1 中滑动轴承的轴承座零件图。一张完整的零件图通常要包括以下基本内容：

（1）一组图形：用视图、剖视图、断面图及其他规定画法，正确、完整、清晰地表达零件的内、外结构形状。

（2）全部尺寸：表达零件在生产、检验时所需的全部尺寸。

（3）技术要求：用文字或其他符号标注或说明零件制造、检验或装配过程中应达到的各项要求，如表面粗糙度、尺寸公差、几何公差、热处理、表面处理等要求。

（4）标题栏：标题栏中应填写零件的名称、代号、材料、数量、比例、单位名称，以及设计、制图和审核人员的签名和日期等。

零件图的绘制一般按下列步骤进行：①构型设计与分析；②选择表达方案绘图；③标注尺寸；④注写技术要求；⑤填写标题栏。

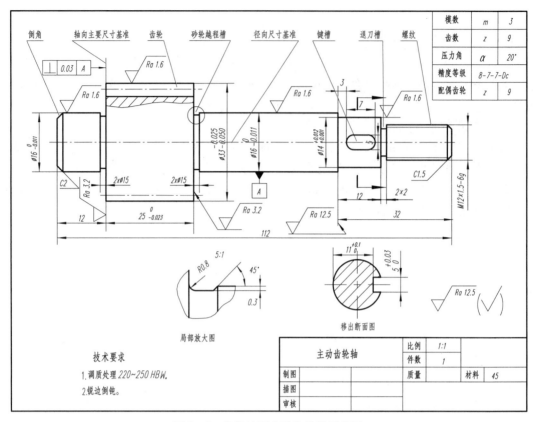

图 9-2　齿轮油泵主动齿轮轴零件图

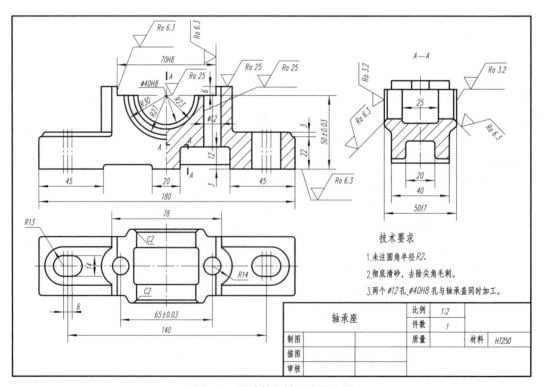

图 9-3　滑动轴承轴承座零件图

9.2　零件的构型设计与工艺结构

9.2.1　零件的构型设计概述

零件在机器（或部件）中的作用不同，其结构形状、大小和技术要求也不同。所以，零件的结构形状是由设计要求、加工方法、装配关系、技术经济思想和工业美学等要求决定的。

（1）从设计要求方面看，零件在机器（或部件）中，可以起到支承、容纳、传动、配合、连接、安装、定位、密封和防松等一项或几项功能，这是决定零件主要结构的依据。

（2）从工艺要求方面看，为了使零件的毛坯制造、加工、测量，以及装配和调整工作能进行得更顺利、方便，应设计出圆角、起模斜度、倒角等结构，这是决定零件局部结构的依据。

（3）从实用和美观方面看，人们不仅要求产品实用，而且还要求其轻便、经济、美观等。

9.2.2　零件功能的构型设计

1. 保证零件功能

零件的功能主要指支承、容纳、传动、配合、连接、安装、定位、密封和防松等。

【例 9-1】图 9-1 中油泵主动齿轮轴的构型设计分析。

分析：

图 9-1 中油泵主动齿轮轴是将齿轮直接制在轴上，起传递运动的作用。主动齿轮轴安装在左、右泵盖的安装孔上。运动从右端的齿轮传入，为将齿轮上的扭矩和运动传递到轴上，轴的右侧设有键槽与齿轮连接；为将齿轮轴向定位，有键槽的轴颈设有轴肩，最右端的轴颈制有螺纹，便于用螺母、垫片将齿轮固定，如图 9-4 所示。

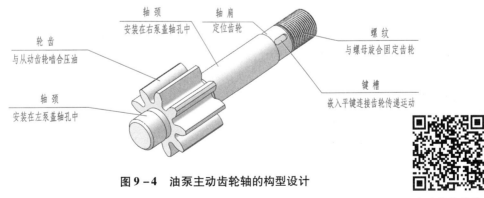

图 9-4　油泵主动齿轮轴的构型设计

主动齿轮轴的
结构特点

2. 考虑整体的相关关系

整体相关是确定零件主体结构的另一个主要的依据。

（1）相关零件的结合方式。部件中各零件之间按确定的方式结合起来，应结合可靠，拆装方便。两零件的结合可能是相对静止，也可能是相对运动的；相邻零件的某些部位要求相互靠紧，另有些部位则必须留有间隙等。因此，零件上需要有相应的结构。

如图 9-5 所示，为使轴承盖与轴承座靠紧，轴承座设计了凹槽 I，轴承盖也设计了相应的凸起，保证了两个零件结合可靠。

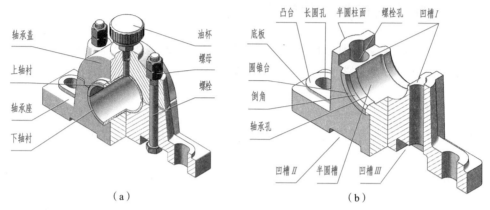

图 9-5　滑动轴承轴承座的构型设计

（a）滑动轴承；（b）轴承座

轴承座的
结构特点

（2）外形和内形相互呼应。零件之间往往存在包容、被包容关系，若内形为回转体，外形也应是相应的回转体；内形为方形，外形也应是相应的方形。一般应内外呼应，且壁厚均匀，便于制造、节省材料、减轻质量。如图 9-1 中的泵体主要包容一对相啮合的齿轮，因而泵体外形主体为长圆形结构。

（3）相邻零件形状相互协调。零件（尤其是箱体类和盘盖类零件）间的外形与接触面应协调一致，使外观统一，给人以整体美感。如图 9-1 中的左泵盖、右泵盖、垫片的端面形状与泵体都一致，都是长圆形。

（4）与安装使用条件相适应。叉架类、箱体类零件均起支承作用，故都设有安装底板，其安装底板的形状应根据安装空间位置条件确定，如图 9-5（b）所示轴承座的底板。

【例 9-2】图 9-5 中滑动轴承轴承座的构型设计分析。

分析：

图 9-5（a）所示为一种油杯滑动轴承，其中轴承座起支承和包容作用，它与轴承盖用两个螺栓连接在一起。根据轴承座的功能及所包容件的排列情况，设有轴承孔、凹槽、半圆柱面以及安装底板等结构，如图 9-5（b）所示，图中各部分结构的功能如下：

轴承孔：支承下轴衬。

半圆槽：减少接触面和加工面。

凹槽 I：保证轴承盖与底座的正确定位。

螺栓孔：穿螺栓。

半圆柱面：使螺栓孔壁厚均匀。

圆锥台：保证轴衬沿轴承孔轴向定位。

倒角：保证下轴衬与轴承孔配合良好。

底板：安装滑动轴承。

凹槽Ⅱ：保证安装面接触良好并减少加工面。

凹槽Ⅲ：容纳螺栓头并防止其旋转。

长圆孔：安装时放置螺栓，便于调整轴承位置。

凸台：减少加工面和加强底板连接强度。

构型设计一个零件是这样的步骤，观察和分析一个零件也是如此。通过零件的构型分析，可对零件上的每一结构的功用加深认识，从而能够正确、完整、清晰和简便地表达出零件的结构形状，正确、清晰、完整与合理地标注出零件的尺寸和技术要求。

9.2.3 零件常见工艺结构

为了使零件的毛坯制造、机械加工和装配更加顺利便捷，零件主体结构确定之后，还必须设计出合理的工艺结构。

1. 铸造工艺对零件工艺的要求

1）起模斜度

为了铸造时便于将样模从砂箱中取出，在铸件的内外壁沿起模方向设计出起模斜度，一般为 1∶20，大约 3°，如图 9-6 所示。铸造零件的起模斜度在图中可不画出，不标注，必要时可在技术要求中说明，如"起模斜度 3°"。

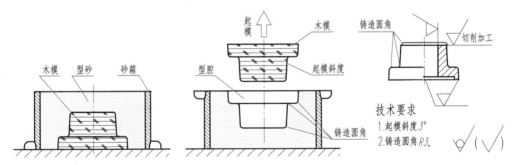

图 9-6 铸造工艺的起模斜度与铸造圆角

2）铸造圆角及过渡线

为了满足铸造工艺要求，防止铸造过程中产生裂纹、夹砂，应将铸件各表面转角处设计成圆角，这种圆角称为铸造圆角，如图 9-6 所示。圆角半径可从设计手册中查出，一般为壁厚的 0.2~0.4 倍，其尺寸可注在技术要求中，如"铸造圆角 R3"。

由于铸造表面的转角处有圆角，因此表面的交线变得不清晰。为了看图时区分不同的表面，在投影图中仍要画出理论上的交线，但两端不与轮廓线接触，此线称为过渡线，用细实线绘制。两曲面立体表面相交处的过渡线和没有铸造圆角的情况下的相贯线的画法基本一致，如图 9-7 所示。平面立体与平面立体、平面立体与曲面立体相交过渡线的画法如图 9-8 所示。

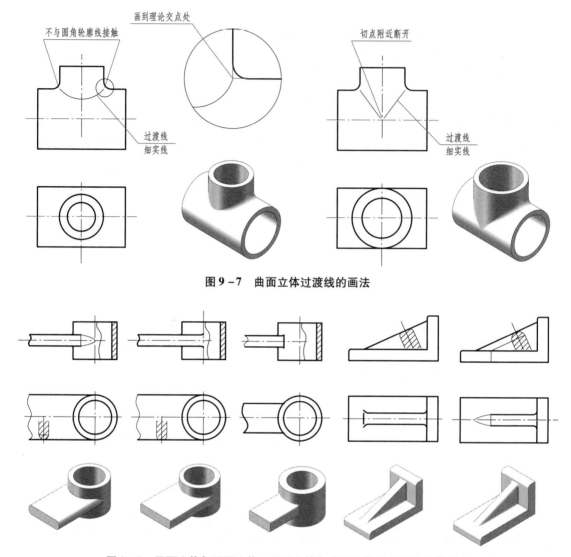

图9-7 曲面立体过渡线的画法

图9-8 平面立体与平面立体、平面立体与曲面立体相交过渡线的画法

3）铸件壁厚

为避免铸件浇注后因冷却速度不同而产生缩孔、裂缝等缺陷，空心铸件壁厚应设计均匀或逐渐过渡，如图9-9所示。

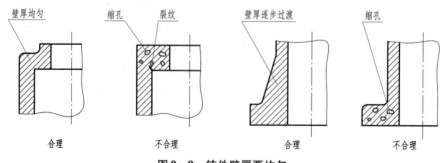

图9-9 铸件壁厚要均匀

2．机械加工工艺结构

1）倒角与倒圆

为了便于装配和保护装配面不受损伤，在轴或孔的端部一般都加工出倒角。45°倒角的尺寸注法如图 9 – 10（a）所示；非 45°倒角的尺寸注法如图 9 – 10（b）所示，其中 $C1$ 表示 45°的倒角，倒角深度为 1 mm，C 值可以从附表 9 查取。

为了防止应力集中产生裂纹，往往在阶梯轴和孔肩处加工成倒圆，如图 9 – 11 所示。

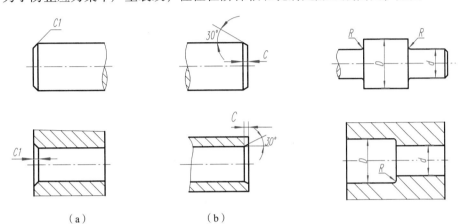

（a）　　　　　　　　（b）

图 9 – 10　倒角的画法与尺寸注法
（a）45°倒角注法；（b）非 45°倒角注法

图 9 – 11　倒圆的画法与尺寸注法

2）退刀槽及砂轮越程槽

在车削、磨削和车螺纹时，为便于退刀、不损坏刀具，常在被加工面末端预先加工出退刀槽或砂轮越程槽，其画法与尺寸注法如图 9 – 12 所示，结构参数可从附表 8、附表 10 查取。

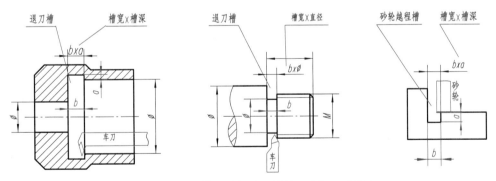

图 9 – 12　退刀槽及砂轮越程槽的画法与尺寸注法

3）钻孔

钻孔时，钻头的轴线应尽量垂直于被加工零件的表面，以避免钻头因单边受力产生偏斜或折断，同时还要考虑方便钻头加工，如图 9 – 13 所示。当钻盲孔或阶梯孔时，孔的末端应画成 120°的锥坑，其画法与尺寸注法如图 9 – 14 所示。

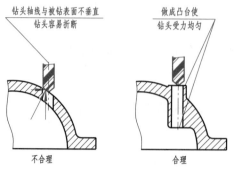

图 9 – 13　零件结构设计应便于钻孔

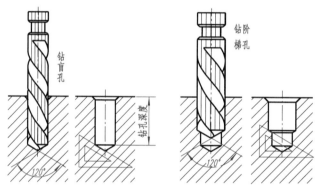

图 9 – 14　盲孔与阶梯孔的画法与尺寸注法

4）凸台与凹槽

为了保证两零件接触面接触良好，减少加工面积，可在零件面设计出凸台或凹槽，并保证凸台在同一平面上，如图 9 – 15 所示。

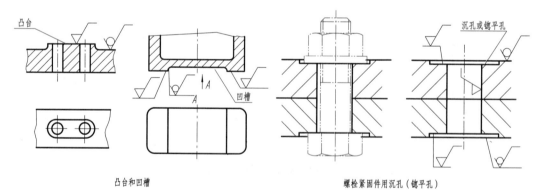

凸台和凹槽　　　　　　　　　　　　　螺栓紧固件用沉孔（锪平孔）

图 9 – 15　凸台与凹槽

9.3　零件的表达方案

零件图应完整、清晰地表达零件的内、外结构形状，并要考虑读图方便、画图简单。要达到以上要求，必须对零件的结构特点进行分析，恰当地选取表达方案。首先要认真地考虑主视图的选择，再选其他视图及表达方法。

9.3.1 主视图的选择

主视图是零件图的核心，选择主视图时应先确定零件的安放位置，再确定投射方向。

1. 确定零件的安放位置

零件的安放位置应符合零件的加工位置和工作位置原则。

（1）加工位置原则：加工位置是指零件在机床上加工时的装夹位置。主视图的安放位置与加工位置保持一致，加工时看图方便。对于主体结构为回转体的轴套类零件，以及结构形状简单的盘盖类零件，其加工方法以车、磨为主，不论其工作位置如何，一般均将轴线水平放置画主视图，如图 9 – 16 所示。

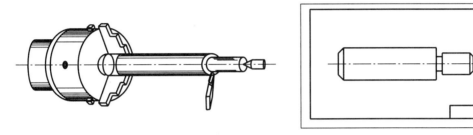

图 9 – 16 按加工位置选择主视图

（2）工作位置原则：工作位置是零件在机器中的安放和工作时的位置。主视图的安放位置和工作位置一致，便于对照装配图看图和画图，利于想象零件的工作状况及作用。

结构形状复杂的箱体类、叉架类零件有较大的安装面且加工工序繁多，加工位置不固定，选择主视图时常按工作位置放置，安装面基准面朝下，如图 9 – 17 所示。

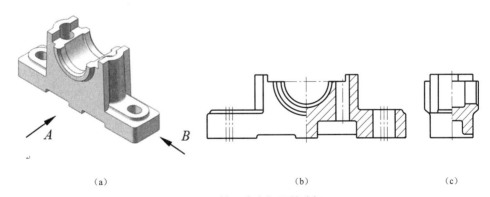

（a）　　　　　　　　　　　　（b）　　　　　　　　　　　（c）

图 9 – 17 轴承座主视图的选择
（a）轴承座的立体图；（b）A 投射方向（好）；（c）B 投射方向（不好）

2. 确定零件的投射方向

结构特征原则：主视图的投射方向应突出零件各部位的形状与位置特征，即在主视图上尽量多地反映零件内外结构形状及它们之间的相对位置关系。如图 9 – 17 所示的轴承底座，有 A、B 两个投射方向可供选择。因 A 方向能较多地反映零件的形状特征和相对位置，所以选择 A 方向作为主视图的投射方向比较合理。

9.3.2 其他视图的选择

主视图确定后，其他视图的选择应根据零件的内外结构形状及相对位置是否表达清楚来确定，选择原则如下：

（1）在明确表达清楚零件结构形状的前提下，应使视图（包括剖视图、断面图）的数量为最少。

（2）尽量避免用虚线表达零件的轮廓线及棱边线。视图一般只画零件的可见部分，必要时才画不可见部分。

（3）尽量避免对同一结构做不必要的重复表达，使各个视图（包括剖视图、断面图）各有表达的重点。

根据零件的具体情况，设想几个表达方案，通过分析比较选出最佳方案。

现以轴承座为例，说明如何选择它的表达方案，如图9－3所示。

主视图：表达轴承底座的形体特征和各组成部分的相对位置。采用半剖视图表达螺栓孔、长圆孔（通孔）及凹槽Ⅲ的长度和深度。

俯视图：表达轴承孔、底板、螺栓孔、长圆孔、凸台和半圆柱的形状。

左视图：采用阶梯剖A—A，用全剖视图表达凹槽Ⅲ的宽度和轴承孔、半圆槽的结构形状。

采用上述3个视图，就可以把轴承底座的内、外形状完全表达清楚。

9.4 零件图的尺寸标注

第1章介绍了国家标准规定的尺寸注法，第6章介绍了组合体的尺寸标注方法。本节讨论怎样标注尺寸才能满足设计要求和工艺要求，也就是既满足零件在机器中能很好地承担工作的要求，又能满足零件的制造、加工、测量和检验的要求，这一要求，通常归结为标注尺寸的合理性。为了做到合理，在标注尺寸时，必须对零件进行形体分析、结构分析和工艺分析，确定零件的基准，选择合理的标注形式，结合具体情况合理地标注尺寸。

9.4.1 尺寸基准

尺寸基准是标注或度量尺寸的起点，是指零件在设计、加工及测量时，用以确定零件某些结构要素位置的一些点、线、面。根据基准的作用不同，可分为设计基准和工艺基准、主要基准和辅助基准。

1. 设计基准与工艺基准

（1）设计基准：根据零件的结构特点和设计要求所选定的基准，如图9－18（a）中箭头所指的轴线即为该零件的径向设计基准。

（2）工艺基准：零件在加工、测量时所选定的基准。它又分为定位基准和测量基准。

定位基准：在加工过程中确定零件位置时所选用的基准，如图9－18（b）所示。

测量基准：在测量零件已加工表面时所选用的基准，如图9－18（c）所示。

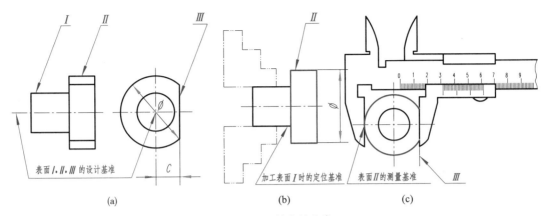

图 9 – 18　基准的分类

（a）设计基准；（b）定位基准；（c）测量基准

2. 主要基准和辅助基准

零件在长、宽、高 3 个方向上至少各有一个主要基准（一般为设计基准），但根据设计、加工、测量上的要求，一般在同一方向还可能有几个辅助基准（一般为工艺基准）。主要基准和辅助基准之间一定要有一个直接的联系尺寸。标注尺寸时，应尽量使设计基准与工艺基准统一起来，称为"基准重合原则"。这样既能满足设计要求，又能满足工艺要求。

【例 9 – 1】如图 9 – 19 所示，分析轴承座的尺寸基准。

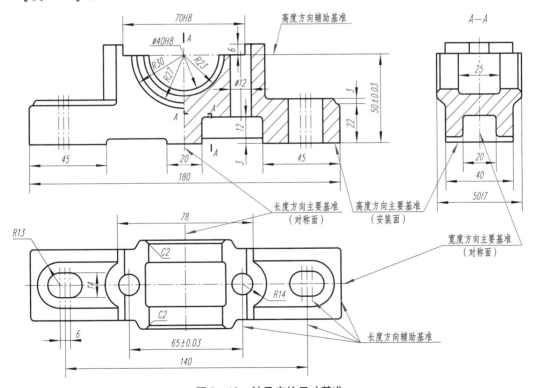

图 9 – 19　轴承座的尺寸基准

分析：

轴承座长度方向的尺寸基准：底座在左右方向上具有对称平面，因此在左右方向上的结构尺寸（如螺栓孔、长圆孔的定位尺寸 65 ± 0.03、140，凹槽 I 的配合尺寸 70H8，以及 180、20 等）都选择零件长度方向的对称平面的对称中心线为基准，它是底座长度方向的主要基准。这一方向的辅助基准为两螺栓孔的轴线、长圆孔的对称中心线、底板的左右端面。尺寸 12、R14、45、6 和 R13 分别是从这些辅助基准出发标注的。

轴承座高度方向的尺寸基准：根据底座的设计要求，底座半圆孔的轴线到底面距离的尺寸 50 ± 0.03 为重要的性能尺寸。底面又是轴承的安装面，因此选择底面作为底座高度方向的主要基准。高度方向的辅助基准为凹槽 I 的底面，用它来定出凹槽 I 的深度尺寸 6。

轴承座宽度方向的尺寸基准：底座前后方向具有对称平面，选择该对称平面作为宽度方向的尺寸基准，前后方向的结构尺寸均以此基准标注。

【例 9 – 2】如图 9 – 20 所示，分析主动齿轮轴的尺寸基准。

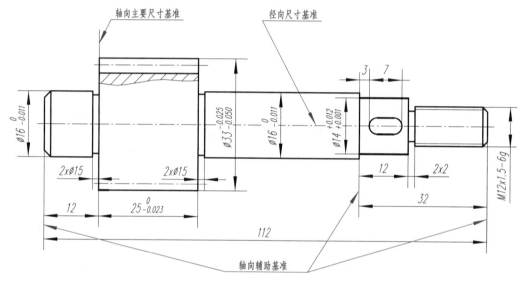

图 9 – 20　主动齿轮轴的尺寸基准

分析：

对于回转体需确定径向（高度、宽度）尺寸基准和轴向（长度）尺寸基准。主动齿轮轴径向尺寸的基准为回转轴线，以轴线为基准注出 $\phi 16_{-0.011}^{0}$、$\phi 33_{-0.050}^{-0.025}$、$\phi 14_{+0.001}^{+0.012}$、M12 × 1.5 – 6g 等尺寸。

齿轮的左端面是确定齿轮轴在泵体中轴向位置的重要结合面，所以它是轴向尺寸的主要基准，以此面为基准注出尺寸 $25_{-0.023}^{0}$、12、2 × ϕ15。齿轮轴的左端面为第一个辅助基准，由此基准注出轴的总长 112，它与主要基准之间注有联系尺寸 12。齿轮轴的右端面是轴向的第二个辅助基准，由此注出尺寸 32，尺寸 12、3 是从第三个辅助基准注出的。

根据上面的分析可以看出，在标注尺寸时，首先要考虑零件的工作性能和加工方法，在此基础上，才能确定出比较合理的尺寸基准。

9.4.2　合理标注尺寸应注意的问题

1. 主要尺寸应从设计基准直接标注

凡直接影响到零件的使用性能和安装精度的尺寸称为主要尺寸。主要尺寸包括零件的规格尺寸、有配合要求的尺寸、确定零件各结构间的相对位置尺寸、与其他零件之间的连接尺寸和安装尺寸等。主要尺寸应由主要基准直接注出，以保证设计要求。

图 9 – 20 中 $\phi16_{-0.011}^{\ 0}$、$\phi33_{-0.050}^{-0.025}$、$\phi14_{+0.001}^{+0.012}$、$25_{-0.023}^{\ 0}$ 及轴向主要基准和辅助基准之间的联系尺寸 12 均属主要尺寸，其他尺寸均属一般尺寸。

2. 不要注成封闭尺寸链

在零件图中，如同一方向有几个尺寸构成封闭尺寸链时，则应选取不重要的一环作为开口环，而不注它的尺寸。图 9 – 21（a）中，4 个尺寸 A_1、A_2、A_3、A_4 组成封闭环，若 A_2 尺寸为不重要的一环，则不应标注尺寸，如图 9 – 21（b）所示，这样可使制造误差全部集中在这一环上，而保证精度要求较高的尺寸 $26_{\ 0}^{+0.21}$、$50_{\ 0}^{+0.25}$。

有时为了设计和加工的需要，尺寸链也可注成封闭形式，此时封闭环的尺寸数字应加圆括号，供绘图、加工和画线时参考，一般称其为参考尺寸。

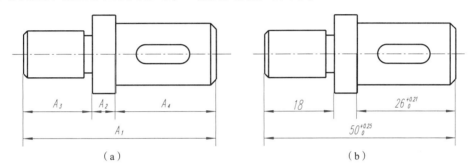

（a）　　　　　　　　　　　　　　（b）

图 9 – 21　不要注成封闭尺寸链

3. 尺寸标注应符合加工顺序

如图 9 – 22 所示，阶梯轴的加工顺序应该是：①加工长度为 48 的圆柱体→②加工长度为 35 的圆柱体→③加工长度为 18 的圆柱体，加工退刀槽→④加工右侧的外螺纹 M8 及倒角，所以尺寸标注的顺序也应该一样。

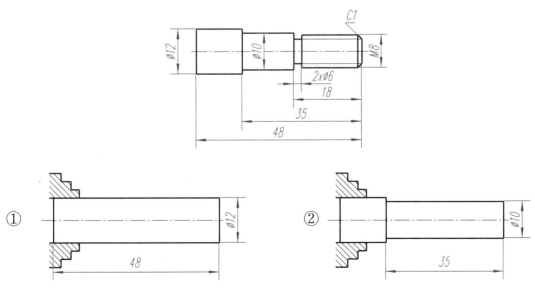

图 9 – 22　阶梯轴的加工顺序

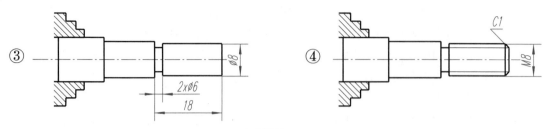

图 9 - 22　阶梯轴的加工顺序（续）

4. 尺寸标注应考虑测量方便

如图 9 - 23（a）所示，孔深尺寸 30 的标注，除了便于直接测量，还便于调整刀具的进给量；如图 9 - 23（b）所示，孔深尺寸 12 不便于用深度尺直接测量。图 9 - 23（c）为尺寸正确注法，而 9 - 24（d）所示的尺寸 4、33、4、26 在加工时无法直接测量，套筒的外径需经计算才能得到，是错误的注法。

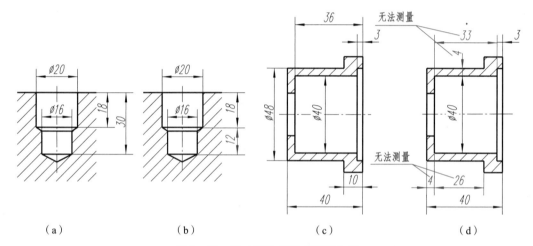

|　（a）　|　（b）　|　（c）　|　（d）　|

图 9 - 23　尺寸标注应考虑测量方便

（a）正确标注；（b）错误标注；（c）正确标注；（d）错误标注

除了有设计要求的尺寸外，尽量不从轴线、对称线出发标注尺寸。如图 9 - 24 所示键槽的尺寸注法，若标注尺寸 E，则测量困难，尺寸也不易控制，故应标注尺寸 F。

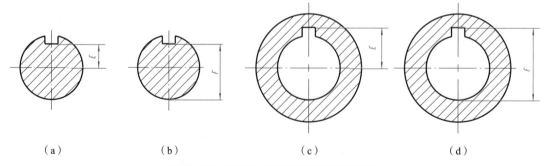

|　（a）　|　（b）　|　（c）　|　（d）　|

图 9 - 24　键槽尺寸不应从轴线出发标注

（a）不易测量；（b）易于测量；（c）不易测量；（d）易于测量

9.4.3 零件上常见结构要素的尺寸标注

零件上常见的销孔、锪平孔、沉孔、螺纹孔以及键槽和锥轴等的尺寸标注如表 9 - 1 所示，它们的尺寸标注分为普通注法和旁注法，这两种注法为同一结构的两种注写形式。

表 9 - 1 零件上常见结构要素的尺寸注法

零件结构类型		普通注法	旁注法	说明
光孔	一般孔	4×φ5 ...10	4×φ5 4×φ5↧10	"↧" 为深度符号。 4×φ5 表示直径为 5 有规律分布的 4 个光孔。 孔深可与孔径连注，也可分开注出
	锥销孔	该孔无普通注法	锥销孔φ5 装配时配作 锥销孔φ5 装配时配作	φ5 为与锥销孔相配的圆锥销小头直径，"配作"指该孔与相邻零件的同位锥销孔一起加工
螺纹孔	通孔	3×M6-6H EQS	3×M6-6H EQS 3×M6-6H EQS	"EQS" 为均布的缩写词。 3×M6 表示直径为 6，有规律分布的 3 个螺孔。 可以旁注；也可以直接注出
	不通孔	3×M6-6H	3×M6-6H↧10 孔↧12 3×M6-6H↧10 孔↧12	
沉孔	锪平面	⌴φ16 4×φ7	4×φ7⌴φ16 4×φ7⌴φ16	"⌴" 为锪平面孔符号。 锪平面孔 φ16 的深度不需标注，一般锪平到不出现毛面为止
	锥形沉孔	90° φ13 6×φ7	6×φ7 ⌵φ13×90° 6×φ7 ⌵φ13×90°	"⌵" 为埋头孔符号。 该孔用于安装开槽沉头螺钉，6×φ7 表示直径为 7 有规律分布的 6 个孔。 锥形部分尺寸可以旁注，也可直接注出

续表

零件结构类型		普通注法	旁注法	说明
沉孔	柱形沉孔			"⊔"为沉孔符号（与锪平面孔符号相同）。该孔用于安装内六角头螺钉，柱形沉孔的直径为φ10，深度为3.5，均需注出。4×φ6 的意义同上
平键键槽				标注 $D-t$ 便于测量
半圆键键槽				标准直径φ，便于选择铣刀；标准 $D-t$，便于测量
锥轴、锥孔				当锥度要求不高时，这样标注便于制造木模
				当锥度要求准确并为保证一端直径尺寸时的标注形式

9.5 典型零件的表达方法及尺寸标注

生产实际中的零件种类繁多，形状、作用和加工方法也各不相同。为了便于分析和掌握，根据零件的结构形状和作用，大致可以将其分为轴套类、盘盖类、叉架类和箱体类等几种类型。

9.5.1 轴套类零件

1. 功能及结构特点

（1）轴套类零件多用于传递运动、扭矩和定位，如轴、套筒、衬套和螺杆等，如图 9 – 25 所示。轴套类零件主要由直径不同的圆柱、圆锥等同轴线的回转体组成，轴向尺寸远大于径向尺寸。

（a）   （b）

图 9 – 25　轴套类零件

（a）轴类零件；（b）套类零件

（2）由于设计、加工的需要，此类零件上常有轴肩、螺纹、键槽、销孔、退刀槽、中心孔和砂轮越程槽等结构。为了去除金属锐边，便于轴上零件装配，轴的两端均有倒角。

2. 常用的表达方法

轴套类零件的结构表达通常采用一个基本视图。

（1）主视图的位置和投射方向。轴套类零件多在车床和磨床上加工，其主视图按加工位置将轴线水平放置，便于工人加工零件时看图。

画图时一般将小直径的一端朝右，以符合最终的加工位置；平键槽朝前、半圆键槽朝上，以利于形状特征表达；较长轴可采用折断画法，对空心轴或套，可用全剖视图或局部剖视图表示。

（2）其他视图。对轴上的孔、键槽等结构一般用移出断面图和局部剖视图表达，一些退刀槽、砂轮越程槽等细部结构可采用局部放大图表达。

3. 尺寸标注

轴套类零件的尺寸分为径向尺寸和轴向尺寸。径向尺寸表示轴上各段回转体的直径，它以轴的中心线为基准。**注意**：不可漏注"ϕ"。轴向尺寸表示轴上各段回转体的长度，一般选择比较重要的端面或安装结合面为长度主要基准。**注意**：按加工顺序安排尺寸，把不同工序的尺寸分别集中，方便加工和测量。

4. 实例分析

【例 9 – 3】分析铣刀头传动轴的表达方案及尺寸标注。

分析：

1）铣刀头传动轴的功能结构分析（图 9 – 26）

铣刀头传动轴在铣刀头中主要起支承零件、传递动力的作用。轴的两端装有带轮和铣刀盘，通过平键与轴连接传递动力，还装有一对滚动轴承作为轴的支承。带轮、铣刀盘、滚动轴承等往轴上装配时，需要轴向定位，则有轴肩、螺孔、键槽等结构。

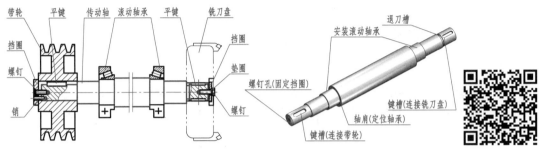

图 9－26　铣刀头传动轴的结构特点

2）铣刀头传动轴的表达方案分析（图 9－27）

（1）主视图：常规轴的表达，主视图一般采用轴线水平放置，平键槽朝前，利于结构表达，如图 9－2 中主动齿轮轴的表达。但是，铣刀头传动轴的结构有其特殊性，一是轴的两端都有螺孔和销孔，其位置与键槽在一个公共对称面上；二是为了承受铣刀工作时强大的转矩，在轴右端安装铣刀盘的轴颈上下对称位置设有两个键槽。为了能够同时表达这些结构，采用了键槽朝上，两端局部剖视的表达方法。此外，由于 $\phi 44$ 轴段较长，主视图采用了折断画法。

（2）其他视图：选用两个局部视图和两个断面图表达键槽的形状，一个局部放大图表达轴左端销孔的形状。

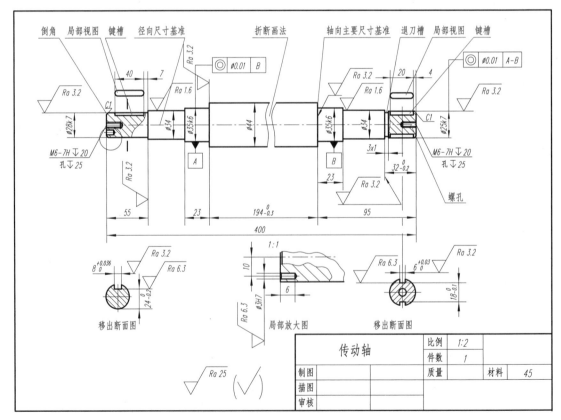

图 9－27　铣刀头传动轴的零件图

3）铣刀头传动轴的尺寸标注分析

（1）径向尺寸标注：选择轴的中心线为径向尺寸基准，标注 $\phi28k7$、$\phi34$、$\phi35k6$、$\phi44$、$\phi25k7$ 等尺寸。

（2）轴向尺寸标注：选择右端轴承定位轴肩作为轴向主要尺寸基准，标注 95、$194_{-0.3}^{\ 0}$、23 等尺寸，左右两端面为轴向辅助基准，标注 $32_{-0.2}^{\ 0}$、4、400、55 等尺寸。7、4 为左右两侧键槽的位置尺寸。

（3）其他尺寸标注：键槽长度尺寸在局部视图中标注 40、20，键槽的宽度、深度尺寸在移出断面图中标注，如左键槽 $8_{\ 0}^{+0.036}$、$24_{-0.2}^{\ 0}$，右键槽 $6_{\ 0}^{+0.03}$、$18_{-0.1}^{\ 0}$。退刀槽的长、深用 3×1 表示。两侧螺孔的尺寸采用旁注法直接在中心线处引出标注。

9.5.2　盘盖类零件

1. 功能及结构特点

（1）盘盖类零件多用于传递动力和扭矩，或起支承、轴向定位及密封等作用，主要包括盖、手轮、皮带轮、法兰盘、齿轮等，如图 9－28 所示。

图 9－28　常见盘盖类零件

（2）大多数盘盖类零件的主体结构都为回转体，但其径向尺寸远远大于轴向尺寸，形状呈扁平的盘状，一般有一个端面是与其他零件连接的重要接触面。为了与其他零件相连接，其上有一些沿圆周分布的光孔、螺孔、肋、凸台、止口和槽等辅助结构。

2. 常用的表达方法

盘盖类零件的结构表达通常采用两个基本视图。

（1）主视图。圆盘形盘盖主要在车床上加工，一般按加工位置取非圆视图方向作为主视图，其轴线多按主要加工工序的位置水平放置。对于加工时并不以车削为主的箱盖，可按工作位置放置。主视图主要表达内部结构，一般采用全剖视。对圆周上分布的肋、孔等结构不在对称平面上时，可采用简化画法或旋转剖视。

（2）其他视图。另一视图（通常为左视图）主要表达其外形轮廓和各组成（如孔、轮辐等）的数量及相对位置，有时会根据需要采用局部放大视图和局部剖视图等表示其辅助结构。

3. 尺寸标注

盘盖类零件尺寸基准选择与轴套类零件相同。对于均布的孔，其定位尺寸通常要注出定位圆周的直径。不以回转体为主的零件，按长、宽、高 3 个方向标注定形、定位尺寸。

4. 实例分析

【例9-4】分析图9-1中齿轮油泵中压紧螺母（盘盖类零件）的表达方案及尺寸标注。

分析：

1）压紧螺母的功能结构分析（图9-29）

齿轮油泵的压紧螺母主体为盘形，中间通孔穿过主动齿轮轴；一端为外螺纹顶着密封填料旋入右泵盖；一端圆盘面有4个矩形豁槽便于扳手旋转，主要用于将密封填料轴向固定，起到密封的作用。

2）压紧螺母的表达方案分析（图9-30）

主视图：零件主体为回转体，以加工位置轴线水平摆放，采用全剖视图表达通孔、螺纹、退刀槽和矩形豁槽的结构与相对位置关系。

左视图：用视图表达压紧螺母的外形和4个豁槽的宽度及分布。

图9-29 压紧螺母的
结构特点

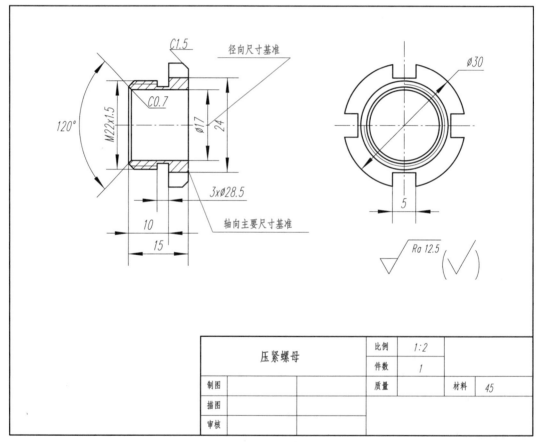

图9-30 压紧螺母零件图

3）压紧螺母的尺寸标注分析（图9-30）

压紧螺母为回转体，选中心轴线为径向尺寸基准，标注径向尺寸 $\phi17$、$\phi30$、M22×1.5 和豁槽宽度尺寸5、深度尺寸24；3×$\phi28.5$ 表示退刀槽的宽度为3、槽底直径为 $\phi28.5$；左侧圆锥面与密封填料相贴合，锥面夹角为120°。

压紧螺母的
结构特点

选定压紧螺母右端面为轴向主要尺寸基准，标注螺塞总长 15，左端面为轴向辅助基准标注外螺纹（含退刀槽）长 10。

【例 9 - 5】分析图 9 - 1 中齿轮油泵左泵盖（盘盖类零件）表达方案及尺寸标注。

分析：

1）左泵盖的功能结构分析（图 9 - 31）

左泵盖中部设计两个轴孔分别支承两个齿轮轴，并对齿轮轴进行轴向定位。左泵盖周边加工 2 个销孔、6 个均布的阶梯孔。安装时通过圆柱销穿销孔定位，螺钉穿过阶梯孔将左泵盖固定在泵体上，也起到密封啮合齿轮腔体的作用。

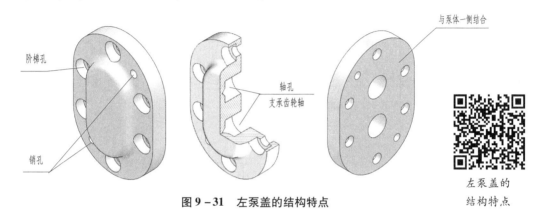

图 9 - 31　左泵盖的结构特点

2）左泵盖的功能表达方案分析（图 9 - 32）

左泵盖不是以回转体为主体零件，加工工序不固定，属于较为复杂的盖类零件。

主视图选择：泵盖零件的主体形状是长圆形盘状结构，按工作位置，使其轴线水平放置。选择旋转全剖视 A—A，表达轴孔、沉孔和销孔的结构。

其他视图选择：用左视图表达左泵盖长圆形外形和凸起结构，以及 6 个阶梯孔和 2 个销孔的分布情况。

3）左泵盖的尺寸标注分析（图 9 - 32）

选择尺寸基准：以左泵盖上轴孔轴心线为高度方向的尺寸基准，与泵体接触的端面为长度方向尺寸基准，左泵盖的基本对称面（通过主轴支承孔轴线）为宽度方向尺寸基准。

两个孔的直径因为与主动轴和从动轴具有配合关系，所以孔的直径尺寸和中心距精度要求较高。

设计结构参数和有配合要求的尺寸应首先直接标注出来，如有配合要求的尺寸 $16_0^{+0.018}$、27 ± 0.03，主要结构尺寸 $R31$、$R17$、10、17、13 等；安装尺寸 $R23$、45°；销孔尺寸 $2 \times \phi5$，"装配时与件 1、3 同钻铰"表示要把左泵盖、泵体和右泵盖装配在一起钻铰两个 $\phi5$ 销孔，6 个沉孔尺寸应与内六角螺钉尺寸相匹配。

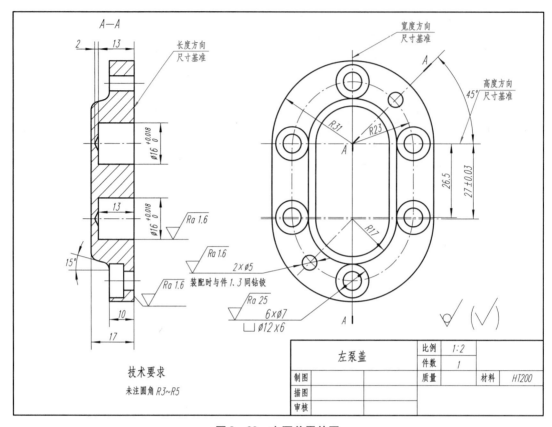

图 9-32　左泵盖零件图

9.5.3　叉架类零件

1. 功能及结构特点

（1）叉架类零件大多用来支承其他零件或用于机械操纵系统和传动机构上，主要包括拨叉、支架、中心架和连杆等，如图 9-33 所示。

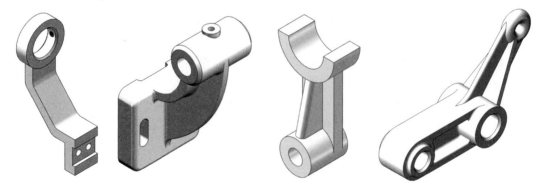

图 9-33　常见的叉架类零件

（2）叉架类零件结构形状千差万别，但按其功能可分为工作部分（用于支承）、安装固定部分和连接部分。工作部分一般为圆筒或半圆筒，或带圆弧的叉；安装固定部分多为方形或圆形底板；连接部分常为各种形状的肋板。叉架类零件形状较为复杂、不规则，常具有不完整和歪斜的形体。

2. 常用的表达方法

叉架类零件结构的表达常采用两个或两个以上的基本视图。

（1）主视图。叉架类零件结构形状较为复杂，一般先铸成毛坯，然后对毛坯进行多工序的机加工，加工位置常多变，所以主视图一般按其工作位置放置或将其摆正，投射方向主要依据形状特征原则，以表达它的形状特征、主要结构，以及与其他结构的相互位置关系。

（2）其他视图。根据叉架类零件具体结构形状选用其他视图，常用局部视图、局部剖视图、斜视图、斜剖视图等方法表达歪斜部分形状，肋板则用断面图表示。

3. 尺寸标注

叉架类零件长、宽、高3个方向的主要尺寸基准，一般为对称面、轴线、中心线或较大的加工面。定位尺寸较多，应优先标注出，然后按形体分析法标注各部分定形尺寸。

4. 实例分析

【例9-6】分析托架的表达方案与尺寸标注。

分析：

1）托架的功能结构分析（图9-34）

托架主要由上方的轴筒及耳板、下方的L形安装板、中间的T形连接板组成。

轴筒及耳板为工作部分，作为支承轴的轴承。耳板中间开槽，并带有凸台、圆孔和螺孔，以便旋入螺钉后将轴筒中轴夹紧在轴承孔内。

L形安装板为安装部分，安装孔上的锪平孔用来放置安装用垫圈、螺栓（钉）头部或螺母。

T形连接板为连接部分，采用倾斜的连接板并加上一个与它垂直的肋板以增加连接部分的强度。

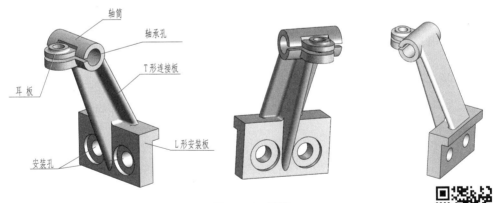

图9-34 托架

2）托架的表达方案分析（图9-35）

（1）主视图：以托架的工作位置摆放，选择能反映托架3个组成部分形状特征和相对位置的方向做投射方向，并用局部剖视图表达左上方的耳板、圆孔与螺孔以及下部安装锪平孔的结构。

托架的结构特点

（2）左视图：主要表达L形安装板的形状和安装孔的位置，以及T形连接板位置和轴承孔的宽度，在轴筒处采用局部剖视图表达了轴承孔的内部结构。

（3）其他视图：A 向局部视图表达耳板的外形及与轴筒的连接关系；移出断面图表达 T 形连接板的断面形状。

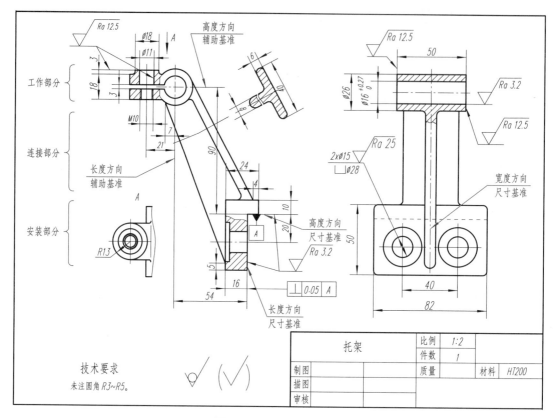

图 9 – 35　托架的零件图

3）托架的尺寸标注分析（图 9 – 35）

（1）尺寸基准。对于叉架类零件，通常选用安装面或零件的对称面为尺寸基准。由于轴承孔 $\phi 16^{+0.27}_{0}$ 的轴线到相互垂直的安装面间的距离直接影响支承轴的装配精度，因此必须选用 L 形安装板的垂直面作为长度方向的主要尺寸基准，水平面作为高度方向的主要尺寸基准，以保证装配位置准确。由于托架是前后对称结构，因此选前后对称面作为宽度方向的尺寸基准。

（2）主要尺寸标注。

长度和高度方向的主要尺寸标注：由长度和高度方向的主要尺寸基准出发，标注尺寸 54 和 90 以确定轴承孔的位置，标注轴承孔的径向尺寸 $\phi 16^{+0.27}_{0}$ 和圆柱的外径尺寸 $\phi 26$。同时，轴承孔的位置成为长度和高度方向的辅助基准。

长度和高度方向的其他尺寸标注：从长度尺寸基准出发标注尺寸 16 确定安装板的长度，从高度尺寸基准出发向下标注尺寸 20 确定安装孔的中心位置，向上标注尺寸 10 确定安装板的高度。

从长度方向的辅助基准（轴承孔中心）出发，标注尺寸 21 确定夹紧螺孔 M10 和 $\phi 11$、$\phi 18$ 长度方向位置，标注尺寸 R13 确定凸缘的形状；从高度方向的辅助基准（轴承孔中心）出发，标注尺寸对称尺寸 3、18，确定凸缘高度方向的尺寸。

　　宽度方向的主要尺寸标注：如左视图上标注的轴承孔的尺寸 50；安装板的宽度尺寸 82 和安装孔的中心距尺寸 40；标注移出断面图上的宽度尺寸 40、8，确定 T 形连接板的宽度。

9.5.4　箱体类零件

　　1. 功能及结构特点

　　（1）箱体类零件一般用来支承、包容、安装和定位固定其他零件，因此结构较复杂，主要包括阀体、泵体和箱体等，如图 9 - 36 所示。

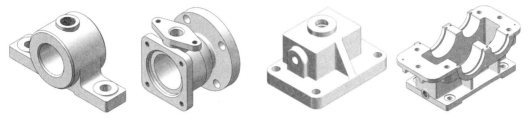

图 9 - 36　常见的箱体类零件

　　（2）为了能够支承和包容其他零件，箱体类零件常有较大的内腔、轴承孔、凸台和肋等结构。

　　（3）为了将箱体类零件安装在机座上，其常有安装底板、安装孔、螺孔、销孔等结构。

　　（4）为了防尘，通常要使箱体密封，为了箱体内的运动件得到润滑，箱体内应注入润滑油，因此箱壁部分有安装箱盖、轴承盖、油标和放油螺塞等零件的凸台、凹坑、螺孔、销孔等结构。

　　2. 常用的表达方法

　　箱体类零件结构复杂，结构表达通常采用 3 个及以上的基本视图。

　　（1）主视图。箱体类零件以铸件为多，一般需经多种工序的机加工，因此主视图按工作位置放置，以最能反映形状特征、主要结构和各组成部分相对位置的方向作为主视图的投射方向。

　　（2）其他视图。根据箱体类零件结构的复杂程度，按视图数量尽量少的原则，选用其他视图。多数还需要两个及以上其他视图，采用剖视图、局部视图、断面图等表达方法，每个视图都有表达重点。

　　3. 尺寸标注

　　箱体类零件的主要尺寸基准，一般为底面、重要端面、对称面或较大的加工面。可先标定位尺寸，然后按形体分析法标注各部分定形尺寸。

　　4. 实例分析

　　【例 9 - 7】分析图 9 - 1 中齿轮油泵泵体的表达方案与尺寸标注。

　　分析：

　　1）泵体的功能结构分析（图 9 - 37）

　　泵体前后对称，左右基本对称（只有销孔位置不对称），中间的腔体容纳一对吸油和压油的齿轮，是该零件的主要结构，吸油和压油孔均有凸台，起到增加强度的作用；安装部分带有凹槽结构，既减轻整体质量又减少加工面积，从而降低了成本，增加了接触性能。

泵体的空腔与轴齿轮的齿顶圆存在配合关系，精度较高，泵体的前、后两个平面与纸垫片接触，通过 12 个内六角螺钉将泵体与左、右泵盖固定在一起，两个销钉起定位作用。

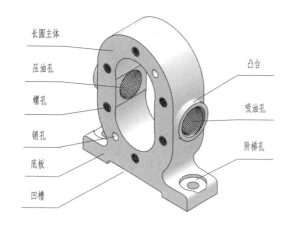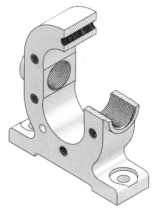

长圆主体

压油孔

螺孔

销孔

底板

凹槽

凸台

吸油孔

阶梯孔

泵体的结构特点

图 9 – 37　泵体零件的结构

2）泵体的表达方案分析（图 9 – 38）

（1）主视图：考虑工作位置，自然摆放。除了表达主体长圆形的内外结构及与底板的连接关系外，还采用两处局部剖视图，将吸、压油孔的螺孔和安装阶梯孔的结构表达得更清晰。

（2）左视图：采用旋转剖视图表达了吸、压油口的结构和位置，以及螺纹孔、销孔的通孔结构。

（3）仰视图：更加清晰地表达底座外形、底槽和安装孔的结构与位置。

3）泵体的尺寸标注分析（图 9 – 38）

（1）尺寸基准。考虑工作位置和自然摆放稳定性，选择泵体底平面为高度方向尺寸基准；泵体在左右方向上基本对称，从结构对称性及设计、加工、测量方面考虑，选择泵体左右对称面为长度方向尺寸基准，前后对称面为宽度方向的尺寸基准。

（2）主要尺寸标注。考虑设计要求，首先标注出设计结构参数和有配合要求的尺寸。如泵体吸、压油口轴线高度 50 和包容主动齿轮的半圆孔轴线高度 65；两个半圆孔的直径与主动轴齿轮、从动轴齿轮具有配合关系，所以孔的直径尺寸、中心距精度、内腔宽度要求较高，则标注 $\phi 33^{+0.025}_{0}$、27、32。

安装尺寸，如底板上阶梯孔距离 70，左、右端面螺孔、销孔定位尺寸 $R23$、45°、26.5，其精度虽要求不高，但也是主要尺寸，因为它们是保证泵体与左右泵盖的准确装配连接的尺寸。

（3）形体分析，标注各分结构定形尺寸，如底板长、宽、高分别为 85、25、10，底槽宽 45、高 2.4，旁注法标注安装阶梯孔的直径 $\phi 7$、$\phi 16$、大孔深 2。

标注进出油口尺寸，如内管螺纹直径 G3/8、螺纹倒角 120°、外圆凸台直径 $\phi 24$，两油口两端面距离 70。

标注长圆主体尺寸，如主体外圆半径 $R31$、与底板连接圆弧半径 $R5$；销孔尺寸 $2 \times \phi 5$，需要把左泵盖、泵体和右泵盖装配在一起配钻，旁注法标注6个螺孔尺寸M6。

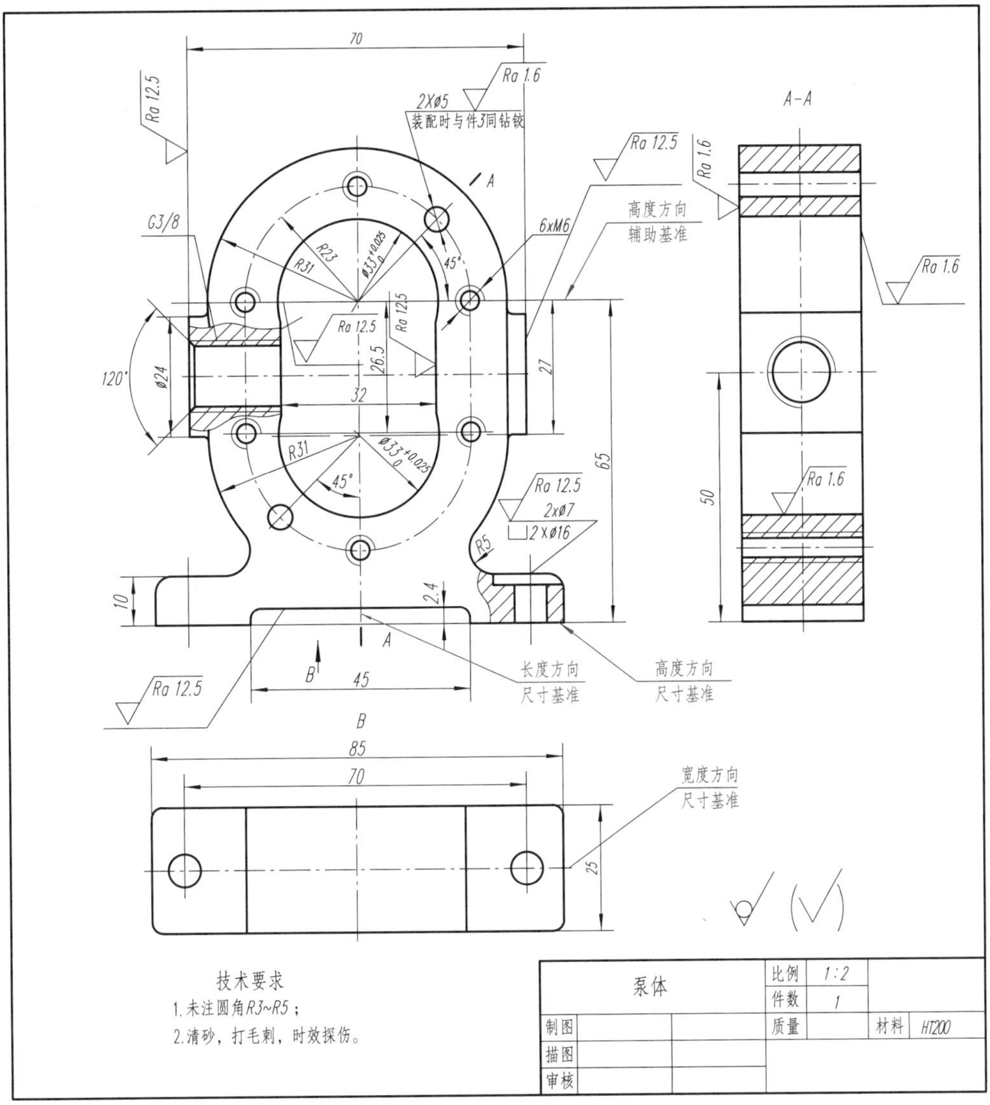

图9-38 泵体零件图

【例9-8】分析蜗轮箱的表达方案与尺寸标注。

分析：

1）蜗轮箱的功能结构分析（图9-39）

由形体分析可知，蜗轮箱主体主要由箱壳、套筒、底板、肋板4个部分组成。箱壳内部包容蜗轮，套筒内孔用于支承蜗轮轴的轴承；箱壳中部内腔用于包容蜗杆，两端半圆柱凸台的内孔用于支承蜗杆轴的轴承，其轴线与上部轴线交叉垂直。底板为矩形平板，有4个阶梯安装孔，用于固定蜗轮减速器。肋板连接箱壳、底板、套筒，主要用于支承套筒。

蜗轮箱还有一些螺孔等辅助结构，如箱壳左侧外表面的4个螺孔用于安装箱盖；套筒顶部的螺孔用于注油润滑；前后圆柱凸台的螺孔用于安装端盖。

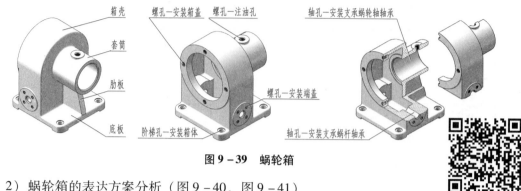

图 9-39 蜗轮箱

蜗轮箱的
结构特点

2) 蜗轮箱的表达方案分析（图 9-40、图 9-41）

蜗轮箱在前后方向是对称的，总体结构较为复杂。根据箱体类零件工作与加工特征，初步拟订了 3 套表达方案，方案的比较如表 9-2 所示。

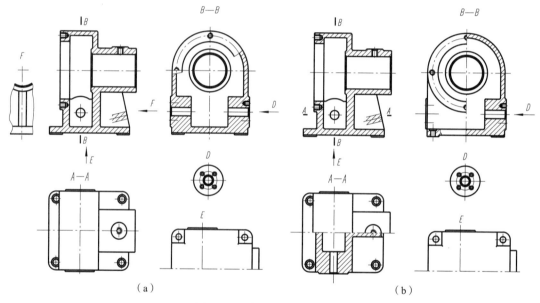

（a）　　　　　　　　　　　　　（b）

图 9-40 蜗轮箱的表达方案

（a）表达方案 1；（b）表达方案 2

表 9-2 蜗轮箱体的表达方案比较

方案 1，如图 9-40（a）所示	方案 2，如图 9-40（b）所示	方案 3，如图 9-41 所示
采用 3 个基本视图 3 个局部视图	采用 3 个基本视图 2 个局部视图	采用 3 个基本视图 1 个局部视图
主视图：按工作特征摆放位置，按形状特征确定投射方向。以前后对称面做全剖视，重点表达箱壳、套筒内部结构，以及与底板、肋板的连接关系，肋板处采用重合断面图，表达肋板的断面形状及宽度。3 个方案一致		
俯视图：视图表达，重点表达底板形状及安装孔的大小和位置。表达顶部注油螺孔的形状与位置	**俯视图**：A—A 的半剖视图既表达了底板的形状，又反映了箱壳下轴孔和肋板的断面形状和外形。比方案 1 效果要好	**俯视图**：与方案 2 基本一致，同比增加了底板底部 4 个方形凸台的形状细虚线

续表

方案 1，如图 9-40（a）所示	方案 2，如图 9-40（b）所示	方案 3，如图 9-41 所示
左视图：采用局部剖视图，剖开的部分表达下部支承蜗杆轴的轴承孔。未剖部分表达箱壳左侧外部结构及螺孔的分布。下轴孔前后圆柱凸台外侧分别有 4 个螺孔，局部剖开一个表达内部结构，其他用中心线表达位置	*左视图*：零件前后对称，采用半剖视图。一半表达内部结构，一半表达外部的形状。 同比方案 1 增加了局部剖视图表达底板的安装孔结构	与方案 2 一致。 方案 1 与方案 2 的表达重点是一致的。由于是对称件可以采用半剖表达，绘图相对方便一些。如果是非对称件，可以采用方案 1 局部剖视的表达方法
D 向视图：局部视图，表达箱壳下轴孔前后外圆柱端面的螺孔分布。3 个方案一致		
E 向视图：以仰视图表达底板底部的四角方形凸台形状，因为对称，只画一半	与方案 1 一致	省略 *E* 向视图。由于底板底部凸台结构比较简单，俯视图上细虚线表达虽不及仰视图清晰，但可表达其基本结构
F 向视图：表达肋板前后位置以及与套筒的连接关系	省略 *F* 向视图。因为俯视图的半剖已表达了肋板的前后位置，根据套筒形状，可确定两者的连接关系	与方案 2 一致。肋板的位置与套筒的连接不如方案 1 表达清晰，但省略一个局部视图

通过比较，方案 2、方案 3 充分利用蜗轮箱前后对称的特点，俯视图、左视图采用半剖视图，兼顾内外结构的表达；由于底板底部的结构简单，方案 3 用少量细虚线表示，视图数量最少。相对而言，方案 3 更合理一些。

3）蜗轮箱的尺寸标注分析（图 9-41）

（1）尺寸基准。蜗轮箱的左端面为重要的安装基面，是长度方向的主要尺寸基准，右端面为长度方向的工艺基准，作为尺寸标注长度方向的辅助基准；蜗轮箱前后对称，选择其对称面为宽度方向的尺寸基准，以保证外形及内腔的对称关系；蜗轮箱底面是设计基准，也是工艺基准，选择底面为高度方向的主要尺寸基准，上下两轴孔位置非常重要，为高度方向的辅助基准。

（2）主要尺寸标注。为了保证蜗轮蜗杆准确地啮合和传动，主要尺寸有：下轴孔中心高 53，上、下轴孔中心距 91 ± 0.01，各支承孔配合尺寸 $\phi 18H7$、$\phi 74H7$、$\phi 132H8$ 等。

另外，一些安装尺寸如底板上的 150、142，大圆柱的左端面螺孔的定位尺寸 $\phi 154$ 和小圆孔端面的螺孔的定位尺寸 $\phi 38$ 等，虽然精度要求不高，但也是主要尺寸，因为它们是保证该零件与其他零件准确装配连接的尺寸。

（3）形体分析，标注各组成结构的定形尺寸。标注箱壳的定形尺寸 $\phi 178$、$R78$ 和长度 87、72，左侧外端凸台厚 3，箱壳壁厚 16、12；标注套筒尺寸 $\phi 98$ 及箱壳和套筒左右两端面距离 173；标注肋板厚 16、上端长 52，下端与底板相接；标注底板长宽高 186、178、20 及底板下四角方形凸台尺寸长宽 30×30、高 5。其余尺寸标注由读者自行分析。

通过上述实例介绍了 6 种不同零件的表达方法，但在实际生产和设计中，遇到的零件千差万别，在选择视图时，应根据零件的具体情况作分析比较，有时同一零件有多种表达方案，因此需要灵活地应用视图的选择原则，多加实践，最终确定最佳方案。

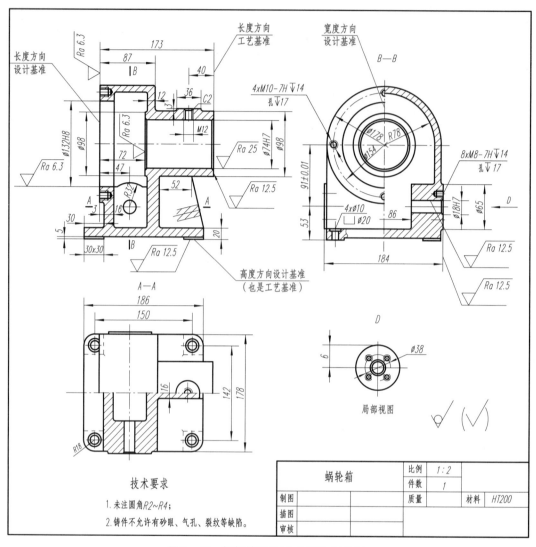

图9-41 蜗轮箱零件图（表达方案3）

9.6 零件图的技术要求

零件图除一组视图和全部尺寸外，为确保零件的质量还应在图样中注出设计、制造、检验、修饰和使用等方面的技术要求，零件图中技术要求涉及的范围很广，它大致包括以下几方面的内容：

（1）说明零件表面粗糙程度的表面粗糙度。

（2）零件上重要尺寸的尺寸公差及零件的形状、位置公差。

（3）零件的特殊加工要求、检验和实验方面的说明。

（4）零件的热处理和表面修饰说明。

（5）零件的材料要求和说明。

零件图的技术要求，如表面粗糙度、尺寸公差和形状位置公差应按国家标准规定的各种代（符）号直接注写在图样上；无法标注在图样上的内容，如特殊加工要求、检验和试验、表面处理和修饰等内容，一般用文字的形式分条注写在图样的空白处；零件材料应写在标题栏内。

9.6.1 表面结构表示法

表面结构是表面粗糙度、表面波纹度、表面缺陷、表面纹理和表面几何形状的总称。表面结构的各项要求在图样上的表示法在 GB/T 131—2006 中均有具体规定。这里主要介绍常用的表面粗糙度表示法。

1. 表面粗糙度的基本概念

零件表面在加工过程中，由于机床和刀具的振动、材料的不均匀等因素，加工后的表面总会存在着凸凹不平的加工痕迹，这种零件表面微观不平度称为表面粗糙度，如图 9-42 所示。

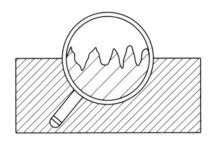

图 9-42 表面粗糙度的概念

表面粗糙度对零件的使用性能，如耐磨性、抗腐蚀性、密封性、抗疲劳能力等都会产生影响。表面粗糙度是评定零件表面质量的一项重要指标，一般说来，对这项指标要求越高，零件的寿命越长，而加工成本越高。因此，应根据零件的工作状况和需要，合理地确定零件各表面的表面粗糙度要求。

零件表面粗糙度一般采用轮廓算术平均偏差 Ra 来评定，它是指在一个取样长度 l 内，被评定轮廓在任意位置至 X 轴的高度 $Z(x)$ 绝对值的算术平均值，如图 9-43 所示，用公式表示为

$$Ra = \frac{1}{l}\int_0^l |z(x)|\,\mathrm{d}x$$

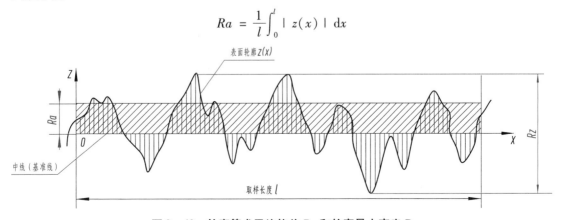

图 9-43 轮廓算术平均偏差 Ra 和轮廓最大高度 Rz

在满足使用性能要求的前提下，应尽可能选用较大的 Ra 数值，以降低生产成本。Ra 值与应用举例如表9-3所示。

表9-3　Ra 值与应用举例

$Ra/\mu m$	表面特征	主要加工方法	应用
50、100	明显可见刀痕	粗车、粗铣、粗刨、钻、粗纹锉刀和粗砂轮加工	表面质量低，一般很少应用
25	可见刀痕		不重要的加工部位，如油孔、穿螺栓用的光孔、不重要的底面、倒角等
12.5	微见刀痕	粗车、刨、立铣、平铣、钻	常用于尺寸精度不高，没有相对运动的表面，如不重要的端面、侧面、底面等
6.3	可见加工痕迹	粗车、精铣、精刨、镗、粗磨等	常用于不十分重要，但有相对运动的部位或较重要的接触面，如低速轴的表面、相对速度较高的侧面、重要的安装基面和齿轮、链轮的齿廓表面等
3.2	微见加工痕迹		常用于传动零件的轴、孔配合部分以及中低速轴承孔、齿轮的齿廓表面等
1.6	看不见加工痕迹		常用于传动零件的轴、孔配合部分以及中低速轴承孔、齿轮的齿廓表面等
0.8	可辨加工痕迹方向	精车、精铰、精拉、精镗、精磨等	常用于较重要的配合面，如安装滚动轴承的轴和孔、有导向要求的滑槽等
0.4	微辨加工痕迹方向		常用于重要的平衡面，如高速回转的轴和轴承孔等
0.2	不可辨加工痕迹方向		
0.1	暗光泽面	研磨、抛光、超级精细研磨	精密量具的表面、极重要零件的摩擦面，如气缸的内表面、精密机床的主轴径、坐标镗床的主轴径
0.05	亮光泽面		
0.025	镜光泽面		
0.012	雾光泽面		

注：Ra 的具体数值见 GB/T 1031—2009

2. 表面结构的图形符号

表面结构以代号的形式在零件图上标注，其代号由符号和参数组成。其符号、代号的意义和画法如表9-4所示。

表9-4　表面结构的符号与代号的含义与画法

符号与代号	含义	符号画法
	左符号为基本符号，表示表面可用任何工艺方法获得。右代号表示用任何方法获得的表面粗糙度，Ra 的上限值为 3.2 μm	符号为细实线，h = 字体高度

续表

符号与代号	含义	符号画法
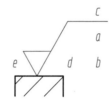	左符号表示表面是用去除材料方法获得的，例如：车、铣、钻、磨、剪切、抛光、腐蚀加工等。 右代号表示用去除材料方法获得的表面粗糙度，*Ra* 的上限值为 1.6 μm	
	左符号表示表面是用不去除材料的加工方法获得的，例如：铸、锻、冲压、冷轧等；或者表示保持上道工序形成的表面。 右代号表示用不去除材料的加工方法获得的表面粗糙度，*Ra* 的上限值为 3.2 μm	

为明确表面粗糙度的要求，除了标注表面粗糙度参数和数值外，必要时还应标注包括加工工艺、表面纹理方向、加工余量等补充要求。

单一要求和补充要求的标注位置如图 9-44 所示。

图 9-44　单一要求和补充要求的标注位置

位置 *a* 和 *b*——注写符号所指表面，其表面结构的评定要求。

位置 *c*——注写符号所指表面的加工方法，如车、磨、镀等。

位置 *d*——注写符号所指表面的表面纹理和纹理的方向要求，如 " = ""X""M" 等。

位置 *e*——注写符号所指表面的加工余量，以 mm 为单位给出数值。

3. 表面结构符号、代号在图样上的标注

（1）表面结构要求对每一表面一般只标注一次，并尽可能注在相应的尺寸及其公差的同一视图上。

（2）表面结构的注写和读取方向与尺寸注写和读取方向一致，如图 9-45 所示。

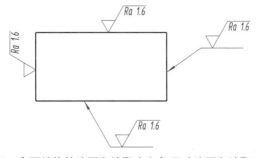

图 9-45　表面结构的注写和读取方向与尺寸注写和读取方向一致

（3）表面结构要求可标注在轮廓线上，其符号应从材料外部指向零件表面。必要时，表面结构符号也可用带箭头或黑点的指引线引出标注，如图 9-46 所示。

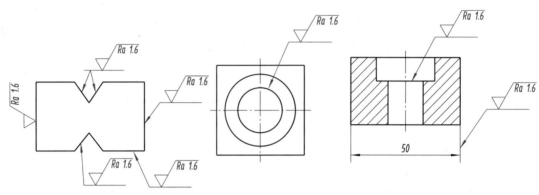

图 9 – 46 表面结构要求可标注在轮廓线上

（4）在不致引起误解的时候，表面结构要求可以标注在给定的尺寸线上或几何公差框格的上方，如图 9 – 47 所示。

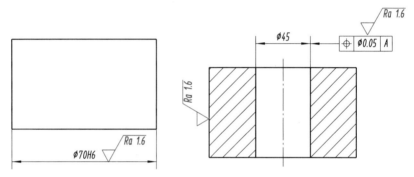

图 9 – 47 表面结构要求可以标注在给定的尺寸线上或几何公差框格的上方

（5）圆柱和棱柱表面的表面结构要求只标注一次，如图 9 – 48 所示。如果每个棱柱表面有不同的表面结构要求，则应分别单独标注。

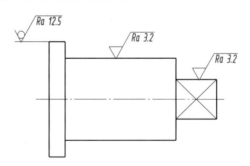

图 9 – 48 圆柱和棱柱表面的表面结构要求只标注一次

4. 表面结构要求的简化注法

1）有相同表面结构要求的简化注法

如果在工件的多数（包括全部）表面有相同的表面结构要求，则其表面结构要求可统一标注在图样的标题栏附近。表面结构要求的符号后面应有以下两种情况：在圆括号内给出无任何其他标注的基本符号，如图 9 – 49 所示；在圆括号内给出不同的表面结构要求，如图 9 – 50 所示。

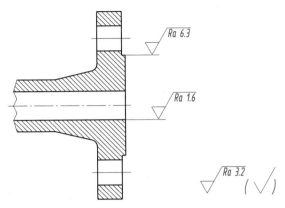

图 9 – 49 在圆括号内给出无任何其他标注的基本符号

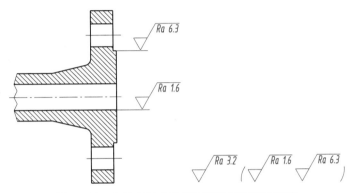

图 9 – 50 在圆括号内给出不同的表面结构要求

2）多个表面有共同表面结构要求的注法

当多个表面具有相同的表面结构要求或图纸空间有限时，可以采用简化注法。

（1）可用带字母的完整符号，以等式的形式，在图形或标题栏附近，对有相同表面结构要求的表面进行简化标注，如图 9 – 51 所示。

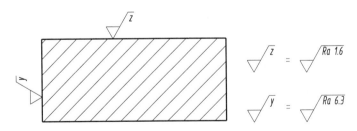

图 9 – 51 用带字母的符号以等式形式的表面结构简化注法

（2）可用表 9 – 4 中的表面结构符号，以等式的形式给出对多个表面共同的表面结构要求，如图 9 – 52 所示。

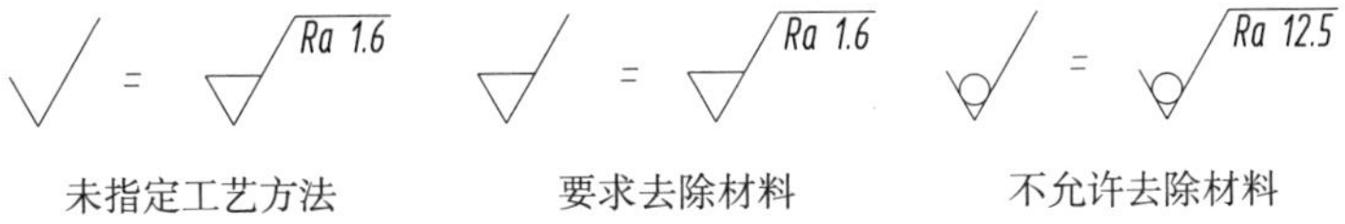

未指定工艺方法　　　　　要求去除材料　　　　　不允许去除材料

图 9 – 52 只用表面结构符号的简化注法

9.6.2 极限与配合

1. 零件互换性与公差概念

互换性是指成批或大量生产中，规格大小相同的零件或部件，不经选择地任取一个，不经任何辅助加工及修配，就可以顺利地装配到产品上，并达到一定使用要求。例如，汽车的某个零（部）件坏了，到汽车配件商店买一个换上，汽车就能正常行驶，称汽车零（部）件具有互换性。零（部）件具有互换性可促进产品标准化，不仅有利于装配和维修，而且可以简化设计，保证协作，便于采用先进设备和工艺，从而提高劳动生产率。

在生产过程中，由于受到设备条件（如机床、工具、量具）和操作技能的影响，零件的尺寸不可能做得绝对精确。为了保证零件的互换性，就必须对零件的尺寸规定一个允许的变动量，此变动量即为尺寸公差（简称公差）。

2. 尺寸公差等有关基本术语

在国家标准《公差与配合》中，轴与孔这两个名词有其特殊含义。所谓"轴"主要指圆柱形外表面，也包含非圆柱外表面（由两平行平面或切面形成的被包容面）；所谓"孔"主要指圆柱形内表面，也包含非圆柱内表面（由两平行平面或切面形成的包容面）。例如，图9-53（a）所示齿轮和轴的配合中，齿轮内孔和键槽均为孔，图9-53（b）所示轴的外表面和键均为轴。

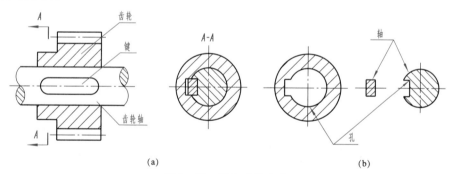

(a)   (b)

图9-53　轴和孔的含义

孔和轴的尺寸公差及公差带示意图如图9-54所示，国家标准《公差与配合》中有关尺寸公差的名词解释如表9-5所示。

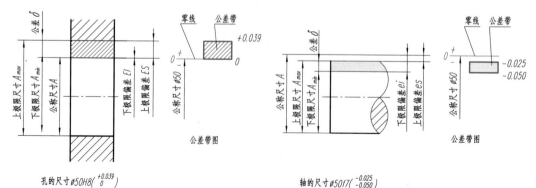

图9-54　孔和轴的尺寸公差及公差带示意图

表 9 - 5 尺寸公差的名词解释

名称	解释	计算示例及说明	
		孔	轴
公称尺寸	由图样规范确定的理想形状要素的尺寸	$A = 50$	$A = 50$
实际尺寸	零件加工后实际测量的尺寸	—	—
极限尺寸	一个孔或轴允许的尺寸的两个界限值。实际尺寸位于其中，也可达到极限尺寸	—	—
上极限尺寸 A_{max}	孔或轴允许的最大尺寸	$A_{max} = 50.039$	$A_{max} = 49.975$
下极限尺寸 A_{min}	孔或轴允许的最小尺寸	$A_{min} = 50$	$A_{min} = 49.95$
极限偏差	极限尺寸减其公称尺寸所得的代数差		
上极限偏差 孔 ES、轴 es	上极限尺寸减其公称尺寸所得的代数差	$ES = 50.039 - 50 = 0.039$	$es = 49.975 - 50 = -0.025$
下极限偏差 孔 EI、轴 ei	下极限尺寸减其公称尺寸所得的代数差	$EI = 50 - 50 = 0$	$ei = 49.95 - 50 = -0.050$
尺寸公差（简称公差）δ	上极限尺寸减下极限尺寸之差，或上极限偏差减下极限偏差。它是允许尺寸的变动量，公差 δ 恒为正	$\delta = 50.039 - 50 = 0.039$ 或 $\delta = 0.039 - 0 = 0.039$	$\delta = 49.975 - 49.950 = 0.025$ 或 $\delta = -0.025 - (-0.050) = 0.025$
零线	偏差值为 0 的基准直线，零线常用公称尺寸的尺寸界线表示	—	—
公差带图	在零线区域内，由孔或轴的上、下极限偏差（放大间距）围成的方框简图称为公差带图	可明确地表示公差带（尺寸公差）的大小和公差带相对零线的位置	
公差带	在公差带图中，由代表上、下极限偏差的两条直线所限定的区域	—	—

3. 标准公差与基本偏差

公差带由"公差带大小"和"公差带位置"确定。标准公差确定公差带大小，基本偏差确定公差带位置。

1）标准公差

国家标准规定的用以确定公差带大小的公差称为标准公差，它由基本尺寸和公差等级所组成，见附表 1。标准公差分 20 个等级，即 IT01，IT0，IT1，…，IT18。IT 表示标准公差，阿拉伯数字表示公差等级，它反映了尺寸精度的高低。IT01 公差最小，尺寸精度最高；IT18 公差最大，尺寸精度最低。

2）基本偏差

国家标准规定的用以确定公差带相对于零线位置的上极限偏差或下极限偏差，即靠近零线的那个偏差称为基本偏差。当公差带在零线上方时，基本偏差为下极限偏差；反之，则为上极限偏差。

如图9-55所示，孔和轴分别规定了28个基本偏差，其代号用拉丁字母按其顺序表示，大写的字母表示孔，小写的字母表示轴。在基本偏差系列图中，每个基本偏差只表示公差带的位置，不表示公差带的大小。因此，公差带的一端是开口的。

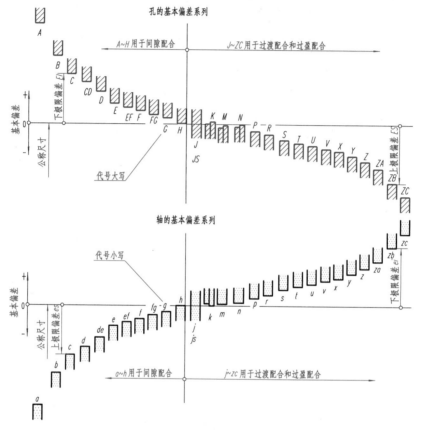

图9-55　基本偏差系列图

轴和孔的基本偏差值可根据基本尺寸从标准表中查取（见附表2、附表3）。再根据标准公差即可计算出孔和轴的另一偏差。

孔的另一偏差（上极限偏差 ES 或下极限偏差 EI）为：$ES = EI + IT$ 或 $EI = ES - IT$

轴的另一偏差（上极限偏差 es 或下极限偏差 ei）为：$es = ei + IT$ 或 $ei = es - IT$

3）公差带代号

孔、轴的尺寸公差可用公差代号表示，公差带代号由基本偏差代号与公差等级代号的数字组成，书写时要同高。

例如：

φ50H8 的含义：公称尺寸为φ50，公差等级为8级，基本偏差代号为 H 的孔的公差。

φ50f7 的含义：公称尺寸为φ50，公差等级为7级，基本偏差代号为 f 的轴的公差。

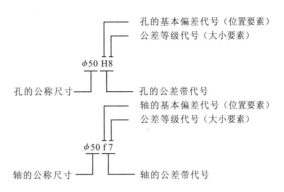

4）轴、孔的极限偏差表

轴、孔的上下偏差中有一个是基本偏差，另一偏差可根据基本偏差和相应公差等级所对应的标准公差计算获得，见附表 1 ~ 附表 3。也可以直接查阅 GB/T 1800.2—2020 给出的优先选用轴的公差带和优先选用孔的公差带的极限偏差，见附表 4、5。

4. 配合概念

公称尺寸相同的相互结合的孔和轴公差带之间的关系称为配合。

由于孔和轴的实际尺寸不同，因此装配后会出现不同的松紧程度，即出现"间隙"或"过盈"。当孔的实际尺寸减去与之相配合的轴的实际尺寸所得的代数差为正时产生间隙，为负时产生过盈。因此，国家标准规定配合分为 3 类：间隙配合、过盈配合、过渡配合。

（1）间隙配合：孔与轴装配时产生间隙（包括最小间隙等于 0）的配合。此时，孔的公差带在轴的公差带之上，如图 9 – 56 所示。间隙配合主要用于孔、轴间的活动连接。

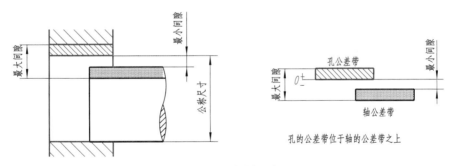

图 9 – 56　间隙配合

（2）过盈配合：孔与轴装配时产生过盈（包括最小过盈等于 0）的配合。此时，孔的公差带在轴的公差带之下，如图 9 – 57 所示。过盈配合主要用于孔、轴间的紧固连接。

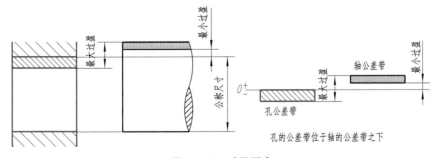

图 9 – 57　过盈配合

（3）过渡配合：孔与轴装配时可能产生间隙或过盈的配合。此时，孔与轴的公差带重叠，如图9-58所示。过渡配合主要用于孔、轴间的定位连接。

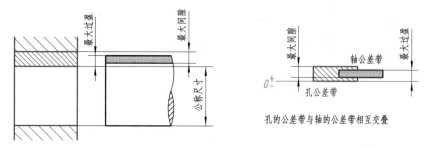

图 9-58 过渡配合

5. 配合制度

为了便于选择配合，减少零件加工的专用刀具和量具，国家标准规定了两种配合制度：基孔制配合、基轴制配合。

（1）基孔制配合：基本偏差为一定的孔的公差带，与不同基本偏差的轴的公差带形成各种配合的一种制度，如图9-59所示。基孔制的孔为基准孔，其基本偏差代号为H，下极限偏差为0，上极限偏差为正值。

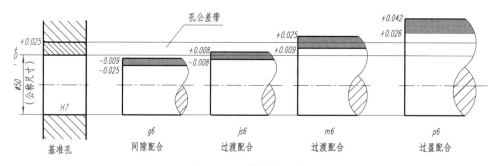

图 9-59 基孔制配合

（2）基轴制配合：基本偏差为一定的轴的公差带，与不同基本偏差的孔的公差带形成各种配合的一种制度，如图9-60所示。基轴制的轴为基准轴，其基本偏差代号为h，上极限偏差为0，下极限偏差为负值。

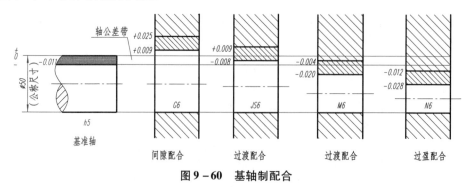

图 9-60 基轴制配合

实际生产中选用基孔制还是基轴制，要从机器或部件的结构、工艺要求、经济性等方面的因素考虑。由于孔的加工难度比轴的加工难度大，一般情况下优先选用基孔制。只在特殊情况下或与标准件配合时，才选用基轴制。例如：与滚动轴承内圈配合的轴应选用基孔制；与滚动轴承外圈配合的孔应选用基轴制。

为了使用方便，国家标准对所规定的孔、轴公差带列有极限偏差表，其中优先选用的轴、孔极限偏差表见附表 4、附表 5。

6. 极限与配合的标注

1）零件图中极限与配合的 3 种标注形式

（1）在孔和轴的公称尺寸后面注公差带代号，如图 9 – 61（b）所示。

（2）在孔和轴的公称尺寸后面注出上、下偏差值，如图 9 – 61（c）所示。

（3）在孔和轴的公称尺寸后面，既要注出公差带代号，又注上、下极限偏差值，这时应将偏差值加上括号，如图 9 – 61（d）所示。

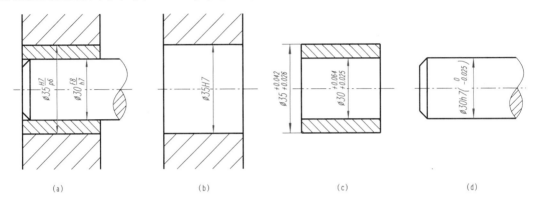

图 9 – 61　极限与配合的标注

（a）装配图上的注法；（b）零件图上的公差代号注法；（c）零件图上的极限偏差注法；
（d）零件图上的公差代号与极限偏差双注法

2）极限与配合在装配图上的标注

国家标准规定，在装配图上采用分数形式标注。分子为孔的公差带代号，分母为轴的公差带代号，在分数形式前注写公称尺寸，如图 9 – 61（a）所示。

$\phi 35\dfrac{\text{H7}}{\text{p6}}$——公称尺寸为 35，7 级基准孔与 6 级轴的过渡配合。

$\phi 30\dfrac{\text{F8}}{\text{h7}}$——公称尺寸为 30，7 级基准轴与 8 级孔的间隙配合。

3）极限偏差数值的写法

公差与配合在图样上标注时，代号字体的大小与公称尺寸数字的大小相同，极限偏差值比基本尺寸数字的字体小一号，下极限偏差与公称尺寸注在同一底线上，且上、下极限偏差的小数点必须对齐，如图 9 – 61（c）所示。同时，还应注意以下几点：

（1）若上、下极限偏差值相同而符号相反时，在公称尺寸后注"±"号，且只写一个极限偏差数值，其字体大小与公称尺寸数字的大小相同，如图 9 – 62（a）所示。

（2）当某一极限偏差（上极限偏差或下极限偏差）为"0"时，必须标注"0"。数字"0"应与另一极限偏差的个位数对齐注出，如图 9 – 62（b）所示。

（3）上、下极限偏差中的某一项末数字为"0"时，为了使上、下极限偏差的位数相同，用"0"补齐，如图 9 – 62（c）所示。

（4）当上、下极限偏差中小数点后末端数字为"0"时，上、下极限偏差中小数点后末位的"0"一般不需注出，如图 9 – 62（d）所示。

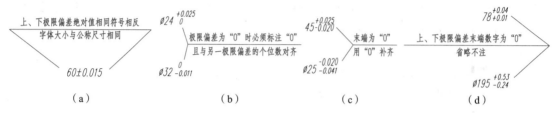

图 9 – 62　极限偏差数值的写法

7. 极限与配合应用举例

【**例 9 – 9**】查表写出 $\phi 50H7/k6$ 的极限偏差值。

解：分子 H7 是基准孔的公差带代号，查附表 5，在公称尺寸"大于 40 至 50"行中查 H7，得 $^{+25}_{0}\mu m$，即孔的极限偏差值，写作 $\phi 50^{+0.025}_{0}$。分母 k6 是轴的公差带代号，查附表 4，在公称尺寸"大于 40 至 50"行中查 k6，得 $^{+18}_{+2}\mu m$，即轴的极限偏差值，写作 $\phi 50^{+0.018}_{+0.002}$。

【**例 9 – 10**】查表写出 $\phi 40P7/h6$ 的极限偏差值。

解：分子 P7 是孔的公差带代号，查附表 5，在公称尺寸"大于 30 至 40"行中查 P7，得 $^{-17}_{-42}\mu m$，即孔的极限偏差值，写作 $\phi 40^{-0.017}_{-0.042}$。分母 h6 是基准轴的公差带代号，查附表 4，在公称尺寸"大于 30 至 40"行中查 h6，得 $^{0}_{-16}\mu m$，即轴的极限偏差值，写作 $\phi 40^{0}_{-0.016}$。

9.6.3　几何公差的标注

1. 几何公差的概念（GB/T 1182—2018）

几何公差包括形状、方向、位置和跳动公差，是指零件的实际形状和位置，对理想形状、位置的允许变动量。

如图 9 – 63（a）、（b）所示圆柱体，由于加工误差，应该是直线的轴线和母线实际加工成了曲线，这就形成了圆柱体轴线和母线的直线度的形状度误差。

如图 9 – 63（c）、（d）所示，由于加工误差，出现了两段圆柱体的轴线不在同一直线上，两个应垂直的平板倾斜的情况，形成了轴线、平板的实际位置与理想位置的位置误差。

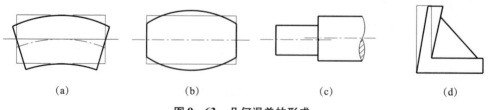

（a）　　　　　　（b）　　　　　　（c）　　　　　　（d）

图 9 – 63　几何误差的形成

【**例 9 – 11**】图 9 – 64 中几何公差的说明。

解：

（1）直线度 —$\phi 0.006$ 说明：如图 9 – 64（a）所示，为保证滚柱的工作质量，除了注出直径的尺寸公差 $\phi 12^{-0.006}_{-0.017}$ 外，还注出了滚柱轴线的形状公差 —$\phi 0.006$，此代号表示滚柱实际轴线与理想轴线之间的变动量——直线度，其实际轴线必须在 $\phi 0.006$ 的圆柱面内。

（2）垂直度 $\boxed{\perp\ 0.05}$ 说明：如图 9 - 64（b）所示，箱体上两个孔是安装锥齿轮轴的，如果两个孔轴线歪斜太大，就会影响锥齿轮的啮合传动。为了保证正确啮合，应使两孔轴线保证一定的垂直位置——垂直度，图中 $\boxed{\perp\ 0.05}$ 说明一个孔的轴线必须位于距离为 0.05 且垂直于另一个孔的轴线的两平行平面之间。

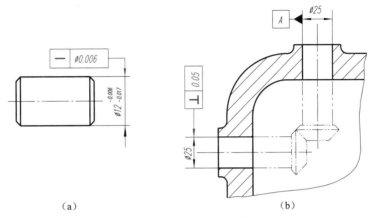

（a）　　　　　　　　　　　　　　（b）

图 9 - 64　几何公差示例

2. 几何公差代号

国家标准规定用代号标注几何公差。在实际生产中，如无法用代号标注时，允许在技术要求中用文字说明。

几何公差代号包括：几何公差各项的符号、几何公差框格及指引线、几何公差数值、其他有关符号及基准代号等。它们的画法如图 9 - 65 所示，框格内字体与图样中的尺寸数字同高。

几何公差的类型、几何特征和符号如表 9 - 6 所示。

表 9 - 6　几何公差的类型、几何特征和符号（摘自 GB/T 1182—2018）

公差类型	几何特征	符号	有无基准	公差类型	几何特征	符号	有无基准
形状公差	直线度	─	无	位置公差	位置度	⊕	有或无
	平面度	▱			同心度（用于中心点）	◎	有
	圆度	○					
	圆柱度	⌀			同轴度（用于轴线）	◎	
	线轮廓度	⌒	有				
	面轮廓度	⌒			对称度	═	

公差类型	几何特征	符号	有无基准	公差类型	几何特征	符号	有无基准
方向公差	平行度	∥	有	位置公差	线轮廓度	⌒	有
	垂直度	⊥			面轮廓度	⌓	
	倾斜度	∠		跳动公差	圆跳动	↗	有
	线轮廓度	⌒			全跳动	↗↗	
	面轮廓度	⌓					

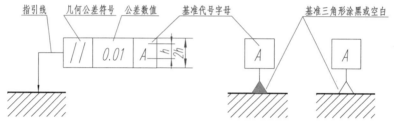

图 9 – 65 几何特征符号及基准代号

3. 几何公差标注示例

图 9 – 66 为气门阀杆的几何公差标注，附加的文字为有关几何公差的标注说明。从图中可以看出，当被测要素为线或表面时，从框格引出的指引线箭头，应指在该要素的轮廓或其延长线上。当被测要素是轴线时，应将箭头与该要素的尺寸线对齐，如 M8 × 1 轴线的同轴度注法。当基准要素是轴线时，应加上基准符号与该要素的尺寸线对齐，如图中的基准 A。

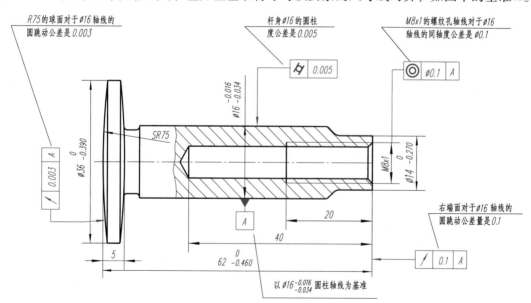

图 9 – 66 气门阀杆的几何公差标注

9.7　读零件图

9.7.1　读零件图的要求

零件的设计、生产加工以及技术改造过程中，都需要读零件图。因此，准确、熟练地读懂零件图，是工程技术人员必须掌握的基本技能之一。读零件图的要求如下：

（1）了解零件的名称、用途、材料等。

（2）了解零件各部分的结构、形状，以及它们之间的相对位置。

（3）了解零件的大小、制造方法和所提出的技术要求，理解零件图的设计意图及加工过程。

9.7.2　读零件图的方法与步骤

以图 9 – 67 所示的球阀（装配图见图 11 – 21）的阀体为例，介绍读零件图的一般方法和步骤。阀体零件图如图 9 – 68 所示。

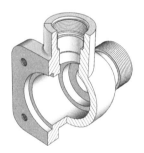

阀体的结构特点

图 9 – 67　阀体结构图

1. 看标题栏，初步了解零件的概况

看标题栏的目的是了解零件的名称、材料和比例等内容。由零件名称可判断该零件属于哪一类零件，由材料可大致了解其加工方法，根据绘图比例想象零件的实际大小。除了看标题栏以外，还应尽可能参看装配图（图 11 – 21）及相关的零件图，进一步了解零件的功能以及它与其他零件的关系。

（1）零件名称是"阀体"。它与阀盖配合，主要起包容、密封及连接作用，属于箱体类零件。

（2）材料为灰铸铁，牌号为 HT200，是通过铸造且经过机械加工而成的。

（3）绘图比例"1:2"，可以知道零件的实体比图样大一倍。

2. 视图与结构分析

零件的内、外形状结构是读零件图的重点。组合体的读图方法（形体分析法、线面分析法等）仍然适用于读零件图。先从主视图等基本视图中看出零件的大体内外形状；结合其他视图，读懂零件的细节；同时也从设计和加工方面的要求，了解零件的一些结构的作用。因此，要读懂零件的结构形状必须对零件图进行视图及结构分析。

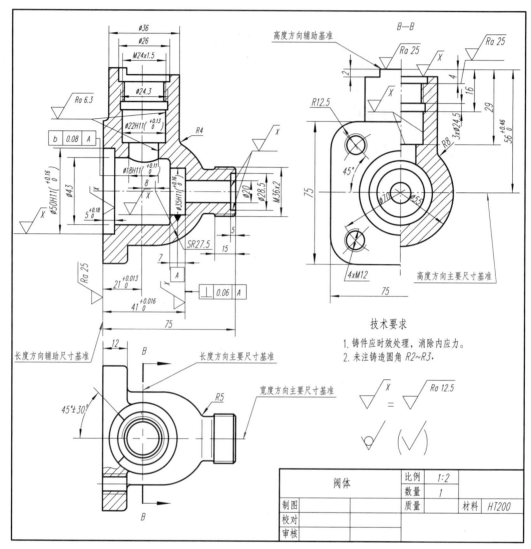

图 9 – 68   阀体零件图

1）视图分析

该阀体零件一共采用了3个基本视图表达。

（1）主视图：采用工作位置摆放，投射方向符合形状特征原则；采用全剖视图，其剖切面位于零件的前后对称面上，主要表达阀体内部空腔形状。

（2）左视图：采用半剖视图，一半的外形图表达了带圆角的方形凸缘形状和4个螺孔的分布情况，一半的剖视图表达了主视图中未能表达清楚的内腔结构。

（3）俯视图：采用局部剖视图，主要反映阀体外部结构特征，采用局部剖视对螺孔的结构进行表达。

2）结构分析

该阀体按左右方向水平管道通路设计，具有三通管式空腔，从形体分析法可知，阀体主要由3个部分组成：

（1）阀体的左端是加工有4个螺孔的方形凸缘，是法兰盘式连接结构，外形尺寸75 ×

75，拥有 4 个 M12 的螺孔，是与阀盖用螺柱相连接的部分。

（2）阀体的中部是阀体的工作部分，其上端的 $\phi36$ 圆柱体中，有铅垂方向的阶梯孔 $\phi26$、M24 × 1.5、$\phi24.3$、$\phi22H11$、$\phi18H11$，可容纳阀杆、填料垫、填料和压紧套等零件；阶梯孔的顶端有 90° 扇形的限位凸块；阀体中部 $\phi43$ 圆柱形空腔用于容纳阀芯。

（3）阀体的右端有外管螺纹 M36 × 2 与管道连接，内部有阶梯孔 $\phi28.5$、$\phi20$；孔 $\phi20$ 与阀体中部空腔相通，形成流体通道。

3. 尺寸分析

通过形体分析和尺寸分析，找出尺寸基准，了解形体各部分的定形尺寸和定位尺寸，分析清楚该形体的细节，弄清该形体各部分的大小和形状。

（1）阀体 3 个方向的尺寸基准如图 9 – 68 所示，长度方向的主要尺寸基准是装阀杆的阶梯孔轴线（设计基准），辅助基准是左端面（工艺基准），两基准之间的联系尺寸是 $21^{+0.013}_{0}$，主要尺寸有 $41^{+0.016}_{0}$、$5^{+0.18}_{0}$、75、15、5 和铅垂方向的阶梯孔直径等；宽度方向以阀体前后对称面作为主要尺寸基准，主要尺寸有 75、50；高度方向以阀体的轴线为主要尺寸基准，主要尺寸是水平管道阶梯孔的直径，高度辅助基准是顶面，两基准之间的联系尺寸是 $56^{+0.19}_{0}$，主要尺寸是垂直管道的阶梯孔的深度尺寸，主要有 4、16、29。

（2）对于接口部位，由于要与其他零件连接并保持密封性，所以有较高尺寸精度要求，如 $\phi50H11$、$\phi18H11$、$\phi22H11$、$\phi35H11$ 等。

从上述基准出发，结合零件的功能，可以进一步分析各组成部分的定形尺寸、定位尺寸，从而完全确定该阀体各部分的大小。

4. 技术要求分析

分析技术要求时，应根据图中所标注的表面粗糙度、尺寸公差、几何公差和其他技术要求，了解零件的加工要求。

阀体需与阀盖、阀芯、阀杆等件相配合，配合的部位的技术要求较高，孔 $\phi22H11$（$^{+0.013}_{0}$）、$\phi18H11$（$^{+0.011}_{0}$），其表面粗糙度值 $Ra \leqslant 6.3\ \mu m$，$\phi50H11$（$^{+0.160}_{0}$）、$\phi35H11$（$^{+0.16}_{0}$）、$\phi28.5$，其表面粗糙度值 $Ra \leqslant 12.5\ \mu m$、没有标注的表面均为不加工的表面。

几何公差有：将 $\phi35H11$（$^{+0.16}_{0}$）孔的轴线定义为基准 A，$\phi18H11$（$^{+0.011}_{0}$）孔的轴线对该孔的轴线的垂直度公差为 0.08 mm，$\phi35H11$（$^{+0.16}_{0}$）孔的右端面对该孔的轴线的垂直度公差为 0.06 mm。

从技术要求的文字说明中可知：为消除铸件的内应力，要求零件经时效处理，铸造圆角半径为 2 ~ 3 mm。

综合上述各项内容的分析，便能得出阀体的总体概念。

9.8　零件测绘

对现有零件实物进行绘图、测量和确定技术要求的过程称为零件测绘。在机器或部件设计、仿造、维修以及进行技术改造时，常常要进行零件测绘。

零件测绘常在现场进行，由于受各方面条件的限制，工程技术人员不用绘图仪器，凭目测或简单方法确定零件各部分比例关系，徒手在白纸或方格纸上画出表达零件的图样，这种图样称为零件草图。

零件草图是绘制零件工作图的重要依据，必要时还可直接用来制造零件。因此，绝不可以潦草从事，它必须包括零件图上所要求的全部内容。画零件草图的要求是：视图正确，表达清晰，尺寸完整，线型分明，字体清楚，图面整洁，技术要求齐备，并有图框、标题栏等内容。不同之处是零件草图无须严格比例及不用仪器绘制。零件草图绘制不好，就会给绘制零件图带来很大困难，甚至使工作无法进行。

关于草图的绘制方法已在第1章详细介绍，此处不再赘述。下面介绍零件测绘的一般方法与步骤。

9.8.1　零件测绘的方法与步骤

1. 了解和分析测绘对象

在着手绘制零件草图之前，首先了解所测绘零件的名称、用途、材料以及它在机器或部件中的位置和作用，然后对该零件进行形体分析和制造方法的大致分析。

2. 确定视图表达方案

根据零件图的视图选择原则和各种表达方法，结合被测零件的具体情况，选择恰当的视图表达方案，同时即可确定图纸幅面的大小，并画出图框、标题栏和号签等。

3. 徒手绘制零件草图

现以绘制连杆（见图9-69）的草图为例，说明绘制零件草图的步骤。

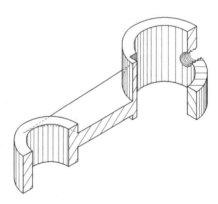

图9-69　连杆的轴测剖视图

（1）在图纸上定出各视图的位置，画出各视图的基准线和中心线，如图9-70（a）所示。布置视图时，要考虑到各视图间应留有足够的空间以便标注尺寸。

（2）目测比例，用细实线画出表达零件内外结构形状的视图、剖视和剖面等，如图9-70（b）所示。画图时，注意各几何形体的投影在基本视图上应尽量同时绘制，以保证正确的投影关系。另外，不要把零件毛坯或机加工中的缺陷及使用过程中的磨损和破坏反映在图样中。

（3）选定尺寸基准，按正确、完整、清晰以及尽可能合理地标注尺寸的要求，画出尺寸线，尺寸界线及尺寸箭头，并加注有关符号（如"ϕ""R"等），同时画出剖面线，如图9-70（c）所示。

（4）仔细检查，按规定线型徒手将图线加深，然后量取和标注尺寸数值，标注各表面粗糙度代号，注写其他技术要求，填写标题栏，完成草图，如图9-70（d）所示。

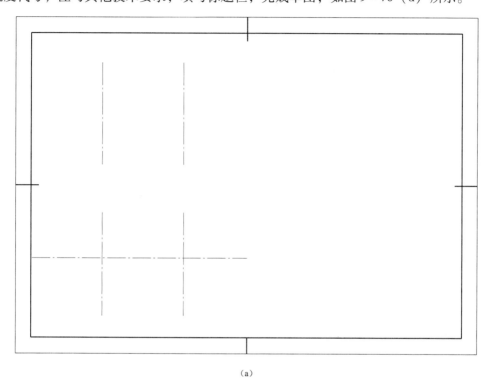

（a）

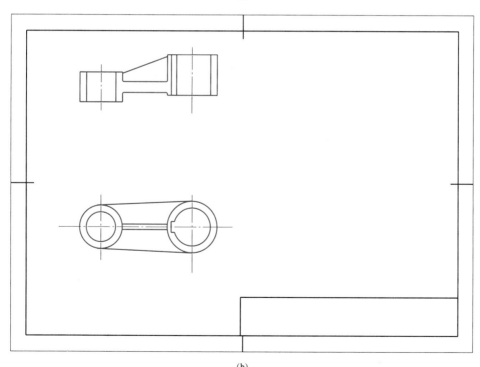

（b）

图9-70　连杆零件草图绘制步骤

（a）第一步，布置视图，画主、俯视图的定位线；（b）第二步，目测比例，徒手画主视图、俯视图

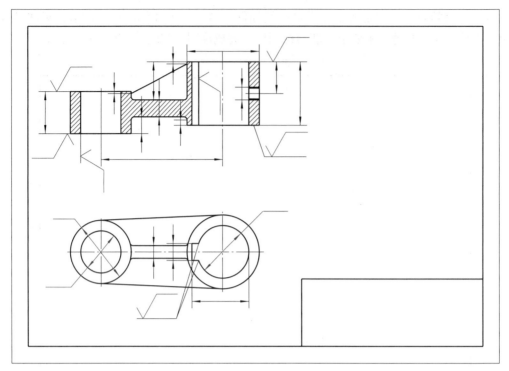

(c)

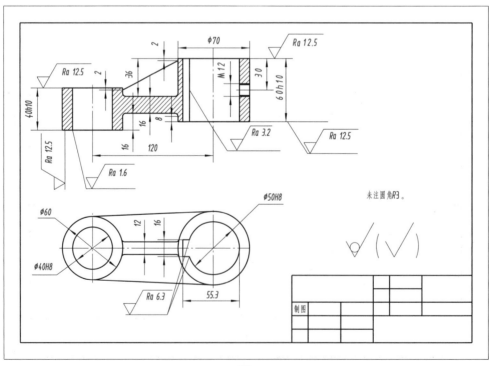

(d)

图9-70　连杆零件草图绘制步骤（续）

（c）第三步，画剖面线，选定尺寸基准，画出全部尺寸界线、尺寸线和箭头；

（d）测量并填写全部尺寸，标注表面粗糙度、尺寸公差，填写技术要求和标题栏

应该指出，在测量尺寸时，要力求准确，并注意以下几点：

（1）两零件相互配合的尺寸，测量其中一个即可，如相互配合的轴和孔的直径，相互旋合的内、外螺纹的大径等。

（2）对于重要尺寸，如齿轮的中心距，要通过计算确定；有些测得的尺寸应取标准数值；对于不重要的尺寸，如为小数时，可取整数。

（3）零件上已标准化的结构尺寸，如倒角、圆角、键槽、螺纹退刀槽等结构尺寸，可查阅有关标准确定；零件上与标准部件（如与滚动轴承）相配合的轴和孔的尺寸，可通过标准部件的型号查表确定。

在标注表面粗糙度代号时，要按零件各表面的作用和加工情况标注。在注写公差代号时，根据零件的设计要求和作用确定。初学者可参阅同类型或用途相近的零件图及有关资料确定。若以文字形式说明有关技术要求，一般注写在标题栏的上方。

9.8.2　常用测绘工具及其使用方法

1. 常用的测量工具

测量零件的尺寸是零件测绘过程中的必要步骤。测量尺寸时，需要使用多种不同的测量工具和仪器，才能比较准确地确定各种复杂程度和精确要求不同的零件尺寸。常用的测量工具有钢板尺、游标卡尺、外卡钳、内卡钳、螺纹规和圆角规等，如图 9-71 所示。

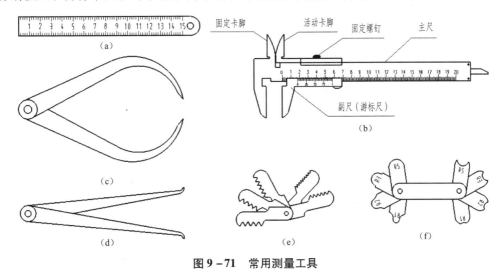

图 9-71　常用测量工具

（a）钢板尺；（b）游标卡尺；（c）外卡钳；（d）内卡钳；（e）螺纹规；（f）圆角规

2. 测量尺寸的方法

在测绘零件时，正确测量零件上各部分的尺寸，对确定零件的形状大小非常重要。表 9-7 介绍的几种常用测量方法可供学习时参考。

表 9-7　零件尺寸的测量方法

项目	例图与说明	项目	例图与说明
线性尺寸	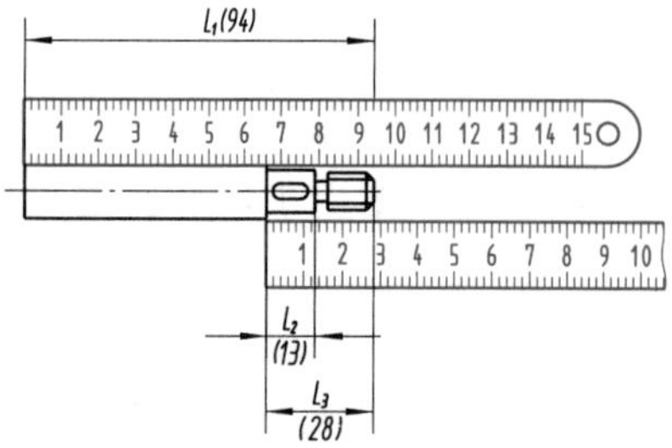 线性尺寸可以用直尺直接测量读数，如图中的长度 L_1（94），L_2（13）和 L_3（28）	直径尺寸	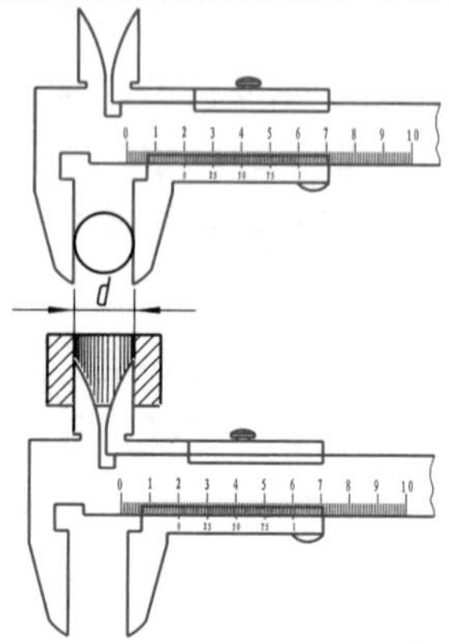 直径尺寸可以用游标卡尺直接测量读数，如图中的直径 D（$\phi20$）
壁厚尺寸	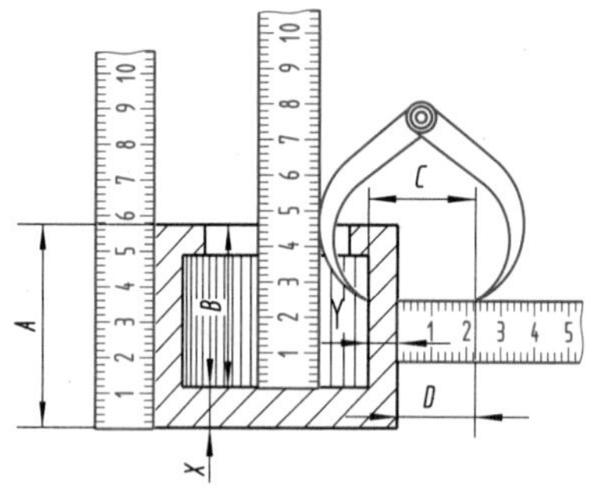 壁厚尺寸可以用直尺测量，如图中底壁厚度 $X = A - B$；或用卡钳和直尺测量，如图中侧壁厚度 $Y = C - D$	孔间距	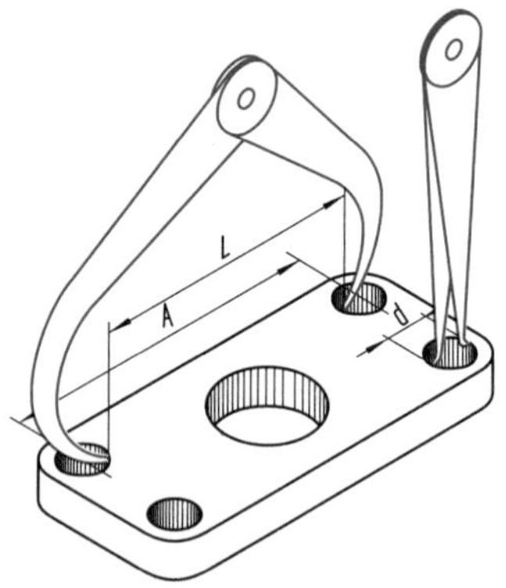 孔间距可以用卡钳（或游标卡尺）结合测出，如图中两孔中心距 $A = L + d$
中心高	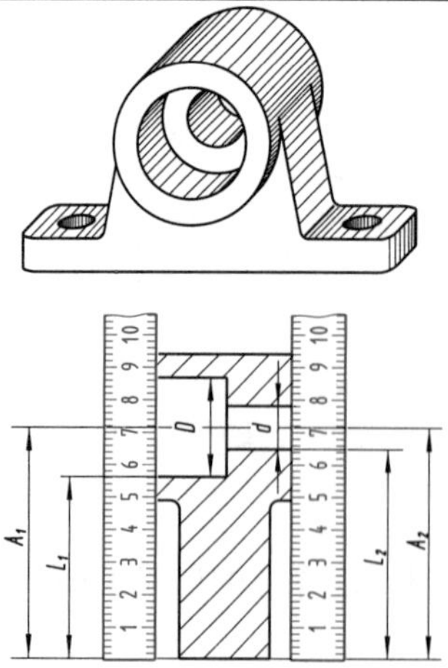 中心高可以用直尺和卡钳（或游标卡尺）测出，如图中左侧 $\phi30$ 孔的中心高 $A_1 = L_1 + \dfrac{D}{2}$，右侧 $\phi14$ 孔的中心高 $A_2 = L_2 + \dfrac{d}{2}$	曲面轮廓	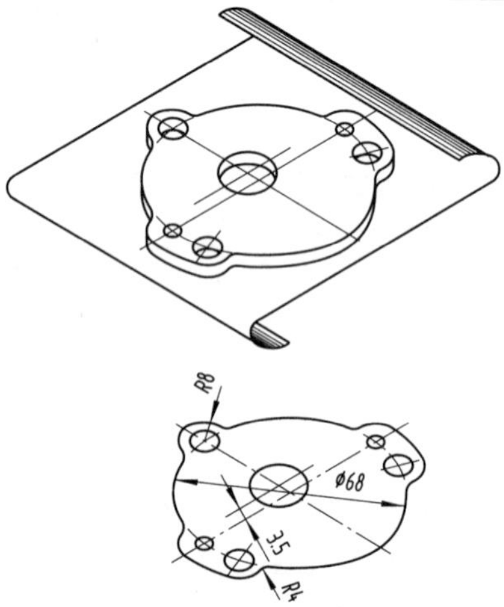 对精度要求不高的曲面轮廓，可以用拓印法在纸上拓出它的轮廓形状，然后用几何作图的要求去连接圆弧的尺寸和中心位置，如图中 $\phi68$、$R8$、$R4$ 和 3.5

续表

项目	例图与说明	项目	例图与说明
螺纹的螺距	螺纹的螺距可以用螺纹规或直尺测得，如图中螺距 $P=1.5$	齿轮的模数	对标准齿轮，可先用游标卡尺测得 D_a，再计算得到模数 $m=\dfrac{D_a}{Z}+2$。奇数齿的齿顶圆直径 $D_a=2e+d$

【本章内容小结】

内容		要点
零件图的作用与内容		作用：零件图是制造和检验零件的主要依据，是组织生产的主要技术文件之一
		内容：图形、尺寸、技术要求、标题栏
零件的构型设计与工艺结构	构型设计	由设计要求、加工方法、装配关系、技术经济思想和工业美学等要求决定
	铸造工艺结构	起模斜度、铸造圆角、铸件壁厚
	机加工工艺结构	倒角、倒圆、退刀槽、砂轮越程槽、钻孔结构、凸台与凹槽
零件表达方案	主视图	主视图的安放位置：符合零件工作位置和加工位置原则
		主视图的投射方向：突出零件各部分的形状和位置特征
	其他视图	要根据零件的复杂程度和内、外结构情况等进行综合考虑，使每个视图或表达方法都有一个表达的重点。优先选择基本视图以及在基本视图上作剖视或断面图等
尺寸标注	尺寸基准	标注或度量尺寸的起点；设计基准、工艺基准；长、宽、高 3 个方向至少都应有一个基准
	标注基本原则	重要尺寸应从设计基准直接标注；尺寸不要注成封闭的形式；尺寸标注要便于加工与测量
技术要求	表面结构	符号与代号、表面结构要求在零件图上的注法
	极限与配合	互换性：一批相同零件任取一个，不需修配便能装配且满足工作要求；基本术语：公称尺寸、极限尺寸（上极限尺寸、下极限尺寸）、极限偏差（上极限偏差、下极限偏差）、零线、公差带图、公差带；标准公差：确定公差带大小；基本偏差：确定公差带位置；配合种类：间隙配合、过渡配合、过盈配合；

续表

内容		要点
技术要求	**极限与配合**	配合制度：基孔制、基轴制； 配合标注：公称尺寸＋公差带代号，公称尺寸＋上、下极限偏差值，公称尺寸＋公差带代号（上、下极限偏差值）
	几何公差	种类（形状、方向、位置和跳动公差）、代号、标注
读零件图	**读图方法与步骤**	看标题栏、视图与结构分析、尺寸分析、技术要求分析
零件测绘	**测绘方法及步骤**	了解和分析测绘对象→确定视图表达方案→徒手绘制零件草图
	测绘工具的使用	常用测量工具（钢板尺、游标卡尺、内卡钳、外卡钳、螺纹规、圆角规）； 零件尺寸的测量（线性尺寸、直径尺寸、壁厚尺寸、孔间距）

第 10 章　标准件和常用件

【本章知识点】

（1）螺纹的形成、种类、标记及常用螺纹紧固件；

（2）键连接及其画法和标记；

（3）销连接及其画法和标记；

（4）滚动轴承的基本代号和画法；

（5）齿轮的用途、结构、计算和画法；

（6）弹簧各部分的名称与代号、规定画法和标记。

　　标准件是结构形状、尺寸、技术要求、代号、图示画法和标记都标准化了的零件或部件，如螺栓、螺母、垫圈、键、销、滚动轴承等。常用件是部分结构要素及其尺寸参数标准化了的零件，如齿轮、弹簧等。国家标准《机械制图》中，对标准件和常用件中的标准结构要素的表达制定了一系列规定画法和标记规则，遵守这些标准可以提高设计绘图的速度和质量。

10.1　螺纹

10.1.1　螺纹的基础知识

1. 螺纹的形成与加工方法

　　螺纹是一组平面图形（如三角形、梯形、矩形等）在圆柱或圆锥表面上沿着螺旋线运动所形成的、具有相同轴向断面的连续凸起和沟槽。螺纹分外螺纹和内螺纹，成对使用，在圆柱（或圆锥）外表面上所形成的螺纹称外螺纹，在圆柱（或圆锥）内表面上形成的螺纹称内螺纹。

　　各种螺纹都是根据螺旋线的原理加工而成的，常见的螺纹加工方法如车削、辗压及丝锥、板牙加工等，如图 10 - 1 所示。

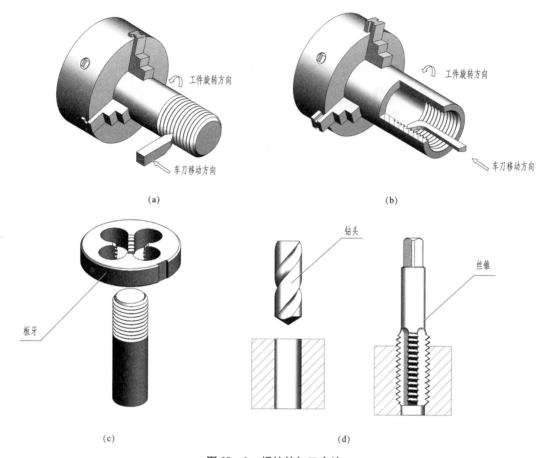

图 10-1　螺纹的加工方法

（a）车削外螺纹；（b）车削内螺纹；（c）板牙套扣外螺纹；（d）丝锥攻内螺纹

2. 螺纹的要素

螺纹由牙型、直径、线数、螺距和旋向 5 个要素确定。内、外螺纹连接时，只有这 5 个要素完全相同才能旋合在一起。

（1）螺纹牙型。沿螺纹轴线方向剖切，所得到的螺纹轮廓形状称为螺纹的牙型。常见的螺纹牙型有三角形、梯形、锯齿形和矩形，如图 10-2 所示，在螺尾处螺纹的牙型是不完整的。

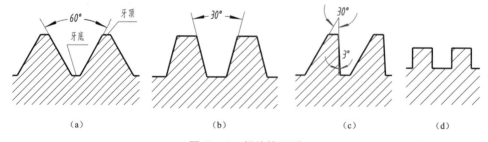

图 10-2　螺纹的牙型

（a）三角形；（b）梯形；（c）锯齿形；（d）矩形

（2）螺纹直径。螺纹直径有大径、中径、小径之分，如图 10 - 3 所示。

大径：与外螺纹牙顶或内螺纹牙底相切的假想圆柱或圆锥的直径，用 d（外螺纹）或 D（内螺纹）表示。

小径：与外螺纹牙底或内螺纹牙顶相切的假想圆柱或圆锥的直径，用 d_1（外螺纹）或 D_1（内螺纹）表示。

中径：是一个假想圆柱或圆锥的直径，其母线通过牙型上沟槽和凸起宽度相等的地方，用 d_2（外螺纹）或 D_2（内螺纹）表示。

公称直径：代表螺纹尺寸的直径，指螺纹大径的基本尺寸。

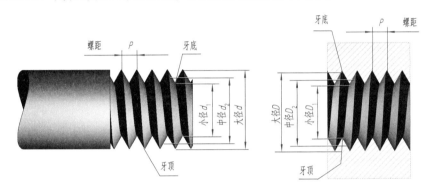

图 10 - 3　螺纹的直径

（3）螺纹的线数。螺纹有单线和多线之分，沿一条螺旋线形成的螺纹称为单线螺纹；沿两条或两条以上且在轴向等距离分布的螺旋线所形成的螺纹称为多线螺纹，螺纹的线数用 n 表示，如图 10 - 4 所示。

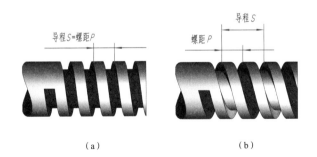

（a）　　　　　　　　　　　（b）

图 10 - 4　螺纹的线数、螺距、导程

（a）单线螺纹；（b）双线螺纹

（4）螺距和导程。螺纹上相邻两牙在中径线上对应两点间的轴向距离，称为螺距，用 P 表示。同一条螺旋线上的相邻两牙在中径线上对应两点间的轴向距离，称为导程，用 S 表示，如图 10 - 4 所示。

对于单线螺纹，导程等于螺距，即 $S = P$。

对于多线螺纹，导程等于螺距乘以线数，即 $S = nP$。

（5）螺纹旋向。内、外螺纹旋合时的旋转方向称为螺纹旋向。螺纹旋向有左、右之分，沿螺杆旋进方向观察，顺时针旋进的螺纹，称为右旋螺纹；逆时针旋进的螺纹，称为左旋螺纹。判断方法如图 10 - 5 所示。

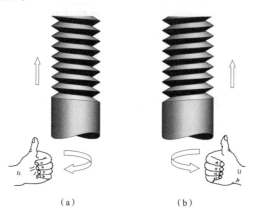

（a）　　　　　　　　（b）

图 10 - 5　螺纹旋向的判断方法

（a）左旋螺纹；（b）右旋螺纹

3. 螺纹的工艺结构

　　螺尾、倒角和退刀槽是螺纹上的常见工艺结构。如图 10 - 6 所示，车削螺纹时，刀具接近螺纹末尾处要逐渐离开工件，螺纹尾部会出现渐浅的部分，这段不完整的收尾部分称为螺尾。为了避免产生螺尾，可以预先在螺纹末尾处加工出退刀槽，然后再车削螺纹。为了便于内、外螺纹旋合，防止螺纹起始圈损坏，常将螺纹的起始处加工成倒角形式。GB/T 3—1997 对普通螺纹倒角及退刀槽的尺寸做了规定，详见附表8。

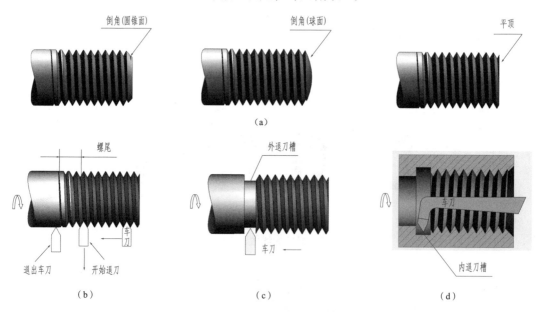

图 10 - 6　螺纹的工艺结构

（a）螺纹的倒角与倒圆；（b）螺纹的收尾；（c）外螺纹倒角与退刀槽；（d）内螺纹倒角与退刀槽

4. 螺纹的种类

1）按螺纹用途分类

（1）连接螺纹：用于各种紧固连接，如普通螺纹、管螺纹。

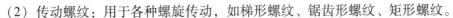

（2）传动螺纹：用于各种螺旋传动，如梯形螺纹、锯齿形螺纹、矩形螺纹。

2）按螺纹牙型分类

按牙型螺纹可分为三角形螺纹、梯形螺纹、锯齿形螺纹、矩形螺纹。三角形螺纹又分为普通螺纹和管螺纹。根据生产需要，普通螺纹又分为粗牙螺纹和细牙螺纹，即在相同的大径下，有几种不同规格的螺距，其中螺距最大的称为粗牙螺纹，其标准尺寸见附表6。

管螺纹又分为55°密封管螺纹、55°非密封管螺纹和60°圆锥管螺纹，其标准尺寸见附表7。

3）按螺纹要素分类

螺纹的5项基本要素，改变其中的任何一项，就会得到不同规格的螺纹，在这5项要素中，牙型、公称直径和螺距是最基本的，称为螺纹三要素。为了便于设计和制造，国家标准对螺纹的牙型、公称直径和螺距作了规定。

（1）标准螺纹：螺纹三要素均符合国家标准的螺纹。

（2）特殊螺纹：牙型符合标准，公称直径或螺距不符合标准的螺纹。

（3）非标准螺纹：螺纹三要素均不符合国家标准的螺纹。

标准螺纹包括普通螺纹、管螺纹、梯形螺纹和锯齿形螺纹等，这些螺纹都有自己的特征代号，其特征代号及用途如表10-1所示。矩形螺纹是非标准螺纹，没有自己的特征代号。

表 10-1　常用标准螺纹的特征代号及用途

螺纹类别			特征代号	牙型及牙型角	应用说明
连接螺纹	普通螺纹	粗牙普通螺纹	M	用于一般零件的连接，应用最广
		细牙普通螺纹			多用于细小精密零件、薄壁零件的连接
	管螺纹	55°非密封管螺纹	G		用于电线管等密封要求较低的管路系统中的连接
		55°密封管螺纹 圆锥内螺纹	Rc		用于水管、油管、气管等高温、较大压力的管路连接
		圆柱内螺纹	Rp		
		圆锥外螺纹	R_1 R_2		
		60°圆锥管螺纹	NPT		用于汽车、航空机械的油、水、气输送系统的管连接

续表

	螺纹类别	特征代号	牙型及牙型角	应用说明
传动螺纹	梯形螺纹	Tr		用于传递动力，如机床丝杠
	锯齿形螺纹	B		用于传递单向动力，如螺旋泵

10.1.2　螺纹的规定画法（GB/T 4459.1—1995）

为了简化作图，GB/T 4459.1—1995《机械制图　螺纹及螺纹紧固件表示法》规定了螺纹及螺纹紧固件在图样中的表示方法。

1. 外螺纹的规定画法

螺纹牙顶轮廓线（大径线）画成粗实线；螺纹牙底轮廓线（小径线）画成细实线，螺杆的倒角或倒圆部分也应画出；小径可以画成大径的 0.85 倍。在垂直于螺纹轴线的视图中，表示牙底的细实线圆只画约 3/4 圈，此时倒角省略不画。螺纹长度终止线用粗实线表示，剖面线必须画到粗实线处，如图 10-7 所示。

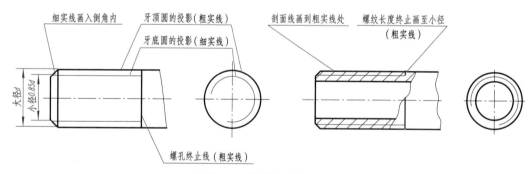

图 10-7　外螺纹的规定画法

2. 内螺纹的规定画法

（1）内螺纹（螺孔）一般应画剖视图，此时，螺纹牙顶轮廓线（小径线）和螺纹终止线画成粗实线，螺纹牙底轮廓线（大径线）画成细实线，剖面线画到粗实线处。在投影为圆的视图中，小径画粗实线圆，大径画 3/4 圈的细实线，倒角圆省略不画，如图 10-8（a）所示。

（2）内螺纹未剖视时，大径线、小径线、螺纹终止线均按细虚线绘制，如图 10-8（b）所示。

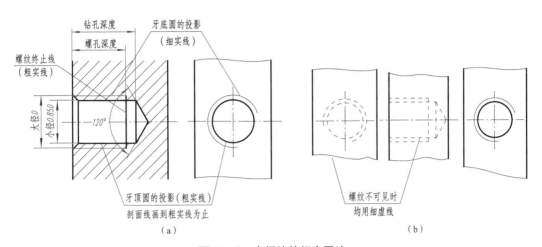

图 10 - 8　内螺纹的规定画法

（a）内螺纹剖视图画法；（b）内螺纹视图画法

（3）绘制不穿通的螺孔时，因加工时先用钻头钻出光孔，再用丝锥攻螺纹，从加工的角度，攻螺纹的深度必须小于钻孔深度，一般小 $0.5D$（D 为螺纹大径）。钻头的钻尖顶角接近 120°，所以不通孔的锥顶角应画成 120°，如图 10 - 9 所示。

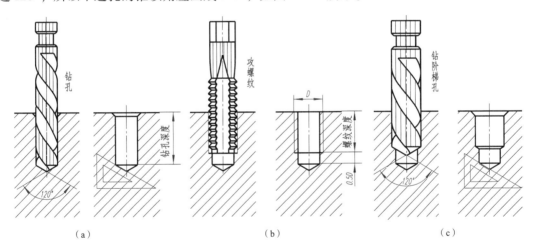

图 10 - 9　不穿通螺孔及阶梯孔的画法

（a）钻孔及孔底画法；（b）攻螺纹及螺纹画法；（c）阶梯孔加工及画法

3. 螺纹连接的规定画法

以剖视图表示内、外螺纹连接时，其旋合部分应按外螺纹绘制，其余部分仍按各自的画法表示。当剖切平面通过螺杆轴线时，螺杆按不剖绘制。表示内、外螺纹的大径线和小径线应分别对齐，而与倒角的大小无关，如图 10 - 10 所示。

4. 螺纹牙型的图示法

标准螺纹的牙型一般在图形中不作表示，当需要表示时（非标准螺纹必须表示牙型），可用图 10 - 11（a）和图 10 - 11（b）所示的局部剖视图或全剖视图来表达，也可用图 10 - 11（c）所示的局部放大图的形式绘制。

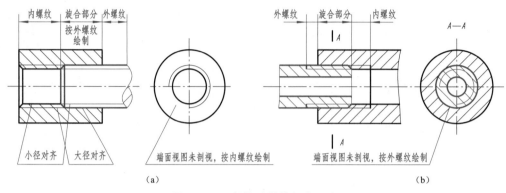

图 10 – 10　螺纹连接的规定画法

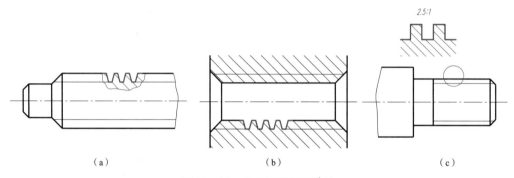

图 10 – 11　螺纹牙型的图示法

（a）用局部剖视表示梯形外螺纹；（b）用全剖视图表示梯形内螺纹；（c）用局部放大图表示矩形螺纹

10.1.3　螺纹标记与螺纹尺寸标注

按国家标准的规定画法画出螺纹的视图后，图上并未标明牙型、公称直径、螺距、线数和旋向等要素，因此，需要用标记的方式来说明。

1. 螺纹的标记

（1）普通螺纹的标记格式：

| 螺纹特征代号 | 尺寸代号 | – 螺纹公差带代号 – | 旋合长度代号 | – | 旋向代号 |

（2）梯形螺纹、锯齿形螺纹的标记格式：

| 螺纹特征代号 | 尺寸代号 | 旋向代号 | – 螺纹公差带代号 – | 旋合长度代号 |

普通螺纹、梯形螺纹、锯齿形螺纹的尺寸代号为"公称直径 × 导程（螺距）"。螺纹的线数虽未直接标出，却隐含在导程与螺距中。

（3）管螺纹的标记格式：

| 螺纹特征代号 | 尺寸代号 | – 螺纹公差等级代号 – | 旋向代号 |

标准螺纹标记的含义如表 10 – 2 所示。

表 10 – 2　标准螺纹标记的含义

螺纹类型		特征代号	尺寸代号	螺纹公差带代号（螺纹公差等级代号）	旋合长度代号	旋向代号
普通螺纹	粗牙	M	公称直径×导程（螺距）单线粗牙螺纹不标导程（螺距）	公差带代号由中径公差带代号和顶径公差带（对外螺纹是指大径公差带、对内螺纹是指小径公差带）代号组成。大写字母代表内螺纹，小写字母代表外螺纹。若两组公差带相同，则只写一组。最常用的中等公差带精度螺纹（外螺纹为 6g、内螺纹为 6H）不必标注公差带代号	旋合长度是指相互旋合的内外螺纹，沿螺纹轴线方向旋合部分的长度。旋合长度分短（S）、中等（N）和长（L）3 种。一般采用中等旋合长度，此时符号"N"省略	常用右旋螺纹不标注旋向；左旋螺纹标注代号"LH"。
	细牙	M	公称直径×导程（螺距）			
管螺纹	55°非密封管螺纹	G	公称直径，对于管螺纹，公称直径为管子的通径（英制）大小，用阿拉伯数字表示	内管螺纹仅一种，不标注外管螺纹有 A、B 两种公差等级	无	
	55°密封管螺纹	Rc Rp R₁ R₂		——		
梯形螺纹		Tr	公称直径×导程（螺距）	顶径公差等级只有一种，省略不标注，只标注中径公差带代号	旋合长度分中等（N）和长（L）两种。一般采用中等旋合长度，符号"N"省略	
锯齿形螺纹		B				

2. 螺纹的标注方法（GB/T 4459.1—1995）

公称直径以 mm 为单位的普通螺纹、梯形螺纹和锯齿形螺纹，其标记应直接注在大径的尺寸线上或其引出线上；管螺纹的标记一律注在引出线上，引出线应由大径处或对称中心处引出。常用螺纹的标记方法及示例如表 10 – 3 所示。

表 10 – 3　常用螺纹的标记方法及示例

螺纹类别		螺纹种类代号	标记方法	示例	标记要点及示例说明
连接螺纹	粗牙普通螺纹	M	M12-6h-s　短旋合长度代号　外螺纹中径和顶径（大径）公差带代号　公称直径（大径）　螺纹种类代号		粗牙普通螺纹不标注螺距。公称直径 12，右旋；中径公差带和大径公差带均为 6h；短旋合长度

续表

螺纹类别	螺纹种类代号	标记方法	示例	标记要点及示例说明
连接螺纹	细牙普通螺纹	M	M20x2-6H-LH 左旋 内螺纹中径和顶径 （小径）公差带代号 螺距 公称直径（大径） 螺纹种类代号	M20X2-6H-LH	细牙普通螺纹必须标注螺距。 公称直径20，螺距2，左旋；中径公差带和小径公差带均为6H；中等旋合长度
连接螺纹	55°非密封管螺纹	G	G1A 外螺纹公差等级代号 尺寸代号 螺纹种类代号	G1　G1A	外螺纹公差代号有A、B两种；内螺纹公差等级仅一种，不必标注其代号。 G：螺纹特征代号 1：尺寸代号，为内通径，单位英寸（1英寸=2.54 cm）
连接螺纹	55°密封管螺纹	Rc Rp R₁ R₂	R1/2 尺寸代号 螺纹种类代号	$Rc\frac{1}{2}$　$R\frac{1}{12}$	Rc：圆锥内螺纹代号 Rp：圆柱内螺纹代号 R_1：与圆柱内螺纹相配合的圆锥外螺纹代号 R_2：与圆锥内螺纹相配合的圆锥外螺纹代号 1/2：尺寸代号，为内通径，单位英寸
连接螺纹	60°圆锥管螺纹	NPT	NPT3/4 尺寸代号 螺纹种类代号	NPT3/4	NPT：美制一般密封圆锥管螺纹特征代号 尺寸为3/4英寸
传动螺纹	梯形螺纹	Tr	Tr 22 x 10 (P5) - 7e - L 长旋合长度代号 外螺纹中径公差带代号 螺距 导程 公称直径（大径） 螺纹种类代号	Tr22X10(P5)-7e-L	梯形螺纹螺距或导程必须标注。 公称直径22，双线螺纹，导程10，螺距5，右旋，中径公差带为7e，长旋合长度
传动螺纹	锯齿形螺纹	B	B 40 x 5 LH - 8c 外螺纹中径公差带代号 左旋 螺距 公称直径（大径） 螺纹种类代号	B40x5LH-8c	锯齿形外螺纹，公称直径为40，单线，螺距为5，左旋，中径公差带代号为8c，中等旋合长度

螺纹类别		螺纹种类代号	标记方法	示例	标记要点及示例说明
传动螺纹	矩形螺纹	非标准螺纹，无代号	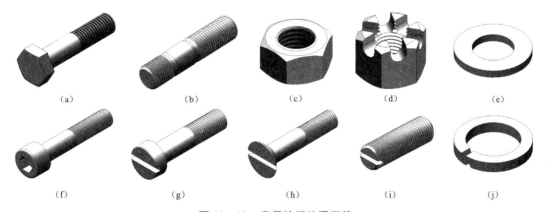 标注方法一	标注方法二	矩形螺纹为非标准螺纹，无特征代号和螺纹标记，要标注螺纹的所有尺寸。示例为单线、右旋矩形螺纹，螺纹尺寸如左图所示

10.2   螺纹紧固件及其连接画法

在机器中，零件之间的连接方式可分为可拆卸连接和不可拆卸连接两大类。可拆卸连接包括螺纹连接、键连接和销连接等；不可拆卸连接包括铆接和焊接等。在工程实际中，用螺纹起连接和紧固作用的零件称螺纹紧固件，它利用内、外螺纹的旋合作用连接和紧固一些零、部件，常用于机器上的可拆卸连接结构中。常用的螺纹紧固件有螺栓、双头螺柱、螺钉、螺母和垫圈等，如图 10-12 所示。

图 10-12   常用的螺纹紧固件

（a）六角头螺栓；（b）双头螺柱；（c）Ⅰ型六角螺母；（d）Ⅰ型六角开槽螺母；（e）平垫圈；
（f）内六角圆柱头螺钉；（g）开槽圆柱头螺钉；（h）沉头螺钉；（i）开槽紧定螺钉；（j）弹簧垫圈

10.2.1   螺纹紧固件的标记

螺纹紧固件都是标准件，其结构型式及尺寸均已标准化，GB/T 1237—2000 规定的标记方法分为完整标记和简化标记两种。

完整标记： 名称 标准号 型式与尺寸—性能等级或材料及热处理—表面处理

简化标记： 名称 标准号 型式与尺寸

常用螺纹紧固件可采用简化标记方法，表10-4列出了常用螺纹紧固件的简化标记示例。

表10-4 常用螺纹紧固件的简化标记示例

名称及国标号	画法及规格尺寸	标记及说明
六角头螺栓 GB/T 5782—2016	M16 50	螺栓 GB/T 5782 M16×50 表示 A 级六角头螺栓，螺纹规格 d = M16，公称长度 l = 50 mm、性能等级为 4.8 级、表面氧化、杆身半螺纹、产品等级 A 级
双头螺柱（$b_{m} = d$） GB/T 897—1988	M16 50	螺柱 GB/T 897 M16×50 表示 B 型双头螺柱，两端均为粗牙普通螺纹，螺纹规格 d = M16，公称长度 l = 50 mm
开槽盘头螺钉 GB/T 67—2016	M16 45	螺钉 GB/T 67 M16×45 表示开槽盘头螺钉，螺纹规格 d = M16，公称长度 l = 45 mm，公称长度在 40 mm 以内时为全螺纹
开槽沉头螺钉 GB/T 68—2016	M16 45	螺钉 GB/T 68 M16×45 表示开槽沉头螺钉，螺纹规格 d = M16，公称长度 l = 45 mm
内六角圆柱头螺钉 GB/T 70.1—2008	40 M16	螺钉 GB/T 70.1 M16×40 表示内六角圆柱头螺钉，螺纹规格 d = M16，公称长度 l = 40 mm
开槽锥端紧定螺钉 GB/T 71—2018	M12 35	螺钉 GB/T 71 M12×35 表示开槽锥端紧定螺钉，螺纹规格 d = M12，公称长度 l = 35 mm
I 型六角螺母 GB/T 6710—2015	M16	螺母 GB/T 6170 M16 表示 I 型六角螺母，螺纹规格 d = M16、性能等级为 8 级、不经表面处理、产品等级 A 级

续表

名称及国标号	画法及规格尺寸	标记及说明
平垫圈 A 级 GB/T 97.1—2002	Ø17	垫圈 GB/T 97.1 16 与螺纹规格 M16 配用的平垫圈，规格 17 mm，硬度等级 200 HV、不经表面处理、产品等级 A 级
标准型弹簧垫圈 GB/T 93—1987	Ø20.5	垫圈 GB/T 93 20 与螺纹规格 M20 配用的弹簧垫圈，规格 20.5 mm、材料为 65Mn、表面氧化处理

注：常用螺纹紧固件的尺寸见附录 C。

10.2.2 常用螺纹紧固件的画法

绘制螺纹紧固件一般有查表法和比例法两种。

（1）查表法。根据螺纹紧固件的规定标记从有关国家标准的表格中查出各紧固件的具体尺寸，然后绘制图形。

（2）比例画法。将螺纹紧固件各部分的尺寸（公称长度除外）都与规格 d（或 D）建立一定的比例关系，并按此比例画图的方法。在工程实际中通常采用比例画法，常见螺纹紧固件的比例画法如表 10 – 5 所示。

表 10 – 5　常见螺纹紧固件的比例画法

名称	比例画法
螺栓、螺母	

续表

名称	比例画法
双头螺柱、内六角圆柱头螺钉	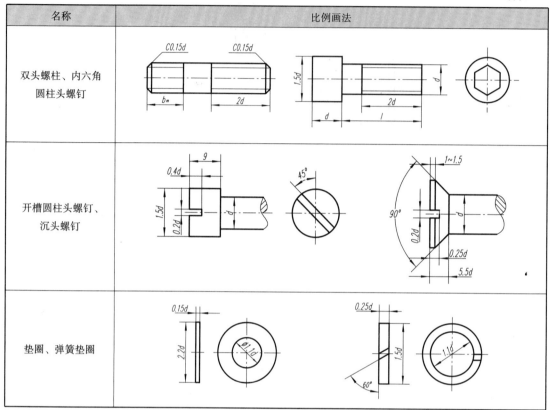
开槽圆柱头螺钉、沉头螺钉	
垫圈、弹簧垫圈	

10.2.3　螺纹紧固件的连接画法

螺纹紧固件连接的基本形式有：螺栓连接、双头螺柱连接、螺钉连接。采用哪种连接形式视连接的需要而定。画螺纹紧固件连接时应遵守下列基本规定：

（1）两个零件接触面画一条线；不接触面无论间隙多小，均画两条线表达间隙。

（2）相邻两零件的剖面线应不同，要方向相反或间隔不等。但同一零件在各个视图中的剖面线方向和间隔应一致。

（3）当剖切平面通过螺柱、螺栓、螺钉、螺母及垫圈等标准件的轴线时，这些零件按不剖绘制，只画外形。

1. 螺栓连接的画法

连接紧固件有螺栓、螺母和垫圈。螺栓连接是在被连接的两个零件上制出比螺栓直径稍大的通孔，螺栓穿过通孔套上垫圈，再拧紧螺母，使两个零件连接在一起的一种连接方式。螺栓连接常常用于连接两个或两个以上不太厚的零件。螺栓连接示意图如图 10 - 13 所示，其画法如图 10 - 14 所示。

画螺栓连接应注意以下几点：

（1）被连接件的通孔的大小必须大于螺栓的大径，设计时可根据装配精度的不同设计，画图时取孔径为 1.1d。

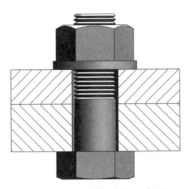

图 10 – 13 螺栓连接示意图

螺栓连接

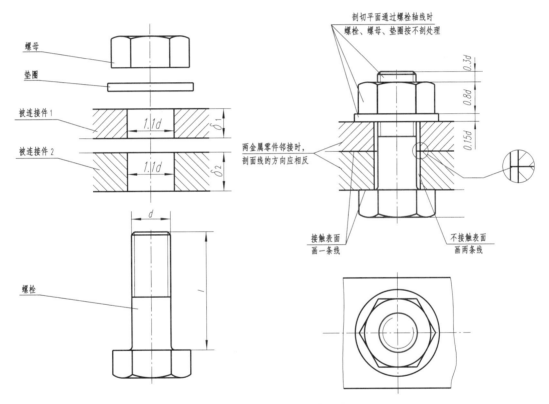

图 10 – 14 螺栓连接的画法

（2）螺栓的公称长度 l 可按下式计算

$$l \geqslant （\delta_1 + \delta_2） + 0.15d （垫圈厚） + 0.8d （螺母厚） + 0.3d （伸出端）$$

（3）螺栓的螺纹终止线必须画到垫圈的下面（一般位于被连接两零件接触面之上）。

2. 双头螺柱连接的画法

连接紧固件有双头螺柱、螺母和弹簧垫圈。双头螺柱两端都有螺纹，螺纹较短的一端（旋入端）旋入下部较厚零件的螺纹孔中；螺纹较长的一端（紧固端）穿过上部零件的通孔，套上弹簧垫圈，旋紧螺母。双头螺柱连接常用于被连接件中有一个太厚而不易钻成通孔的场合。双头螺柱连接示意图如图 10 – 15 所示，其画法如图 10 – 16 所示。

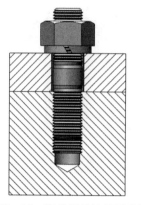

图 10－15　双头螺柱连接示意图

螺柱连接

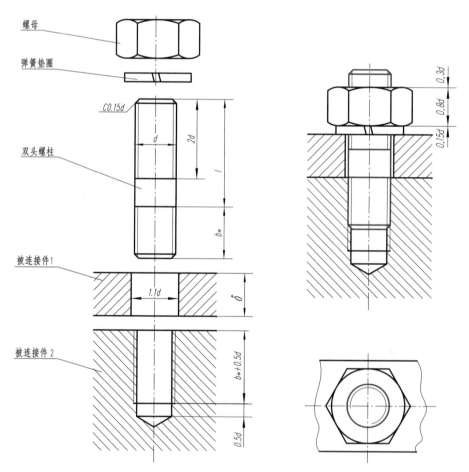

图 10－16　双头螺柱连接的画法

画双头螺柱连接应注意以下几点：

（1）双头螺柱的公称长度

$$l \geqslant \delta + 0.15d（垫圈厚）＋0.8d（螺母厚）＋0.3d（伸出端）$$

（2）双头螺柱连接旋入端的螺纹应全部旋入机件的螺纹孔中，所以旋入端的终止线应与被旋入零件上螺孔顶面的投影线重合。

（3）弹簧垫圈开口槽方向画成与水平线成75°，从左上向右下倾斜。

3. 螺钉连接的画法

螺钉连接按用途可分为连接螺钉和紧定螺钉连接两类。

1）连接螺钉连接

螺钉用于不经常拆卸和受力较小的连接中，在较厚零件上加工出螺孔，而在另一个零件上加工成通孔，然后把螺钉穿过通孔拧入螺孔，达到拧紧零件的目的。常用的螺钉很多，有开槽圆柱头螺钉、内六角圆柱头螺钉、沉头螺钉等，开槽螺钉连接示意图如图 10 – 17 所示，开槽螺钉、沉头螺钉的连接画法如图 10 – 18 所示。

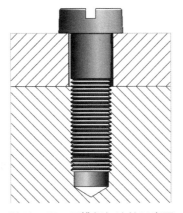

图 10 – 17　开槽螺钉连接示意图

螺钉连接

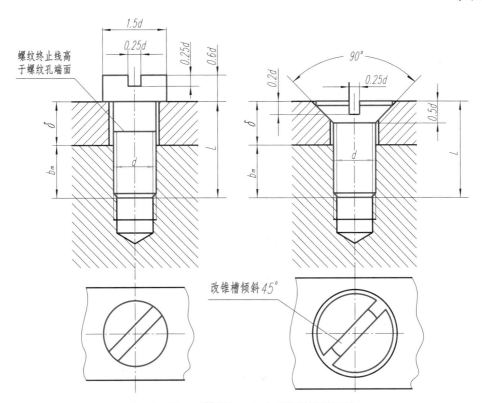

图 10 – 18　开槽螺钉、沉头螺钉的连接画法

画螺钉连接时的注意事项：

（1）螺钉的公称长度

$$l_计 = \delta + b_m$$

旋入材料为钢时 $b_m = d$；为铸铁时 $b_m = 1.25d$；为铝时 $b_m = 2d$。

查标准，选取与 $l_计$ 接近的标准长度值为螺钉标记中的公称长度 l。

（2）螺钉的螺纹终止线应高出螺纹孔上表面，以保证连接时螺钉能旋入和压紧，为保证可靠的压紧，螺纹孔应长于螺钉 $0.5d$。

（3）在投影为圆的视图上，螺钉头上的改锥槽不按投影关系绘制，应画成倾斜45°。

2）紧定螺钉连接

紧定螺钉连接用于固定两个零件的相对位置，使它们不产生相对运动。紧定螺钉端部形状有平端、锥端、凹端和圆柱端等。使用时，螺钉拧入一个零件的螺纹孔中，并将其尾端压在另一零件的凹坑或拧入另一零件的小孔中。紧定螺钉连接画法如图 10－19 所示。

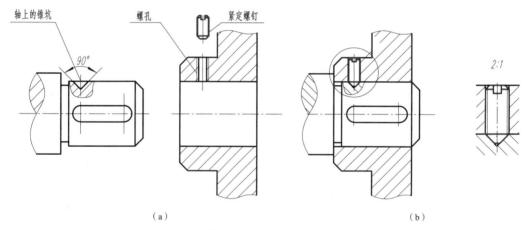

图 10－19　紧定螺钉连接画法

（a）连接前；（b）连接后

为了方便作图，螺栓连接、螺柱连接和螺钉连接等也允许采用简化画法绘制，即螺纹紧固件的工艺结构（如倒角、退刀槽、缩颈、凸肩等）均可省略不画，如图 10－20 所示。

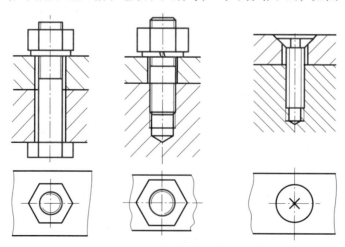

图 10－20　螺纹紧固件连接的简化画法

10.3　键和销

10.3.1　键连接

键通常用来连接轴和装在轴上的传动零件（齿轮、带轮等），使轴和传动件不发生相对转动，以传递扭矩和旋转运动。键可以分成两大类：常用键和花键，如图 10 - 21 所示。

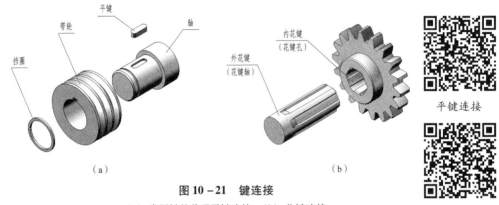

图 10 - 21　键连接

（a）常用键的普通平键连接；（b）花键连接

平键连接

花键连接

1. 常用键

1）常用键的种类、画法和标准编号

常用键为标准件，主要有普通平键、半圆键和钩头楔键，其标准编号、画法及标记示例如表 10 - 6 所示。

表 10 - 6　常用键的标准编号、画法及标记示例

名称	立体图	画法	标记示例
普通平键			$b = 18$ mm，$h = 11$ mm，$l = 100$ mm 的 A 型普通平键： 键 18 × 100 GB/T 1096 （A 型平键可不标出 A，B 型或 C 型则必须在规格尺寸前标出 B 或 C）
半圆键			$b = 6$ mm，$h = 10$ mm，$d_1 = 25$ mm，$l = 24.5$ mm 的半圆键： 键 6 × 10 × 25 GB/T 1099.1

续表

名称	立体图	画法	标记示例
钩头楔键	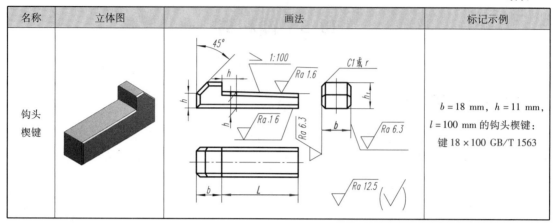		$b = 18$ mm，$h = 11$ mm，$l = 100$ mm 的钩头楔键： 键 18×100 GB/T 1563

2）常用键的应用与装配画法

（1）普通平键。如图 10-21（a）所示，普通平键连接时必须在轮毂和轴上分别加工出键槽，将普通平键先嵌入轴上的键槽内，平键的高度大于轴上的键槽深度，因此键的上半部伸到轴的外部。将伸出的平键对准轮毂上的键槽（必须是通槽），连同轴一起装入轮毂的孔和键槽内。工作时键侧与键槽的两个侧面紧密配合，靠平键的两侧为工作面传递扭矩。

选择普通平键时，应从标准中查取键的截面尺寸 $b \times h$，然后按照轮毂宽度 B 选定键长，一般 $l = B - (5 \sim 10$ mm$)$，并取 l 为标准值，其断面尺寸、键槽尺寸等见附表 18。

普通平键的装配连接画法如图 10-22 所示。平键与槽在顶面不接触，应留有间隙；平键的倒角可以省略不画；沿平键的纵向剖切时，平键按不剖处理；沿平键的横向剖切时，要画剖面线。

（2）半圆键。半圆键和普通平键一样也是以键的两侧传递扭矩，其优点是键及键槽的加工、装配较为方便，缺点是轴上的键槽较深。半圆键的装配连接画法与普通平键类似，如图 10-23 所示。

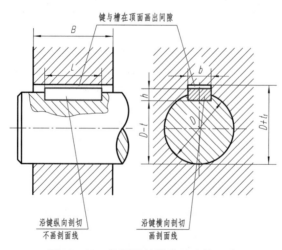

图 10-22 普通平键的装配连接画法

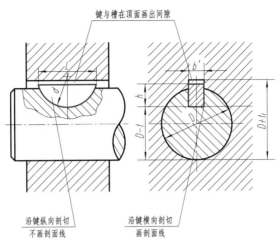

图 10 - 23　半圆键的装配连接画法

（3）钩头楔键。钩头楔键的顶面为 1∶100 的斜面，安装时将键打入键槽，靠键顶面、底面与轮毂、轴上键槽之间的挤压摩擦力来连接。因此楔键的顶面与底面为工作面，与键槽没有间隙，画成一条线；键的两侧与键槽有间隙，画两条线。钩头楔键的装配画法如图 10 - 24 所示。

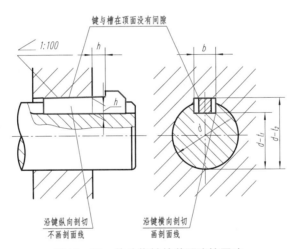

图 10 - 24　钩头楔键的装配连接画法

2. 花键连接

花键直接制作在轴上和轮毂上，与它们形成一个整体，因而具有传递扭矩大、连接强度高、工作可靠、同轴度和导向性好等特点，广泛应用于机床、汽车等变速箱中。

花键的齿形有矩形、三角形、渐开线形等，其中矩形花键应用较广，它的结构和尺寸都已标准化，需用专用机床和刀具加工。

1）花键的规定画法（GB/T 4459.3—2000）

（1）外花键。如图 10 - 25（a）所示，在平行于花键轴线的视图上，花键大径用粗实线绘制，小径用细实线绘制；花键工作长度的终止端和尾部长度的末端均用细实线绘制，并与轴线垂直；尾部则画成斜线，其倾斜角度一般与轴线成 30°，必要时可按实际情况画出；用断面图画出部分或全部齿形。

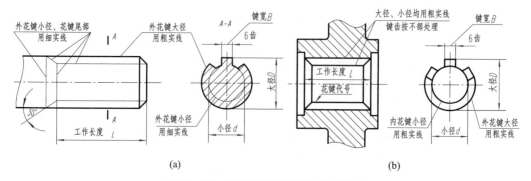

图 10 – 25　矩形花键的画法和尺寸注法

（a）外花键；（b）内花键

（2）内花键。如图 10 – 25（b）所示，在平行于花键轴线的剖视图中，花键大径及小径均用粗实线绘制，键齿按不剖处理，并标注键的工作长度，用局部剖视图上画出部分或全部齿形。

（3）花键连接。如图 10 – 26 所示，在装配图中，花键连接用剖视表示时，其连接部分按外花键的画法绘制。

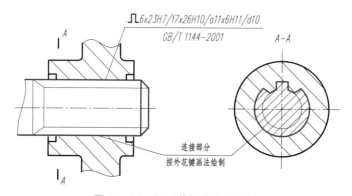

图 10 – 26　矩形花键的连接画法

2）花键的标记（GB/T 1144 – 2001）

矩形花键的标记格式为：

键数 N　小径 d 及公差代号　大径 D 及公差代号　键宽 b 及公差代号	标准代号

【**例 10 – 1**】已知：矩形花键副的基本参数和公差代号为：键数 $N = 6$、小径 $d = 26H7/f7$、大径 $D = 32H10/a11$、键宽 $B = 6H11/d10$，试分别写出内花键、外花键和花键副的标记。

解：

内花键的标记为：$6 \times 26H7 \times 32H10 \times 6H11$ GB/T 1144—2001

外花键的标记为：$6 \times 26f7 \times 32a11 \times 6d10$　GB/T 1144—2001

花键副的标记为：$6 \times 26 \dfrac{H7}{f7} \times 32 \dfrac{H10}{a11} \times 6 \dfrac{H11}{d10}$　GB/T 1144—2001

比较小径和大径的配合要求，可见矩形花键是以小径定心的。

10.3.2　销连接

1. 常用销的种类、画法和标记

销在机器零件之间主要起连接、定位和锁定等作用。工程上常用的销有圆柱销、圆锥销和开口销，其标准编号、画法及标记示例如表 10 – 7 所示。销是标准件，使用时应按相关标准选用，相关标准的摘录见附表 19、附表 20 和附表 21。

表 10 – 7　常用销的标准编号、画法及标记示例

名称	标准编号	画法	标记示例
圆锥销	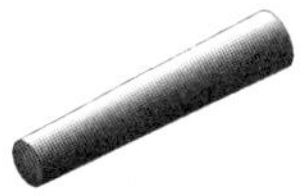	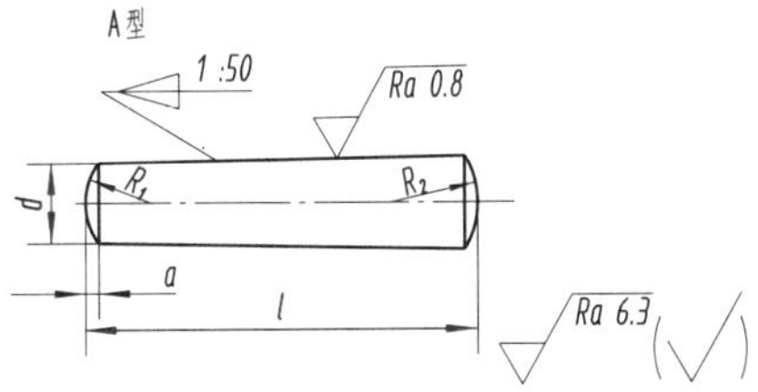 A型　1:50　Ra 0.8　d　R_1　R_2　a　l　Ra 6.3	$d = 6$ mm，公称长度 $l = 60$ mm。材料为 35 钢，热处理硬度 28 ~ 38 HRC，表面氧化处理的 A 型圆锥销： 销 GB/T 117 – 2000 6 × 60
圆柱销	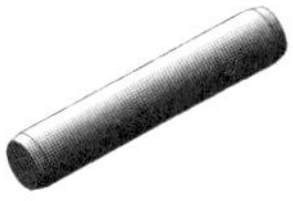	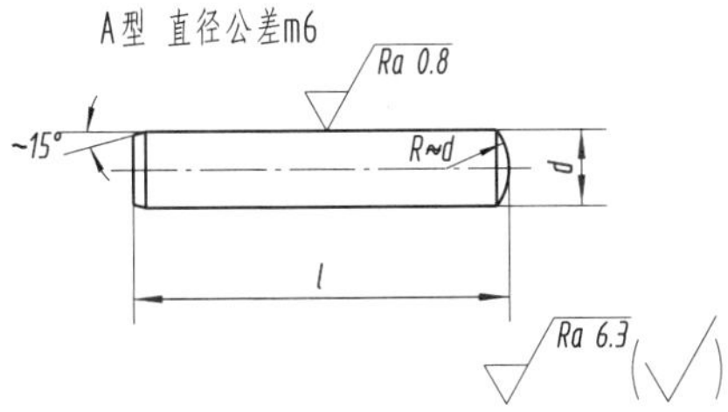 A型　直径公差m6　Ra 0.8　~15°　$R≈d$　d　l　Ra 6.3	公称直径 $d = 10$ mm，公称长度 $l = 30$ mm，材料为钢，热处理硬度 28 ~ 38 HRC，不经处理，表面氧化处理的 A 型圆锥销： 销 GB/T 119.1 10 × 30
开口销		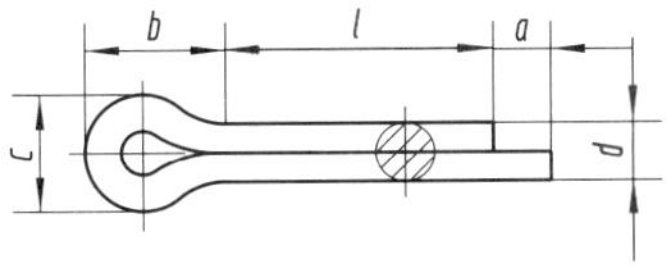 b　l　a　c　d	公称规格（开口销孔直径）$d = 5$ mm，公称长度 $l = 50$ mm，材料为 Q215 或 235 不经表面处理的开口销： 销 GB/T 91 5 × 50

圆柱销和圆锥销的装配要求较高，用销连接和定位的两个零件上的销孔，一般需一起加工，并在相应的零件图上注写"与××件配作"。圆锥销的公称直径是小端直径，开口销的公称直径指与之相配的销孔直径，故开口销的公称直径都大于其实际直径。

2. 销连接画法

常用销的应用及连接画法如图 10 – 27 所示。

（1）如图 10 – 27（a）所示，用圆柱销连接轴和齿轮，圆柱销起传递动力作用。

（2）如图 10 – 27（b）所示，用圆锥销连接零件 1 和零件 2，圆锥销起定位作用。

（3）如图 10 – 27（c）所示，开口销与槽形螺母配合使用，可防止螺母松动。

注意：当剖切平面沿销轴线剖切时，销按不剖处理，垂直于销的轴线剖切时，被剖切销要画剖面线。

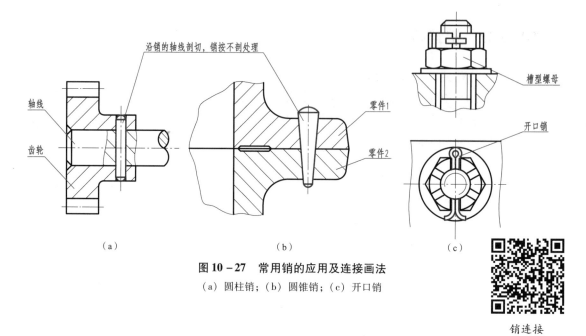

图 10-27　常用销的应用及连接画法

（a）圆柱销；（b）圆锥销；（c）开口销

销连接

10.4　滚动轴承

　　滚动轴承是支承轴并承受轴上载荷的标准部件，由于摩擦力小、结构紧凑、拆卸方便，在机械装备中应用广泛。图 10-28 为铣刀头的装配结构立体图及示意图，其中一对滚动轴承内圈安装在传动轴上，外圈安装在箱体上，起到支承旋转轴的作用。

图 10-28　铣刀头的装配结构立体图及示意图

（a）立体图；（b）示意图

滚动轴承的应用

10.4.1　滚动轴承的分类与基本结构

1. 分类

滚动轴承按内部结构和承受载荷方向的不同分为 3 类：

向心轴承：主要承受径向载荷，如向心球轴承，如图 10-29（a）所示。

推力轴承：仅承受轴向载荷，如推力球轴承，如图 10 - 29（b）所示。

向心推力轴承：能同时承受径向和轴向载荷，如圆锥滚子轴承，如图 10 - 29（c）所示。

2. 基本结构

滚动轴承一般由内圈、滚动体、保持架和外圈 4 个部分组成，如图 10 - 29 所示。

外圈（上圈）：装在机座或轴承座的孔内，其最大直径为轴承的外径；

内圈（下圈）：装在轴颈上，其内孔直径为轴承的内径；

滚动体：装在内、外圈之间的滚道中，其形状可为圆球、圆柱、圆锥等；

保持架：用以将滚动体均匀隔开，有些滚动轴承无保持架。

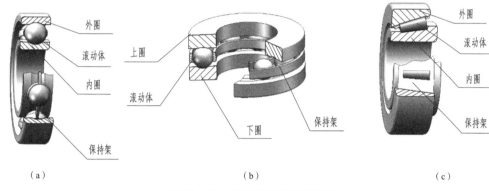

（a）　　　　　　　　　　　　　　（b）　　　　　　　　　　　　　　（c）

图 10 - 29　滚动轴承结构及种类

（a）向心球轴承；（b）推力球轴承；（c）圆锥滚子轴承

向心球轴承　　　　　　　　　　推力球轴承　　　　　　　　　　圆锥滚子轴承

10.4.2　滚动轴承的代号与标记

1. 滚动轴承的代号

GB/T 272—2017 规定，滚动轴承的代号由前置代号、基本代号和后置代号构成，三者的组合形式如表 10 - 8 所示。

表 10 - 8　滚动轴承代号

前置代号	基本代号（5 位数字）					后置代号							
	五	四	三	二	一	1	2	3	4	5	6	7	8
		尺寸系列代号											
成套轴承部件代号	轴承类型代号	宽（高）度系列代号	直径系列代号	内径代号		内部结构	密封与防尘套类型	保持架及材料	轴承材料	公差等级	游隙	配置	其他

前置代号与后置代号：滚动轴承的结构形状、尺寸及公差技术要求有变化时，在基本代号前后添加的补充代号，可查阅 GB/T 272—2017。

基本代号：由轴承类型代号、尺寸系列代号和内径代号组成。

（1）轴承类型代号用数字或字母表示，如表 10–9 所示。

表 10–9　轴承类型代号（摘自 GB/T 272—2017）

代号	轴承类型	代号	轴承类型
0	双列角接触轴承	6	深沟球轴承
1	调心球轴承	7	角接触轴承
2	调心滚子轴承和推力调心滚子轴承	8	推力圆柱滚子轴承
3	圆锥滚子轴承	N	圆柱滚子轴承双列或多列用字母 NN 表示
4	双列深沟球轴承	U	外球面球轴承
5	推力球轴承	QJ	四点接触球轴承

（2）尺寸系列代号由轴承宽（高）度系列代号和直径系列代号组成，用两位数字表示。它的主要作用是当轴承内径相同时，区别各种不同的外径和宽度，以适应不同的受力工况。

（3）内径代号：当代号数字小于 04 时，即 00、01、02、03 分别表示轴承内径 $d=10$ mm、12 mm、15 mm、17 mm；代号数字为 04~99 时，将代号数字乘以 5，即为轴承公称内径（mm）。

【例 10–2】 解释轴承基本代号 61806 中各数字的含义。

$$6\quad 18\quad 06$$

解： "6" 表示该轴承为 60000 型深沟球轴承。

"18" 表示该轴承尺寸系列（宽度系列代号为 1，直径系列代号为 8）。

"06" 表示内径代号，由此可求出该轴承的内径：$d=06\times 5$ mm $=30$ mm；

2. 滚动轴承的标记

滚动轴承的标记由 3 个部分组成：轴承名称、轴承代号、标准编号。

标记示例：滚动轴承　6405　GB/T 276—2013。

10.4.3　滚动轴承的画法（GB/T 4459.7—2017）

滚动轴承是标准部件，由专门的工厂生产。需要时，根据要求确定轴承的型号选购即可，使用单位一般不画其组件图。在装配图中可根据 GB/T 4459.7—2017 采用规定画法或简化画法（通用画法、特征画法）画出，如表 10–10 所示。

1. 简化画法

（1）通用画法。在剖视图中，如果不需要确切地表示滚动轴承的外形轮廓、载荷特征和结构特征，可采用矩形框及位于线框中央的十字形符号表示滚动轴承。

（2）特征画法。在剖视图中，若需较形象表示滚动轴承的结构特征时，可采用矩形框及在线框内画出滚动轴承的结构要素符号的方法表示滚动轴承。

通用画法和特征画法应绘制在轴的两侧。矩形线框、符号和轮廓线均用粗实线绘制。

表 10 - 10　常用滚动轴承的画法

轴承名称、类型及标准号	查表主要数据	通用画法	特征画法	规定画法
深沟球轴承 60000 型 GB/T 276—2013	D d B			
圆锥滚子轴承 30000 型 GB/T 297—2015	D d T C B			
单向推力球轴承 51000 型 GB/T 301—2015	D d T			

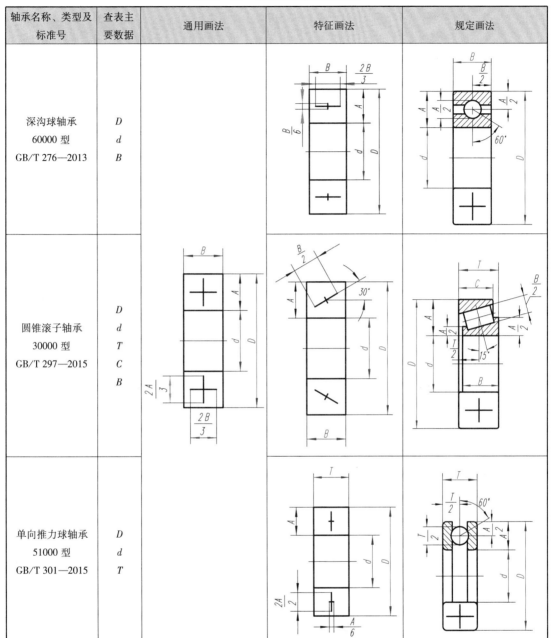

2. 规定画法

若要较详细表达滚动轴承的主要结构形状，可采用规定画法。此时，轴承的保持架及倒角省略不画，滚动体不画剖面线，其内、外圈可画成方向和间隔相同的剖面线，一般只在轴的一侧用规定画法表达轴承，另一侧按通用画法绘制。

3. 滚动轴承的安装画法

滚动轴承的安装画法如图 10 - 30 所示，图 10 - 30（a）采用的是规定画法；图 10 - 30（b）采用的是特征画法。

在垂直于滚动轴承轴线的投影面的视图中，无论滚动体的形状如何，均可按图 10 - 31 所示的特征画法绘制。

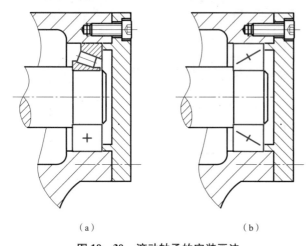

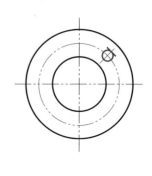

（a）　　　　　　　　　　　　（b）

图 10 - 30　滚动轴承的安装画法

（a）规定画法；（b）特征画法

图10 - 31　垂直于轴线方向滚动轴承投影的特征画法

同一图样中应采用一种画法，但不论采用哪种画法，在图样中都必须按规定注出滚动轴承的代号。根据选定的轴承代号查阅相关的国家标准（附表24、附表25 和附表26）或有关手册，确定各部分的尺寸，再按表10 - 10 所示的画法作图。

10.5　齿轮

10.5.1　齿轮的基本知识

齿轮是各类机器、仪器仪表中普遍使用的传动零件，它的作用是利用一对啮合的轮齿，把一个轴上的动力和运动传递给另一个轴，同时还可根据需要改变轴的转速和旋转方向。齿轮一般成对使用故又称为齿轮传动副。图 10 - 32 为一减速器的齿轮传动系统，动力经 V 型带轮、蜗杆、蜗轮、锥齿轮和圆柱齿轮传出，从图中可以看出：

圆柱齿轮传动：用于平行轴间的传动；

圆锥齿轮传动：用于相交轴间的传动；

蜗轮蜗杆传动：用于垂直交叉轴间的传动。

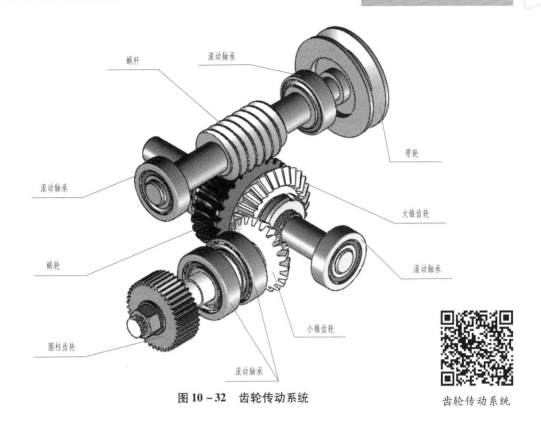

图 10 – 32　齿轮传动系统

齿轮传动系统

10.5.2　圆柱齿轮

如图 10 – 33 所示，圆柱齿轮的轮齿是在圆柱体上切出的，齿轮可根据尺寸大小设计成平板式、腹板式等结构。如图 10 – 33（b）所示，腹板式齿轮一般具有轮齿、轮缘、辐板（或辐条）、轮毂、轴孔和键槽等结构；它的轮齿根据需要可制成直齿、斜齿、人字齿等，结构尺寸已标准化，齿廓曲线多为渐开线。

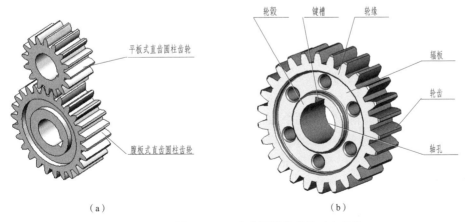

（a）　　　　　　　　　　　　　　　　　（b）

图 10 – 33　直齿圆柱齿轮传动与结构

（a）直齿圆柱齿轮传动；（b）腹板式直齿圆柱齿轮结构

直齿圆柱齿轮
传动与结构

1. 标准直齿圆柱齿轮各部分名称及尺寸关系

直齿圆柱齿轮的齿廓形状及尺寸在两端面上完全相同，轮齿各部分名称及尺寸如图10－34所示。

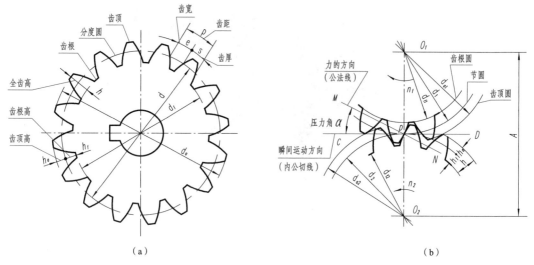

（a）   （b）

图10－34　直尺圆柱齿轮各部名称及尺寸

（a）单个齿轮；（b）一对啮合齿轮

（1）齿顶圆直径（d_a）。在圆柱齿轮上，齿顶圆柱面与端平面的交线，称为齿顶圆。

（2）齿根圆直径（d_f）。在圆柱齿轮上，齿根圆柱面与端平面的交线，称为齿根圆。

（3）节圆直径（d'）和分度圆直径（d）。连心线 O_1O_2 上相切的圆称为节圆。标准齿轮的齿宽 e（相邻两齿廓在某圆周上的弧长）与齿厚 s（一个齿两侧齿廓在某圆周上的弧长）相等的圆称为分度圆。在标准齿轮中 $d' = d$。

（4）齿高（h）、齿顶高（h_a）、齿根高（h_f）。齿顶圆和齿根圆之间的径向距离称为齿高，用 h 表示；齿顶圆和分度圆之间的径向距离称为齿顶高，用 h_a 表示；齿根圆和分度圆之间的径向距离称为齿根高，用 h_f 表示。$h = h_a + h_f$。

（5）齿距（p）、齿厚（s）和齿宽（e）。在节圆和分度圆上，两个相邻的同侧齿面间的弧长称为齿距，用 p 表示；一个轮齿齿廓间的弧长称为齿厚，用 s 表示；一个齿槽齿廓间的弧长称为齿宽，用 e 表示。在标准齿轮中：$s = e$，$p = e + s$。

（6）中心距（A）。两啮合齿轮轴线之间的距离，用 A 表示。

2. 直齿圆柱齿轮的基本参数

（1）齿数（z）。齿数指齿轮上轮齿的个数，用 z 表示。

（2）模数（m）。齿轮上有多少齿，在分度圆上就有多少齿距，即分度圆圆周总长为

$$\pi d = zp$$

则分度圆上的直径

$$d = \frac{p}{\pi} z$$

定义 $m = \dfrac{p}{\pi}$，即分度圆齿距 p 除以圆周率 π 所得的商，称为齿轮的模数，其单位为 mm，即

$$d = mz$$

相互啮合的一对齿轮，其齿距 p 应相等。由于 $p = m\pi$，因此它们的模数亦应相等。当模数 m 发生变化时，齿高 h 和齿距 p 也随之变化。模数越大，轮齿越大，齿轮的承载能力越大；模数越小，轮齿越小，齿轮的承载能力越小。可见，模数是表征齿轮轮齿大小的一个重要的参数。

圆柱齿轮各部分的尺寸都与模数成正比，为了便于设计和制造，GB/T 1357—2008 规定了渐开线圆柱齿轮模数的标准系列值，供设计和制造齿轮时选用，如表 10 – 11 所示。

表 10 – 11　齿轮模数标准系列

第一系列	0.1　0.2　0.25　0.3　0.4　0.5　0.6　0.8　1　1.25　1.5　2　2.5　3　4　5　6　8　10　12　16 20　25　32　40　50
第二系列	0.35　0.7　0.9　1.75　2.25　2.75　（3.25）　3.5　（3.75）　4.5　5.5　（6.5）　7　9 （11）　14　18　22　28　（30）　36　45

注：在选用模数时，应优先选用第一系列；其次选用第二系列；括号内模数尽可能不选用

模数的标准化，不仅可以保证齿轮具有广泛的互换性，还可以大大减少齿轮规格，促进齿轮、齿轮刀具、机床及量仪生产的标准化。

（3）压力角（α）。压力角指两啮合齿轮的齿廓在接触点处的受力方向与运动方向之间的夹角。如图 10 – 34 所示，过接触点 P 作齿廓曲线的公法线 MN，该线与两节圆公切线 CD 所夹锐角称为压力角，标准直齿圆柱齿轮的压力角一般取 $\alpha = 20°$。

注意： 两标准直齿圆柱齿轮正确啮合传动的条件是模数和压力角都相等。

3. 直齿圆柱齿轮各部分的尺寸关系

直齿圆柱齿轮各部分的尺寸关系如表 10 – 12 所示。

表 10 – 12　直齿圆柱齿轮各部分的尺寸关系

基本参数：模数 m、齿数 z			已知：$m = 2$ mm，$z = 32$
名称	符号	计算公式	计算举例
分度圆	d	$d = mz$	$d = 2 \times 32$ mm $= 64$ mm
齿顶高	h_a	$h_a = m$	$h_a = 2$ mm
齿根高	h_f	$h_f = 1.25m$	$h_f = 1.25 \times 2$ mm $= 2.5$ mm
齿高	h	$h = 2.25m$	$h = 2.25 \times 2$ mm $= 4.5$ mm
齿顶圆直径	d_a	$d_a = m(z + 2)$	$d_a = 2 \times (32 + 2)$ mm $= 68$ mm
齿根圆直径	d_f	$d_f = m(z - 2.5)$	$d_f = 2 \times (32 - 2.5)$ mm $= 59$ mm
齿距	p	$p = \pi m$	$p = 3.14 \times 2$ mm $= 6.28$ mm
齿厚	s	$s = \dfrac{1}{2}\pi m$	$s = \dfrac{1}{2} \times 3.14 \times 2$ mm $= 3.14$ mm
中心距	A	$A = \dfrac{1}{2}(d_1 + d_2) = \dfrac{1}{2}m(z_1 + z_2)$	

4. 圆柱齿轮的画法（GB/T 4459.2—2003）

1）单个圆柱齿轮的画法

（1）视图画法：若不作剖视，则齿根线可省略不画，如图 10 - 35（a）所示。

（2）剖视画法：齿轮的主视图一般画成全剖视。国家标准规定：轮齿部分按不被剖切绘制，齿顶线和齿根线用粗实线表达，分度线用细点画线表达，如图 10 - 35（b）所示。

斜齿轮需要表示的轮齿方向时，可在其平行于轴线的视图中，画 3 条与齿向一致的细实线，如图 10 - 35（c）所示，但直齿不需表示。

（3）端面视图画法：在表示齿轮的端面视图中，齿顶圆用粗实线，分度圆用细点画线表达，齿根圆用细实线表达或省略不画，如图 10 - 35（d）所示。

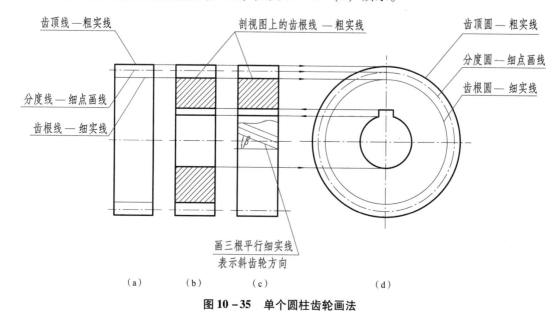

图 10 - 35　单个圆柱齿轮画法

（a）齿轮主视图；（b）齿轮剖视图；（c）斜齿轮；（c）齿轮端面视图

圆柱齿轮的其他结构仍按照视图、剖视图等有关画法绘图。

2）圆柱齿轮的啮合画法

（1）剖视画法：在剖视图中，两轮齿啮合部分的分度线重合，用细点画线绘制；轮齿按不被剖切绘制，在啮合区一个轮齿用粗实线绘制，另一个轮齿被遮挡的部分用细虚线绘制（也可省略不画），齿根线均用粗实线绘制，如图 10 - 36（a）所示。

（2）视图画法：若不作剖视，则啮合区内的齿顶线不必画出，此时分度线用粗实线绘制，如图 10 - 36（b）所示。

（3）端面视图画法：在表示齿轮的端面视图中，两齿轮分度圆用细点画线表达，应相切；啮合区的齿顶圆均用粗实线绘制，齿根圆用细实线表达或省略不画，如图 10 - 36 所示。

两圆柱齿轮啮合间隙的放大图及其规定画法的投影关系，如图 10 - 37 所示。

3）直齿圆柱齿轮零件图

图 10 - 38 为一直齿圆柱齿轮的零件图，一般用两个视图或一个视图加上局部视图表示，并以平行于齿轮轴线方向的视图作为主视图，且采取全剖视或半剖视，在右上角列出齿轮相关的参数。

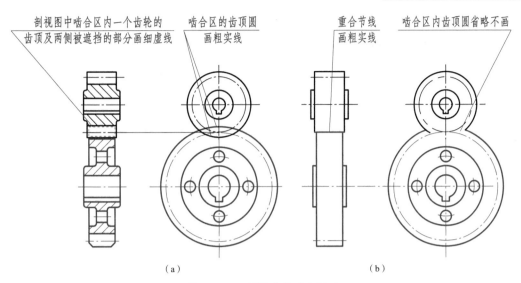

剖视图中啮合区内一个齿轮的
齿顶及两侧被遮挡的部分画细虚线

啮合区的齿顶圆
画粗实线

重合节线
画粗实线

啮合区内齿顶圆省略不画

（a）　　　　　　　　　　　　　　　（b）

图 10 - 36　圆柱齿轮啮合画法

（a）啮合剖视图；（b）啮合视图

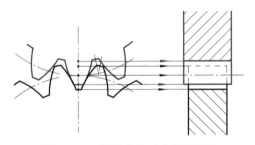

图 10 - 37　圆柱齿轮啮合间隙画法

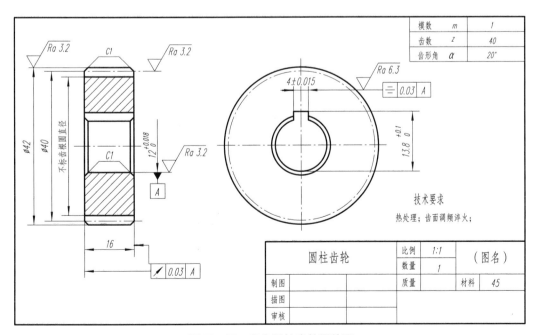

模数	m	1
齿数	z	40
齿形角	α	20°

技术要求

热处理：齿面调频淬火；

圆柱齿轮		比例	1:1	（图名）
		数量	1	
制图		质量		材料	45
描图					
审核					

图 10 - 38　直齿圆柱齿轮零件图

10.5.3 直齿圆锥齿轮

圆锥齿轮的轮齿分布在圆锥体表面上，轮齿可根据需要制成直齿、斜齿等，其结构尺寸已标准化，图 10-39 为直齿圆锥齿轮传动与结构。下面简要介绍标准直齿圆锥齿轮的基本参数及画法。

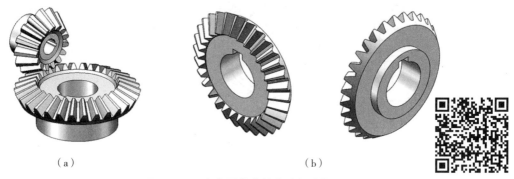

（a） （b）

图 10-39 直齿圆锥齿轮传动与结构

（a）直齿圆锥齿轮传动；（b）直齿圆锥齿轮结构

直齿圆锥齿轮
传动与结构

1. 标准直齿圆锥齿轮各部分名称及尺寸关系

圆锥齿轮的轮齿一端大一端小，大、小端的模数和分度圆直径也不相等，通常规定以大端模数和分度圆直径作为决定其他有关尺寸的依据。轮齿各部名称及尺寸如图 10-40 和表 10-13 所示。

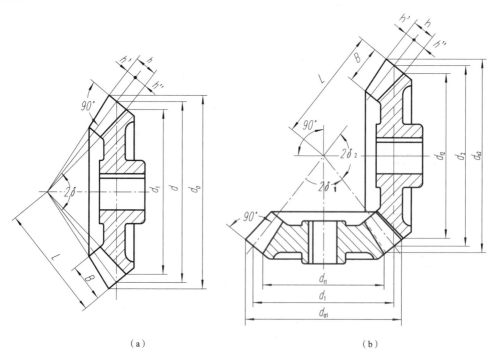

（a） （b）

图 10-40 直齿圆锥齿轮各部名称及尺寸

（a）单个齿轮；（b）一对啮合齿轮

表 10 – 13 标准直齿圆锥齿轮（$\alpha = 20°$，$\delta = 90°$）的尺寸计算

序号	名称	代号	计算公式
1	模数	m	（以大端模数为标准，由设计者给定）
2	齿数	z_1，z_2	（由设计者给定）
3	分度圆直径	d_1，d_2	$d_1 = mz_1$ $d_2 = mz_2$
4	分度圆锥角（分度圆锥面母线与轴线之间的夹角）	δ_1，δ_2	当 $\delta = 90°$时： $\tan\delta_1 = d_1/d_2 = z_1/z_2$，$\tan\delta_2 = d_2/d_1 = z_2/z_1$
5	齿顶高	h'	$h' = m$
6	齿根高	h''	$h'' = 1.25m$
7	全齿高	h	$h = h' + h'' = 2.25m$
8	齿顶圆直径	d_{a1}	$d_{a1} = d_1 + 2m\cos\delta_1 = m\ (z_1 + 2\cos\delta_1)$
		d_{a2}	$d_{a2} = d_2 + 2m\cos\delta_2 = m\ (z_2 + 2\cos\delta_2)$
9	齿根圆直径	d_{f1}	$d_{f1} = d_1 - 2.5m\cos\delta_1 = m\ (z_1 - 2.5\cos\delta_1)$
		d_{f2}	$d_{f2} = d_2 - 2.5m\cos\delta_2 = m\ (z_2 - 2.5\cos\delta_2)$
10	外锥距（分度圆锥面母线的长度）	L_1，L_2	$L_1 = (mz_1)/(2\sin\delta_1)$，$L_2 = (mz_2)/(2\sin\delta_2)$，$L_1 = L_2$
11	齿宽	B_1，B_2	$B_1 = L_1/3$，$B_2 = L_2/3$，$B_1 = B_2$
12	轴交角（两圆锥齿轮轴线之间的夹角）	δ	$\delta = \delta_1 + \delta_2 = 90°$
13	传动比	i	$i = n_1/n_2 = z_2/z_1$

2. 圆锥齿轮的画法

1）单个圆锥齿轮的画法

圆锥齿轮轮齿部分的画法与圆柱齿轮基本相同，如图 10 – 41（c）所示。主视图多用全剖视图，左视图中要用粗实线画出齿轮大端和小端的齿顶圆，用细点画线画出大端分度圆，而齿根圆不必画出。单个圆锥齿轮的画图步骤如图 10 – 41（a）、（b）、（c）所示。

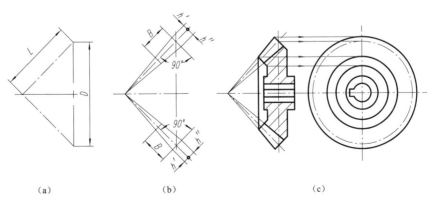

（a） （b） （c）

图 10 – 41 单个圆锥齿轮的画法

（a）根据 L 和 D，画出节圆锥；（b）取大端齿高，画出齿顶线、齿根线，并取齿宽 B；

（c）画出主视图，左视图底稿，最后描深

2）圆锥齿轮的啮合画法

如图 10-42 所示，在啮合区，将其中一个齿轮的轮齿作为可见，画成粗实线，另一个齿轮轮齿被遮挡部分画成细虚线，也可省略不画。

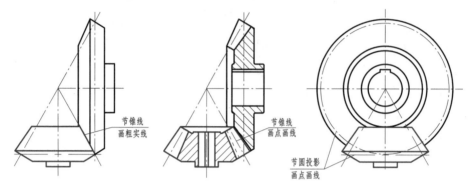

图 10-42　圆锥齿轮的啮合画法

3）圆锥齿轮零件图

图 10-43 为一直齿圆锥齿轮的零件图，采用两个视图表示。以平行于齿轮轴线方向的视图作为主视图，且采取全剖视；左视图采取视图表达，主要表示锥齿轮的外形和轮毂结构；在图纸右上角列出齿轮相关的参数。

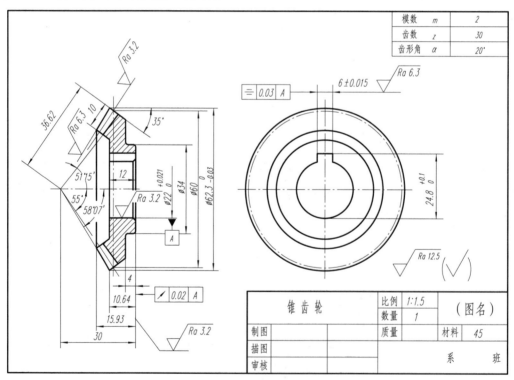

图 10-43　圆锥齿轮的零件图

10.5.4　蜗杆与蜗轮

蜗杆与蜗轮常用于垂直交错两轴之间的传动，如图 10-44（a）所示。蜗杆的齿数相当于螺杆上螺纹的线数，常用单头或双头，如图 10 – 44（b）所示。在传动时，蜗杆一般为主动件，蜗杆旋转一圈，则蜗轮只转过一个齿或两个齿。因此，蜗杆蜗轮传动可获得较大的传动比。蜗轮实际上是斜齿的圆柱齿轮，为了增加与蜗杆啮合时的接触面积，提高工作寿命，蜗轮的齿顶和齿根常加工成圆环面，如图 10 – 44（c）所示。

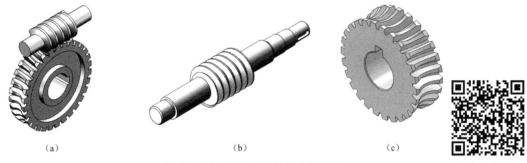

（a）　　　　　　　　　　　　　　（b）　　　　　　　　　　　　（c）

图 10 – 44　蜗杆 – 蜗轮传动与结构

（a）蜗轮 – 蜗杆传动；（b）蜗杆结构；（3）蜗轮结构

蜗杆 – 蜗轮
传动与结构

1. 蜗杆的画法

图 10 – 45 为蜗杆的零件图，蜗杆一般用一个主视图和表示齿形的轴向断面图来表示。主视图一般不做剖视，与圆柱齿轮的规定画法一样，蜗杆的分度线、分度圆用细点画线绘制；齿顶线、齿顶圆用粗实线绘制；齿根线、齿根圆用细实线绘制或省略不画；蜗杆齿形部分的尺寸以轴向断面为准。

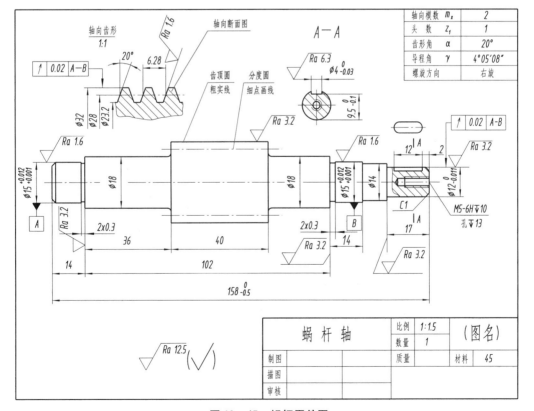

图 10 – 45　蜗杆零件图

2. 蜗轮的画法

图 10 - 46 为蜗轮的零件图，蜗轮常用非圆方向作为主视图并采用全剖视图，其轮齿为圆弧形，分度圆用细点画线绘制；喉圆和齿根圆用粗实线绘制。左视图上，轮齿部分只用点画线画出分度圆，用粗实线画出最大直径圆。

3. 蜗杆与蜗轮的啮合画法

如图 10 - 47 所示，在蜗杆投影为圆的视图中，无论外形图还是剖视图，蜗杆与蜗轮的啮合部分只画蜗杆，不画蜗轮。在蜗轮投影为圆的视图中，蜗杆的分度线与蜗轮的分度线相切。当其啮合区剖开时，一般采用局部剖视图。

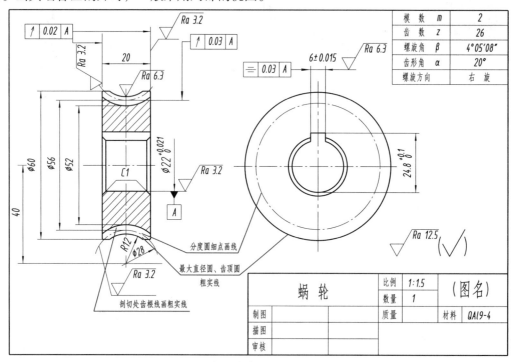

模 数	m	2
齿 数	z	26
螺旋角	β	4°05'08"
齿形角	α	20°
螺旋方向		右 旋

蜗 轮		比例	1:1.5	（图名）
		数量	1	
制图		质量		材料	QAl9-4
描图					
审核					

图 10 - 46 蜗轮零件图

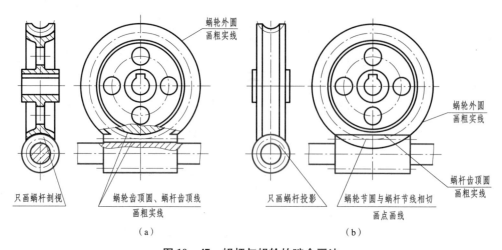

（a）

（b）

图 10 - 47 蜗杆与蜗轮的啮合画法

（a）啮合剖视画法；（b）啮合视图画法

10.6　弹簧

弹簧是一种利用弹性来减振、夹紧、测力和储存能量的零件。

弹簧的种类复杂多样，按形状主要有螺旋弹簧、涡卷弹簧、板弹簧等；按受力性质主要有拉伸弹簧、压缩弹簧、扭转弹簧和弯曲弹簧。普通圆柱弹簧由于制造简单，且可根据受载情况制成各种型式，结构简单，故应用最广，如图 10 – 48 所示。本节只介绍普通圆柱螺旋压缩弹簧的画法和尺寸计算。

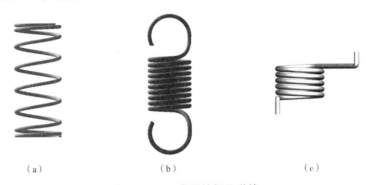

（a）　　　　　　　　　　（b）　　　　　　　　　　（c）

图 10 – 48　常用的螺旋弹簧

（a）压缩弹簧；（b）拉力弹簧；（c）扭力弹簧

10.6.1　圆柱螺旋压缩弹簧参数

弹簧各部分的名称及尺寸关系如图 10 – 49（b）所示。

（1）簧丝直径 d：制作弹簧钢丝的直径。

（2）弹簧外径 D：弹簧的最大直径，$D = D_2 + d$；

弹簧内径 D_1：弹簧的最小直径，$D_1 = D - 2d$；

弹簧中径 D_2：弹簧的内径和外径的平均值，$D_2 = （D + D_1）/2 = D - d$。

（3）弹簧节距 t：除支承圈外，相邻两圈截面中心线的轴向距离。

（4）有效圈数 n、支承圈数 n_0 和总圈数 n_1：两端夹紧磨平，起支承作用的弹簧圈称为支承圈，支承圈数一般为 1.5 圈、2 圈、2.5 圈；保持相等节距的圈数，称为有效圈数；有效圈数与支承圈数之和，称为总圈数，即 $n_1 = n + n_0$。

（5）自由高度 H_0：弹簧在不受外力作用时的高度（或长度）

$$H_0 = nt + （n_0 - 0.5）d$$

（6）弹簧展开长度 L：制造弹簧时坯料的长度。由螺旋线的展开可知

$$L = n_1 \sqrt{（\pi D_2）^2 + t^2}$$

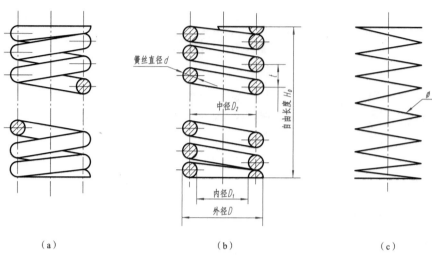

图 10－49　圆柱螺旋弹簧的参数与画法

（a）视图画法；（b）参数与剖视画法；（c）示意画法

10.6.2　圆柱螺旋压缩弹簧的规定画法（GB/T 4459.4—2003）

1. 单个弹簧的画法

圆柱螺旋弹簧可画成视图、剖视图或示意图，如图 10－49 所示。画图时应注意以下几点：

（1）弹簧在平行于轴线的视图中，各圈的投影转向轮廓线画成直线。

（2）有效圈数在 4 圈以上的螺旋弹簧，允许每端只画两圈（不包括支承圈），中间各圈可省略不画，只画通过簧丝断面中心的两条细点画线。当中间部分省略后，可适当缩短图形的长度。

（3）在图样上，螺旋弹簧均可画成右旋；但左旋螺旋弹簧，不论画成左旋或右旋，一律要加注"LH"。

【例 10－3】 已知弹簧外径 $D = 45$ mm，簧丝直径 $d = 5$ mm，节距 $t = 10$ mm，有效圈数 $n = 8$，支承圈数 $n_2 = 2.5$，右旋，试画出这个弹簧的剖视图。

解：

1）相关尺寸计算

弹簧中径 $D_2 = D - d = 40$ mm，自由高度 $H_0 = nt + (n_2 - 0.5) d = 90$ mm。

2）作图

（1）以自由高度 H_0 和弹簧中径 D_2 作矩形 $ABCD$，如图 10－50（a）所示；

（2）画出支承圈部分，如图 10－50（b）所示；

（3）根据节距作簧丝断面，如图 10－50（c）所示；

（4）按右旋方向作簧丝断面的切线，校核，加深，画剖面符号，如图 10－50（d）所示。

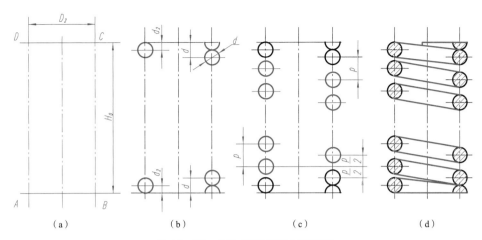

图 10 - 50　螺旋压缩弹簧作图步骤

（a）作基准线；（b）画支撑圈；（c）画簧丝断面；（d）完成全图

2. 圆柱螺旋压缩弹簧在装配图中的画法

（1）在装配图中，被弹簧遮挡的结构一般不画出，弹簧后面被挡住的结构一般不必画出。可见的部分从弹簧钢丝的外轮廓线或从弹簧丝断面的中心线画起，如图 10 - 51（a）所示。

（2）当弹簧钢丝剖面的直径在图形上小于或等于 2 mm 时，弹簧钢丝断面可以全部涂黑或采用示意画法，如图 10 - 51（b）、（c）所示。

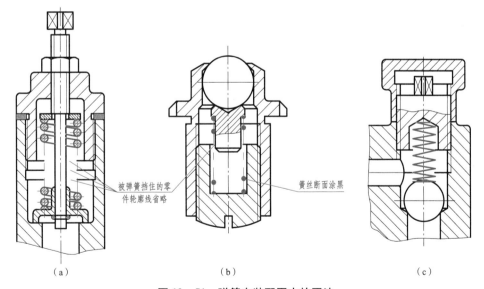

图 10 - 51　弹簧在装配图中的画法

（a）剖视画法；（b）涂黑表示法；（c）示意画法

3. 螺旋压缩弹簧工作图

图 10 - 52 是一个圆柱螺旋压缩弹簧的零件图，其图形一般采用一个或两个视图表示，弹簧的参数应直接注在图形上，当直接标注有困难时，可在"技术要求"中说明。

当需要表明弹簧的负荷与高度之间的变化关系时，需在主视图的上方用图解方式表示。

圆柱螺旋压缩弹簧的力学性能曲线画成直线，即图中直角三角形的斜边，代号 $F1$、$F2$ 为工作负荷，F_3 为工作极限负荷。

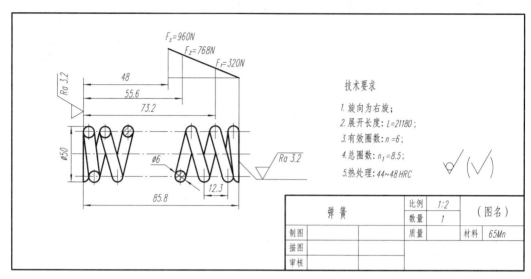

图 10－52　圆柱螺旋压缩弹簧的零件图

10.6.3　圆柱螺旋压缩弹簧的标记

GB/T 2089—2009 中规定普通圆柱螺旋压缩弹簧的标记由名称、尺寸与精度、旋向及表面处理组成，标记格式如下：

名称 $d \times D_2 \times H_0$—精度、旋向、标准编号、材料牌号—表面处理

例如：压簧 $3 \times 20 \times 80$—2 左 GB/T 2089—2009·Ⅱ—D. Z.。

【本章内容小结】

内容		要点
螺纹		种类［连接螺纹（普通螺纹、管螺纹）、传动螺纹（梯形螺纹、锯齿形螺纹）］
		螺纹标记与标注（会查国家标准）
		螺纹画法（内螺纹、外螺纹、内外螺纹连接）
标准件	螺纹紧固件	种类（螺栓、螺柱、螺钉、螺母、垫圈等）
		规定标记（会查国家标准）
		连接画法（螺栓连接、螺柱连接、螺钉连接）
	键	分类（平键、半圆键、钩头键）
		平键标记（会查国家标准）
		平键画法（键槽的表达与尺寸标注、键连接画法）
	销	分类（圆柱销、圆锥销）
		标记（会查国家标准）
		装配画法
	轴承	滚动轴承基本代号（会查标准）
		画法（简化画法、规定画法）

内容		要点
常用件	齿轮	齿轮种类（圆柱齿轮、圆锥齿轮、蜗轮蜗杆）
		直齿圆柱齿轮的基本参数和尺寸关系
		直齿圆柱齿轮画法（单齿轮规定画法、啮合规定画法）
		直齿圆锥齿轮的基本参数和尺寸关系
		直齿圆锥齿轮画法（单直齿圆锥齿轮规定画法、圆锥齿轮啮合规定画法）
		蜗轮蜗杆画法（蜗杆规定画法、蜗轮规定画法、蜗杆蜗轮啮合规定画法）
	弹簧	圆柱螺旋压缩弹簧参数与计算
		弹簧画法（单个弹簧画法、弹簧装配画法）
		弹簧标记

第 11 章　装配图

【本章知识点】

（1）装配图的作用和内容；

（2）装配图的常用和特殊表达方法；

（3）装配图的尺寸分类、标注和技术要求；

（4）装配图上的序号、标题栏和明细表；

（5）装配结构的合理性；

（6）装配图的画法；

（7）看装配图的方法和步骤；

（8）由装配图拆画零件图。

11.1　装配图的作用和内容

机器或部件都是由若干个零件按一定的装配关系和技术要求组装而成的。表示机器或部件装配关系的图样称为装配图。其中，表示部件的图样称为部件装配图；表示一台完整机器的图样称为总装配图或总图。

装配图是生产中重要的技术文件，在设计产品时，通常是根据设计任务书，先画出符合设计要求的装配图，再根据装配图画出符合要求的零件图；在制造产品的过程中，要根据装配图制订装配工艺规程来进行装配、调试和检验产品；在使用产品时，要从装配图上了解产品的结构、性能、工作原理及保养、维修的方法和要求。同时，装配图又是安装、调试、操作和检修机器或部件的重要参考资料。如图 11 - 1 所示的滑动轴承由轴承盖，轴承座，上、下轴衬，油杯，螺栓等零件组成。图 11 - 2 为滑动轴承装配图，从该图可以看出一张完整的装配图应具有下列内容。

1）一组视图

可采用前面学过的各种表达方法，正确、清晰地表达机器或部件的工作原理和结构、传动路线、各零件间的装配关系、连接方式和主要零件的结构形状等。图 11 - 2 所示的装配图选用了两个基本视图。

2）必要的尺寸

装配图上要注出表示机器或部件的规格（性能）尺寸、零件之间的配合尺寸、外形尺寸、机器或部件的安装尺寸及其他必要的尺寸，如图 11 - 2 中 180、123、80 为外形尺寸；140 和 14.6 为安装尺寸；$\phi30H7$ 为规格尺寸。

3）技术要求

提出机器或部件性能、装配、调试、检验和运转等方面的技术要求，一般用文字写出，如图 11 - 2 中标题栏上方的文字说明。

4）零件的编号和明细栏（表）

组成机器或部件的每一种零件（结构形状、尺寸规格及材料完全相同的为一种零件），在装配图上，必须按一定的顺序编上序号，并编制出明细栏。明细栏中注明各种零件的序号、代号、名称、数量、材料、质量、备注等内容，以便读图、图样管理及进行生产准备、生产组织工作。

5）标题栏

标题栏说明机器或部件的名称、图样代号、比例、质量及责任者的签名和日期等内容。详见第 1 章内容。

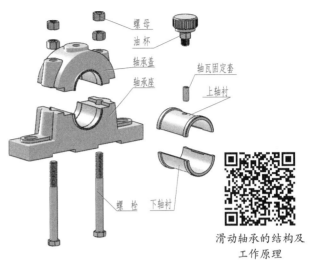

滑动轴承的结构及
工作原理

图 11 - 1 滑动轴承的组成

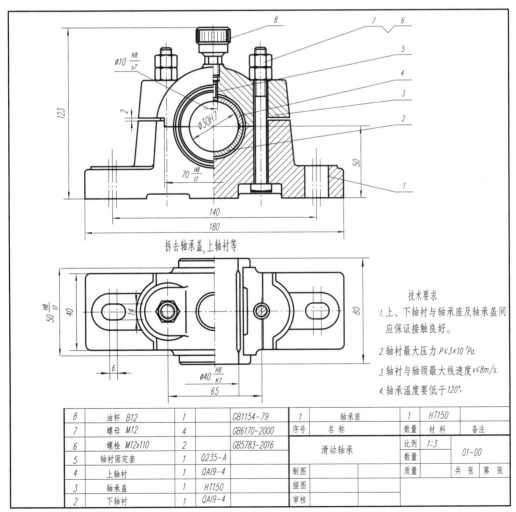

8	油杯 B12	1	GB1154-79	1	轴承座		1	HT150	
7	螺母 M12	4	GB6170-2000	序号	名 称		数量	材 料	备注
6	螺栓 M12x110	2	GB5783-2016	滑动轴承			比例	1:3	01-00
5	轴衬固定套	1	Q235-A				数量		
4	上轴衬	1	QAl9-4	制图			质量	共 张	第 张
3	轴承盖	1	HT150	描图					
2	下轴衬	1	QAl9-4	审核					

图 11 - 2 滑动轴承装配图

11.2　装配图的表达方法

装配图和零件图一样，也是按正投影的原理、方法和国家标准《机械制图》中的有关规定绘制的。零件图的表达方法（视图、剖视、断面等）及视图选用原则，一般都适用于装配图。但由于装配图与零件图各自表达对象的重点及在生产中所使用的范围有所不同，因而国家标准对装配图在表达方法上还有一些专门的规定。

11.2.1　装配图的规定画法

（1）两相邻零件的接触面和配合面规定只画一条线，但当两相邻零件的基本尺寸不相同时，即使间隙很小，也必须画出两条线。如图 11-2 中主视图轴承盖与轴承座的接触面画一条线；而螺栓与轴承盖的光孔是非接触面，因此画两条线。如图 11-5（a）、（b）所示，滚动轴承与轴、滚动轴承与底座孔均为配合面，泵盖与底座、调整环与底座和泵盖为接触面，只画一条线。如图 11-5（a）所示，螺栓与泵盖的光孔是非接触面，因此画两条线，若间隙小可采用夸大画法。

（2）两相邻金属零件的剖面线的倾斜方向应相反，或者方向一致、间隔不等。在各视图上同一零件的剖面线倾斜方向和间隔应保持一致，如图 11-2 中轴承盖与轴承座的剖面线画法。如图 11-5（a）所示，底座与相邻的泵盖绘制了方向不同的剖面线。

剖面厚度在 2 mm 以下的图形允许以涂黑来代替剖面符号，如图 11-5（a）中密封圈的画法。

（3）对于紧固件以及轴、连杆、球、钩子、键、销等实心零件，若按纵向剖切，且剖切平面通过其对称平面或轴线时，则这些零件均按不剖绘制。如图 11-2 中螺栓和螺母的画法。当需要特别表明轴等实心零件上的凹坑、凹槽、键槽、销孔等结构时，可采用局部剖视来表达。

11.2.2　装配图的特殊画法

1. 沿零件间的结合面剖切和拆卸画法

装配体上零件间往往有重叠现象，当某些零件遮住了需要表达的结构与装配关系时，可采用拆卸画法，需要说明时，可加注"拆去××等"。如图 11-2 俯视图上右半部分是沿轴承盖与轴承座结合面剖切的，即相当于拆去轴承盖、上轴衬等零件后的投影。结合面上不画剖面符号，被剖切到的螺栓则必须画出剖面线。如图 11-3（a）所示的 A—A 剖视图就是沿转子油泵的泵盖和泵体的结合面剖切后画出的，按上面规定，结合面未画剖面线，而被剖切到的螺栓断面须画剖面线。拆卸画法的拆卸范围比较灵活，可以将某些零件全拆；也可以将某些零件半拆，此时以对称线为界，类似于半剖；还可以将某些零件局部拆卸，此时以波浪线分界，类似于局部剖。

采用拆卸画法的视图需加以说明，可标注"拆去××零件"等字样，如图 11-2 所示

"拆去轴承盖、上衬套等"。

2. 单独表达某个零件画法

当个别零件在装配图中没有表达清楚，而又需要表达时，可单独画出该零件的视图，并在单独画出的零件视图上方注出该零件的名称或编号，其标注方法与局部视图类似，如图 11 - 3（c）所示的泵盖。

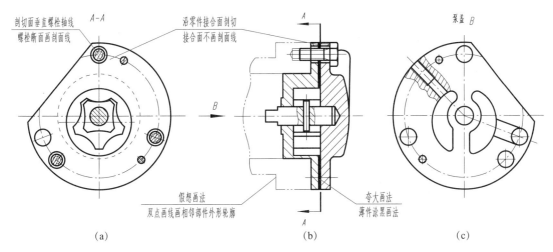

图 11 - 3 装配图的特殊画法

（a）沿结合面的剖切画法；（b）假想画法与夸大画法；（c）单独表达零件画法

3. 展开画法

为了表示传动机构的传动路线和零件间的装配关系，可假想按传动顺序沿轴线剖切，然后依次展开使剖切面摊平并与选定的投影面平行再画出它的剖视图，这种画法称为展开画法，如图 11 - 4 所示。

4. 假想画法

（1）在装配图中，当需要表示某些零件的运动范围和极限位置时，可用细双点画线画出这些零件的极限位置。如图 11 - 4 所示，当三星轮板在位置Ⅰ时，齿轮 2、3 都不与齿轮 4 啮合；处于位置Ⅱ时，运动由齿轮 1 经 2 传至 4；处于位置Ⅲ时，运动由齿轮 1 经 2、3 传至 4，这样齿轮 4 的转向与前一种情况相反。图中Ⅱ、Ⅲ位置用细双点画线表示。

（2）在装配图中，当需要表达本部件与相邻零部件的装配关系时，可用细双点画线画出相邻部分的轮廓线，如图 11 - 4 中主轴箱的画法。

5. 简化画法

（1）装配图中若干相同的零件组或螺栓连接等，可仅详细地画出一组或几组，其余只需表示装配位置，如图 11 - 5（a）、（b）所示。

（2）装配图中的滚动轴承允许采用图 11 - 5（a）所示的简化画法。滚动轴承、密封圈等可只画出其对称图形的一半，而另一半则画轮廓并用细实线画出轮廓的两条对角线，如图 11 - 5（a）所示。图 11 - 5（b）是滚动轴承的特征画法。

（3）装配图中零件的工艺结构如圆角、倒角、退刀槽等允许不画。例如，螺栓头部、螺母的倒角及因倒角产生的曲线允许省略，如图 11 - 5（a）、（b）所示。

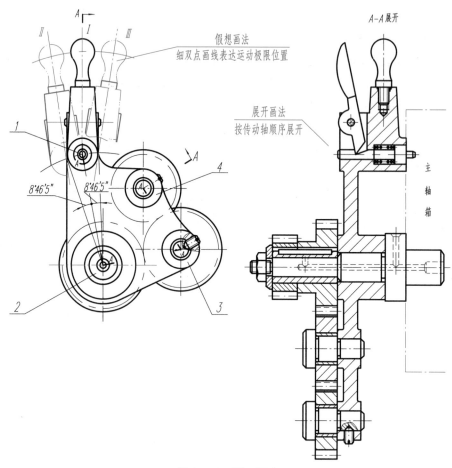

图 11 - 4　展开画法

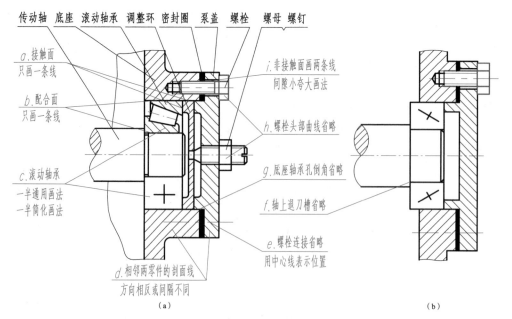

(a)　　　　　　　　　　　　　　　　　　　(b)

图 11 - 5　简化画法

(a) 紧固件和轴承简化画法；(b) 轴承特征画法

（4）装配图中，当剖切平面通过的某些组合件为标准产品（如油杯、油标、管接头等）或该组合件已由其他图形表示清楚时，则可以只画出其外形，如图 11 - 2 中的油杯。

（5）在装配剖视图中，当不致引起误解时，剖切平面后面不需表达的部分可省略不画。

6. 夸大画法

在装配图中，如绘制直径或厚度小于 2 mm 的孔或薄片以及较小的斜度和锥度，允许该部分不按比例而夸大画出，如图 11 - 5（a）中密封圈和 11 - 5（b）中垫片的画法。

11.3　装配图上的尺寸标注和技术要求

11.3.1　装配图上的尺寸标注

装配图与零件图不同，不是用来直接指导零件生产的，不需要、也不可能注出每一个零件的全部尺寸，而只需标注出一些必要的尺寸，这些尺寸按其作用的不同，大致可分为以下几类。

1. 特性、规格（性能）尺寸

特性、规格（性能）尺寸：表示装配体的性能、规格或特征的尺寸。它常常是设计或选择使用装配体的依据，如图 11 - 2 的轴承孔尺寸 $\phi30H7$。

2. 装配尺寸

装配尺寸：表示机器或部件上有关零件间装配关系和工作精度的尺寸。

1）配合尺寸

配合尺寸：表示零件间有配合要求的尺寸，如图 11 - 23 中齿轮轴与泵盖孔的配合尺寸 $\phi16H7/h6$、主动齿轮轴与传动齿轮的配合尺寸 $\phi14H7/k6$ 等。

2）相对位置尺寸

相对位置尺寸：表示装配时需要保证的零件间较重要的距离、间隙等，如图 11 - 23 中两齿轮间的中心距 27 ± 0.016。

3）装配时加工尺寸

装配时加工尺寸：有些零件要装配在一起后才能进行加工，装配图上要标注装配时的加工尺寸。

3. 安装尺寸

安装尺寸：表示将部件安装在机器上，或机器安装在基础上所需的尺寸，如图 11 - 2 中安装孔尺寸 14.6 和它们的孔距尺寸 140。

4. 外形尺寸

外形尺寸：表示机器或部件总体的长、宽、高。它是包装、运输、安装和厂房设计时所需的尺寸，如图 11 - 2 中的外形尺寸 180、123、80。

5. 其他重要尺寸

其他重要尺寸：经计算或选定的不能包括在上述几类尺寸中的重要尺寸，如图 11 - 20 中千斤顶调节极限尺寸 178 ~ 269。

必须指出，上述5种尺寸，并不是每张装配图上都全部具有，而且装配图上的一个尺寸有时兼有几种意义。因此，应根据装配体的具体情况来考虑装配图上的尺寸标注。

11.3.2 装配图上的技术要求

装配图上注写的技术要求，通常可以从以下几方面考虑：

（1）装配体装配后应达到的性能要求，如装配后的密封、润滑等要求。

（2）装配体在装配过程中应注意的事项及特殊加工要求。例如，有的表面需装配后加工，有的孔需要将有关零件装好后配作等。

（3）有关试验或检验方法的要求。

（4）使用要求，如对装配体的维护、保养方面的要求及操作使用时应注意的事项等。

技术要求一般注写在明细栏的上方或图纸下部空白处，如果内容很多，也可另外编写成技术文件作为图纸的附件。

11.4 装配图上的序号

为了便于读图，便于图样管理以及做好生产准备工作，装配图中所有零、部件都必须编写序号。编写序号应遵循国家标准的有关规定。

1. 一般规定

（1）装配图中所有零、部件都必须编写序号。

（2）装配图中，一个部件可只编写一个序号，如滚动轴承就只编写一个序号；同一装配图中，尺寸规格完全相同的零、部件，应编写相同的序号。

（3）装配图中的零、部件的序号应与明细栏中的序号一致。

2. 序号的标注形式

标注一个完整的序号，一般应有3个部分：指引线、水平线（或圆圈）及序号数字，如图11-6（a）、（b）所示。也可以不画水平线或圆圈，如图11-6（c）所示。

1）指引线

指引线用细实线绘制，应自所指部分的可见轮廓内引出，并在可见轮廓内的起始端画一圆点，如图11-6（a）所示。

2）水平线或圆圈

水平线或圆圈用细实线绘制，用以注写序号数字，如图11-6（a）、（b）所示。

3）序号数字

在指引线的水平线上或圆圈内注写序号时，其字号比该装配图中所注尺寸数字大一号，如图11-6（a）、（b）所示；也允许大两号，如图11-6（c）所示。当不画水平线或圆圈，在指引线附近注写序号时，序号字号必须比该装配图中所标注尺寸数字大两号，如图11-6（c）所示。

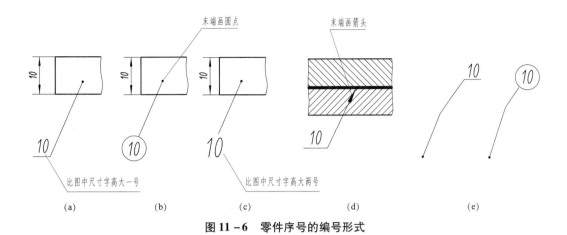

图 11 - 6　零件序号的编号形式

3. 序号的编排方法

序号在装配图周围按水平或垂直方向排列整齐，序号数字可按顺时针或逆时针方向依次增大，以便查找。在一个视图上无法连续编完全部所需序号时，可在其他视图上按上述原则继续编写。

4. 其他规定

（1）同一张装配图中，编注序号的形式应一致。

（2）当序号指引线所指部分内不便画圆点时（如很薄的零件或涂黑的剖面），可用箭头代替圆点，箭头需指向该部分轮廓，如图 11 - 7（a）所示。

（3）一组紧固件以及装配关系清楚的零件组，可采用公共指引线，如图 11 - 7（b）所示。

（4）部件中的标准件，可以与非标准零件同样地编写序号；也可以不编写序号，而将标准件的数量与规格直接用指引线标明在图中。

（5）指引线可以画成折线，只可曲折一次，如图 11 - 6（e）所示。但指引线不能相交，且当指引线通过有剖面线的区域时，指引线不应与剖面线平行，如图 11 - 7（a）所示。

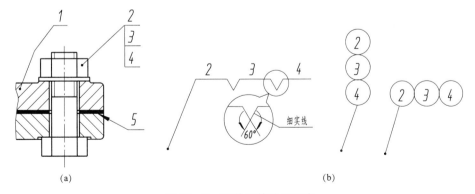

图 11 - 7　零件组的编号形式

（a）序号指引线末端；（b）组件共同指引线

11.5 装配结构

为了保证装配体的质量，在设计装配体时，必须考虑装配体上装配结构的合理性，以保证机器和部件的性能，并给零件的加工和装拆带来方便。在装配图上，除允许简化画出的情况外，都应尽量把装配工艺结构正确地反映出来。下面介绍几种常见的装配工艺结构。

11.5.1 接触面与配合面结构

在设计时，同方向的接触面或配合面一般只有一组，若因其他原因需要多于一组接触面时，则在工艺上要提高精度，增加制造成本，甚至根本做不到，如图 11-8 (a) ～图 11-8 (c) 所示。圆锥面配合时，其轴向相对位置即被确定，因此，不应要求圆锥面和端面同时接触，如图 11-8 (d) 所示。

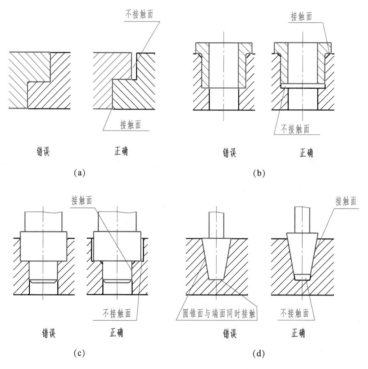

图 11-8 同方向接触面或配合面的数量

（a）平面接触；（b）端面接触；（c）径向接触；（d）圆锥面配合

11.5.2 螺纹连接的合理结构

为了保证螺纹旋紧，应在螺纹尾部留出退刀槽或在螺孔端部加工出凹坑或倒角，如图 11-9 所示。

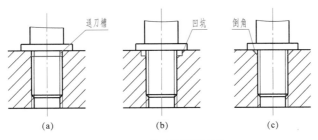

图 11 – 9　利于旋紧的结构

（a）退刀槽；（b）凹坑；（c）倒角

为了保证连接件与被连接件间接触良好，被连接件上应做成沉孔或凸台，被连接件通孔的直径应大于螺孔大径或螺杆直径，如图 11 – 10 所示。

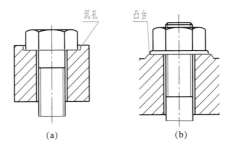

图 11 – 10　保证良好接触的结构

（a）沉孔；（b）凸台

11.5.3　轴肩与孔端面结构

轴与孔配合且轴肩与端面相互接触时，在接触面的交角处（孔或轴的根部）应加工出退刀槽、倒角或不同大小的倒圆，以保证两个方向的接触面均接触良好，确保装配精度。如图 11 – 11（c）所示的孔口倒角和图 11 – 11（d）所示的轴上切槽，使孔口端面与轴肩有良好的接触。图 11 – 11（a）和图 11 – 11（b）所示的结构是不合理的。

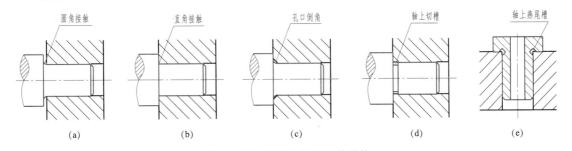

图 11 – 11　轴肩与孔端面的结构

（a）、（b）不合理；（c）、（d）、（e）合理

11.5.4　防松结构

机器运转时，由于受到振动或冲击，螺纹紧固件可能发生松动。这不仅妨碍机器正常工

作，有时甚至会造成严重事故，因此需要防松装置。常用的防松装置有：双螺母、弹簧垫圈、止动垫片、开口销等，如图 11 - 12 所示。

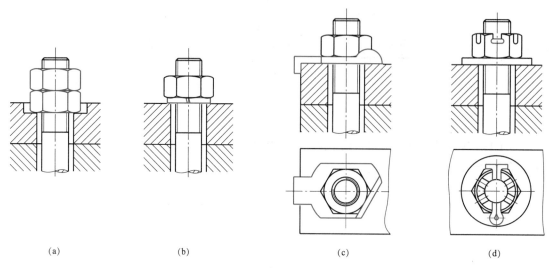

(a)　　　　　　(b)　　　　　　(c)　　　　　　(d)

图 11 - 12　常用的防松装置

（a）双螺母防松；（b）弹簧垫圈防松；（c）止动垫片防松；（d）开口销锁紧防松

11.5.5　密封防漏结构

1. 密封装置

（1）填料密封的装置，如图 11 - 13（a）所示。

（2）管子接口处用垫片密封的密封装置，如图 11 - 13（b）所示。

（3）滚动轴承的常用密封装置，如图 11 - 13（c）、（d）所示。

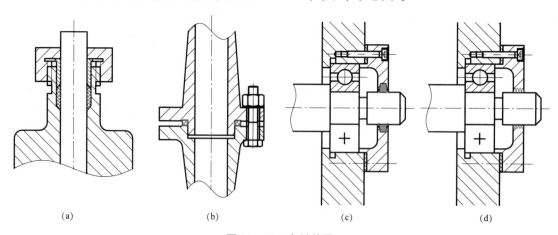

(a)　　　　　　　(b)　　　　　　(c)　　　　　　(d)

图 11 - 13　密封装置

（a）填料密封；（b）垫片密封；（c）毡圈式密封；（d）油沟式密封

2. 防漏结构

为避免箱内润滑油漏出，应使密封唇口朝向箱内；如果既要防止尘土进入，又要避免润滑油漏出，可以采用两个皮圈反装，如图 11 – 14 所示。

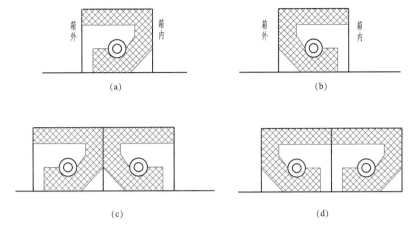

(a)　　　　　　　　　　　　　(b)

(c)　　　　　　　　　　　　　(d)

图 11 – 14　防漏结构
（a）防尘土进入的安装方式；（b）防油漏出的安装方式；
（c）错误；（d）两个皮圈反装的正确安装方法

11.6　部件测绘和装配图画法

11.6.1　部件测绘的方法和步骤

设计机器或部件需要画出装配图，测绘机器或部件是对现有的部件进行测量、计算，并绘制出零件图及装配图的过程。测绘工作对推广先进技术、交流生产经验、改造或维修设备等有重要的意义。因此，装配体测绘也是工程技术人员应该掌握的基本技能之一。现以测绘千斤顶为例，说明由零件图拼画装配图的方法和步骤。

1. 测绘准备工作

测绘部件之前，一般应根据部件的复杂程度编制测绘计划，准备必要的拆卸工具、量具（如扳手、榔头、螺丝刀、铜棒、钢皮尺、卡尺、细铅丝等），还应准备好标签及绘图用品等。

2. 了解和分析部件

测绘前先要对部件进行必要的分析研究，一般可通过观察、分析该装配体的结构和工作情况，阅读有关的说明书、资料，参阅同类产品图纸，以及向有关人员了解使用情况和改进意见，从而了解部件的用途、性能、工作原理、结构特点和零件间的装配关系。

3. 画装配示意图

为了便于装配体被拆后仍能顺利装配复原，对于较复杂的装配体，在拆卸过程中应尽量做好记录。最简便常用的方法是绘制出装配示意图，用以记录各种零件的名称、数量及其在装配体中的相对位置及装配连接关系，同时也为绘制正式的装配图作好准备。条件允许，还可以用照相乃至录像等手段做记录。装配示意图是将装配体看作透明体来画的，在画出外形轮廓的同时，又画出其内部结构。

装配示意图是通过目测，徒手用简单的线条示意性地画出部件或机器的图样。它用来示意性地表达部件或机器的结构、装配关系、工作原理和传动路线等，作为重新装配部件或机器和画装配图时参考。

装配示意图可参照 GB/T 4460—2013《机械制图　机构运动简图用图形符号》绘制。对于国家标准中没有规定符号的零件，可用简单线条勾出大致轮廓，并将部件或机器看成透明体。画装配示意图的顺序，一般可以从主要零件着手，由内向外扩展，按装配顺序把其他零件逐个画出。图形画好后，各零件编上序号，并列表注明各零件名称、数量、材料等。对于标准件要及时确定其尺寸规格，连同数量直接注写在装配示意图上。

4. 拆卸零件

拆卸零件的过程也是进一步了解部件中各零件的作用、结构、装配关系的过程。拆卸前应仔细研究拆卸顺序和方法，并应选择适当的工具，对不可拆的连接和过盈配合的零件尽量不拆。一些重要的装配尺寸，如零件间的相对位置尺寸、极限位置尺寸、装配间隙等要进行测量，并作好记录，以便重新装配时能保持原来的要求。拆卸后要将各零件编号（与装配示意图上编号一致），扎上标签，妥善保管，避免散失、错乱，还要防止生锈。对精度高的零件应防止碰伤和变形，以便测绘后重新装配时仍能保证部件的性能和要求。

5. 画零件草图

组成装配体的零件，除去标准件，其余非标准件均应画出零件草图及工作图。零件草图及工作图的绘制应按第9章中零件测绘的有关内容进行。在画零件草图的过程中，要注意以下几点：

（1）零件间有连接关系或配合关系的部分，它们的基本尺寸应相同。测绘时，只需测出其中一个零件的有关基本尺寸，即可分别标注在两个零件的对应部分上，以确保尺寸的协调。

（2）标准件虽不画零件草图，但要测出其规格尺寸，并根据其结构和外形，从有关标准中查出它的标准代号，把名称、代号、规格尺寸等填入装配图的明细栏中。

（3）零件的各项技术要求（包括尺寸公差、形状和位置公差、表面粗糙度、材料、热处理及硬度要求等）应根据零件在装配体中的位置、作用等因素来确定。也可参考同类产品的图纸，用类比的方法来确定。

（4）零件的工艺结构，如倒角、退刀槽、中心孔等要全部表达清楚。

6. 画装配图

零件草图或零件图画好后，还要拼画出装配图。画装配图的过程，是一次检验、校对零件形状、尺寸的过程。根据零件草图和装配示意图画出装配图，在画装配图时，应对零件草图上可能出现的差错，予以纠正。根据画好的装配图及零件草图再画零件图，对草图中的尺寸配置等可作适当调整和重新布置。

11.6.2　画装配图的方法和步骤

部件既由若干零件组成，则根据部件所属零件草图（或零件图）就可以拼画成部件的装配图。

1. 视图选择

对部件装配图视图选择的基本要求是：必须清楚地表达部件的工作原理、各零件的相对位置和装配连接关系。因此，在选择表达方案以前，必须仔细了解部件的工作原理和结构情况。在选择表达方案时，首先要选好主视图，然后配合主视图选择其他视图。

1）主视图的选择

主视图一般应满足以下要求：

（1）应按部件的工作位置放置。当工作位置倾斜时，则将它放正，使主要装配干线、主要安装面等处于特殊位置。

（2）应较好地表达部件的工作原理和结构特征。

（3）应较好地表达主要零件间的相对位置和装配连接关系。

主视图一般选用剖视图。

2）其他视图的选择

选择其他视图时，首先应分析部件中还有哪些工作原理、装配关系和主要零件的主要结构没有表达清楚，然后确定选用适当的其他视图。

最后，对不同的表达方案进行分析、比较、调整，使确定的方案既满足上述基本要求，又达到在便于看图的前提下，绘图简便。

2. 画图步骤

根据部件的大小及复杂程度选定绘制装配图的合适比例。一般情况下，只要可以选用1∶1的比例就应选用1∶1的比例画图，以便于看图。比例确定后，再根据选好的视图，并考虑标注必要的尺寸、零件序号、标题栏、明细栏和技术要求等所需的图面位置，确定出图幅的大小（在计算机上绘图，可不过多考虑布图问题），然后按下述步骤画图：

（1）画图框、标题栏及明细栏的外框。

（2）布置视图，画出各视图的作图基线。在布置视图时，要注意为标注尺寸和编号留出足够的位置。

（3）画底稿。一般从主视图入手，先画基本视图，后画非基本视图。

（4）标注尺寸。

（5）画剖面线。

（6）检查底稿后进行编号和加深。加深步骤与零件图的加深步骤相同。

（7）填写明细栏、标题栏和技术要求。

（8）全面检查图样。

画装配图一般比画零件图要复杂些，因为零件多，又有一定的相对位置关系。为了使底稿画得又快又好，必须注意画图顺序，明确应该先画哪个零件，后画哪个零件，才便于在图上确定每个零件的具体位置，并且少画一些不必要的（被遮盖的）线条。为此，要围绕装配干线进行考虑，根据零件间的装配关系来确定画图顺序。作图的基本顺序可分两种：一种是由里向外画，即大体上先画里面的零件，后画外面的零件；另一种是由外向里画，即大体上是先画外面的大件（先画出视图的大致轮廓），后画里面的小件。这两种方法各有优、缺点，一般情况下，将它们结合使用。

3. 画装配图应注意的事项

（1）要正确确定各零件间的相对位置。运动件一般按其一个极限位置绘制，另一个极限位置需要表达时，可用细双点画线画出其轮廓，螺纹连接件一般按将连接零件压紧的位置绘制。

（2）某视图已确定要剖开绘制时，应先画被剖切到的内部结构，即由内逐层向外画。

这样，其他零件被遮住的外形就可以省略不画。

（3）装配图中各零件的剖面线是看图时区分不同零件的重要依据之一，必须按照 11.2 节中的有关规定绘制。剖面线的密度可按零件的大小来决定，不宜太稀或太密。

【例 11-1】 图 11-15 为千斤顶的装配示意图和立体图，图 11-16 和图 11-17 为千斤顶的各零件图，由千斤顶零件图绘制装配图。

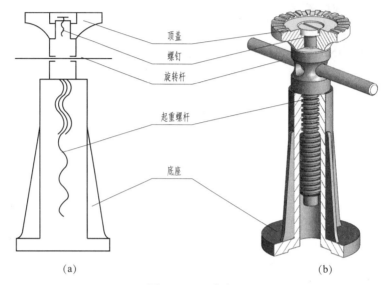

（a）   （b）

图 11-15 千斤顶

（a）千斤顶的装配示意图；（b）千斤顶立体图

千斤顶结构及
工作原理

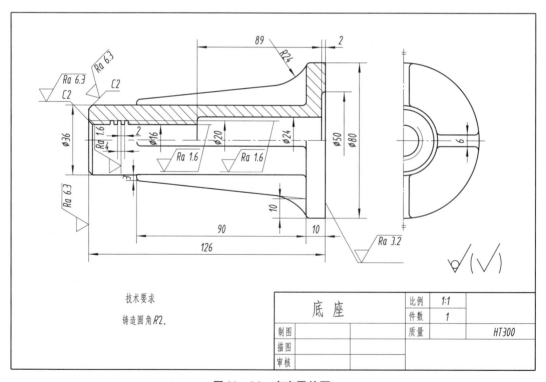

图 11-16 底座零件图

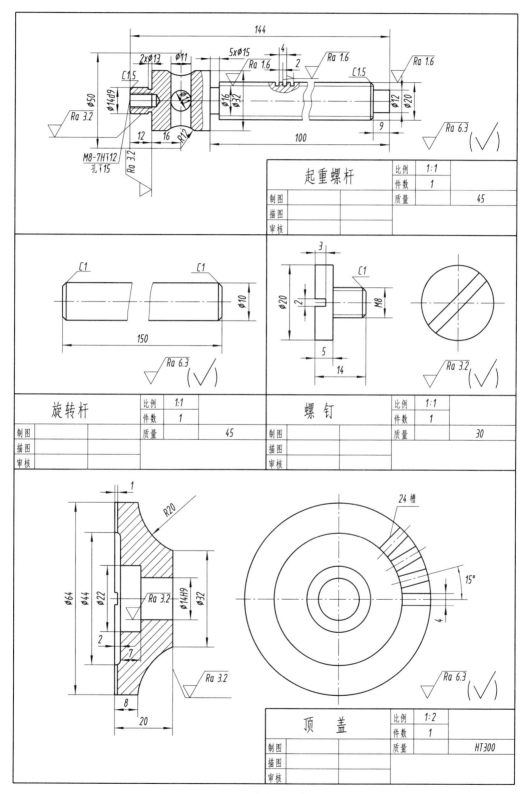

图 11–17 千斤顶其他零件图

原理分析：

千斤顶由底座、起重螺杆、旋转杆、螺钉、顶盖组成，其工作原理是：使用时，逆时针方向转动旋转杆，使起重螺杆向上升起，将重物顶起，螺钉将顶盖紧固在起重螺杆上。底座、起重螺杆、螺钉、顶盖的轴线与千斤顶的装配干线重合。

装配图绘图过程：

1）选择图纸和绘图比例

由千斤顶各零件图可知，千斤顶非工作状态下，高度为178 mm，所以选择A3图纸，绘图比例采用1∶1，绘制图框、图纸框、标题栏和明细栏。

2）布置视图，画出各视图的作图基线

由千斤顶的装配示意图和各零件图知道，千斤顶各零件大都前后、左右对称，采用一个全剖的主视图基本上能够表达清楚千斤顶的内外结构、各零件间的相对位置、装配关系和工作原理。选择一个视图的表达方案，画出主视图作图基线，如图11-19（a）所示。

将各零件中需要的视图分离、去除尺寸及其他标记，分离的各视图如图11-18所示。

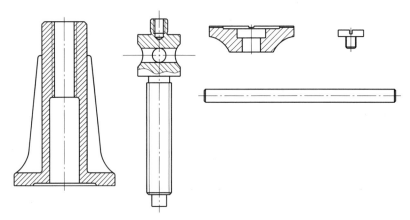

图 11-18　各零件分离的视图

3）画底稿，绘制剖面线，加深视图

千斤顶装配图采用由下往上、由内向外逐个绘制。在绘图前，要布置视图、预留出尺寸标注的空间。底座前后、左右对称，先绘制全剖的底座主视图；绘制起重螺杆，起重螺杆轴线与底座轴线重合，下端面与底座上端面接触，画一条线；底座与螺杆有螺纹配合，配合部分要按照外螺纹画法绘制，起重螺杆有退刀槽，在底座配合部分表达出来；顶盖放置在起重螺杆端面上，起重螺杆凸台高12 mm，顶盖凹槽端面到底面距离为11 mm，凸台高出顶盖凹槽端面；绘制螺钉，螺钉与起重螺杆有螺纹配合，配合部分也按照外螺纹画法绘制；绘制旋转杆，旋转杆绘制成左右对称。

绘制剖面线时要注意相邻零件的剖面线方向要相反，若方向一致间隔要有区别，最后擦除多余的线、加深可见的轮廓线。绘制过程如图11-19（a）～图11-19（f）所示。

4）标注尺寸

装配图上需要标注的尺寸有特性及规格（性能）尺寸、装配尺寸、安装尺寸、外形尺寸和其他重要尺寸等。千斤顶装配图上需要标注的尺寸有规格性能尺寸，如顶盖直径$\phi66$、极限尺寸269；装配尺寸，由零件图可得螺钉与起重螺杆的螺纹配合尺寸M8H7/h6；顶盖与起重螺杆的配合尺寸 $\phi14H9/d9$；千斤顶的底座直径 $\phi80$、千斤顶总高 178。

5）检查、加深图线，填写相关内容

完成装配图底稿，经检查无误再加深、进行零件编号，填写明细栏、标题栏和技术要求，完成千斤顶装配图，如图 11 - 20 所示。

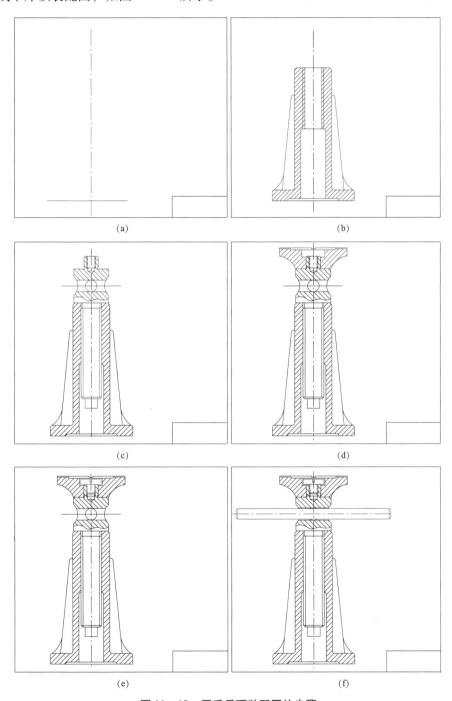

(a)　　　　　　　　　　　(b)

(c)　　　　　　　　　　　(d)

(e)　　　　　　　　　　　(f)

图 11 - 19　画千斤顶装配图的步骤

（a）画图框、基准线；（b）画主体零件底座；（c）画起重螺杆；（d）画顶盖；（e）画螺钉；（f）画旋转杆

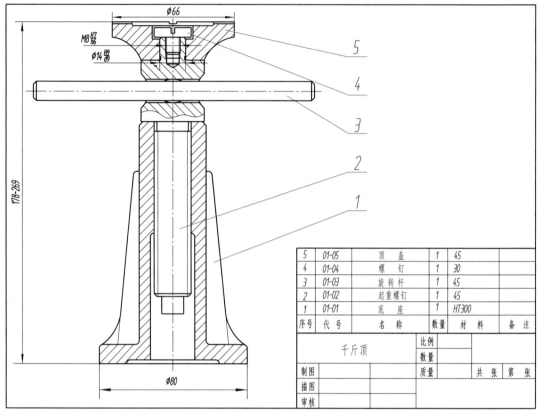

图 11－20　千斤顶装配图

5	01-05	顶　盖	1	45	
4	01-04	螺　钉	1	30	
3	01-03	旋转杆	1	45	
2	01-02	起重螺钉	1	45	
1	01-01	底　座	1	HT300	
序号	代　号	名　称	数量	材　料	备　注

11.7　读装配图和拆画零件图

11.7.1　读装配图的要求

在设计、制造、使用、维修和技术交流等生产活动中，都需要读装配图。读装配图的主要要求是：

（1）了解机器或部件的用途、工作原理、结构；

（2）了解零件间的装配关系以及它们的装拆顺序；

（3）弄清零件的主要结构形状和作用。

11.7.2　读装配图的方法和步骤

1. 概括了解并分析表达方法

（1）了解部件或机器的名称和用途，可以通过调查研究和查阅标题栏及说明书获知。首先从标题栏入手，可了解装配体的名称和绘图比例。从装配体的名称联系生产实践知识，往往可以知道装配体的大致用途。例如：阀一般是用来控制流量并起开关作用的；虎钳一般是用来夹持工件的；减速器是在传动系统中起减速作用的；各种泵则是在气压、液压或润滑系统中产生一定压力和流量的装置。通过比例，即可大致确定装配体的大小。

（2）了解标准零、部件和非标准零、部件的名称、数量和材料；对照零、部件的编号，在装配图上查找这些零、部件的位置。

（3）对视图进行分析，根据装配图上视图的表达情况，找出各个视图、剖视、剖面的配置及投射方向，从而搞清各视图的表达重点。

通过以上这些内容的初步了解，并参阅有关尺寸，可以对部件的大体轮廓与内容有一个概略的印象。

2. 了解工作原理和装配关系

对照视图仔细研究部件的工作原理和装配关系，这是读装配图的一个重要环节。在概括了解的基础上，分析各条装配干线，弄清各零件间相互配合的要求，以及零件间的定位、连接方式、密封等问题。再进一步搞清运动零件与非运动零件的相对运动关系。经过这样的观察分析，就可以对部件的工作原理和装配关系有所了解。

分析装配体的工作原理，分析装配体的装配连接关系，分析装配体的结构组成情况及润滑、密封情况，分析零件的结构形状。要对照视图，将零件逐一从复杂的装配关系中分离出来，想出其结构形状。分离时，可按零件的序号顺序进行，以免遗漏。标准件、常用件往往一目了然，比较容易看懂。轴套类、轮盘类和其他简单零件一般通过一个或两个视图就能看懂。对于一些比较复杂的零件，应根据零件序号指引线所指部位，分析出该零件在该视图中的范围及外形，然后对照投影关系，找出该零件在其他视图中的位置及外形，并进行综合分析，想象出该零件的结构形状。

3. 分析零件读懂零件的结构形状

分析零件，就是弄清每个零件的结构形状及其作用。一般先从主要零件着手，然后是其他零件。当零件在装配图中表达不完整时，可对有关的其他零件仔细观察和分析后，再进行结构分析，从而确定该零件的内外形状。在分离零件时，利用剖视图中剖面线的方向或间隔的不同及零件间互相遮挡时的可见性规律来区分零件是十分有效的。对照投影关系时，借助三角板、分规等工具，往往能大大提高看图的速度和准确性。对于运动零件的运动情况，可按传动路线逐一进行分析，分析其运动方向、传动关系及运动范围。

4. 分析尺寸

分析装配图上所注的尺寸，有助于进一步了解部件的规格、外形大小、零件间的装配关系、配合性质以及该部件的安装方法等。

5. 总结归纳

为了加深对所看装配图的全面认识，还需从装拆顺序、安装方法、技术要求等方面综合考虑，从而获得对整台机器或部件的完整概念。

【例 11-2】读球阀装配图（图 11-21、图 11-22）。

分析：

1）概括了解

在管道系统中，阀是用于启/闭和调节流体流量的部件，球阀是阀的一种，它的阀芯是球形的。通常认为球阀最适合直接作为开关使用，但近来的发展已将球阀设计成具有节流和控制流量之用。球阀的主要特点是本身结构紧凑，易于操作和维修，适用于水、溶剂、酸和天然气等一般工作介质，而且还适用于工作条件恶劣的介质，如氧气、过氧化氢、甲烷和乙烯等。球阀阀体可以是整体的，也可以是组合式的。

其装配关系是：阀体1和阀盖2均带有方形的凸缘，它们用4个螺柱5和螺母6连接（注意轴测图已剖去球阀左前方的一部分），并用合适的调整垫7调节阀芯4与密封圈3之间的松紧。在阀体上部有阀杆12，阀杆下部有凸块，榫接阀芯4上的凹槽（轴测图中阀杆12未剖去，可以看出它与阀芯4的关系）。为了密封，在阀体与阀杆之间加进填料垫8、中填料9和上填料10，并且旋入填料压紧套11。

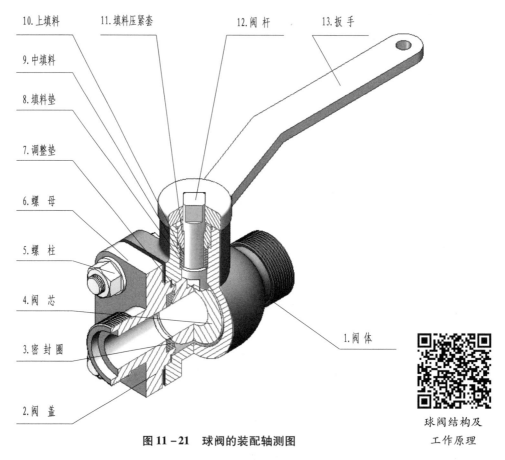

图 11 - 21　球阀的装配轴测图

球阀结构及
工作原理

球阀的工作原理是：阀杆12上部的四棱柱与扳手13的方孔连接。当扳手处于图11 - 22所示的位置时，则阀门全部开启，管道畅通（对照图11 - 21）；当扳手按顺时针方向旋转90°时，则阀门全部关闭，管道断流。从图11 - 22中俯视图的 B—B 局部剖视中，可以看到阀体1顶部定位凸块的形状（为90°的扇形），该凸块用以限制扳手13的旋转位置。

2）了解装配关系和工作原理

从主视图观察知道：铅垂的轴线是主要装配干线。主要零件阀体1的右端具有和管路相接的凸缘，阀盖2的左端具有和管路相接的凸缘。在阀体的中心，阀芯4与密封垫圈5连接，阀杆12穿过上填料10、中填料9、填料垫8、阀体1与阀芯4的槽相连接。再用填料压紧套11将其固定，扳手13与阀杆12相互固定。

工作时，当扳手 13 与阀体管道轴线平行时，流量最大，顺时针旋转，流量逐渐减少，当顺时针旋转到与管道轴线垂直位置时，管道关闭。

为了防止流体的泄漏，采用了密封圈、填料和垫片等密封元件。

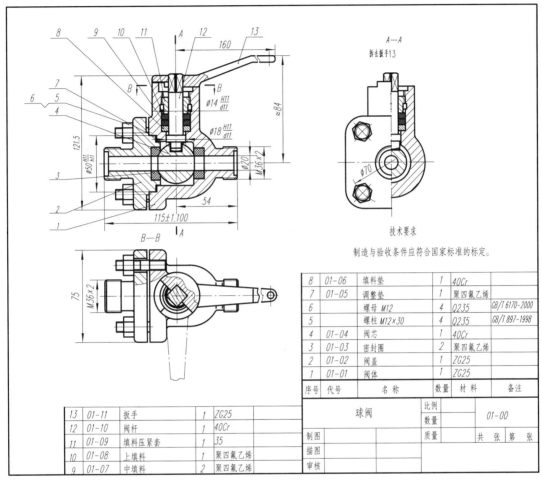

图 11-22 球阀装配图

球阀中比较重要的装配关系有：为了保证阀杆 12 运动的直线性，采用了填料压紧套 11 将其固定，它不仅使阀杆得到了支承，还增加了刚度，并可使阀杆在运动中始终处于正中位置。阀杆 12 与填料压紧套 11 的配合尺寸是 $\phi 14H11/d11$；阀杆 12 与阀体 1 的配合尺寸是 $\phi 18H11/d11$。还有其他装配关系和配合要求，请读者参照图 11-21 球阀的装配轴测图自行分析。

【例 11-3】读齿轮油泵装配图（图 11-23）。

分析：

1）概括了解

图 11-23 所示齿轮油泵是机器中用来输送润滑油的一个部件。对照零件序号及明细栏可以看出：齿轮油泵由 16 种零件装配而成，主要零件包括泵体、左/右泵盖、传动齿轮、主动齿轮轴、从动齿轮轴等，其中标准件有 7 种。在表达方法上，主视图采用了 A—A 全剖视图，完全表达了各个零件之间装配和连接关系，以及传动路线。左视图用的是 B—B 半剖视图，并有局部剖视图，主要表达了齿轮油泵的工作原理（吸、压油情况）以及主要零件泵

体的内外部形状。

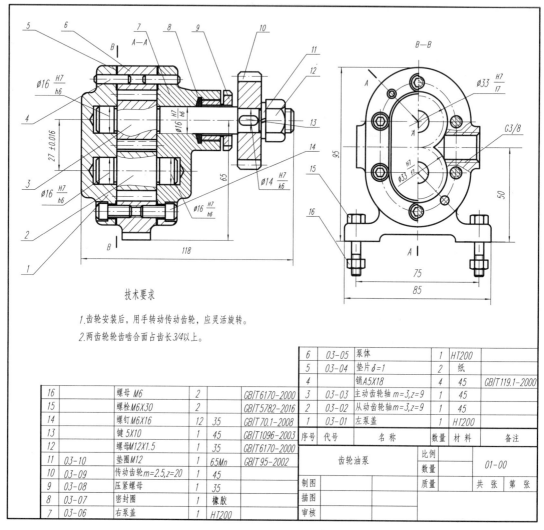

技术要求

1. 齿轮安装后，用手转动传动齿轮，应灵活旋转。

2. 两齿轮轮齿啮合面占齿长3/4以上。

6	03-05	泵体		1	HT200	
5	03-04	垫片δ=1		2	纸	
4		销A5X18		4	45	GB/T119.1-2000
3	03-03	主动齿轮轴m=3,z=9		1	45	
2	03-02	从动齿轮轴m=3,z=9		1	45	
1	03-01	左泵盖		1	HT200	

16		螺母 M6	2		GB/T6170-2000
15		螺栓M6X30	2		GB/T5782-2016
14		螺钉M6X16	12	35	GB/T70.1-2008
13		键 5X10	1	45	GB/T1096-2003
12		螺母M12X1.5	1	35	GB/T6170-2000
11	03-10	垫圈M12	1	65Mn	GB/T95-2002
10	03-09	传动齿轮m=2.5,z=20	1	45	
9	03-08	压紧螺母	1	35	
8	03-07	密封圈	1	橡胶	
7	03-06	右泵盖	1	HT200	
序号	代号	名 称	数量	材料	备注

齿轮油泵			比例		01-00
			数量		
制图			质量		共 张 第 张
描图					
审核					

图 11-23 齿轮油泵装配图

2）了解装配关系及工作原理

泵体6是齿轮油泵中的主要零件之一，它的内腔容纳一对吸油和压油的齿轮。将从动齿轮轴2、主动齿轮轴3装入泵体后，两侧有左泵盖1和右泵盖7支承这一对齿轮轴的旋转运动。由销4将左、右泵盖与泵体定位后，再用螺钉14将左、右泵盖与泵体连接成整体。

为了防止泵体与泵盖结合面处及主动齿轮轴3伸出端漏油，分别用垫片5及密封圈8、压紧螺母9密封。

从动齿轮轴2、主动齿轮轴3、传动齿轮10是油泵中的运动零件。当传动齿轮10按逆时针方向（从左视图观察）转动时，通过键13，将扭矩传递给主动齿轮轴3，并经过齿轮啮合带动从动齿轮轴2，从而使后者能顺时针方向转动。如图11-24所示，当一对齿轮在泵体内做啮合传动时，啮合区内右边空间的压力降低而产生局部真空，油池内的油在大气压力作用下进入油泵低压区内的吸油口。随着齿轮的传动，齿槽中的油不断沿箭头方向被带至左边的压油口把油压出，送至机器中需要润滑的部分。

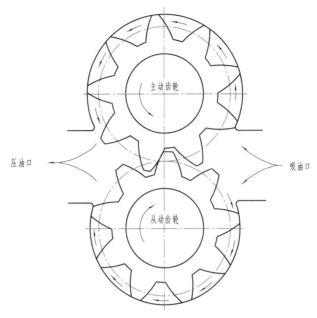

图 11－24　齿轮油泵原理

3）对齿轮油泵中一些配合和尺寸的分析

根据零件在部件中的作用和要求，应注出相应的公差与配合。例如，传动齿轮 10 要带动主动齿轮轴 3 一起转动，除了靠键 13 把两者连成一体传递扭矩外，还需定出相应的配合。在图 11－23 中可以看到，它们之间的配合尺寸是 $\phi14H7/k6$，由附表 4、附表 5 查得：

孔的尺寸是 $\phi14_{0}^{+0.018}$；轴的尺寸是 $\phi14_{+0.001}^{+0.012}$，即

$$配合的最大间隙 =0.018-0.001=+0.017$$
$$配合的最大过盈 =0-0.012=-0.012$$

齿轮轴与泵盖在支承处的配合尺寸是 $\phi16H7/h6$；轴与右泵盖的配合尺寸是 $\phi16H7/h6$；齿轮轴的齿顶圆与泵体内腔的配合尺寸是 $\phi33H7/f7$，它们的配合请读者自行解答。

尺寸 27 ± 0.016 是一对啮合齿轮的中心距，这个尺寸准确与否将会直接影响齿轮的啮合传动。尺寸 65 是传动齿轮轴线离泵体安装面的高度尺寸。27 ± 0.016 和 65 分别是设计和安装所要求的尺寸。

齿轮油泵轴测图如图 11－25 所示，键 13、螺栓 15、螺母 16 未画出。

11.7.3　拆画零件图

在设计过程中，根据装配图画出零件图，称为拆图。拆图时，要在全面看懂装配图的基础上，根据该零件的作用和与其他零件的装配关系，确定结构形状、尺寸和技术要求等内容。由装配图拆画零件图，是设计工作中的一个重要环节。

1. 构思零件形状和视图选择

装配图主要表达部件的工作原理、零件间的相对位置和装配关系，不一定把每一个零件

的结构形状都表达完全。因此，在拆画零件图时，应对所拆零件的作用进行分析，然后分离该零件（即把该零件从与其组装的其他零件中分离出来），在各视图的投影轮廓中划出该零件的范围，结合分析，补齐所缺的轮廓线。对那些尚未表达完全的结构，要根据零件的作用和装配关系进行设计。

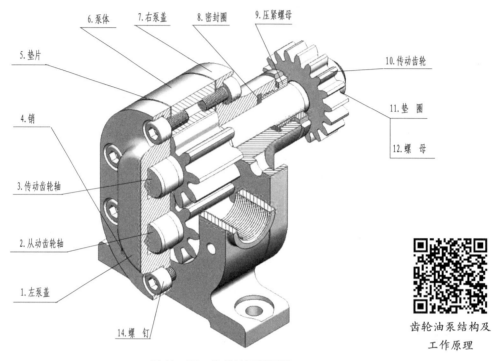

图 11 – 25 齿轮油泵轴测图

在拆画零件图时，一般不能简单地照搬装配图中零件的表达方法。应根据零件的结构形状和零件图的视图表达要求，重新考虑最好的表达方案安排视图。

此外，在装配图上可能省略的工艺结构，如起模斜度、圆角、倒角和退刀槽等，在零件图上都应表达清楚。

2. 零件图的尺寸

标注零件图上的尺寸，方法一般有以下几种。

1）抄注

在装配图中已标注出的尺寸，大多是重要尺寸，一般都是零件设计的依据。在拆画其零件图时，这些尺寸要完全照抄。对于配合尺寸，就应根据其配合代号，查出偏差数值，应该根据配合类别、公差等级注出上、下极限偏差。

2）查找

标准件如螺栓、螺母、螺钉、键、销等，其规格尺寸和标准代号，一般在明细栏中已列出，其详细尺寸可从相关标准中查得。

螺孔直径、螺孔深度、键槽、销孔等尺寸，应根据与其相结合的标准件尺寸来确定。

按标准规定的倒角、圆角、退刀槽等结构的尺寸，应查阅相应的标准来确定。

3）计算

某些尺寸数值，应根据装配图所给定的尺寸，通过计算确定。例如：齿轮轮齿部分的分度圆尺寸、齿顶圆尺寸等，应根据所给的模数、齿数及有关公式来计算。

4）量取

在装配图上没有标注出的其他尺寸，可从装配图中用比例尺量得。量取时，一般取整数。

另外，在标注尺寸时应注意，有装配关系的尺寸应相互协调，不要造成矛盾。例如：配合部分的轴、孔，其基本尺寸应相同；其他尺寸也应相互适应，使之不致在零件装配时或运动时产生矛盾或产生干涉、咬卡现象。在进行尺寸的具体标注时，还要注意尺寸基准的选择。

3. 零件的技术要求

画零件工作图时，零件的各表面都应注写表面粗糙度代号，对零件的形位公差、表面粗糙度及其他技术要求，可根据零件在装配体的使用要求，用类比法参照同类产品的有关资料以及已有的生产经验进行综合确定。配合表面要选择恰当的公差等级和基本偏差，根据零件的作用还要加注必要的技术要求和形位公差要求。

最后，必须检查零件图是否已经画全，必须对所拆画的零件图进行仔细校核。校核时应注意，每张零件图的视图、尺寸、表面粗糙度和其他技术要求是否完整、合理，有装配关系的尺寸是否协调，零件的名称、材料、数量等是否与明细栏一致等。

【例 11 – 4】拆画球阀（图 11 – 22）中的阀杆零件图。

分析：

装拆球阀的顺序为：球阀有水平和竖直两条装配干线，拆卸时按照拆扳手 13—填料压紧套 11—上填料 10—中填料 9—填料垫 8—阀杆 12—4 个 M12 螺母 6—4 个 M12 × 30 螺柱 5—阀盖 2—密封圈 3—阀芯 4—阀体 1 的顺序；安装时则按照相反的顺序安装。现以阀杆（序号 12）为例拆画零件图进行分析，由主视图可见：阀杆由填料压紧套 11 通过上填料 10、中填料 9、填料垫 8 压紧在阀体 1 上，扳手 13 通过方孔与阀杆连接。

拆画阀杆零件时，由图 11 – 22 标题栏看出该装配图是按 1∶1 比例画的，先从主视图上区分出阀杆的视图轮廓。如图 11 – 26（a）所示，考虑轴套类零件主要在车床、磨床上加工，加工时将轴线按照水平位置摆放，阀杆主视图选择如图 11 – 26（b）所示。

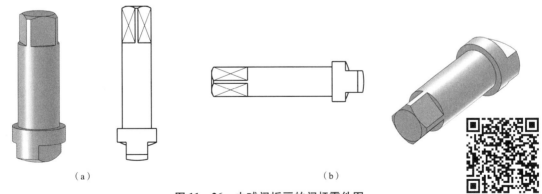

（a）　　　　　　　　　　　　　　　（b）

图 11 – 26　由球阀拆画的阀杆零件图

（a）从装配图中分离出的阀杆主视图；（b）根据轴套类零件表达方法选择的主视图

阀杆的结构特点

按照图 11 – 26 所示的方法，该零件还有左端面方形的凸缘及右端面的凸块没有表达清楚，由图 11 – 22 所示球阀的装配图中的俯视图测出方形凸缘的两端面距离，采用断面图表达该结构；结合图 11 – 22 所示主视图、左视图可以知道凸块的形状，配以 A 向视图表达凸块形状，如图 11 – 27 所示。

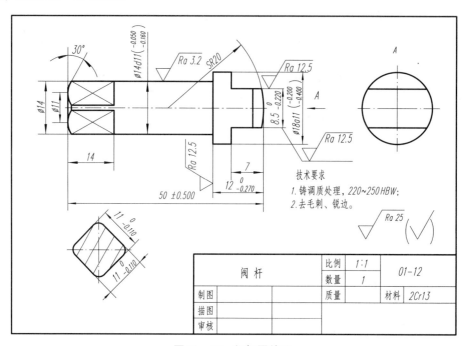

图 11 – 27　阀杆零件图

对于装配图上的已标注出的尺寸，进行抄注；对于配合尺寸 $\phi14d11$、$\phi18d11$，就应根据配合代号，查出偏差数值，注出上、下极限偏差在零件图上；其他尺寸量取标注，技术要求参照相关轴类零件进行注写。

【例 11 – 5】拆画齿轮油泵右泵盖零件图，如图 11 – 28 所示。

分析：

如图 11 – 23 所示，右泵盖为 7 号件，由主视图可见：右泵盖上部有传动齿轮轴 3 穿过，下部有从动齿轮轴 2 轴颈的支承孔，在右端的凸缘的外圆柱面上有外螺纹，用压紧螺母 9 将密封圈 8 压紧在轴的四周。由左视图可见：右泵盖的外形为长圆形，沿周围分布有 6 个螺钉沉孔和两个圆柱销孔，结构特点如图 11 – 29 所示。

拆画此零件时，先从主视图上区分出右泵盖的视图轮廓，由于在装配图的主视图上，右原盖的一部分可见投影被其他零件所遮盖，因而它是一幅不完整的图形，如图 11 – 28（a）所示。根据此零件的作用及装配关系，可以补全所缺的轮廓线。这样的盘盖类零件一般可用两个视图表达，从装配图的主视图中拆画右泵盖的图形，显示了右泵盖各部分的结构，仍可作为零件图的主视图，再加俯视图或左视图。对于盘盖类零件，一般采用主、侧视图表达，为了使侧视图能显示较多的可见轮廓，采用主、右视图表达方案。分离后补全图线的右泵盖全剖的主视图，如图 11 – 28（b）所示。

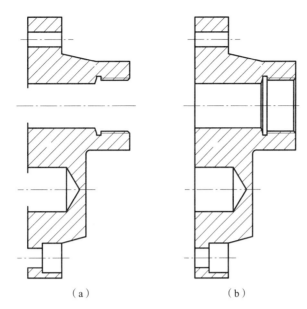

（a） （b）

图 11 − 28 拆画齿轮油泵的右泵盖主视图的过程

（a）从装配图中分离出的右泵盖主视图；（b）补全图线右泵盖全剖主视图

右泵盖的
结构特点

图 11 − 29 齿轮油泵右泵盖立体图

图 11 − 30 为画出表达外形的右视图后的右泵盖零件图。在图中按零件图的要求注全了尺寸和技术要求，有关的尺寸公差是按装配图中已表达的要求注写的。这张零件图能完整、清晰地表达右泵盖。

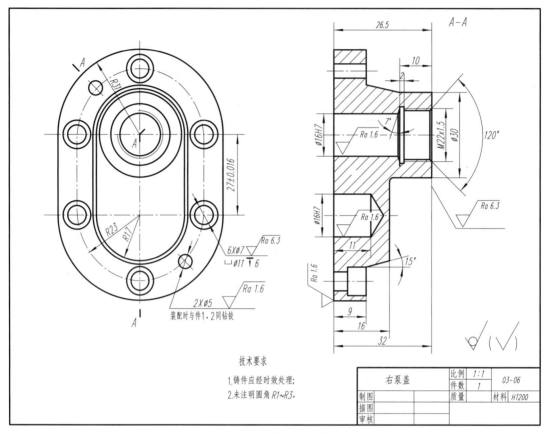

图 11 – 30　右泵盖零件图

【**本章内容小结**】

内容		要点
装配图的 作用与内容		作用：装配图是零件设计的依据，也是装配、检验、安装与维修机器或部件的技术依据
		内容：图形；必要尺寸；技术要求；序号、标题栏、明细栏
装配图的 表达方法	装配图的 规定画法	相邻两零件的画法； 装配图上剖面线画法； 螺纹紧固件及实心件的画法
	装配图的 特殊画法	拆卸画法； 沿零件间的结合面剖切画法； 单独表达某个零件画法； 展开画法； 假想画法（相邻零部件表达、运动范围与极限位置表达）； 夸大画法； 简化画法（零件组简化表达、轴承简化画法、零件工艺结构简化画法）

续表

内容		要点
装配图的 绘制步骤	图形绘制	分析机器或部件的工作原理→视图的选择→绘制图形
	必要尺寸标注	特性与规格尺寸、装配尺寸、安装尺寸、外形尺寸、其他重要尺寸； 上述 5 种尺寸不一定都出现，根据具体情况标注
	技术要求	装配注意事项和装配要求；检验、试验条件和规范；部件性能、规格参数；包装、 运输的注意事项和涂饰要求；使用要求
装配结构的 合理性	典型装配 工艺结构	接触面与配合面结构、接触面转折处结构、螺纹防松结构、方便拆卸结构等
拆画零件图	拆画零件图的 方法与步骤	分离零件→确定零件形状→确定零件表达方案→标注零件尺寸→确定零件技术要 求→填写标题栏→检查校对

第 12 章　计算机绘图基础

【本章知识点】

（1）掌握 AutoCAD 常用的绘图及编辑命令的使用方法。

（2）掌握 AutoCAD 常用的正交、对象捕捉、对象追踪、极轴追踪等辅助绘图工具的用法。

（3）掌握 AutoCAD 文字标注及尺寸标注的设置与标注方法。

（4）掌握在 AutoCAD 绘图环境下绘制平面图形、三视图、轴测图及零件图的方法和技巧。

12.1　AutoCAD 操作基础

AutoCAD 是由美国 Autodesk 公司开发的通用二维绘图、三维造型软件系统。它具有易于掌握、使用方便、体系结构开放等特点，深受广大工程技术人员的欢迎。在中国，Auto-CAD 已成为工程设计领域中应用最为广泛的计算机辅助设计软件之一。本章将以 AutoCAD 2014 中文版（为方便行文，下文统称 AutoCAD）为基础，简要介绍该软件的一些常见的基本绘图方法和操作。

12.1.1　AutoCAD 的启动

安装 AutoCAD 软件后，系统会自动在 Windows 桌面上生成对应的快捷方式。双击该快捷方式，即可启动 AutoCAD。与启动其他应用程序一样，也可以通过 Windows 资源管理器、Windows 任务栏按钮等启动 AutoCAD。

12.1.2　AutoCAD 的用户界面

AutoCAD 的用户界面由标题栏、菜单栏、各种工具栏、绘图窗口、光标、坐标系图标、命令窗口、状态栏、模型/布局选项卡、滚动条和菜单浏览器等组成，如图 12-1 所示。

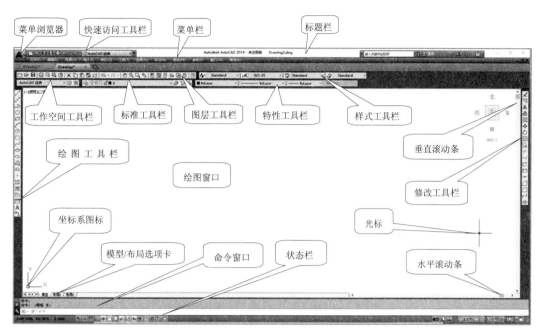

图 12 – 1　AutoCAD 用户界面

1. 标题栏

标题栏与其他 Windows 应用程序类似，用于显示 AutoCAD 的程序图标以及当前所操作的图形文件的名称。

2. 菜单栏

菜单栏是主菜单，可利用其执行 AutoCAD 的大部分命令。单击菜单栏中的某一项，会弹出相应的下拉菜单。下拉菜单中，右侧有小三角的菜单项，表示它还有子菜单；右侧有 3 个小点的菜单项，表示单击该菜单项后要显示出一个对话框；右侧没有内容的菜单项，单击它后会执行对应的 AutoCAD 命令。

3. 工具栏

AutoCAD 提供了 40 多个工具栏，每一个工具栏上均有一些形象化的按钮。单击某一按钮，可以启动 AutoCAD 的对应命令。用户可以根据需要打开或关闭任一个工具栏。

方法是：在已有工具栏上右击，AutoCAD 弹出工具栏快捷菜单，通过其可实现工具栏的打开与关闭。此外，通过选择与下拉菜单 "工具" → "工具栏" → "AutoCAD" 对应的子菜单命令，也可以打开 AutoCAD 的各工具栏。

4. 绘图窗口

绘图窗口类似于手工绘图时的图纸，是用户用 AutoCAD 绘图并显示所绘图形的区域。

5. 光标

当光标位于 AutoCAD 的绘图窗口时为十字形状，所以又称其为十字光标。十字线的交点为光标的当前位置。AutoCAD 的光标用于进行绘图、选择对象等操作。

6. 坐标系图标

坐标系图标通常位于绘图窗口的左下角，表示当前绘图所使用的坐标系的形式以及坐标方向等。AutoCAD 提供有世界坐标系（World Coordinate System，WCS）和用户坐标系（User

Coordinate System，UCS）两种坐标系。世界坐标系为默认坐标系。

7. 命令窗口

命令窗口是 AutoCAD 显示用户从键盘输入的命令和软件提示信息的地方。默认时，AutoCAD 在命令窗口保留最后 3 行所执行的命令或提示信息，用户可以通过拖动窗口边框的方式改变命令窗口的大小，使其显示多于 3 行或少于 3 行的信息。

8. 状态栏

状态栏用于显示或设置当前的绘图状态。状态栏上位于左侧的一组数字反映当前光标的坐标，其余按钮从左到右分别表示当前是否启用了捕捉模式、栅格显示、正交模式、极轴追踪、对象捕捉、对象捕捉追踪、动态 UCS（用鼠标左键双击，可打开或关闭）、动态输入等功能以及是否显示线宽、当前的绘图空间等信息。

9. 模型/布局选项卡

模型/布局选项卡用于实现模型空间与图纸空间的切换。

10. 滚动条

利用水平和垂直滚动条，可以使图纸沿水平或垂直方向移动，即平移绘图窗口中显示的内容。

11. 菜单浏览器

单击菜单浏览器，AutoCAD 会将浏览器展开，如图 12-2 所示。用户可通过菜单浏览器执行相应的操作。

图 12-2 菜单浏览器

12.1.3　AutoCAD 文件操作

AutoCAD 文件的操作主要有新建、保存、打开及退出等几种。每一种文件操作均可采用单击标准工具栏上的图标、单击下拉菜单"文件"中对应的菜单项、直接输入命令名等操作方法来执行。

1. 新建文件

功能：建立一个新的 AutoCAD 图形文件。

调用方法：

图标：标准工具栏→新建文件图标　。

下拉菜单："文件"→"新建"。

命令：new。

执行"新建"命令后，AutoCAD 就会弹出"选择样板"对话框，如图 12 - 3 所示。用户可根据需求选择预先定义好的各种样板中的一种（默认样板为"acadiso. dwt"），然后单击"打开"按钮，即可开始绘制一幅新图。

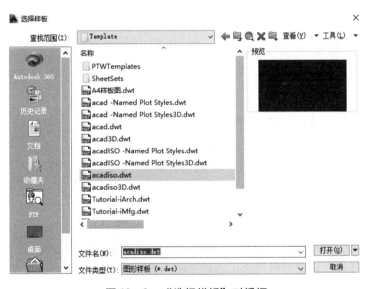

图 12 - 3　"选择样板"对话框

2. 保存文件

功能：保存已有的图形文件，以防止出现意外事故时图形及数据的丢失。

调用方法：

图标：标准工具栏→保存文件图标　。

下拉菜单："文件"→"保存"。

命令：save。

执行"保存"命令后，可将所绘图形保存在已经命名的文件中。如果文件尚未命名，则需要在弹出的"图形另存为"对话框中选择合适的文件夹，并输入文件名即可。

3. 打开文件

功能：打开一个已经存盘的图形文件。

调用方法：

图标：标准工具栏→打开文件图标。

菜单："文件"→"打开"。

命令：open。

执行"打开"命令后，弹出"选择文件"对话框，从中选取需要打开的文件后，单击"打开"按钮，文件即被打开。

4. 软件退出

功能：图形绘制、编辑等工作完成后，退出 AutoCAD 绘图软件。

调用方法：

菜单："文件"→"退出"。

命令：exit。

执行"退出"命令后，若当前文件没有保存，会弹出一个警告对话框，询问是否将最近修改的结果保存或者放弃，也可以单击"取消"按钮来终止退出操作。

12.2 AutoCAD 基本绘图与编辑命令

12.2.1 命令与数据的输入方式

命令是用户与软件系统之间进行交流的载体，用户通过执行 AutoCAD 中的命令来实现图形的绘制、编辑、标注等功能，命令输入包括命令名及命令所需数据的输入。

1. 命令输入方法

AutoCAD 命令的输入常采用以下几种方法：

（1）图标操作：在已打开的工具栏上直接单击所需输入命令的图标。此方法形象、直观，且便于鼠标操作，是绘图中最常用的命令输入方法。

（2）下拉菜单操作：单击下拉菜单的某一项标题，即在该标题下出现菜单项，再单击所需的菜单项即可。

（3）命令输入：在命令行中直接从键盘上输入命令名（可用命令全称或快捷命令名，大小写不限，下同），并按〈Space〉键或按〈Enter〉键或右击鼠标即可完成操作，常用的绘图与编辑命令及快捷命令如表 12 - 1 所示。

表 12 - 1 常用的绘图、编辑命令及快捷命令

命令	命令名	快捷命令	命令	命令名	快捷命令
直线	line	L	镜像	mirror	MI
圆	circle	C	修剪	trim	TR

命令	命令名	快捷命令	命令	命令名	快捷命令
圆弧	arc	A	延伸	extend	EX
矩形	rectang	REC	旋转	rotate	RO
正多边形	polygon	POL	缩放（比例）	scale	SC
多段线	pline	PL	倒角	chamfer	CHA
椭圆	ellipse	EL	分解	explode	X
缩放	zoom	Z	单行文字	text	T
移动	move	M	图案填充（剖面线）	hatch	H
复制	copy	CO	样式（尺寸）	dimstyle	D
阵列	array	AR	创建（块）	block	B
删除	erase	E	写块	wblock	W
偏移	offset	O	块插入	insert	I

（4）重复命令：不管上一个命令是采用何种输入方法输入，均可采用右击鼠标（在弹出的快捷菜单中选择）或按〈Space〉键或按〈Enter〉键的方式，即可重复输入上一个命令。

不管采用上述何种命令输入方法，用户均应注意按命令窗口中的提示逐步进行操作。对于命令的提示，可用数据等给予响应；也可按〈Space〉键或按〈Enter〉键或右击鼠标给予空响应（默认提示的默认值，该值一般位于提示后的尖括号内）。

若需终止正在执行的命令。按键盘左上角的〈Esc〉键即可。

2. 数据输入方法

命令输入后，AutoCAD 系统一般要求用户输入一些执行该命令所需的数据，如一个点的坐标、一个数值、一个字符或字符串等。常用的数据输入方式如表 12-2 所示。

表 12-2　常用的数据输入方式

数据输入方式	说明	操作示例
1. 绝对直角坐标的输入： (x, y) 绝对直角坐标的输入	绝对直角坐标是指当前点相对于坐标原点（0，0）在水平和垂直方向上的坐标增量值。二维坐标输入时，直接输入（X，Y）的坐标值。两数值之间用逗号","分隔。 　　例如，点 A（100，80）表示点 A 与坐标原点在水平方向上的坐标增量值为 100 个绘图单位，在垂直方向上的坐标增量值为 80 个绘图单位	
2. 相对直角坐标的输入： @ (x, y) 相对直角坐标的输入	相对直角坐标是指当前点相对于前一点的坐标增量值。输入时，相对坐标值前需加前缀符号"@"。沿 X、Y 轴正方向的增量为正，反之为负。 　　例如，点 B 对于点 A 坐标为（@-80，-80），表示点 B 对于点 A 在水平方向上的坐标增量值为 -80 个绘图单位，在垂直方向上的坐标增量值为 -80 个绘图单位	

数据输入方式	说明	操作示例
3. 绝对极坐标的输入： （r < α） 绝对极坐标的输入	绝对极坐标（r < α）是输入当前点到坐标原点（0，0）连线的长度 r 以及该连线与零角度方向（通常为 X 轴正方向）的夹角 α。夹角逆时针为正，顺时针为负。输入方式为：长度 < 角度。 　　例如，点 A（100 < 45），表示点 A 相对原点的距离为 100 个绘图单位，点 A 与零角度方向之间的夹角为 45°	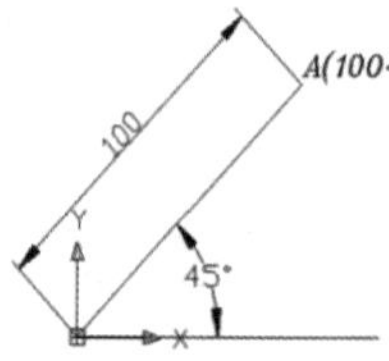
4. 相对极坐标的输入： @（r < α） 相对极坐标的输入	相对极坐标是输入当前点到前一点连线的长度 r 以及该连线与零角度方向的夹角 α。输入时，相对极坐标值前需加前缀符号"@"。 　　例如，点 B（@80 < 60），表示点 B 相对于前一个点 A 的距离为 80 个绘图单位，点 B 与点 A 的连线与过点 A 的零角度方向之间的夹角为 60°	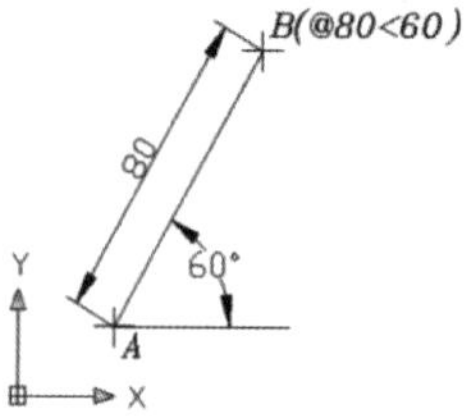
5. 定向距离的输入 定向距离的输入	该方法简单易行。实际作图中经常采用此法，尤其是采用"正交"方式绘制水平或垂直线时更是如此。其具体的操作为：当命令提示输入一个点时，移动光标，则自前一点拉出一条"橡皮筋"线，指示出所需的方向；再用键盘输入距离值即可。 　　例如，水平向右进 100，在拉出一条水平的"橡皮筋"线后直接输入"100"即可	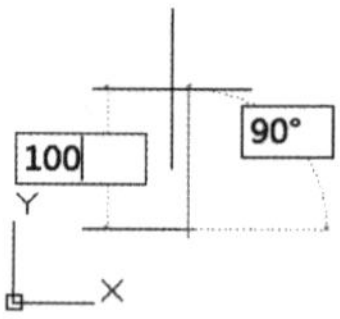
6. 利用"对象捕捉"工具精确取点（特殊点） 利用"对象捕捉" 工具精确取点	利用 AutoCAD 的"对象捕捉"工具，可以很方便地捕捉到一些特殊点。 　　例如，圆心、切点、中点、垂足点等，如右图为捕捉垂足点	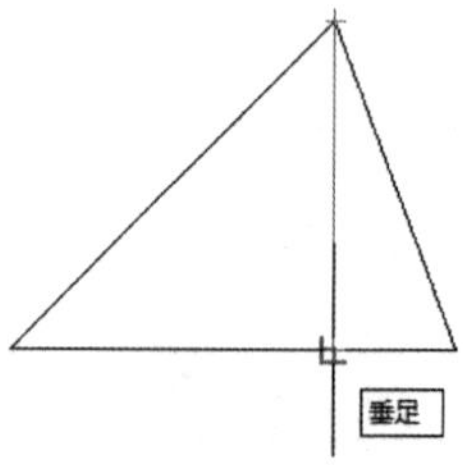

12.2.2　常用的绘图命令

　　AutoCAD 提供了丰富的绘图命令，包括：点、直线、圆、圆弧、椭圆、矩形、多段线、样条曲线和多边形等图形元素。下面以图 12 - 4 所示的"绘图"工具栏为参照，在表 12 - 3 中介绍常用的二维绘图命令的操作。为区别计算机给出的提示与用户输入数据，在表中计算机提示内容下增加了阴影（下同）。

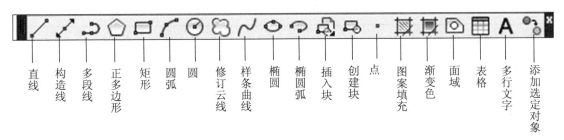

图 12 - 4　"绘图"工具栏

表 12 - 3　常用的绘图命令简介

图标/命令/功能	操作说明	操作示例
line（L） 绘制直线段 绘制直线段	命令：_line 指定第一点：10,10 指定下一点或[放弃(U)]：20,10 指定下一点或[放弃(U)]：@0,8 指定下一点或[放弃(U)]：@ -10,0 指定下一点或[闭合(C)/放弃(U)]：C 说明： （1）直接按〈Enter〉键或右击鼠标结束命令。 （2）U 表示取消上一个坐标点。 （3）C 表示与起点相连后结束命令	(@-10,0)　　(@0,8) (10,10)　　(20,10)
polygon（POL） 绘制正多边形 绘制正多边形	命令：_polygon 输入侧面数 <4 >：6 指定正多边形的中心点或[边(E)]：50,50 输入选项[内接于圆(I)/外切于圆(C)]<I >：C 指定圆的半径：10 说明： （1）正多边形的默认边数为 4。 （2）可通过指定圆心或起始边的方式绘制	(50, 60)　外切 (50, 50) 内接 (50, 50)　(60, 50) （圆心、半径方式）　（边数 E 方式）
rectang（REC） 绘制矩形 绘制矩形	命令：_rectang 指定第一个角点或[倒角(C)/标高(E)/圆角(F)/ 厚度(T)/宽度(W)]：10,10 指定另一个角点或[面积(A)/尺寸(D)/旋转(R)]： 25,20 说明： （1）通过指定矩形的两对角点坐标绘制矩形。 （2）选项 C、F 和 W 使绘制的矩形带有倒角、圆角 及线宽	(25,20) (10,10) （矩形）　　（圆角 F 矩形） （倒角 C 矩形）　（线宽 W 矩形）

图标/命令/功能	操作说明	操作示例
 arc（A） 绘制圆弧 绘制圆弧	命令：_arc 指定圆弧的起点或［圆心（C）］：10,10 指定圆弧的第二个点或［圆心（C）/端点（E）］：20,20 指定圆弧的端点：5,20 说明： （1）圆弧方向为逆时针。 （2）通过指定圆弧上三点或圆心、起点、角度等选项绘制圆弧	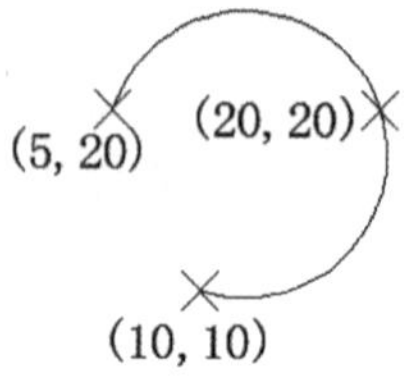 (5, 20)　(20, 20) (10, 10)
 circle（C） 绘制圆 绘制圆	命令：_circle 指定圆的圆心或［三点（3P）/两点（2P）/切点、切点、半径（T）］：10,10 指定圆的半径或［直径（D）］<8.0000>：8 说明： （1）"圆"命令可采用圆心与半径、圆心与直径、三点、两点、连接圆半径 T 方式等画圆。 （2）圆的半径或直径可通过在屏幕上指定两点获得。 （3）3P：过圆上三点绘制圆。 （4）2P：过圆上直径两端点绘制圆。 （5）T：过与圆中已有两对象相切及圆半径绘制圆	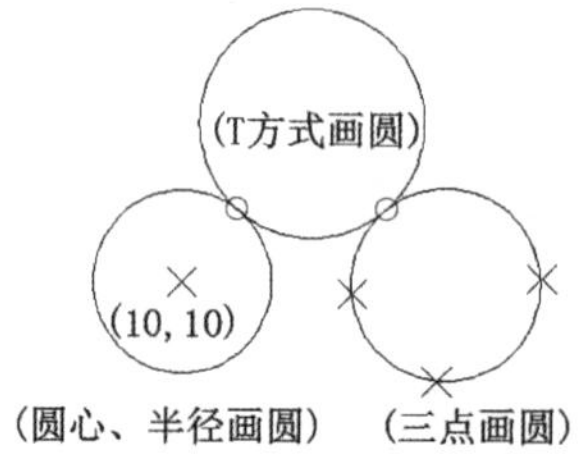 (T方式画圆) (10, 10) （圆心、半径画圆）　（三点画圆）
 spline（SPL） 绘制样条曲线 绘制样条曲线	命令：_spline 当前设置：方式=拟合 节点=弦 指定第一个点或［方式（M）/节点（K）/对象（O）］：p1 输入下一个点或［起点切向（T）/公差（L）］：p2 输入下一个点或［端点相切（T）/公差（L）/放弃（U）］：p3 输入下一个点或［端点相切（T）/公差（L）/放弃（U）/闭合（C）］：p4 说明： 绘制的曲线通过给定的一组坐标点，常用来绘制波浪线	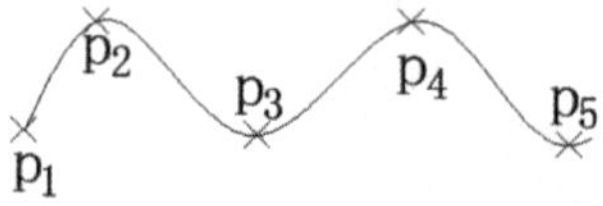 p_2　p_3　p_4　p_5 p_1
 ellipse（EL） 绘制椭圆 绘制椭圆	命令：_ellipse 指定椭圆的轴端点或［圆弧（A）/中心点（C）］：p1 指定轴的另一个端点：p2 指定另一条半轴长度或［旋转（R）］：10 说明： （1）"椭圆"命令可采用指定椭圆的轴端点或指定椭圆中心点两种方式。 （2）指定椭圆的轴端点是指用椭圆某一轴上两端点确定椭圆位置。如图中 p_1、p_2 点。 （3）选择中心点（C）选项，表示以椭圆中心定位的方式画椭圆或椭圆弧，如右图指定中心点 p_1 及轴上一端点 p_2。 （4）选择圆弧（A）选项，表示用来绘制椭圆弧	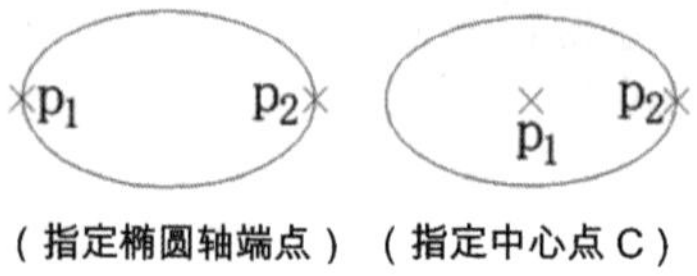 p_1　p_2　　p_2 　　　　　p_1 （指定椭圆轴端点）　（指定中心点C）

12.2.3 常用的选择对象方法

"对象"是 AutoCAD 制图中绘制工程图样的基本信息单元。其中,"几何对象"表示物理形状,如圆、弧、线、点、样条曲线等;"非几何对象"表示注释和说明,如用文字表述的技术要求等。

对象选择(或称对象拾取)是 AutoCAD 制图的基本操作。在进行图形的编辑和修改操作中,其首要任务便是准确地确定对象。该操作的命令提示为"选择对象:",同时在屏幕上显示供拾取对象用的方形光标。该提示在每次对象拾取后将重复显示,直至输入"空响应"方才结束对象的选择。输入空响应的方法为右击鼠标或按〈Enter〉键或按〈Space〉键。

AutoCAD 提供了多种选择对象的方式,常用的选择对象方式见表 12 - 4。

表 12 - 4 常用的选择对象方式

选择对象的方式	说明	操作示例
1. 单击方式 单击方式	当系统提示"Select object:"(选择对象)时,直接将小方框鼠标指针移动至待选对象上单击即可,连续多次选择即可构成选择集。 注意:被选中的对象在屏幕上显示成虚线	 单选方式
2. 窗口方式(W) 窗口方式(W)	当系统提示"Select object:"(选择对象)时,用鼠标从左到右拉出矩形窗口套住待选对象,只有完全落在该窗口内的对象才被选中	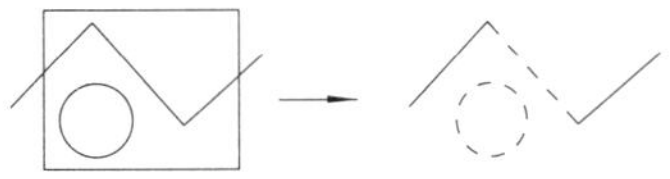 窗口方式
3. 交叉窗口方式(C) 交叉窗口方式(C)	当系统提示"Select object:"(选择对象)时,用鼠标从右到左拉出矩形窗口。落在窗口内及与该窗口边界相交的对象均被选中	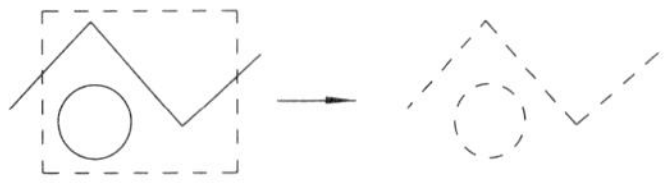 交叉窗口方式
4. 全部方式(All) 全部方式(All)	当系统提示"Select object:"(选择对象)时,输入"All"后按〈Enter〉键,即选中图中所有对象	 全部方式

续表

选择对象的方式	说明	操作示例
5. 去除方式（R） 去除方式（R）	在已经构造了选择集的情况下，再在"Select object：（选择对象）"提示下输入"R"后按〈Enter〉键，即转为去除方式。然后在"Remove object："（去除对象）提示下，用以上方式选择要去除的对象，即可从多选的对象中去除一个或几个对象	去除方式
6. 添加方式（A） 添加方式（A）	在"Remove object："（去除对象）提示下，输入"A"后按〈Enter〉键，系统提示"Select object：（选择对象）"，即返回到添加方式	添加方式
7. 取消方式（U） 取消方式（U）	在"Select object：（选择对象）提示下输入"U"后按〈Enter〉键，即放弃前一次的实体选择操作	取消方式

12.2.4 常用的图形编辑命令

图形编辑即对所绘制的图形进行修改操作。

AutoCAD 的"修改"工具栏提供了丰富的图形编辑功能，包括图形的"复制""移动""旋转""缩放""删除"等命令，其命令按钮如图12-5所示，利用这些编辑功能可以帮助用户合理地构造与组织图形，保证作图准确度，减少重复的绘图操作，从而提高设计绘图效率。常用的编辑命令简介如表12-5所示。

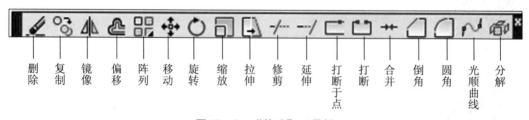

删除　复制　镜像　偏移　阵列　移动　旋转　缩放　拉伸　修剪　延伸　打断于点　打断　合并　倒角　圆角　光顺曲线　分解

图12-5　"修改"工具栏

AutoCAD 提供了两种图形编辑方式。可先发出一个命令，再选择对象来编辑，也可先选择对象再选择编辑命令对它们进行编辑。选中的对象将变成虚线，同时提示选中的实体数量。如果选中的实体与前面的选择有重复，还会提示有多少实体重复。

表 12 - 5　常用的编辑命令简介

图标/命令/功能	操作说明及示例
erase 删除图中对象 删除图中对象	命令：_erase 选择对象：找到 1 个（用鼠标选择圆） 选择对象：（可以连续选择对象） 选择对象：（按〈Enter〉键或右击鼠标结束命令） 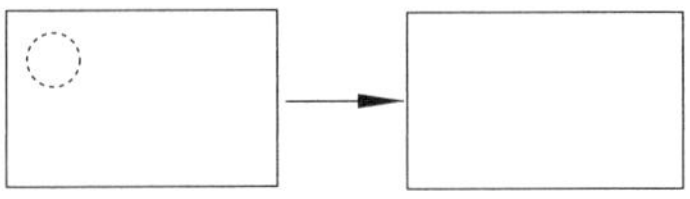 删除
copy 复制图中对象 复制图中对象	命令：_copy 选择对象：找到 1 个 选择对象：（选择圆后右击鼠标） 当前设置：复制模式 = 多个 指定基点或[位移(D)/模式(O)]<位移>：（指定圆心为基点） 指定第二个点或[阵列(A)]<使用第一个点作为位移>：（指定复制对象要放置的点） 指定第二个点或[阵列(A)/退出(E)/放弃(U)]<退出>：（按〈Enter〉键或右击鼠标结束命令） 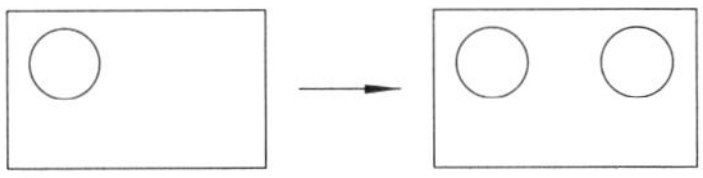 复制
mirror 创建对象镜像 创建对象镜像	命令：_mirror 选择对象：找到 9 个（选择图中左侧的半圆及线部分） 选择对象：（可以连续选择对象） 选择对象：（右击鼠标结束选择） 指定镜像线的第一点：（选中上面的交点 p1） 指定镜像线的第二点：（选中下面的交点 p2） 要删除源对象吗？[是(Y)/否(N)]<N>：（按〈Enter〉键或右击鼠标结束命令） 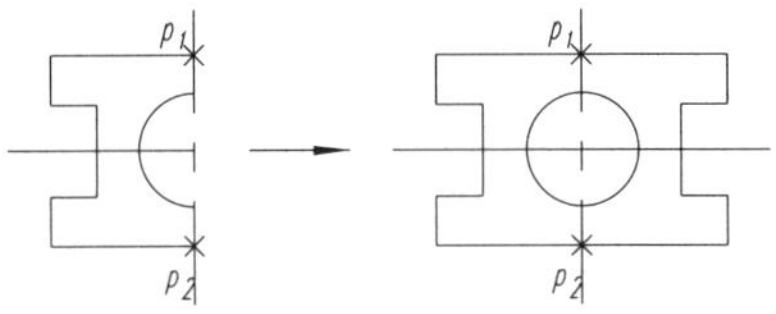 （镜像前）　　　　（镜像后）

图标/命令/功能	操作说明及示例
offset 创建等距线 创建等距线	命令:_offset 指定偏移距离或[通过(T)/删除(E)/图层(L)]＜通过＞:5 选择要偏移的对象或[退出(E)/放弃(U)]＜退出＞:(选择圆弧) 指定要偏移的那一侧上的点,或[退出(E)/多个(M)/放弃(U)]＜退出＞:圆弧内侧单击 选择要偏移的对象,或[退出(E)/放弃(U)]＜退出＞:(按〈Enter〉键或右击鼠标结束命令) 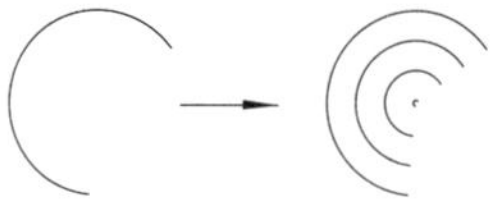 偏移
 **array** 阵列图中对象 阵列图中对象	1. 矩形阵列 命令:_arrayrect 选择对象:找到1个(用鼠标选择小矩形) 选择对象:(右击鼠标结束选择) 为项目数指定对角点或[基点(B)/角度(A)/计数(C)]＜计数＞:(拖动鼠标形成所要阵列的行数和列数后单击确定) 指定对角点以间隔项目或[间距(S)]＜间距＞:(拖动鼠标形成所要阵列的行距和列距或输入S后在提示输入行距和列距时输入具体的数值) 按Enter键接受或[关联(AS)/基点(B)/行(R)/列(C)/层(L)/退出(X)]＜退出＞:(按〈Enter〉键或右击鼠标结束矩形阵列命令) 2. 圆形阵列 命令:_arraypolar 选择对象:找到1个(用鼠标选择三角形) 选择对象:(右击鼠标结束选择) 指定阵列的中心点或[基点(B)/旋转轴(A)]:(选择圆心点p) 输入项目数或[项目间角度(A)/表达式(E)]＜4＞:6 指定填充角度(+ =逆时针,− =顺时针)或[表达式(EX)]＜360＞:(输入填充的角度360) 按Enter键接受或[关联(AS)/基点(B)/项目(I)/项目间角度(A)/填充角度(F)/行(ROW)/层(L)/旋转项目(ROT)/退出(X)]＜退出＞:(按〈Enter〉键或右击鼠标结束环形阵列命令) 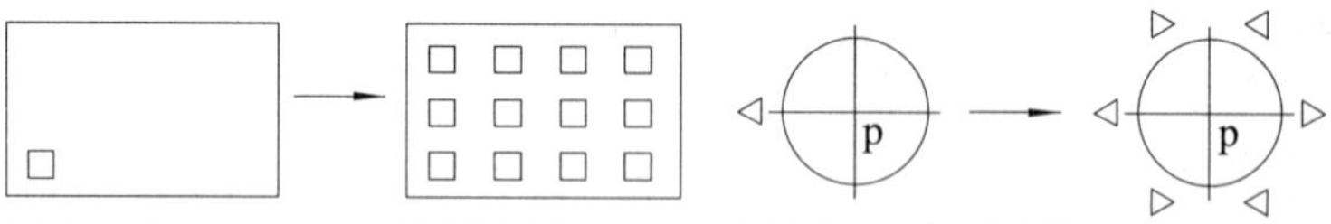
move 平移图中对象 平移图中对象	命令:_move 选择对象:找到1个(用鼠标选择小矩形) 选择对象:(右击鼠标结束选择) 指定基点或[位移(D)]＜位移＞:(用鼠标选择小矩形左下角点为基点) 指定第二个点或＜使用第一个点作为位移＞:(移动鼠标指定第二点或用相对坐标输入第二点后结束移动命令) 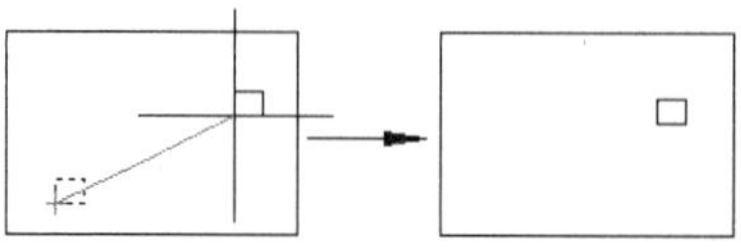

续表

图标/命令/功能	操作说明及示例
rotate 旋转图中对象 旋转图中对象	命令:_rotate 选择对象:找到 2 个(用鼠标选择大、小矩形) 选择对象:(右击鼠标结束选择) 指定基点:(用鼠标选择大矩形左下角点为基点) 指定旋转角度,或[复制(C)/参照(R)]<30>:30(输入旋转角度,逆时针为正,按〈Enter〉结束旋转命令)
scale 比例缩放对象 比例缩放对象	命令:_scale 选择对象:找到 1 个(用鼠标选择矩形) 选择对象:(右击鼠标结束选择) 指定基点:(用鼠标选择矩形左下角点为基点) 指定比例因子或[复制(C)/参照(R)]:2(输入比例因子后按〈Enter〉键结束命令)
stretch 拉伸图中对象 拉伸图中对象	命令:_stretch 选择对象:找到 10 个(用鼠标从右下角到左上角拉出虚线窗口)指定对角点: 选择对象:(右击鼠标结束选择) 指定基点或[位移(D)]<位移>:(选中心线与右边界线交点) 指定第二个点或<使用第一个点作为位移>:(指定第二个点后按〈Enter〉键结束命令)
trim 修剪图中对象 修剪图中对象	命令:_trim 当前设置:投影=UCS,边=无　选择剪切边 … 选择对象或<全部选择>:找到 2 个(选择修剪的边界:虚线所示) 选择对象:(右击鼠标结束边界选择) 选择要修剪的对象,或按住 Shift 键选择要延伸的对象,或[栏选(F)/窗交(C)/投影(P)/边(E)/删除(R)/放弃(U)]:(单击选择待修剪的部分) 选择要修剪的对象,或按住 Shift 键选择要延伸的对象,或[栏选(F)/窗交(C)/投影(P)/边(E)/删除(R)/放弃(U)]:(按〈Enter〉键结束修剪命令)

图标/命令/功能	操作说明及示例
extend 延伸对象到 指定边界 延伸对象到 指定边界	命令:_extend 当前设置:投影＝UCS,边＝无 选择边界的边... 选择对象或＜全部选择＞:(选择的延伸边界:虚线所示)找到1个 选择对象:(右击鼠标结束边界选择) 选择要延伸的对象,或按住Shift键选择要修剪的对象,或[栏选(F)/窗交(C)/投影(P)/边(E)/放弃(U)]:(在待延长线的延长端单击,对于超出延伸边界的线可按住〈Shift〉键选择要修剪的对象) 选择要延伸的对象,或按住Shift键选择要修剪的对象,或[栏选(F)/窗交(C)/投影(P)/边(E)/放弃(U)]:(按〈Enter〉键结束延伸命令)
chamfer 两对象间作倒角 两对象间作倒角	命令:_chamfer 选择第一条直线或[放弃(U)/多段线(P)/距离(D)/角度(A)/修剪(T)/方式(E)/多个(M)]:d 指定第一个倒角距离＜20.0000＞:10 指定第二个倒角距离＜10.0000＞:8 选择第一条直线或[放弃(U)/多段线(P)/距离(D)/角度(A)/修剪(T)/方式(E)/多个(M)]:(选择第一倒角距离所在的直线段p1) 选择第二条直线,或按住Shift键选择直线以应用角点或[距离(D)/角度(A)/方法(M)]:(选择另一条倒角距离所在的直线段p2)
fillet 两对象间作圆角 两对象间作圆角	1. 普通线段的圆角 命令:_fillet 当前设置:模式＝修剪,半径＝0.0000 选择第一个对象或[放弃(U)/多段线(P)/半径(R)/修剪(T)/多个(M)]:r 指定圆角半径＜0.0000＞:10 选择第一个对象或[放弃(U)/多段线(P)/半径(R)/修剪(T)/多个(M)]:(选择第一个对象) 选择第二个对象,或按住Shift键选择对象以应用角点或[半径(R)]:(选择第二个对象)

图标/命令/功能	操作说明及示例
	2. 多段线的圆角 命令:_fillet 当前设置:模式 =修剪,半径 =10.0000 选择第一个对象或[放弃(U)／多段线(P)／半径(R)／修剪(T)／多个(M)]:r 指定圆角半径 <10.0000 >:5 选择第一个对象或[放弃(U)／多段线(P)／半径(R)／修剪(T)／多个(M)]:p 选择二维多段线或[半径(R)]:(选择需倒圆角的矩形对象) （普通线段圆角）　　　　　　　　（多段线P圆角）
explode 分解组合的对象 为单一对象 分解组合的对象 为单一对象	分解命令,可将定义为一体的对象组（如多段线、尺寸、文本、图块等）分解为若干单一对象。 命令:_explode 选择对象:(选择尺寸)找到1 个 选择对象:(右击鼠标结束分解命令) 20　　　　　　→　　　　20

注：在命令行输入命令时，可采用简化的快捷命令，详见表 12 – 1。

12.3　AutoCAD 绘图辅助功能

AutoCAD 提供了许多绘图辅助工具，包括图形的显示与控制、正交、对象捕捉、极轴追踪、对象捕捉追踪等，灵活运用这些辅助工具，可以方便、迅速、准确地绘制出所需要的图形，从而极大地提高绘图的效率和质量。

12.3.1　图形的显示与控制

AutoCAD 中提供了很多可控制界面显示的命令，用于绘图区域的图形外观的放大或缩小或移动。在标准工具栏内有缩放的工具条，在控制显示时经常用到。表 12 – 6 介绍了相应的功能。

注意：该类命令只能改变图形对象显示的大小和观察的部位，而不能改变图形对象的真实大小和位置。

表 12 - 6　显示控制命令

图标	功能	说明
	移动图标	按住鼠标左键，可拖动图样，在相同的比例下浏览画面
	动态缩放	按住鼠标左键，上下移动鼠标或滚动鼠标滚轮，可动态缩放屏幕
	窗口缩放	用鼠标拖出待放大区域，可将该区域内的图形放大
	回到上一个显示状态	常用于局部放大修改后，回到原来的显示状态

12.3.2　绘图技巧

1. 功能键

功能键是 AutoCAD 系统常用操作的快捷键。常用的 AutoCAD 功能键如表 12 - 7 所示。

表 12 - 7　常用的 AutoCAD 功能键

功能键	功能	功能键	功能
〈F1〉	帮助键	〈F8〉	"正交模式"开关键
〈F2〉	"图形/文本窗口"切换键	〈F9〉	"捕捉模式"开关键
〈F3〉	"对象捕捉"开关键	〈F10〉	"极轴追踪"开关键
〈F5〉	"轴测面"切换键	〈F11〉	"对象捕捉追踪"开关键
〈F6〉	"动态 UCS"开关键	〈F12〉	"动态输入"开关键
〈F7〉	"栅格显示"开关键	〈Esc〉	"取消或终止"当前命令

2. 正交模式

功能：限制坐标数值沿水平或垂直方向变化，主要用于绘制水平线和垂直线。

当选择以正交模式绘图时，鼠标光标只能沿水平或垂直方向移动。画线时若同时打开该模式，则只需输入线段的长度值，AutoCAD 就自动画出水平或竖直线段。

调用方法：

状态栏：单击状态栏中的"正交模式"按钮 ，使图标变亮为打开，使图标变暗为关闭。

快捷键〈F8〉：可使正交在打开和关闭之间切换。

3. 极轴追踪

功能：用于沿指定角度值（称为增量角）的倍数角度（称为追踪角）移动十字光标。

例如：指定的"增量角"为 15°，即可沿 15°的倍数移动，如 30°、45°等，系统沿设定的极轴角增量显示临时的对齐路径（以虚线显示），将命令的起点和光标对齐，用以精确的位置和角度绘制对象，其中文字提示为当前点相对于前一点的相对极坐标，如图 12 - 7 所示。

如在"附加角"中设置了其他角度，则同样在附加角处也显示临时的对齐路径线。

设置方法：

菜单："工具"→"草图设置"→"极轴追踪"选项卡，如图 12 - 6 所示。

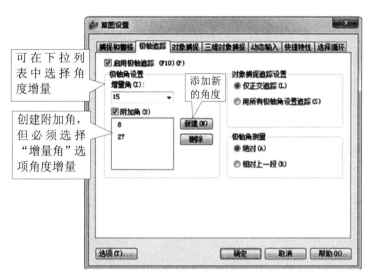

可在下拉列表中选择角度增量

添加新的角度

创建附加角，但必须选择"增量角"选项角度增量

图 12 - 6　"极轴追踪"选项卡设置

在"增量角"下拉列表中可以选择"增量角"。单击"新建"按钮，还可添加"附加角"，添加"附加角"后，在绘制图形时，就会在增量角、增量角的整数倍及其附加角上显示临时的对齐路径线。

调用方法：

状态栏：单击状态栏中的"极轴追踪"按钮，使图标变亮为打开，使图标变暗为关闭。

快捷键〈F10〉：可使"极轴追踪"在打开和关闭之间切换。

【例 12 - 1】利用极轴追踪和定向距离输入法，画边长为 100 的菱形框，如图 12 - 7 (a) 所示。

作图：

（1）按图 12 - 6 所示，在"极轴追踪"选项卡中，选择"增量角"为 45°，在"极轴角测量"中选中"绝对"单选框，单击"确定"按钮。

（2）画线 *AB*、*BC*、*CD*、*DA*。如图 12 - 7 所示，启动"直线"命令，命令行提示如下：

LINE 指定第一点:（用鼠标在屏幕上拾取一点,作为点 A）

指定下一点或［放弃(U)］:100（拖动鼠标追踪 45°方向,出现 45°虚引线时输入 100,绘制 AB）

指定下一点或［放弃(U)］:100（拖动鼠标追踪 135°方向,出现 135°虚引线时输入 100,绘制 BC）

指定下一点或［闭合(C)／放弃(U)］:100（拖动鼠标追踪 225°方向,出现 225°虚引线时输入 100,绘制 CD）

指定下一点或［闭合(C)／放弃(U)］:C（输入图形闭合 C 选项,绘制 DA,完成菱形框绘制）

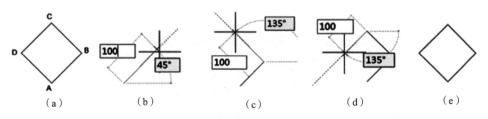

(a)   (b)   (c)   (d)   (e)

图 12 - 7 极轴追踪示例

(a) 原图；(b) 追踪角 45°；(c) 追踪角 135°；(d) 追踪角 225°；(e) C 方式封闭

4. 对象捕捉

在绘图过程中，有时要精确地找到已经绘出图形上的特殊点，如直线的端点和中点、圆的圆心、直线与圆弧的切点、两个对象的交点及两直线的垂足点等，如果单凭肉眼来拾取它们，则难以非常准确地找到这些点。AutoCAD 提供了"对象捕捉"功能，使用户可以迅速、准确地捕捉到这些特殊点，从而大大提高作图的准确性和速度。

在 AutoCAD 中对象捕捉可以有两种运行方法：自动对象捕捉和单一点对象捕捉。

1）自动对象捕捉

功能：就是自动运行预设的对象捕捉方式，无论是否选择点均保持捕捉有效，直至关闭。

设置方法：

菜单："工具"→"绘图设置"→"对象捕捉"选项卡，如图 12 - 8 所示。

图 12 - 8 "对象捕捉"选项卡

在"对象捕捉"选项卡中可以在"对象捕捉模式"选项组中选中对应捕捉模式前的复选框，如选中"端点""中点""圆心"等。其中，各要点类型前的"符号"为要点在捕捉时"显示的符号"。

注意：设置的要点捕捉只有在启动对象捕捉模式时才有效。

调用方法：

状态栏：单击状态栏中的"对象捕捉"按钮▣，使图标变亮为打开，使图标变暗为关闭。

快捷键〈F3〉：可使"对象捕捉"在打开和关闭之间切换。

注意：使用自动对象捕捉时，只有在命令行提示输入"点"时，将光标移至对象的捕捉点附近，系统才会在捕捉点上显示相应的标记和文字提示，此时单击即可捕捉该点。

2）单一点对象捕捉

功能：设置针对特定一点的捕捉模式，此设置仅针对当前的点选择有效。

设置方法：

图标：单击"对象捕捉"工具栏中的相应的捕捉图标即可，如图 12 - 9（a）所示。

快捷菜单：按住〈Shift〉或〈Ctrl〉键，同时右击鼠标，将在光标位置弹出"对象捕捉"快捷菜单，如图 12 - 9（b）所示，选中菜单中的相应捕捉类型即可。

（a）　　　　　　　　　　（b）

图 12 - 9　单一点对象捕捉设置

（a）"对象捕捉"工具栏；（b）"对象捕捉"快捷菜单

注意：单一点对象捕捉功能的有效性仅有一次，单一点对象捕捉设置优先于自动对象捕捉设置，且不受状态栏内"对象捕捉"按钮的控制。

AutoCAD 常用的"对象捕捉"方式及示例如表 12 - 8 所示。

表 12 - 8　常用的"对象捕捉"方式及示例

图标/命令/捕捉类型	功能	捕捉标记和提示图例
end 端点	可捕捉直线、圆弧、多段线等对象的端点	端点　　　端点
mid 中点	可捕捉直线、圆弧、多段线、样条曲线等对象的中点；靶框落在对象上即可	中点　　　中点

图标/命令/捕捉类型	功能	捕捉标记和提示图例
⊠ int 交点	可捕捉直线、圆、圆弧、多段线、样条曲线等中任意两对象的交点；靶框应落在交点处	
⊡ ext 延伸线	可捕捉直线和圆弧的延伸线	范围: 12.5315 < 10°
◎ cen 圆心	可捕捉圆、圆弧及椭圆的圆心	圆心
◇ qua 象限点	可捕捉圆、圆弧及椭圆上最近的象限点（即圆、圆弧和椭圆上 0°、90°、180°、270°点）	象限点
⊙ tan 切点	可捕捉与圆、圆弧及椭圆相切的切点；靶框落在切点附近即可	切点
⊥ per 垂足点	可捕捉与圆、圆弧、椭圆、直线、多段线等对象正交的点，也可捕捉到对象延长线的垂足	垂足
⫽ par 平行线	可捕捉与选定对象平行线上的一点，用于绘制平行线	平行: 433.4291 < 345°
⊡ ins 插入点	可捕捉到图块、文字、属性等对象的插入点；靶框落在对象上即可	技术要求 插入点

续表

图标/命令/捕捉类型	功能	捕捉标记和提示图例
nod 节点	可捕捉到用"点"命令绘制的点对象	
nea 最近点	可捕捉一个对象（圆、圆弧、椭圆、直线、多段线等）上距离靶框中心最近的位置	

5. 对象捕捉追踪

功能：与自动对象捕捉配合使用，实现以自动对象捕捉点为基点的沿水平方向、垂直方向或极轴追踪角方向显示对齐路径、进行对齐追踪，对齐路径是基于对象捕捉点的。

注意：对象捕捉追踪的追踪点只能是"自动对象捕捉"的捕捉点。

设置方法：

菜单："工具"→"绘图设置"→"对象捕捉"选项卡→选中"启用对象捕捉追踪"选项，如图 12 – 10 所示。

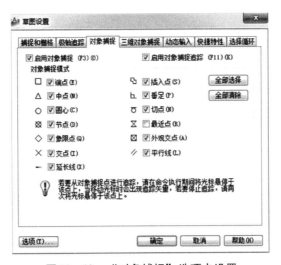

图 12 – 10　"对象捕捉"选项卡设置

调用方法：

状态栏：单击状态栏中的"对象捕捉追踪"按钮，使图标变亮为打开，使图标变暗为关闭。

快捷键〈F11〉：可使"对象捕捉追踪"在打开和关闭之间切换。

【例 12 – 2】参照图 12 – 11（a）所示的图形，在图 12 – 11（b）中添加一个圆，圆心在图形的中心处。

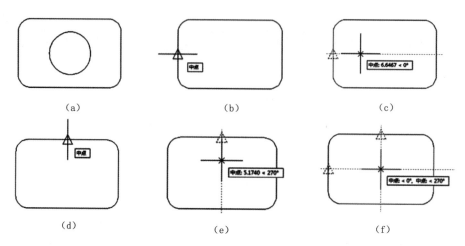

图 12 - 11　对象捕捉追踪示例

（a）原图；（b）捕捉竖直边中点；（c）水平方向对齐路径；（d）捕捉水平边中点；
（e）竖直方向对齐路径；（f）捕捉对齐路径的交点

作图：

（1）用给定圆角半径方式画矩形的命令，绘制带圆角的矩形的外轮廓。

（2）设置状态栏中的"对象捕捉"的捕捉点为"中点"，并打开状态栏中的"对象捕捉"和"对象捕捉追踪"按钮。

（3）单击绘图工具栏中的"圆"图标 ⊘，调用"圆"命令。

（4）当"圆"命令提示输入圆心点时，在竖直边上移动鼠标，获取竖直边直线的中点，如图 12 - 11（b）所示。

（5）沿着水平方向移动光标即可显示对齐路径，如图 12 - 11（c）所示。

（6）在水平边上移动鼠标，获取水平边直线的中点，如图 12 - 11（d）所示。

（7）沿着竖直方向移动光标即可显示对齐路径，如图 12 - 11（e）所示。

（8）光标移动至与竖直边中点追踪路径接近时，将同时追踪两点，即显示对齐路径的交点，如图 12 - 11（f）所示。

（9）单击选择该点作为圆心，输入半径，完成图形，如图 12 - 11（a）所示。

12.3.3　线段连接

在画二维图形时经常用到圆弧或直线光滑连接另外的圆弧或直线段，这种作图方法称为线段的连接，圆弧与直线或圆弧与圆弧之间的光滑连接就是平面几何中的相切。

常见的线段连接形式及操作方法如表 12 - 9 所示。

表 12 - 9　常见的线段连接形式及操作方法

连接类型	图例	作图说明
直线与两圆弧连接		（1）用"圆"命令画出两个已知圆。 （2）用"直线"命令绘制两圆的公切线。直线两切点的输入使用"对象捕捉"中的"切点捕捉"方式
圆弧与两个直线连接		（1）先画已知的相交线段。 （2）用"圆角"命令绘制连接圆弧（相交部位的多余线段会自动修剪）
圆弧与一条直线、一段圆弧连接		（1）先画已知圆弧及直线（可画成相交线段）。 （2）采用"圆角"命令绘制连接圆弧
圆弧与两段圆弧连接		先画两个已知圆弧（或圆），再画连接圆弧 （1）若为外切连接，一般用"圆角"命令；也可用"圆"命令中的 T 方式画连接圆（两拾取点应均在两切点的内侧），再用"修剪"命令剪去多余线段。 （2）若为内切连接，则只能用 T 方式画连接圆（两拾取点应均在两切点的外侧）再用"修剪"命令剪去多余线段

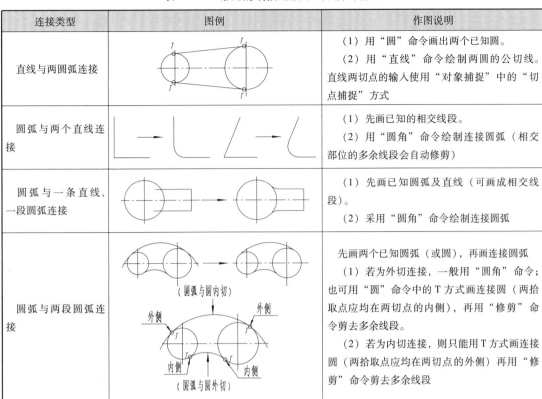

12.3.4　图层

一张完整的图形包含许多要素，如各种线型、文字、数字、尺寸、表面结构符号等。为便于各种图形要素的管理，AutoCAD 引入了图层。可以将"图层"理解为一张无厚度的透明纸。在这张透明纸上可以绘制图形、标注尺寸、书写文本等。在画图时，把不同颜色、不同线型和不同线宽的图形，画在不同的透明纸上，再把各张纸叠在一起，得到一张完整的图形。

AutoCAD 的图形对象总是位于某个图层上。默认情况下，当前层是 0 层，此时所画图形对象在 0 层上。AutoCAD 允许在一张图上设置多个图层，每个图层可以设定不同的颜色、线型和线宽。通过将不同性质的对象，放置在不同的图层上，就可以对相同性质的对象进行统一控制。

1. 图层设置

用 AutoCAD 绘图时，首先要根据绘图需要设置图层，其设置的个数没有限制。

设置方法：

图标：图层工具栏→ ；

下拉菜单："格式"→"图层（L）…"。

命令：layer。

操作说明：

执行命令后，弹出如图 12 - 12 所示的"图层特性管理器"对话框。在该对话框中可以进行详细的设置，包括新建图层、设置图层特性、管理图层等。

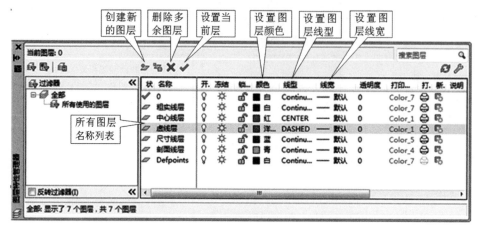

图 12 - 12   "图层特性管理器"对话框

（1）"新建"图层：创建一个新的图层。

单击"图层特性管理器"对话框上方的"新建"图标。出现图层名称为"图层1"的提示框，将所需定义的图层名依次输入，如图 12 - 12 所示，单击某一图层名，可选择某一图层，并可进行图层特性及图层状态的定义。

（2）"删除"图层：删除当前图形中多余的图层。

在图层列表中选择要删除的图层，单击"删除"图标即可。

注意：当前层、包含对象的图层、Defpoints 层、锁定的图层及 0 层不能删除。

（3）设置当前层：用于设置正在绘制、编辑的图形元素所在的图层。

由于绘图必须在当前层上进行，因此绘图前或改变线型前均需设定当前层。

设置当前层的方法：

（1）在"图层特性管理器"对话框（见图 12 - 12）中选定一图层，并单击"当前层"图标，就将选定的图层作为当前图层。当前图层相当于图纸绘图中使用的处于最上位置的图纸。

（2）直接从"图层工具栏"上"图层控制"下拉列表中选取，如图 12 - 13 所示，实际绘图时常采用此方法设置当前层。

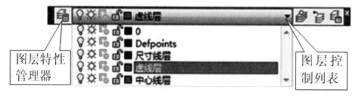

图 12 - 13   图层对话框

2. 图层特性设置

图层特性是指某一图层所带有的名称、颜色、线型及线宽等属性。

设置方法：

（1）颜色设置：单击某一图层中的颜色图标，出现"选择颜色"对话框，如图 12 – 14 所示。双击所需颜色的色块即可。

图 12 – 14　"选择颜色"对话框

（2）线型设置：单击某一图层的线型名，如"Continuous"，出现"选择线型"对话框，如图 12 – 15 所示，单击所需线型即可。若该对话框中无所需的线型，可单击"加载"按钮，并在"加载或重载线型"对话框中选择所需的线型，如图 12 – 16 所示，双击所选的线型即可。

图 12 – 15　"选择线型"对话框

图 12 – 16　"加载或重载线型"对话框

（3）线宽设置：单击某一图层的线宽值，出现"线宽"对话框，如图 12 – 17 所示。选择所需线宽的值即可。

图 12 – 17　"线宽"对话框

3. 图层状态控制

图层状态控制包括：开/关、解冻/冻结、解锁/锁定、打印/不打印等。

设置方法：

（1）开/关：单击"开/关"图标 🖓，可进行图层"开/关"的切换。亮灯泡时，图层处于打开状态；暗灯泡时，图层处于关闭状态。已关闭图层上的对象不可见。打开和关闭图层时，不会重生成图形。

（2）解冻/冻结：单击"解冻/冻结"图标 ⚙，可进行图层"解冻/冻结"的切换。已冻结图层上的对象不可见，且不可打印。冻结不需要的图层将加速显示和重生成的操作速度。

（3）解锁/锁定：单击"解锁/锁定"图标 🔓，可进行图层"解锁/锁定"的切换。图标为打开的锁时，图层处于解锁状态，锁定某个图层时，该图层上的所有对象可见但不可修改，直到解锁该图层。锁定图层可以减少对象被修改的可能性，而且可以将对象捕捉应用于锁定的图层上，并可以执行，不会修改对象的其他操作。

（4）打印/不打印：用于控制图形输出时是否输出该图层对象。图标 🖨 亮显时打印输出。

注意：已在"图层特性管理器"对话框中设定了图层的颜色、线型和线宽值，则应在"特性"工具栏中将上述三项的列表框分别设置为"Bylayer"，如图 12 – 18 所示。

图 12 – 18　特性工具栏

【例 12 – 3】按表 12 – 10 设置图层内容，并将其保存为图名为"图层设置"的文件。

表 12 – 10　图层设置内容

名称	颜色	线型	线宽
粗实线层	黑色	continuous	0.3
细实线层	蓝色	continuous	默认
中心线层	红色	center	默认
虚线层	洋红	dashed	默认
尺寸线层	蓝色	continuous	默认
剖面线层	绿色	continuous	默认

作图：

（1）单击图层工具栏的图标→ 🗇，在弹出的"图层特性管理器"对话框中，单击"新建"图层按钮 🗗，并按表 12 – 10 的要求设置图层的颜色、线型及线宽等，设置完成后关闭"图层特性管理器"对话框（具体操作参见 12.3.4）。

（2）单击标准工具栏中的图标→ 🖫，在弹出的保存文件对话框中，设置文件名为"图层设置"。

（3）将建好的图层保存为文件，以便于在以后的绘图中调用。

12.3.5 平面图形绘制

【例 12 – 4】绘制图 12 – 19 所示的平面图形，不标注尺寸。

分析：

（1）尺寸分析：该图形中圆及圆弧尺寸 $3 \times \phi18$、$R20$、$R15$、$R17$、$R30$、$R28$ 均为定形尺寸；尺寸 20、85、55、15、35、12 均为定位尺寸。

（2）线段分析：根据尺寸分析的结果，该图形中 $\phi18$、$R20$、$R15$、$R17$、$R28$ 和 $R30$ 均为已知线段；而圆弧 $R73$ 及 $R68$ 均为连接圆弧。

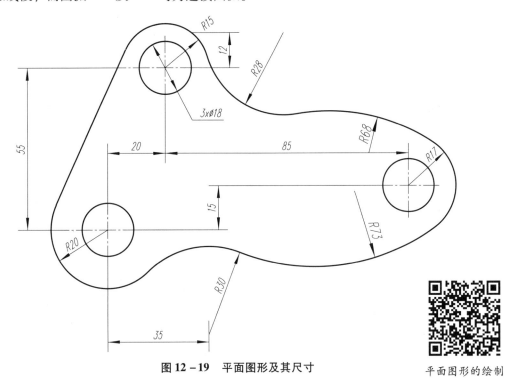

图 12 – 19 平面图形及其尺寸

平面图形的绘制

作图：

（1）创建两个图层。

名称	颜色	线型	线宽
轮廓线层	白色	continuous	0.3
中心线层	红色	center	默认

（2）绘制 $\phi18$ 圆及对称中心线：在轮廓线层，用"圆"命令绘制 $\phi18$ 的圆 A，切换到中心线层，用"直线"命令绘制圆的对称线 B、C，其长度约为 25，然后用"复制"命令复制其他两圆及对称线，如图 12 – 20（a）所示。

（3）绘制 $R20$、$R15$、$R17$ 的圆弧及切线：切换到轮廓线层，用"圆"命令绘制 $R20$、$R15$、$R17$ 圆弧；用"直线"命令绘制两圆的切线，绘制圆时一定要启用"对象捕捉"中的

"圆心"捕捉，绘制切线时一定要启用"对象捕捉"中的"切点"捕捉，如图 12 - 20（b）所示。

（4）找 R30、R28 圆弧的圆心位置：找 R30 圆弧的圆心时，要以 φ18 圆 A 的圆心为圆心，以 R（20 + 30）= R50 为半径画圆，所画的圆与等距竖线 B 为 35 的直线的交点为圆心，绘制 R28 的圆弧时方法相似，如图 12 - 20（c）所示。

（5）绘制 R30、R28 的圆弧：以上一步找到的圆心位置为圆心，用"圆"命令中的（圆心、半径）绘制 R30、R28 的圆弧，如图 12 - 20（d）所示。

（6）绘制 R68、R73 的圆弧：用"圆"命令中的（相切、相切、半径）绘制 R68、R73 的圆弧。绘制圆弧时一定要启用"对象捕捉"中的"切点"捕捉，如图 12 - 20（e）所示。

（7）剪掉多余线段：使用"修剪"命令剪掉多余线段，如图 12 - 20（f）所示。

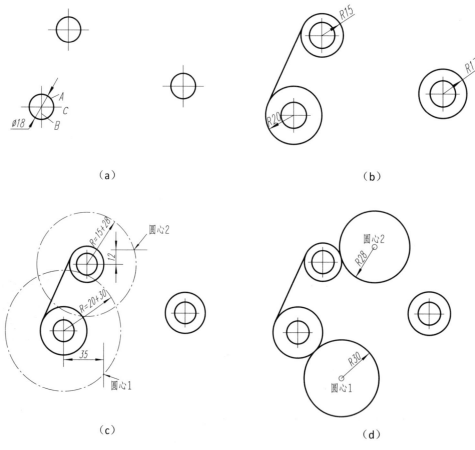

（a）   （b）

（c）   （d）

图 12 - 20　二维图形的绘制过程

（a）绘制 φ18 圆及对称中心线；（b）绘制圆弧及切线；（c）找圆弧 R30、R28 的圆心；

（d）绘制连接圆弧 R30、R28

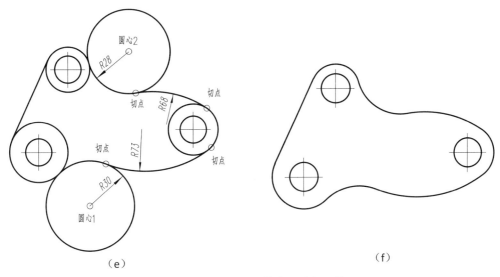

（e）　　　　　　　　　　　　　　　　　　（f）

图 12 – 20　二维图形的绘制过程（续）

（e）绘制连接圆弧 $R68$、$R73$；（f）剪掉多余线段

12.4　用 AutoCAD 绘制三视图、剖视图、轴测图

12.4.1　绘图环境设置

手工绘图需要先确定图纸的大小、绘图比例、绘图单位及与图面表达有关的其他内容。利用 AutoCAD 绘图前也必须通过一系列的设置后再开始绘图。设置内容包括：图形尺寸的度量单位及精度、绘图区域的大小、各类线型所处的图层、标注样式、文字样式等。初次绘图时，一般应根据我国现行的制图标准。按 A4 ~ A0 的图幅格式和要求进行相关的设置，并以样板图的形式存盘。具体操作步骤如下。

1. 设置度量单位及精度

菜单："格式"→"单位"。

弹出"图形单位"对话框。在该对话框中一般只需确定绘制图形的尺寸精度，其他选项均采用系统的默认值，如图 12 – 21 所示。

2. 设置图幅

菜单："格式"→"图形界限"。

命令：limits。

按命令提示分别输入图幅"左下角点"和"右上角点"的坐标。图幅的默认值为 A3 幅面，即左下角点的坐标为（0，0），右上角点的坐标为（420，297）。若需要设置其他幅面的图纸，可将右上角点的坐标值进行相应修改。

图 12-21 图形单位对话框

3. 显示变更的图幅

图幅边界重新设置后，如将 A3 幅面设置成 A4 幅面后，必须用"缩放"命令中的"全部（A）"选项显示变更后的图幅。

4. 设置图层

可根据图形中的内容表达设置相应的图层，并对图层的属性和状态进行设置，具体方法详见 12.3.4，这里不再重复。

5. 设置文本注写样式和尺寸标注样式

具体方法详见 12.5.1 和 12.5.2。

6. 绘制图框和标题栏

用"直线""矩形"等绘图命令按标准图幅的尺寸绘制图框和标题栏（注意图层的切换），并用"单行文字"命令书写图幅中的所有文字。

7. 保存绘图环境设置

以图幅代号作文件名将绘图环境的设置存盘。为便于调用，文件可存储样板文件，如"A3. dwt"。

12.4.2 绘制三视图

用 AutoCAD 绘制三视图和用手工绘制三视图的要求相同，绘图方法也基本相同。在绘制三视图时，应灵活、恰当地运用 AutoCAD 的"对象捕捉""对象捕捉追踪"与"极轴追踪"功能，减少作图辅助线，提高绘图速度，保证精确作图。

【例 12-5】如图 12-22 所示，绘制机座三视图，不标注尺寸。

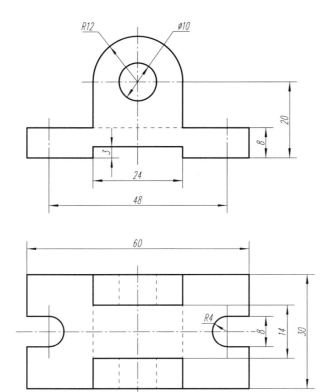

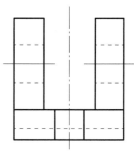

机座三视图
的绘制

图 12 - 22 机座三视图

分析：

该机座主要包括两个部分：底板、竖板；底板主体形状为长方体，在长方体的左右两侧对称开有 R4 半圆头的长方体槽，在长方体底部的正中间开有深度为 3 的通槽；前后对称的竖板的形状为半圆头长方体，并且在半圆头长方体上部有同心的 $\phi10$ 圆孔。

作图：

1）建立新文件

选择样板图"acadiso. dwt"；设置图形界限宽为 210，长为 297；并用"缩放"命令全屏显示设好的绘图区。

2）设置图层、颜色、线型及线宽

新建 3 个图层，如表 12 - 11 所示，并将 0 层设为当前层供绘制草图使用。

表 12 - 11 图层设置内容

名称	颜色	线型	线宽
轮廓线层	白色	continuous	0.3
中心线层	红色	center	默认
虚线层	粉色	hidden	默认

3）绘制图形

（1）画底板的三视图。

俯视图：用"矩形"命令绘制俯视图矩形轮廓；用"圆"命令画 R4 的圆弧；用"直线"命令绘制同 R4 的圆弧上下相连的直线，如图 12 – 23（a）所示。

主视图：用"矩形"命令绘制主视图中的矩形轮廓；用"直线"命令绘制竖直中心线、底部长 24 深 3 的槽的边界线及同俯视图对应的 R4 的半圆头槽的投影，绘图时应利用"对象捕捉追踪"工具追踪俯视图中圆的"象限点"等，如图 12 – 23（b）所示。

左视图：用"直线"命令绘制左视图中的矩形轮廓，用"直线"命令绘制 R4 的圆弧孔的投影，绘图时应利用"对象捕捉追踪"工具追踪主视图中的相应点。

（2）画竖板的三视图。

因为竖板的俯、左视图为对称图形，所以在绘制竖板的俯、左视图时可以只画一半图形，另一半图形镜像复制。

主视图：用"圆弧"和"圆"命令绘制的上半圆和孔，用"直线"命令绘制半圆下边的两条线，如图 12 – 23（c）所示。

俯视图：用"矩形"命令绘制俯视图中上部的矩形轮廓，用"直线"命令绘制同主视图 $\phi 10$ 圆孔对应的细虚线投影，绘图时应追踪主视图中的直线的"端点""象限点"等，用"镜像"命令绘制竖板下部的图形。

左视图：用"直线"命令绘制左视图中左侧的矩形轮廓，绘图时应追踪主视图中的"象限点""端点"等，用"镜像"命令绘制竖板右侧的图形，如图 12 – 23（d）所示。

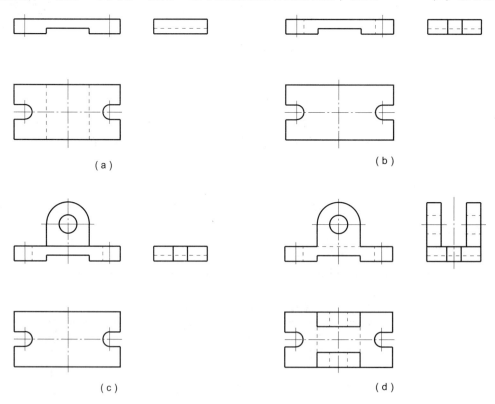

图 12 – 23　三视图绘图步骤

（a）画底板三视图；（b）画底板上半圆孔的三视图；（c）画竖板主视图；（d）补画竖板俯、左视图

12.4.3　绘制剖视图

在工程图样中，经常会采用剖视图和断面图的表达形式。AutoCAD 是以"图案填充"命令完成剖视图、断面图中的剖面符号（简称剖面线）的绘制的。在进行图案填充时，用户需要确定的内容有 3 个：一是绘制剖面线填充的区域，二是设置填充图案的类型与参数，三是确定剖面线填充边界。

下面以图 12 – 24（c）所示的剖视图绘制为例，说明剖面线绘制的基本步骤。

1. 绘制剖面线填充的区域

用"矩形""直线"等命令绘制需要填充剖面线的封闭线框，如图 12 – 24（a）所示。

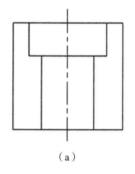 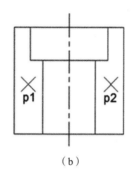 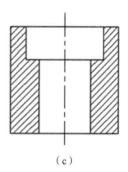

（a）　　　　　　　　　　　（b）　　　　　　　　　　（c）

图 12 – 24　图案填充示例

（a）绘图；（b）选点；（c）填充

2. 设置图案类型与参数

图标：绘图工具栏→"图案填充"按钮。

菜单："绘图"→"图案填充"。

命令：bhatch。

执行命令后，AutoCAD 会弹出如图 12 – 25 所示的"图案填充和渐变色"对话框，选择"图案填充"选项卡，设置填充图案以及相关的填充参数。

（1）类型和图案。AutoCAD 可供用户选择的类型与图案有 3 种：

● 预定义：共有 69 种图案可供选择。

● 用户定义：由一组平行线组成。

● 自定义：由用户创建一种新图案。

剖面线可在"类型"中选择"预定义"，在"图案"中选择"ANSI31"。

（2）角度和比例。若图案选择了"ANSI31"，可在"角度""比例"输入框中输入剖面线的角度和缩放比例，如角度为"0"，比例为"3"。

图 12 – 25　"图案填充和渐变色"对话框

3. 确定剖面线填充边界

选择填充边界有两种方法，分别为区域内部点法和选择边界对象法。

（1）区域内部点法（拾取点）。在"图案填充和渐变色"对话框的"边界"选项组中单击"添加：拾取点"按钮▣，此时屏幕切换到图形状态，用光标在要绘制剖面线的两个区域中各拾取一点 ［如图 12 – 24（b）中的点 p_1、p_2］，并按〈Enter〉键，返回对话框，单击"确定"按钮，完成剖面线绘制如图 12 – 24（c）所示。

（2）直接选择边界对象法（选择对象）。在"图案填充和渐变色"对话框的"边界"选项组中单击"添加：选择对象"按钮，用光标选取封闭的边界。当图形实体是独立的、头尾相连的封闭线框时，才能用此方式，否则图案填充会出错。

12.4.4　绘制正等轴测图

轴测投影图能在一个投影上同时反映物体的左面、顶面和右面的形状，因此表达形体更加直观、富有立体感。正等轴测图是轴测投影图中最为常用的一种，空间 3 个相互垂直的坐标轴 OX、OY、OZ 的轴间角均为120°。

1. "等轴测投影"绘图方式的设置

菜单："工具"→"草图设置"→"捕捉和栅格"选项卡。

在"捕捉类型"中选取"等轴测捕捉"选项，如图 12 – 26 所示，设置完成后，单击"确定"按钮，回到绘图状态。此时，标准十字光标切换成 3 个正等轴测光标，代表物体的左面、顶面和右面。

图 12 - 26　　"草图设置" 对话框

XOY（top）：选顶面为当前绘图面时，光标十字线改为30°和150°的方向。

YOZ（left）：选左面为当前绘图面时，光标十字线改为150°和90°的方向。

XOZ（right）：选右面为当前绘图面时，光标十字线改为30°和90°的方向。

绘图时可以按快捷键〈F5〉在"左面""顶面""右面"之间切换。如果同时在状态栏中选择正交方式，可画出与 *OX*、*OY*、*OZ* 轴测坐标轴平行的线段。

2. 平行坐标面的圆的正等轴测图的画法

平行坐标面的圆在正等轴测投影中变成了椭圆，在绘制正等轴测投影图时经常需要画圆的轴测投影。

调用方法：

图标：绘图工具栏→ 按钮。

菜单："绘图"→"椭圆"。

命令：ellipse。

执行该命令后，命令行提示为：

命令:_ellipse

指定椭圆轴的端点或［圆弧(A)／中心点(C)／等轴测圆(I)］:i(进入正等测投影椭圆绘图模式)

指定等轴测圆的圆心:给定圆心点

指定等轴测圆的半径或［直径(D)］:给定半径值(按〈Enter〉键后,在指定的轴测平面上画出一个椭圆)

【例 12 - 6】用正等轴测投影绘制如图 12 - 27 （d）所示的正方体及圆，其中正方体的边长为200，圆的半径为70。

作图：

（1）设置等轴测捕捉模式。按图 12 - 26 所示设置。

（2）绘制正方体的外框线。用"直线"命令分别在顶、左、右面画出正方体的外框线，画图时启用正交模式，如图 12 – 27（a）所示。

（3）设置画椭圆方式为正等测椭圆的绘图模式，并在正方体的顶面用"对象捕捉追踪"方式捕捉椭圆的圆形点，如图 12 – 27（b）所示。

（4）在顶面上捕捉确定圆心点后，输入半径值 70，绘制出椭圆，如图 12 – 27（c）所示。

（5）按〈F5〉键切换到左面和右面，用同样的方法分别画出其他两面上的椭圆，如图 12 – 27（d）所示。

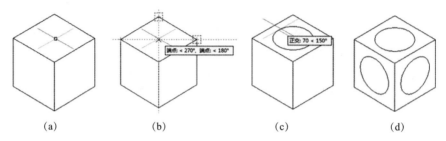

图 12 – 27　正等轴测图作图示例

（a）画出正方体；（b）在顶面捕捉圆心；（c）在顶面画椭圆；（d）在左、右面画椭圆

12.5　用 AutoCAD 绘制零件图

零件图是组织生产、进行零件加工和检验的主要技术文件之一。一张完整的零件图包括：一组图形、全部的尺寸、技术要求和标题栏。零件图中图形的绘制可采用前面介绍的三视图及剖视图的绘制方法。本节仅介绍零件图上的文字、尺寸、尺寸公差、几何公差以及表面结构代号的标注方法。

12.5.1　文字标注

在机械图样中许多部分都与文字标注有关，如技术要求、标题栏等。在 AutoCAD 中，标注文字的操作主要包括设置文字样式、输入文字、编辑文字等。

1. 文字样式设置

文字样式可以设置文本的字体，高度、宽度比例，角度，方向和其他文字特性，在图形文件中可以创建多种文字样式，使其满足不同的文本标注需求。文字样式设置后可以保存在样本图中，长期使用。

调用方法：

图标：样式工具栏或文字工具栏→文字样式按钮 ⓐ。

菜单："格式"→"文字样式…"。

命令：style。

执行"文字样式"命令后，弹出"文字样式"对话框如图 12 – 28 所示。用户可以在"样式"组框，"字体"组框、"效果"等组框中进行相应的设置，以满足书写的要求。

为了满足标注要求，在"我的样式"中设置了"宽度因子"为"0.7"，"倾斜角度"为"15"，如图 12-28 所示。若要修改样式，则只需在样式名称列表中选中相应的样式，然后修改对应的选项即可。

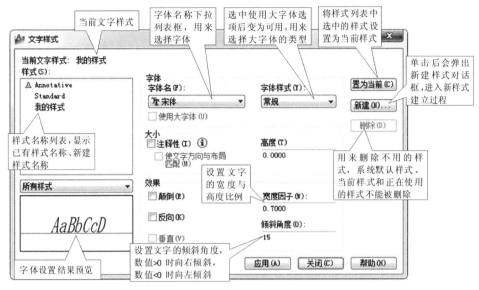

图 12-28   "文字样式"对话框

2. 单行文字输入

功能：在图中注写单行文字，标注中可以使用〈Enter〉键换行，也可以在另外的位置单击，以确定一个新的起始位置。

不论换行还是重新确定起始位置，都会将每次输入的一行文本作为一个独立的实体。

调用方式：

图标：文字工具栏→单行文字按钮 **A**。

菜单："绘图"→"文字"→"单行文字"。

命令：text（DT）。

执行该命令后，命令行提示为：

命令：_text

当前文字样式："Standard" 文字高度:2.5000 注释性:否

指定文字的起点或 [对正(J)/样式(S)]:j(见下面选项说明)

输入选项

[对齐(A)/布满(F)/居中(C)/中间(M)/右对齐(R)/左上(TL)/中上(TC)/右上(TR)/左中(ML)/正中(MC)/右中(MR)/左下(BL)/中下(BC)/右下(BR)]:BC(可以输入适当的对齐方式,如图 12-29 所示)

指定文字的中下点:(指定文字的对齐点)

指定高度 <0.2000 >:(输入文本的高度值)

指定文字的旋转角度 <0 >:(输入文字行的旋转角度)

选项说明：

（1）指定文字的起点：该选项为默认选项，输入或拾取注写文字的起点位置。

（2）对正：该选项用于确定文本的对齐方式。确定文本位置采用4条线，即顶线（Top Line）、中线（Middle Line）、基线（Base Line）和底线（Bottom Line），文字对齐方式中各定位点的位置如图12-29所示。

（3）样式：选择已定义的文字样式。

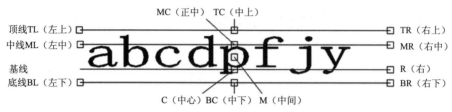

图12-29　文字对齐方式中各定位点的位置

（4）特殊代码书写：输入文字时，有一些特殊符号是不能从键盘上直接输入的，Auto-CAD为这些特殊符号提供了专用的代码。常用的特殊字符代码如表12-12所示。

表12-12　常用的特殊字符代码

代码	代表的符号	应用示例
%%c	直径代号φ	%%c50→φ50
%%d	角度符号°	45%%d→45°
%%p	公差符号±	100%%p 0.2→100±0.2
%%o	添加文字的上划线	%%o Abcdefgh→A̅b̅c̅e̅d̅f̅g̅h̅
%%u	添加文字的下划线	%%u Abcdefgh→Abcdefgh

3. 多行文字输入

功能：利用在位文字编辑器标注文字。

调用方法：

图标：文字工具栏→多行文字按钮**A**。

下拉菜单："绘图"→"文字"→"多行文字"。

命令：mtext（MT）。

选择上述任一方式输入，命令行提示：

命令：_mtext

当前文字样式:"Standard"　文字高度:50　注释性:否

指定第一角点:(指定虚拟框的第一个角点,命令行继续提示)

指定对角点或[高度(H)／对正(J)／行距(L)／旋转(R)／样式(S)／宽度(W)／栏(C)]:

按照AutoCAD提示指定对角点确定一个输入文字的矩形，矩形确定文字对象的位置，矩形内的箭头指示段落文字的走向。矩形的宽度即文字行的宽度，但矩形的高度不限制文字沿竖直方向的延伸。

在指定对角点之后，AutoCAD将显示多行文字编辑器，如图12-30所示。可以在其中输入文字、设置文字高度和对齐方式等多行文字操作，也可以在指定对角点前在命令行设置文字的高度、对齐方式等。特殊字符可借助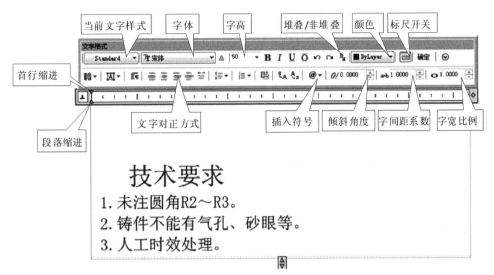按钮下的字符。

图 12 – 30　"文字格式"对话框

下面重点说明堆叠符号的使用。

功能：堆叠符号用来选用分数、公差与配合的输出形式。

堆叠有如下 3 种形式：

（1）用"/"堆叠控制码堆叠成分数形式。例如：输入"H8/h7"，选中 H8/h7 后单击图标，则显示为"$\frac{H8}{h7}$"。

（2）用"#"堆叠控制码堆叠成分数形式。例如：输入"H8#h7"，选中 H8#h7 后单击图标，则显示为"H8/h7"。

（3）用"^"堆叠控制码堆叠成分数形式。例如：输入"+0.03^-0.02"，选中 +0.03^-0.02 后单击图标，则显示为"$^{+0.003}_{-0.02}$"。

4. 文字编辑

功能：对输入的文字进行编辑处理。

调用方法：

图标：文字工具栏或编辑文字按钮→。

下拉菜单："修改"→"对象"→"文字"→"编辑"命令。

命令：dedit。

执行文字编辑命令后，命令提示：

选择注释对象或[放弃(U)]:选择需编辑、修改的文字对象,然后编辑。

选择注释对象或[放弃(U)]:系统将重复该提示,直到以空响应结束命令。

12.5.2　尺寸标注基本组成与标注样式设置

1. 尺寸标注基本组成

在 AutoCAD 中，一个完整的尺寸标注由尺寸线、尺寸界线、尺寸文本和尺寸箭头（这里的"箭头"是一个广义的概念，也可以用短画线、点或其他标记代替尺寸箭头）组成，如图 12-31 所示。

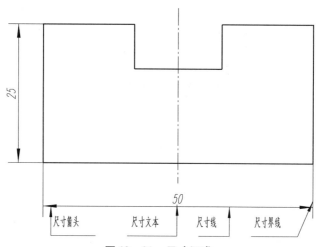

图 12-31　尺寸组成

在通常情况下，AutoCAD 将构成一个尺寸的尺寸线、尺寸界线、尺寸文本及箭头以图块的形式放在图形文件中，因此可以认为一个尺寸是一个对象。在进行编辑操作时，只要选中其中一项就可以进行整体编辑。如果要改变其中某一项时，必须用"分解"命令将其分解。

2. 尺寸标注样式设置

AutoCAD 的尺寸标注样式用于控制标注的形式和外观。用标注样式可以方便地建立符合国家标准的尺寸标注，并且更易于实现对标注形式及其用途的修改。

在标注尺寸时，AutoCAD 将使用设为当前的标注样式。在建立新的图形文件时选择样板"acadiso"，系统将"ISO-25"设置为默认的标注样式（与我国的尺寸标注习惯比较接近），因此，在该类图中仅需对尺寸标注样式做微调，即可基本符合我国的制图标准。

功能：用于创建和修改标注样式。

调用方法：

图标：标注工具栏或样式工具栏→标注样式按钮 ￼。

下拉菜单："格式"→"标注样式…"。

命令：dimstyle。

选择上述任一方式调入标注样式后，会弹出"标注样式管理器"对话框，如图 12-32 所示。

在"标注样式管理器"对话框中，根据标注需要，可以建立自己的标注样式，并按我国制图相关标准修改相应的标注参数。下面以新建的"我的样式"为例，说明标注参数的修改过程。

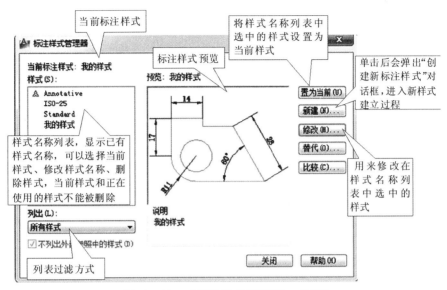

图 12 - 32　"标注样式管理器"对话框

在图 12 - 32 所示的"标注样式管理器"对话框中，单击"新建"按钮后，基于"ISO - 25"的标注样式建立一个名称为"我的样式"的新样式，单击"修改"按钮，弹出"修改标注样式：我的样式"对话框，该对话框包含 7 个选项卡，每个选项卡又包含若干个选项区和一个预览区，用户可根据标注需要设置各选项卡中的相应内容。

（1）"线"选项卡：设置尺寸线、延伸线、箭头等格式和特性，选项含义如图 12 - 33 所示。

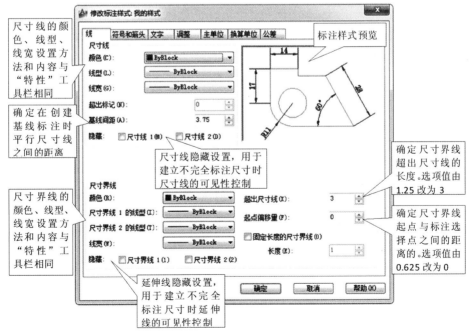

图 12 - 33　"修改标注样式"对话框中的"线"选项卡

（2）"符号和箭头"选项卡：设置尺寸箭头、弧长符号和折弯半径标注的格式和位置，其选项含义如图 12 – 34 所示。

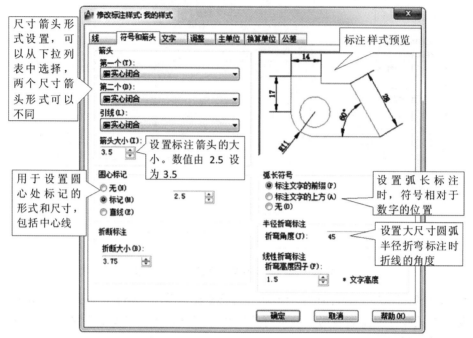

图 12 – 34　"修改标注样式"对话框中的"符号和箭头"选项卡

（3）"文字"选项卡：设置标注文字的格式、位置和对齐，其选项含义如图 12 – 35 所示。

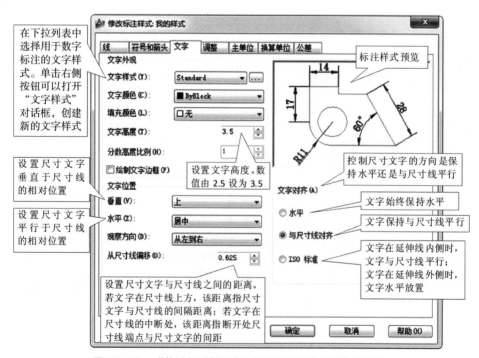

图 12 – 35　"修改标注样式"对话框中的"文字"选项卡

（4）"调整"选项卡：控制尺寸标注中文字、箭头和尺寸线的放置规律。

（5）"主单位"选项卡：用于设置标注单位的格式和精度。

（6）"换算单位"选项卡：用于设置除角度标注外其他标注的换算单位格式和精度。

（7）"公差"选项卡：用于控制标注文字中公差的格式及显示。

完成上述标注样式的微调之后，关闭"尺寸样式管理器"对话框，即可进行图样上各类尺寸的标注。

12.5.3　尺寸标注基本命令

1. 尺寸类型、命令调用方法

AutoCAD 提供了丰富的尺寸标注命令，可将尺寸标注分为线性标注、对齐标注、半径标注、直径标注、弧长标注、折弯标注、角度标注、引线标注、基线标注、连续标注等多种类型，而线性标注又分水平标注、垂直标注和旋转标注等。

调用方法：

（1）选择标注工具栏中相应的按钮，如图 12 - 36 所示。

| 线性 | 对齐 | 弧长 | 坐标 | 半径 | 折弯 | 直径 | 角度 | 快速标注 | 基线 | 连续 | 等距标注 | 折断标注 | 公差… | 圆心标记 | 检验 | 折弯线性 | 编辑标注 | 编辑标注文字 | 标注更新 | 标注样式控制 | 标注样式… |

图 12 - 36　标注工具栏

（2）选取下拉菜单"标注"中相应的菜单项。

（3）在命令行中输入相应的标注命令。

2. 常用的尺寸标注命令

表 12 - 13 列出了 AutoCAD 常用的尺寸标注命令和示例。

表 12 - 13　常用的尺寸标注命令和示例

图标/菜单/功能	说明	标注图例
[线性标注图标] "标注" → "线性" 用于标注水平、垂直或倾斜的线性尺寸 [二维码] 线性标注	命令：_dimlinear 指定第一条尺寸界线原点或＜选择对象＞：(拾取起点 p1) 指定第二条尺寸界线原点：(选择第二点 p2) 指定尺寸线位置或[多行文字(M)／文字(T)／角度(A)／水平(H)／垂直(V)／旋转(R)]：(输入一点 p3 或选项) 标注文字 =25(25 为计算机自动测量的尺寸)	[图示：p1, p3 25, p2, 20]

图标/菜单/功能	说明	标注图例
"标注"→"对齐" 用于倾斜尺寸的标注 对齐标注	命令:_dimaligned 指定第一条尺寸界线原点或＜选择对象＞:(拾取起点 p1) 指定第二条尺寸界线原点:(选择第二点 p2) 指定尺寸线位置或[多行文字(M)/文字(T)/角度(A)]:(输入一点 p3 或选项) 标注文字=15	
"标注"→"弧长" 用于标注圆弧的弧长尺寸 弧长标注	命令:_dimarc 选择弧线段或多段线弧线段:(拾取圆弧 p1) 指定弧长标注位置或[多行文字(M)/文字(T)/角度(A)/部分(P)/引线(L)]:(输入一点 p2 或选项) 标注文字=30	
"标注"→"半径" 用于标注圆或圆弧的半径尺寸 半径标注	命令:_dimradius 选择圆弧或圆:(拾取圆弧 p1) 指定尺寸线位置或[多行文字(M)/文字(T)/角度(A)]:(输入一点 p2 或选项) 标注文字=14	
"标注"→"折弯" 用于标注大圆弧的半径尺寸 折弯标注	命令:_dimjogged 选择圆弧或圆:(拾取圆弧 p1) 指定中心位置替代:(拾取折弯中心位置 p2) 标注文字=20 指定尺寸线位置或[多行文字(M)/文字(T)/角度(A)]:(输入一点 p3 或选项) 指定折弯位置:(拾取折弯中心位置 p4)	

图标/菜单/功能	说明	标注图例
"标注"→"直径" 用于标注圆或圆弧的直径尺寸 直径标注	命令:_dimdiameter 选择圆弧或圆:(拾取圆 p1) 标注文字 =24 指定尺寸线位置或[多行文字(M)/文字(T)/角度(A)]:(输入一点 p2 或选项)	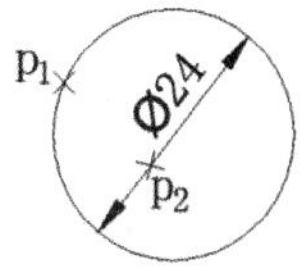
"标注"→"角度" 用于标注一段圆弧的圆心角或两直线之间的夹角 角度标注	1. 标注圆弧圆心角 命令:_dimangular 选择圆弧、圆、直线或<指定顶点>:(拾取圆弧 p1) 指定标注弧线位置或[多行文字(M)/文字(T)/角度(A)]:(选择尺寸线位置 p2,则系统按测量值标注角度) 标注文字 =90 2. 标注直线间的夹角 命令:_dimangular 选择圆弧、圆、直线或<指定顶点>:(拾取直线一上点 p1) 选择第二条直线:(选择直线二上点 p2) 指定标注弧线位置或[多行文字(M)/文字(T)/角度(A)]:(选择尺寸线位置 p3,则系统按测量值标注角度) 标注文字 =40	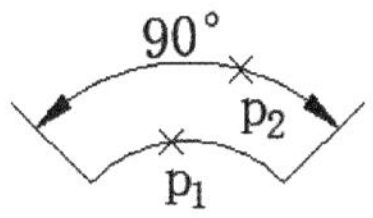 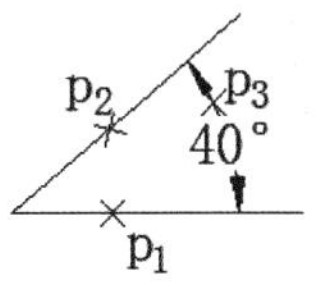
"标注"→"基线" 用于以同一条尺寸界线为基准标注多个尺寸 基线标注	在采用基线方式标注之前,一般应先标注出一个线性尺寸(如右图中的尺寸10)再执行该命令。 命令:_dimbaseline 选择基准标注:(拾取已标出的尺寸10) 指定第二条尺寸界线原点或[放弃(U)/选择(S)]<选择>:(拾取一点 p1,则以前一尺寸的起点为基准标注一尺寸) 标注文字 =22 指定第二条尺寸界线原点或[放弃(U)/选择(S)]<选择>:(系统重复该选项,采用空响应可结束该命令)	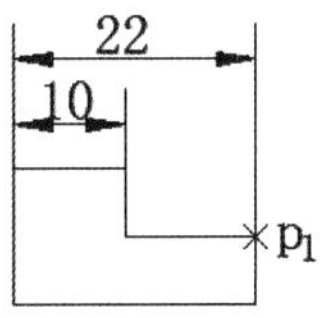

图标/菜单/功能	说明	标注图例
田 "标注"→"连续" 用于首尾相连的尺寸标 注 连续标注	在采用连续方式标注之前，一般应先标注出一个线性尺寸（如右图中的尺寸10）再执行该命令。 命令:_dimcontinue 指定第二条尺寸界线原点或[放弃(U)／选择(S)]<选择>:(拾取一点p1) 标注文字=14 指定第二条尺寸界线原点或[放弃(U)／选择(S)]<选择>:(系统重复该选项,采用空响应可结束该命令)	10 14 ×p1
引 "标注"→"引线" 用于多行文本的引出标 注 引线标注	引线型（旁注）尺寸标注命令，可以实现多行文本的引出功能，旁注指引线既可以是折线也可以是样条曲线；旁注指引线的起始端可以有箭头，也可以没有箭头。 命令:_qleader 指定第一个引线点或[设置(S)]<设置>:(拾取引线起点p1,若输入S,则可进行该命令的设置,其设置内容如图12-37所示) 指定下一点:(给定第二点p2) 指定下一点:(给定折线上一点p3,折线不宜过长) 指定文字宽度<0>:(空响应) 输入注释文字的第一行<多行文字(M)>:C2 输入注释文字的下一行:(空响应,结束该命令)	p2 C2 p1 p3

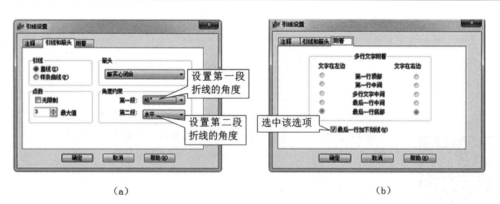

（a）   （b）

图12-37　"引线设置"对话框设置

（a）"引线和箭头"选项卡设置；（b）"附着"选项卡设置

12.5.4　尺寸标注编辑命令

尺寸标注完成以后，用户还可以方便地对其进行编辑修改，如改变尺寸文本的内容、位置及其旋转一定的角度，或使尺寸界线倾斜一定的角度等。尺寸标注的编辑命令如表12-14所示。

表 12 – 14　尺寸标注的编辑命令

图标/菜单/功能	说明	标注图例
 "标注"→"编辑标注" 用于编辑标注文字和延伸线 编辑标注文字	命令:_dimedit 输入标注编辑类型[默认(H)/新建(N)/旋转(R)/倾斜(O)]<默认>:(输入选项) 各选项含义如下: 输入"H",则按默认位置、方向放置尺寸文字; 输入"N",则使用文字编辑对话框,重新修改尺寸文字(如右图将水平尺寸 25 编辑成 20); 输入"R",可对尺寸文字进行旋转; 输入"O",则可对尺寸界限的方向进行调整(如右图尺寸 20)	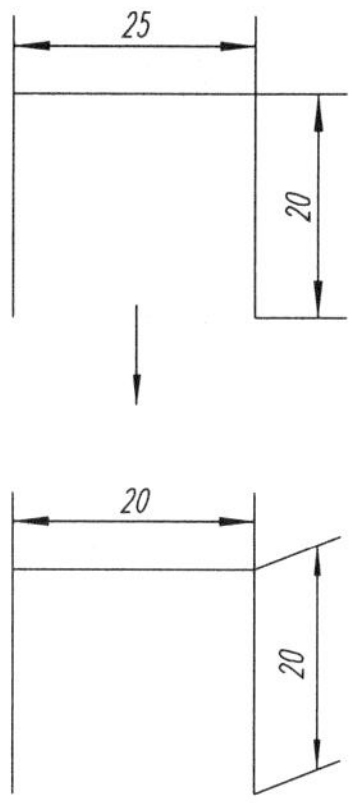
 "标注"→"编辑标注文字" 用于移动和旋转标注文字或重新定位尺寸线的位置 移动和旋转标注文字	命令:dimtedit 选择标注:(选择尺寸对象,如右图水平尺寸 25) 指定标注文字的新位置或[左(L)/右(R)/中心(C)/默认(H)/角度(A)]:(输入选项 R,如右图所示;或指定文字的新位置) 各选项含义如下: 输入"L",则尺寸文字沿尺寸线左对齐,该选项适用于线性、半径和直径标注; 输入"R",则尺寸文字沿尺寸线右对齐,该选项适用于线性、半径和直径标注(如右图所示); 输入"H",将标注的文字移至默认位置; 输入"A",则将标注的文字旋转至指定的角度。	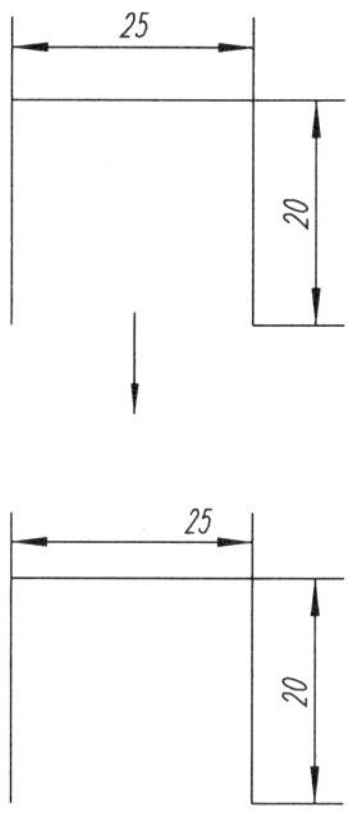
 "标注"→"标注更新" 用于修改标注的样式,如将文字水平的标注改为文字平行的标注等 标注更新	命令:_-dimstyle 当前标注样式:ISO -25 输入标注样式选项 [保存(S)/恢复(R)/状态(ST)/变量(V)/应用(A)/?]<恢复>:(输入新的标注样式,如文字水平的样式) 选择对象:单击要更改标注样式的尺寸,(如在图中的尺寸 20) 选择对象:按〈Enter〉键或右击结束样式的更新命令。	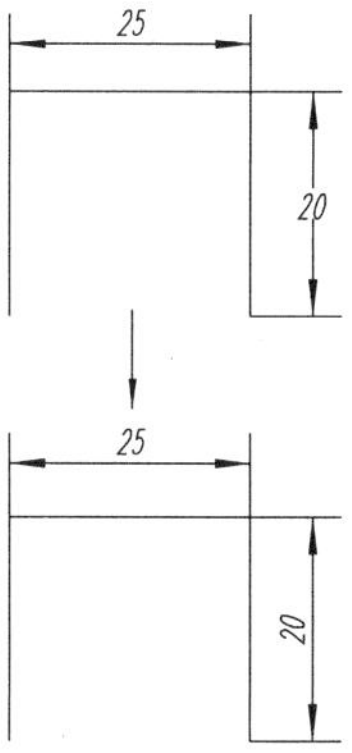

12.5.5　尺寸公差标注

尺寸公差是零件图上经常标注的内容之一，标注尺寸公差时，可以通过在"标注样式管理器"对话框的"公差"选项卡中进行设置后标注；也可以先标出尺寸，然后通过编辑尺寸加注公差的形式实现。

下面以图12-38所示的尺寸公差标注为例，进行说明。

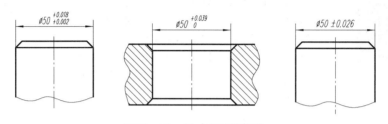

图12-38　尺寸公差的标注

1. 设置"新建标注样式"→"公差"选项卡中选项值方式

"公差"选项卡：用于控制标注文字中公差的格式及显示，其选项含义如图12-39所示。

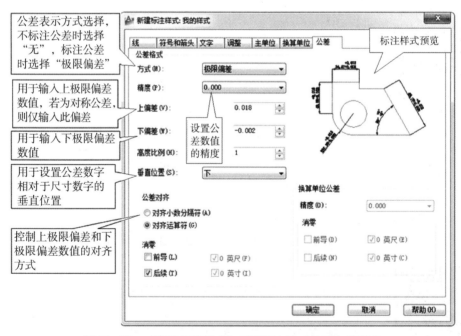

图12-39　"新建标注样式"对话框中的"公差"选项卡

如标注 $\phi 50^{+0.018}_{+0.002}$ 的"公差"选项卡的设置如图12-39所示。其中，$\phi 50$ 上极限偏差设置为 $+0.018$，下极限偏差设置为 $+0.002$（这里注意下极限偏差 $+0.002$ 在输入时应输成"-0.002"）。

又如，标注 $\phi 50^{+0.039}_{0}$：上极限偏差设置为 $+0.039$、下极限偏差设置为0。

又如，标注"$\phi 50 \pm 0.026$"：除可在上极限偏差设置为 $+0.026$ 尺寸外，也可采用用户输入文字的形式直接输入（其中："ϕ"为"％％c"，"±"为"％％p"）。

2. 单击标注工具栏→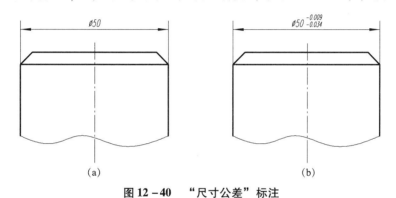按钮→新建（N）选项→修改标注内容

【例 12 –7】如图 12 –40 所示，给尺寸 ϕ50 加注公差，上极限偏差为 – 0.009，下极限偏差为 – 0.034。

步骤

（1）单击标注工具栏 按钮。

（2）命令行提示：输入标注编辑类型［默认(H)／新建(N)／旋转(R)／倾斜(O)］＜默认＞:N

（3）在弹出"文字样式"编辑器中输入"％％c50 – 0.009^ – 0.034"，如图 12 –41（a）所示。

（4）将 – 0.009^ – 0.034 选中单击"堆叠"按钮 ，此时尺寸变为公差形式，如图 12 –41（b）所示。

（5）单击"文字样式"编辑器中的"确定"按钮，关闭"文字样式"编辑器，用鼠标选择要编辑的尺寸标注 ϕ50，即可完成尺寸公差的标注，如图 12 –40（b）所示。

图 12 –40　"尺寸公差"标注

（a）　　　　　　　　　　　　　　（b）

图 12 –41　尺寸公差编辑标注

此方法方便、灵活，并且不需要设置"标注样式"对话框中的"公差"选项卡。

12.5.6　几何公差标注

AutoCAD 可以采取"快速引线标注"命令来标注几何公差。"快速引线标注"命令可创建引线和引线注释，常用来标注几何公差、倒角和装配图中的零部件序号。

几何公差标注的基本步骤：

（1）快速引线对话框的设置。

（2）确定几何公差符号在图形中的标注位置。

（3）设置要标注的几何公差符号。

1. 快速引线对话框的设置

在命令行输入"qleader"后，系统提示：指定第一个引线点或［设置(S)］＜设置＞:按〈Enter〉键或输入"s"，将弹出"引线设置"对话框。

在"注释"选项卡中选中"注释类型"组框中的"公差"单选项，如图12-42（a）所示；在"引线和箭头"选项卡的"箭头"组框下拉列表中选择"实心闭合"选项，其他各项均默认，如图12-42（b）所示。

（a） （b）

图 12-42 "引线设置"对话框

（a）"注释"选项卡；（b）"引线和箭头"选项卡

2. 指定几何公差符号在图形中的标注位置

在"引线设置"对话框中完成上面设置要求后，单击"确定"按钮，系统提示：

指定第一个引线点或［设置(S)］＜设置＞:p1（如图12-45所示）

指定下一个:p2

指定下一个:p3

3. 设置要标注的几何公差符号

按提示指定 p_1、p_2、p_3 三点后，弹出如图12-43所示的"形位公差"对话框。

单击"符号"下面的小黑方框，会弹出如图12-44所示的"特征符号"对话框，确定所需要的符号如同轴度符号；

单击"公差1"左侧的黑方框，添加直径符号"φ"；

单击"公差1"右侧的黑方框，可以添加"包容条件代号"；

单击"公差1"中间的编辑框，输入公差值"0.03"；

单击"基准1"编辑框，输入基准字母"A"，单击"确定"按钮，完成几何公差标注，如图12-45所示。

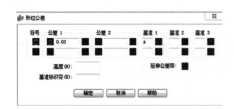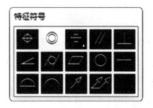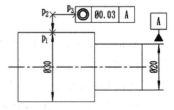

图 12-43 "形位公差"对话框设置 **图 12-44 "特征符号"对话框** **图 12-45 几何公差标注示例**

另外，标注几何公差中所用到的基准代号的标注，可以采用图块制作方法，将基准代号定义成图块（详见 12.5.7），并标注在基准要素处，如图 12-45 所示。

12.5.7　表面结构的标注

在 AutoCAD 绘图环境下，表面结构代号不能直接标注，一般采取创建图块、插入图块的方法。图块是将作图中需反复使用的图形及其文字信息组合起来，并赋予名称的一个整体，绘图编辑时，AutoCAD 会把图块作为一个独立的对象进行处理。

表面结构标注的基本步骤：

（1）绘制表面结构基本符号。

（2）定义表面结构参数的块属性。

（3）创建表面结构属性块。

（4）标注时插入可变参数的属性块。

1. 绘制表面结构基本符号

首先根据表面结构基本符号的形状及其尺寸绘制表面结构符号，如图 12-46（a）所示。

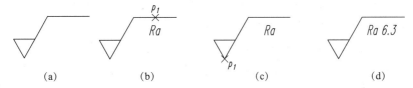

（a）　　　　　　（b）　　　　　　（c）　　　　　　（d）

图 12-46　表面结构符号定义过程

（a）表面结构基本符号；（b）定义属性插入点；（c）定义图块的拾取基点；（d）完成的表面结构代号

2. 定义表面结构参数的块属性

将表面结构参数值定义成块的属性，有助于不同参数的表面结构代号的插入。

菜单："绘图"→"块"→"块的属性"。

命令：attdef。

执行命令后，弹出"属性定义"对话框，如图 12-47 所示。

图 12-47　"属性定义"对话框

（1）在"属性"选项组中设置"标记"为"Ra"、"提示"为"Ra ="、"值"为"Ra 6.3"；

（2）在"文字设置"选项组中设置"对正"为"中上"、"文字高度"为"3.5"、"旋转"为"0"；

（3）在"插入点"选项组勾选"在屏幕上指定"；

（4）单击"确定"按钮，在屏幕上拾取表面结构符号上顶线的中点 p_1，如图 12 - 46（b）所示，作为属性符号"Ra"的插入点，完成块属性的定义。

3. 创建表面结构属性块

图标：绘图工具栏→创建图块 ![按钮] 按钮。

菜单："绘图"→"块"→"创建…"。

命令：block。

弹出如图 12 - 48 所示的"块定义"对话框，进行如下设置：

（1）在"名称"处输入块名"表面结构代号"。

（2）单击"选择对象"按钮 ![图标]，对话框暂时关闭，鼠标选择包含块定义中的图形与属性符号，按〈Enter〉键，对话框重新打开。

（3）在"基点"栏中输入插入基点坐标；或勾选"在屏幕上指定"框，用鼠标捕捉图形的插入基点（表面结构代号的下端尖点），如图 12 - 46（c）所示，此时对话框中会自动显示捕捉点的坐标值。当插入图块时，插入基点与光标十字中心重合。

（4）在"说明"框中输入块特征的简要提示信息，便于有多个块时可迅速检索。

（5）单击"确定"按钮，弹出"编辑属性"对话框，如图 12 - 49 所示，在"Ra ="后面的框中写入"Ra 6.3"。

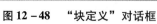

图 12 - 48 "块定义"对话框   图 12 - 49 "编辑属性"对话框

（6）单击"确定"按钮，完成创建内部块的操作，如图 12 - 46（d）所示。

上述方法只是将块存储在当前图形中，称为内部块，内部块只能被当前图形所调用。如果其他图形也需要调用该图块，就需要将该块保存为独立的图形文件，即创建一个外部块。

具体方法如下：

命令：wblock。

弹出如图 12 - 50 所示的"写块"对话框，进行如下设置：

（1）在"源"选项组中有 3 个选项，决定外部块的来源。

● 块：在右边的下拉列表框中选已建好的内部块，如"表面结构代号"。

● 整个图形：将整个图形作为外部块。

● 对象：直接在当前图形中选择图形实体作为外部块。选择该选项，基点和对象的设置与"内部块"操作相同。

（2）在"目标"选项组中设置外部块保存的路径和文件名。

（3）单击"确定"按钮，完成创建外部块的操作。

图 12 -50　"写块"对话框

4. 标注时插入可变参数的属性块

绘制机械图样标注表面结构时，将已制作好的表面结构符号属性图块插入到图样中需要确定标注的位置。

图标：绘图工具栏→插入图块按钮。

菜单："绘图"→"块"→"插入"。

命令：insert。

弹出如图 12 -51 所示的"插入"对话框中，选择图块的名称，输入"插入点""比例"和"旋转"的值，或勾选"在屏幕

图 12 -51　"插入"对话框

上指定"，单击"确定"按钮，返回绘图窗口内操作。

【例 12 -8】将制作的表面结构符号图块插入零件图，如图 12 -52 所示。

步骤：

1）Ra1.6 的插入

执行"插入"命令后，命令行如下：

指定插入点或［基点(B)/比例(S)/X/Y/Z/旋转(R)］:(利用对象捕捉"最近点"方式,在图上确定一点 p1)

输入 X 比例因子,指定对角点,或［角点(C)/XYZ(XYZ)］<1>:1(图中尺寸数字的字高)

输入 Y 比例因子或 <使用 X 比例因子 >:(空响应)

指定旋转角度 <0>:0

输入属性值 Ra =:Ra1.6(按〈Enter〉键后,命令结束)

2）Ra3.2 的插入

指定插入点或［基点(B)/比例(S)/X/Y/Z/旋转(R)］:(利用对象捕捉"最近点"方式,在图上确定一点 p2)

输入 X 比例因子,指定对角点,或［角点(C)/XYZ(XYZ)］<1>:1(图中尺寸数字的字高)

输入 Y 比例因子或 <使用 X 比例因子 >:(空响应)

指定旋转角度 <0>:90

输入属性值 Ra =:Ra3.2(按［Enter］键后,命令结束)

3）Ra6.3 的插入、Ra12.5 的插入

首先使用"多重引线"命令,先绘制引线,引线插入点分别为 p_3、p_5,再按照 Ra1.6 的插入方法插入,在提示输入属性值"Ra ="时,分别输入"Ra6.3"和"Ra12.5"即可,如图 12-53 所示。

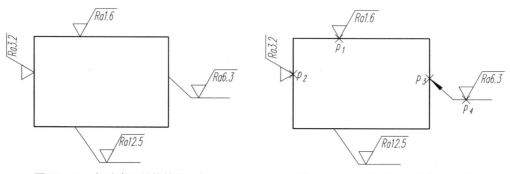

图 12-52　标注表面结构符号示例　　　图 12-53　标注表面结构符号过程

12.5.8　零件图作图举例

前面介绍了图形的绘制、尺寸、公差、表面结构符号的标注以及技术要求的书写等。下面以图 12-54 所示零件图为例,介绍零件图的一般绘制方法。

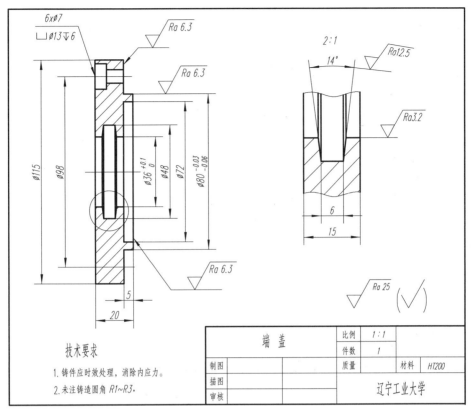

图 12 - 54　端盖的零件图

1. 建立绘图环境

在绘制零件图之前，首先应对绘图边界、单位格式、光标捕捉、图层、线型、比例、尺寸变量等进行设置，建立一个适合绘制机械图样的绘图环境。为了避免每幅图形绘图前的重复设置，建议绘制一幅通用的样板图，并保存为样板格式，以后画新图时均可调用这幅样板图。

端盖零件图
的绘制

（1）新建文件并设置绘图界限：选择"acadiso. dwt"文件为模板，并设置其长度为 297，宽度为 210。

（2）设置图层、颜色、线型：根据绘图的需要，新建 6 个图层，参见表 12 - 10。

（3）设置文字标注样式：参照 12.5.1 相应内容。

（4）设置尺寸标注样式：参照 12.5.2 相应内容。

（5）用"画线""矩形"等命令绘制图框和标题栏。

保存样板图为"A3. dwt"。

2. 绘制零件图的图形

按照尺寸比例 1:1 绘制零件图中的图形，绘图时为了保证绘图尺寸的准确及三视图之间的"三等"关系，要借助于"正交""对象捕捉"" 对象捕捉追踪"等辅助绘图工具，运用常用的绘图和编辑命令（操作过程中，注意作图的准确和快速），即可完成表达零件具体结构和形状的一组图形的绘制。为了标注尺寸拾取点方便，图形中的剖面线暂不绘制，在尺寸标注完成之后再填充，具体绘图步骤略。

3. 标注尺寸及表面结构代号

零件的一组图形绘制完成后，调用"尺寸标注"命令，完成尺寸标注及尺寸公差的标注。

1）选择"标注"层为当前层标注尺寸

（1）使用"我的标注"样式（参照 12.5.2 相应内容）用线性标注命令标注出 $\phi 115$、$\phi 98$、$\phi 48$、$\phi 72$ 及 20、5、6、15 尺寸，可用 %%c 输入"ϕ"。

（2）用"角度"标注完成"14°"标注。

（3）用"快速引线"命令完成引出标注"$6 \times \phi 7$"的标注。

2）标注表面结构代号

（1）首先要使用定义带属性块的方法建好"表面结构代号"的图块。

（2）使用"块插入"命令在需要标注的地方插入块（参照【例 12 - 8】）。

3）填充剖面线

在尺寸全部标注完成以后填充剖面线，系统会自动将与剖面线有冲突的尺寸文字位置的剖面线断开，使尺寸看起来清晰。

4. 注写技术要求

使用"多行文本"或"单行文本"等命令完成这些要求的注写。

5. 填写标题栏内容，完成全图

使用"单行文本"命令填写标题栏内容后，将已经画好的零件图形使用"移动"命令移动到图框中的合适位置即完成零件图的绘制，结果如图 12 - 54 所示。

【本章内容小结】

内容	要点
AutoCAD 文件操作要点	（1）新建：建立一个新的 AutoCAD 图形文件，默认"acadiso. dwt"模板。 （2）保存：保存已有的图形文件。 （3）打开：打开一个已经存盘的图形文件
命令的输入方法要点	（1）图标：在相关工具栏，直接单击所需输入命令的图标。 （2）下拉菜单：单击下拉菜单的某一项标题，再单击所需的菜单项。 （3）命令：在命令行中直接从键盘上输入命令名后按〈Enter〉键
点的坐标输入方法要点	（1）绝对直角坐标：直接输入 $(X，Y)$。 （2）相对直角坐标：输入 $(@x，y)$。 （3）绝对极坐标：输入方式为：长度<角度，如 $(r < \alpha)$。夹角逆时针为正，顺时针为负。 （4）相对极坐标：输入时，相对极坐标值前需加前缀符号"@"，如 $(@r < \alpha)$
AutoCAD 辅助绘图工具要点	（1）正交：用于绘制水平线和垂直线。 （2）对象捕捉：可以迅速、准确地捕捉到已知对象上的特殊点如端点、中点、圆心、切点等。 （3）对象捕捉追踪：与自动对象捕捉配合使用，实现以自动对象捕捉点为基点的沿水平或垂直方向显示对齐路径、进行对齐追踪，对齐路径是基于对象捕捉点的。 （4）极轴追踪：用于沿指定角度值（称为增量角）的倍数角度（称为追踪角）移动十字光标

内容	要点
AutoCAD 绘制平面图形要点	（1）创建图层，分层绘图。 （2）熟练掌握基本绘图及编辑命令。 绘图命令包括："直线""圆""圆弧""正多边形""矩形""椭圆"等。 编辑命令包括："删除""复制""镜像""偏移""阵列""剪切""圆角""倒角"等。 （3）掌握直线与圆弧、圆弧与圆弧的相切连接画法
AutoCAD 绘制三视图要点	（1）首先设置绘图环境，内容包括：设置绘图区域的大小、精度、各类线型所处的图层等。 （2）其次三视图绘图中要灵活运用"对象捕捉""对象捕捉追踪"工具保证"长对正、高平齐、宽相等"的"三等"关系。 （3）按形体分析法，依次绘出各基本形体的三视图
AutoCAD 绘制剖视图要点	（1）绘制剖面线填充的区域。 （2）确定填充图案的类型与参数。 （3）确定剖面线填充边界
AutoCAD 绘制轴测图要点	（1）"等轴测投影"绘图方式的设置。 （2）按快捷键〈F5〉在"左面""顶面""右面"之间切换。 （3）圆在正等轴测投影中变成了椭圆，可以用椭圆命令中的等轴测圆绘制
AutoCAD 绘制零件图要点	（1）建立绘图环境：设置绘图边界、单位格式、光标捕捉、图层、尺寸标注样式、文字标注样式等。 （2）绘制零件图的图形。 （3）标注尺寸及表面结构代号。 （4）注写技术要求。 （5）绘制图框、标题栏，填写标题栏内容，完成全图

附　录

附录 A　极限与配合

附表 1　标准公差数值（摘自 GB/T 1800. 1—2020）

公称尺寸/mm		标准公差等级																
大于	至	IT1	IT2	IT3	IT4	IT5	IT6	IT7	IT8	IT9	IT10	IT11	IT12	IT13	IT14	IT15	IT16	IT17	IT18
		μm											mm						
—	3	0.8	1.2	2	3	4	6	10	14	25	40	60	0.1	0.14	0.25	0.4	0.6	1	1.4
3	6	1	1.5	2.5	4	5	8	12	18	30	48	75	0.12	0.18	0.3	0.48	0.75	1.2	1.8
6	10	1	1.5	2.5	4	6	9	15	22	36	58	90	0.15	0.22	0.36	0.58	0.9	1.5	2.2
10	18	1.2	2	3	5	8	11	18	27	43	70	110	0.18	0.27	0.43	0.7	1.1	1.8	2.7
18	30	1.5	2.5	4	6	9	13	21	33	52	84	130	0.21	0.33	0.52	0.84	1.3	2.1	3.3
30	50	1.5	2.5	4	7	11	16	25	39	62	100	160	0.25	0.39	0.62	1	1.6	2.5	3.9
50	80	2	3	5	8	13	19	30	46	74	12	190	0.3	0.46	0.74	1.2	1.9	3	4.6
80	120	2.5	4	6	10	15	22	35	54	87	140	220	0.35	0.54	0.87	1.4	2.2	3.5	5.4
120	180	3.5	5	8	12	18	25	40	63	100	160	250	0.4	0.63	1	1.6	2.5	4	6.3
180	250	4.5	7	10	14	20	29	46	72	115	185	290	0.46	0.72	1.15	1.85	2.9	4.6	7.2
250	315	6	8	12	16	23	32	52	81	130	210	320	0.52	0.81	1.3	2.1	3.2	5.2	8.1
315	400	7	9	13	18	25	36	57	89	140	230	360	0.57	0.89	1.4	2.3	3.6	5.7	8.9
400	500	8	10	15	20	27	40	63	97	155	250	400	0.63	0.97	1.55	2.5	4	6.3	9.7
500	630	9	11	16	22	32	44	70	110	175	280	440	0.7	1.1	1.75	2.8	4.4	7	11
630	800	10	13	18	25	36	50	8.	125	200	320	500	0.8	1.25	2	3.2	5	8	12.5
800	1000	11	15	21	28	40	56	90	140	230	360	560	0.9	1.4	2.3	3.6	5.6	9	14
1000	1250	13	18	24	33	47	66	105	165	260	420	660	1.05	1.65	2.6	4.2	6.6	10.5	16.5
1250	1600	15	21	29	39	55	78	125	195	310	500	760	1.25	1.95	3.1	5	7.8	12.5	19.5
1600	2000	18	25	35	46	65	92	150	230	370	600	920	1.5	2.3	3.7	6	9.2	15	23
2000	2500	22	30	41	55	78	110	175	280	440	700	1100	1.75	2.8	4.4	7	11	17.5	28
2500	3150	26	36	50	68	96	135	210	330	540	860	1350	2.1	3.3	5.4	8.6	13.5	21	33

注：1. 公称尺寸大于 500 mm 的 IT1～IT5 的标准公差数值为试行。

　　2. 公称尺寸小于或等于 1 mm 时，无 IT14～IT18。

附表2　轴的基本偏差

基本尺寸 /mm		上极限偏差 es 所有标准公差等级												基本偏 IT5 和 IT6	IT7	IT8
大于	至	a	b	c	cd	d	e	ef	f	fg	g	h	js	j		
—	3	−270	−140	−60	−34	−20	−14	−10	−6	−4	−2	0		−2	−4	−6
3	6	−270	−140	−70	−46	−30	−20	−14	−10	−6	−4	0		−2	−4	—
6	10	−280	−150	−80	−56	−40	−25	−18	−13	−8	−5	0		−2	−5	—
10	14	−290	−150	−95	—	−50	−32	—	−16	—	−6	0		−3	−6	—
14	18	−290	−150	−95	—	−50	−32	—	−16	—	−6	0		−3	−6	—
18	24	−300	−160	−110	—	−65	−40	—	−20	—	−7	0		−4	−8	—
24	30	−300	−160	−110	—	−65	−40	—	−20	—	−7	0		−4	−8	—
30	40	−310	−170	−120		−80	−50		−25		−9	0	偏差 =	−5	−10	—
40	50	−320	−180	−130		−80	−50		−25		−9	0	±（ITn）/2,	−5	−10	—
50	65	−340	−190	−140		−100	−60		−30		−10	0	式中 ITn	−7	−12	—
65	80	−360	−200	−150		−100	−60		−30		−10	0	是 IT	−7	−12	—
80	100	−380	−220	−170		−120	−72		−36		−12	0	值数	−9	−15	—
100	120	−410	−240	−180		−120	−72		−36		−12	0		−9	−15	—
120	140	−460	−260	−200		−145	−85		−43		−14	0		−11	−18	—
140	160	−520	−280	−210		−145	−85		−43		−14	0		−11	−18	—
160	180	−580	−310	−230		−145	−85		−43		−14	0		−11	−18	—
180	200	−660	−340	−240		−170	−100		−50		−15	0		−13	−21	—
200	225	−740	−380	−260		−170	−100		−50		−15	0		−13	−21	—
225	250	−820	−420	−280		−170	−100		−50		−15	0		−13	−21	—
250	280	−920	−480	−300		−190	−110		−56		−17	0		−16	−26	—
280	315	−1050	−540	−330		−190	−110		−56		−17	0		−16	−26	—
315	355	−1200	−600	−360		−210	−125		−62		−18	0		−18	−28	—
355	400	−1350	−680	−400		−210	−125		−62		−18	0		−18	−28	—
400	450	−1500	−760	−440		−230	−135		−68		−20	0		−20	−32	—
450	500	−1650	−840	−480		−230	−135		−68		−20	0		−20	−32	—

注：1. 基本尺寸小于或等于1时，基本偏差 a 和 b 均不采用。

2. 公差带 js7 至 js11，若 ITn 值是奇数，则取偏差 = ±（ITn −1）/2。

数值（摘自 GB/T 1800.4—2020）　　　　　　　　　　　　　　　　　　μm

差数值															
下极限偏差 ei															
IT4 至 IT7	≤IT3 >IT7	所有标准公差等级													
k		m	n	p	r	s	t	u	v	x	y	z	za	zb	zc
0	0	+2	+4	+6	+10	+14	—	+18	—	+20	—	+26	+32	+40	+60
+1	0	+4	+8	+12	+15	+19	—	+23	—	+28	—	+35	+42	+50	+80
+1	0	+6	+10	+15	+19	+23	—	+28	—	+34	—	+42	+52	+67	+97
+1	0	+7	+12	+18	+23	+28	—	+33	—	+40	—	+50	+64	+90	+130
									+39	+45	—	+60	+77	+108	+150
+2	0	+8	+15	+22	+28	+35	—	+41	+47	+54	+63	+73	+98	+136	+188
							+41	+48	+55	+64	+75	+88	+118	+160	+218
+2	0	+9	+17	+26	+34	+43	+48	+60	+68	+80	+94	+112	+148	+200	+274
							+54	+70	+81	+97	+114	+136	+180	+242	+325
+2	0	+11	+20	+32	+41	+53	+66	+87	+102	+122	+144	+172	+226	+300	+405
					+43	+59	+75	+102	+120	+146	+174	+210	+274	+360	+480
+3	0	+13	+23	+37	+51	+71	+91	+124	+146	+178	+214	+258	+335	+445	+585
					+54	+79	+104	+144	+172	+210	+254	+310	+400	+525	+690
+3	0	+15	+27	+43	+63	+92	+122	+170	+202	+248	+300	+365	+470	+620	+800
					+65	+100	+134	+190	+228	+280	+340	+415	+535	+700	+900
					+68	+108	+146	+210	+252	+310	+380	+465	+600	+780	+1000
+4	0	+17	+31	+50	+77	+122	+166	+236	+284	+350	+425	+520	+670	+880	+1150
					+80	+130	+180	+258	+310	+385	+470	+575	+740	+960	+1250
					+84	+140	+196	+284	+340	+425	+520	+640	+820	+1050	+1350
+4	0	+20	+34	+56	+94	+158	+218	+315	+385	+475	+580	+710	+920	+1200	+1550
					+98	+170	+240	+350	+425	+525	+650	+790	+1000	+1300	+1700
+4	0	+21	+37	+62	+108	+190	+268	+390	+475	+590	+730	+900	+1150	+1500	+1900
					+114	+208	+294	+435	+530	+660	+820	+1000	+1300	+1650	+2100
+5	0	+23	+40	+68	+126	+232	+330	+490	+595	+740	+920	+1100	+1450	+1850	+2400
					+132	+252	+360	+540	+660	+820	+1000	+1250	+1600	+2100	+2600

附表3　孔的基本偏差

基本偏

基本尺寸/mm 大于	至	A	B	C	CD	D	E	EF	F	FG	G	H	JS	J IT6	J IT7	J IT8	K ≤IT8	K >IT8	M ≤IT8	M >IT8
—	3	+270	+140	+60	+34	+20	+14	+10	+6	+4	+2	0		+2	+4	+6	0	0	−2	−2
3	6	+270	+140	+70	+46	+30	+20	+14	+10	+6	+4	0		+5	+6	+10	−1+Δ	—	−4+Δ	−4
6	10	+280	+150	+80	+56	+40	+25	+18	+13	+8	+5	0		+5	+8	+12	−1+Δ	—	−6+Δ	−6
10	14	+290	+150	+95	—	+50	+32	—	+16	—	+6	0		+6	+10	+15	−1+Δ	—	−7+Δ	−7
14	18																			
18	24	+300	+160	+110	—	+65	+40	—	+20	—	+7	0	偏差=±（ITn）/2，式中ITn是IT值数	+8	+12	+20	−2+Δ	—	−8+Δ	−8
24	30																			
30	40	+310	+170	+120	—	+80	+50	—	+25	—	+9	0		+10	+14	+24	−2+Δ	—	−9+Δ	−9
40	50	+320	+180	+130																
50	65	+340	+190	+140	—	+100	+60	—	+30	—	+10	0		+13	+18	+28	−2+Δ	—	−11+Δ	−11
65	80	+360	+200	+150																
80	100	+380	+220	+170	—	+120	+72	—	+36	—	+12	0		+16	+22	+34	−3+Δ	—	−13+Δ	−13
100	120	+410	+240	+180																
120	140	+460	+260	+200	—	+145	+85	—	+43	—	+14	0		+18	+26	+41	−3+Δ	—	−15+Δ	−15
140	160	+520	+280	+210																
160	180	+580	+310	+230																
180	200	+660	+340	+240	—	+170	+100	—	+50	—	+15	0		+22	+30	+47	−4+Δ	—	−17+Δ	−17
200	225	+740	+380	+260																
225	250	+820	+420	+280																
250	280	+920	+480	+300	—	+190	+110	—	+56	—	+17	0		+25	+36	+55	−4+Δ	—	−20+Δ	−20
280	315	+1050	+540	+330																
315	355	+1200	+600	+360	—	+210	+125	—	+62	—	+18	0		+29	+39	+60	−4+Δ	—	−21+Δ	−21
355	400	+1350	+680	+400																
400	450	+1500	+760	+440	—	+230	+135	—	+68	—	+20	0		+33	+43	+66	−5+Δ	—	−23+Δ	−23
450	500	+1650	+840	+480																

注：1. 基本尺寸小于或等于1时，基本偏差A和B及大于IT8的N均不采用。

2. 公差带JS7至JS11，若ITn值数是奇数，则取偏差=±（ITn−1）/2。

3. 对小于或等于IT8的K、M、N和小于或等于IT7的P至ZC，所需Δ值从表内右侧选取。例如：18~30段的K7：Δ=8μm，所以ES=（−2+8）μm=+6μm；18~30段的S6：Δ=4μm，所以ES=（−35+4）μm=−31μm。

4. 特殊情况：250~315段的M6，ES=−9μm（代替−11μm）。

数值（摘自 GB/T 1800.4—2020）　　μm

差数值															Δ值					
上极限偏差 ES															标准公差等级					
≤IT8	>IT8	≤IT7	标准公差等级大于IT7												标准公差等级					
N	P 至 ZC		P	R	S	T	U	V	X	Y	Z	ZA	ZB	ZC	IT3	IT4	IT5	IT6	IT7	IT8
−4	−4	在大于IT7的相应数值上增加一个Δ值	−6	−10	−14	—	−18	—	−20	—	−26	−32	−40	−60	0	0	0	0	0	0
−8 + Δ	0		−12	−15	−19	—	−23	—	−28	—	−35	−42	−50	−80	1	1.5	1	3	4	6
−10 + Δ	0		−15	−19	−23	—	−28	—	−34	—	−42	−52	−67	−97	1	1.5	2	3	6	7
−12 + Δ	0		−18	−23	−28	—	−33	—	−40	—	−50	−64	−90	−130	1	2	3	3	7	9
								−39	−45	—	−60	−77	−108	−150						
−15 + Δ	0		−22	−28	−35	—	−41	−47	−54	−63	−73	−98	−136	−188	1.5	2	3	4	8	12
						−41	−48	−55	−64	−75	−88	−118	−160	−218						
−17 + Δ	0		−26	−34	−43	−48	−60	−68	−80	−94	−112	−148	−200	−274	1.5	3	4	5	9	14
						−54	−70	−81	−97	−114	−136	−180	−242	−325						
−20 + Δ	0		−32	−41	−53	−66	−87	−102	−122	−144	−172	−226	−300	−405	2	3	5	6	11	16
				−43	−59	−75	−102	−120	−146	−174	−210	−274	−360	−480						
−23 + Δ	0		−37	−51	−71	−91	−124	−146	−178	−214	−258	−335	−445	−585	2	4	5	7	13	19
				−54	−79	−104	−144	−172	−210	−254	−310	−400	−525	−690						
−27 + Δ	0		−43	−63	−92	−122	−170	−202	−248	−300	−365	−470	−620	−800	3	4	6	7	15	23
				−65	−100	−134	−190	−228	−280	−340	−415	−535	−700	−900						
				−68	−108	−146	−210	−252	−310	−380	−465	−600	−780	−1000						
−31 + Δ	0		−50	−77	−122	−166	−236	−284	−350	−425	−520	−670	−880	−1150	3	4	6	9	17	26
				−80	−130	−180	−258	−310	−385	−470	−575	−740	−960	−1250						
				−84	−140	−196	−284	−340	−425	−520	−640	−820	−1050	−1350						
−34 + Δ	0		−56	−94	−158	−218	−315	−385	−475	−580	−710	−920	−1200	−1550	4	4	7	9	20	29
				−98	−170	−240	−350	−425	−525	−650	−790	−1000	−1300	−1700						
−37 + Δ	0		−62	−108	−190	−268	−390	−475	−590	−730	−900	−1150	−1500	−1900	4	5	7	11	21	32
				−114	−208	−294	−435	−530	−660	−820	−1000	−1300	−1650	−2100						
−40 + Δ	0		−68	−126	−232	−330	−490	−595	−740	−920	−1100	−1450	−1850	−2400	5	5	7	13	23	34
				−132	−252	−360	−540	−660	−820	−1000	−1250	−1600	−2100	−2600						

附表 4　优先及常用配合轴的极限

代号 基本尺寸/mm 大于	至	a 11	b 11	c *11	d *9	e 8	f *7	g *6	h 5	h *6	h *7	h 8	h *9	h 10
—	3	−270	−140	−60	−20	−14	−6	−2	0	0	0	0	0	0
		−330	−200	−120	−45	−28	−16	−8	−4	−6	−10	−14	−25	−40
3	6	−270	−140	−70	−30	−20	−10	−4	0	0	0	0	0	0
		−345	−215	−145	−60	−38	−22	−12	−5	−8	−12	−18	−30	−48
6	10	−280	−150	−80	−40	−25	−13	−5	0	0	0	0	0	0
		−338	−240	−170	−76	−47	−28	−14	−6	−9	−15	−22	−36	−58
10	14	−290	−150	−95	−50	−32	−16	−6	0	0	0	0	0	0
14	18	−400	−260	−205	−93	−59	−34	−17	−8	−11	−18	−27	−43	−70
18	24	−300	−160	−110	−65	−40	−20	−7	0	0	0	0	0	0
24	30	−430	−290	−240	−117	−73	−41	−20	−9	−13	−21	−33	−52	−84
30	40	−310	−170	−120	−80	−50	−25	−9	0	0	0	0	0	0
		−470	−330	−280										
40	50	−320	−180	−130	−142	−89	−50	−25	−11	−16	−25	−39	−62	−100
		−480	−340	−290										
50	65	−340	−190	−140	−100	−60	−30	−10	0	0	0	0	0	0
		−530	−380	−330										
65	80	−360	−200	−150	−174	−106	−60	−29	−13	−19	−30	−46	−74	−120
		−550	−390	−340										
80	100	−380	−220	−170	−120	−72	−36	−12	0	0	0	0	0	0
		−600	−440	−390										
100	120	−410	−240	−180	−207	−126	−71	−34	−15	−22	−35	−54	−87	−140
		−630	−460	−400										
120	140	−460	−260	−200	−145	−85	−43	−14	0	0	0	0	0	0
		−710	−510	−450										
140	160	−520	−280	−210	−245	−148	−83	−39	−18	−25	−40	−63	−100	−160
		−770	−530	−460										
160	180	−580	−310	−230										
		−830	−560	−480										
180	200	−660	−340	−240	−170	−100	−50	−15	0	0	0	0	0	0
		−950	−630	−530										
200	225	−740	−380	−260	−285	−172	−96	−44	−20	−29	−46	−72	−115	−185
		−1030	−670	−550										
225	250	−820	−420	−280										
		−1110	−710	−570										
250	280	−920	−480	−300	−190	−110	−56	−17	0	0	0	0	0	0
		−1240	−800	−620										
280	315	−1050	−540	−330	−320	−191	−108	−49	−23	−32	−52	−81	−130	−210
		−1370	−860	−650										
315	355	−1200	−600	−360	−210	−125	−62	−18	0	0	0	0	0	0
		−1560	−960	−720										
355	400	−1350	−680	−400	−350	−214	−119	−54	−25	−36	−57	−89	−140	−230
		−1710	−1040	−760										
400	450	−1500	−760	−440	−230	−135	−68	−20	0	0	0	0	0	0
		−1900	−1160	−840										
450	500	−1650	−840	−480	−385	−232	−131	−60	−27	−40	−63	−97	−155	−250
		−2050	−1240	−880										

注：带 * 者为优先选用的，其他为常用的。

偏差表（摘自 GB/T 1801—2020）　　　　　　　　　　　　　　　μm

		js	k	m	n	p	r	s	t	u	v	x	y	z
等级														
*11	12	6	*6	6	*6	*6	6	*6	6	*6	6	6	6	6
0/−60	0/−100	±3	+6/0	+8/+2	+10/+4	+12/+6	+16/+10	+20/+14	—	+24/+18	—	+26/+20	—	+32/+26
0/−75	0/−120	±4	+9/+1	+12/+4	+16/+8	+20/+12	+23/+15	+27/+19	—	+31/+23	—	+36/+28	—	+43/+35
0/−90	0/−150	±4.5	+10/+1	+15/+6	+19/+10	+24/+15	+28/+19	+32/+23	—	+37/+28	—	+43/+34	—	+51/+42
0/−110	0/−180	±5.5	+12/+1	+18/+7	+23/+12	+29/+18	+34/+23	+39/+28	—	+44/+33	—	+51/+40	—	+61/+50
											+50/+39	+56/+45	—	+71/+60
0/−130	0/−210	±6.5	+15/+2	+21/+8	+28/+15	+35/+22	+41/+28	+48/+35	—	+54/+41	+60/+47	+67/+54	+76/+63	+86/+73
									+54/+41	+61/+48	+68/+55	+77/+64	+88/+75	+101/+88
0/−160	0/−250	±8	+18/+2	+25/+9	+33/+17	+42/+26	+50/+34	+59/+43	+64/+48	+76/+60	+84/+68	+96/+80	+110/+94	+128/+112
									+70/+54	+86/+70	+97/+81	+113/+97	+130/+114	+152/+136
0/−190	0/−300	±9.5	+21/+2	+30/+11	+39/+20	+51/+32	+60/+41	+72/+53	+85/+66	+106/+87	+121/+102	+141/+122	+163/+144	+191/+172
							+62/+43	+78/+59	+94/+75	+121/+102	+139/+120	+165/+146	+193/+174	+229/+210
0/−220	0/−350	±11	+25/+3	+35/+13	+45/+23	+59/+37	+73/+51	+93/+71	+113/+91	+146/+124	+168/+146	+200/+178	+236/+214	+280/+258
							+76/+54	+101/+79	+126/+104	+166/+144	+194/+172	+232/+210	+276/+254	+332/+310
0/−250	0/−400	±12.5	+28/+3	+40/+15	+52/+27	+68/+43	+88/+63	+117/+92	+147/+122	+195/+170	+227/+202	+273/+248	+325/+300	+390/+365
							+90/+65	+125/+100	+159/+134	+215/+190	+253/+228	+305/+280	+365/+340	+440/+415
							+93/+68	+133/+108	+171/+146	+235/+210	+277/+252	+335/+310	+405/+380	+490/+465
0/−290	0/−460	±14.5	+33/+4	+46/+17	+60/+31	+79/+50	+106/+77	+151/+122	+195/+166	+265/+236	+313/+284	+379/+350	+454/+425	+549/+520
							+109/+80	+159/+130	+209/+180	+287/+258	+339/+310	+414/+385	+499/+470	+604/+575
							+113/+84	+169/+140	+225/+196	+313/+284	+369/+340	+454/+425	+549/+520	+669/+640
0/−320	0/−520	±16	+36/+4	+52/+20	+66/+34	+88/+56	+126/+94	+190/+158	+250/+218	+347/+315	+417/+385	+507/+475	+612/+580	+742/+710
							+130/+98	+202/+170	+272/+240	+382/+350	+457/+425	+557/+525	+682/+650	+822/+790
0/−360	0/−570	±18	+40/+4	+57/+21	+73/+37	+98/+62	+144/+108	+226/+190	+304/+268	+426/+390	+511/+475	+626/+590	+766/+730	+936/+900
							+150/+114	+244/+208	+330/+294	+471/+435	+566/+530	+696/+660	+856/+820	+1036/+1000
0/−400	0/−630	±20	+45/+5	+63/+23	+80/+40	+108/+68	+166/+126	+272/+232	+370/+330	+530/+490	+635/+595	+780/+740	+960/+920	+1140/+1100
							+172/+132	+292/+252	+400/+360	+580/+540	+700/+660	+860/+820	+1040/+1000	+1290/+1250

附表5　优先及常用配合孔的极限

代号		A	B	C	D	E	F	G	H					
基本尺寸/mm														公差
大于	至	11	11	*11	*9	8	*8	*7	6	*7	*8	*9	10	*11
—	3	+330 / +270	+200 / +140	+120 / +60	+45 / +20	+28 / +14	+20 / +6	+12 / +2	+6 / 0	+10 / 0	+14 / 0	+25 / 0	+40 / 0	+60 / 0
3	6	+345 / +270	+215 / +140	+145 / +70	+60 / +30	+38 / +20	+28 / +10	+16 / +4	+8 / 0	+12 / 0	+18 / 0	+30 / 0	+48 / 0	+75 / 0
6	10	+370 / +280	+240 / +150	+170 / +80	+76 / +40	+47 / +25	+35 / +13	+20 / +5	+9 / 0	+15 / 0	+22 / 0	+36 / 0	+58 / 0	+90 / 0
10	14	+400 / +290	+260 / +150	+205 / +95	+93 / +50	+59 / +32	+43 / +16	+24 / +6	+11 / 0	+18 / 0	+27 / 0	+43 / 0	+70 / 0	+110 / 0
14	18	+400 / +290	+260 / +150	+205 / +95	+93 / +50	+59 / +32	+43 / +16	+24 / +6	+11 / 0	+18 / 0	+27 / 0	+43 / 0	+70 / 0	+110 / 0
18	24	+430 / +300	+290 / +160	+240 / +110	+117 / +65	+73 / +40	+53 / +20	+28 / +7	+13 / 0	+21 / 0	+33 / 0	+52 / 0	+84 / 0	+130 / 0
24	30	+430 / +300	+290 / +160	+240 / +110	+117 / +65	+73 / +40	+53 / +20	+28 / +7	+13 / 0	+21 / 0	+33 / 0	+52 / 0	+84 / 0	+130 / 0
30	40	+470 / +310	+330 / +170	+280 / +120	+142 / +80	+89 / +50	+64 / +25	+34 / +9	+16 / 0	+25 / 0	+39 / 0	+62 / 0	+100 / 0	+160 / 0
40	50	+480 / +320	+340 / +180	+290 / +130	+142 / +80	+89 / +50	+64 / +25	+34 / +9	+16 / 0	+25 / 0	+39 / 0	+62 / 0	+100 / 0	+160 / 0
50	65	+530 / +340	+380 / +190	+330 / +140	+174 / +100	+106 / +60	+76 / +30	+40 / +10	+19 / 0	+30 / 0	+46 / 0	+74 / 0	+120 / 0	+190 / 0
65	80	+550 / +360	+390 / +200	+340 / +150	+174 / +100	+106 / +60	+76 / +30	+40 / +10	+19 / 0	+30 / 0	+46 / 0	+74 / 0	+120 / 0	+190 / 0
80	100	+600 / +380	+440 / +220	+390 / +170	+207 / +120	+126 / +72	+90 / +36	+47 / +12	+22 / 0	+35 / 0	+54 / 0	+87 / 0	+140 / 0	+220 / 0
100	120	+630 / +410	+460 / +240	+400 / +180	+207 / +120	+126 / +72	+90 / +36	+47 / +12	+22 / 0	+35 / 0	+54 / 0	+87 / 0	+140 / 0	+220 / 0
120	140	+710 / +460	+510 / +260	+450 / +200	+245 / +145	+148 / +85	+106 / +43	+54 / +14	+25 / 0	+40 / 0	+63 / 0	+100 / 0	+160 / 0	+250 / 0
140	160	+770 / +520	+530 / +280	+460 / +210	+245 / +145	+148 / +85	+106 / +43	+54 / +14	+25 / 0	+40 / 0	+63 / 0	+100 / 0	+160 / 0	+250 / 0
160	180	+830 / +580	+560 / +310	+480 / +230	+245 / +145	+148 / +85	+106 / +43	+54 / +14	+25 / 0	+40 / 0	+63 / 0	+100 / 0	+160 / 0	+250 / 0
180	200	+950 / +660	+630 / +340	+530 / +240	+285 / +170	+172 / +100	+122 / +50	+61 / +15	+29 / 0	+46 / 0	+72 / 0	+115 / 0	+185 / 0	+290 / 0
200	225	+1030 / +740	+670 / +380	+550 / +260	+285 / +170	+172 / +100	+122 / +50	+61 / +15	+29 / 0	+46 / 0	+72 / 0	+115 / 0	+185 / 0	+290 / 0
225	250	+1110 / +820	+710 / +420	+570 / +280	+285 / +170	+172 / +100	+122 / +50	+61 / +15	+29 / 0	+46 / 0	+72 / 0	+115 / 0	+185 / 0	+290 / 0
250	280	+1240 / +920	+800 / +480	+620 / +300	+320 / +190	+191 / +110	+137 / +56	+69 / +17	+32 / 0	+52 / 0	+81 / 0	+130 / 0	+210 / 0	+320 / 0
280	315	+1370 / +1050	+860 / +540	+650 / +330	+320 / +190	+191 / +110	+137 / +56	+69 / +17	+32 / 0	+52 / 0	+81 / 0	+130 / 0	+210 / 0	+320 / 0
315	355	+1560 / +1200	+960 / +600	+720 / +360	+350 / +210	+214 / +125	+151 / +62	+75 / +18	+36 / 0	+57 / 0	+89 / 0	+140 / 0	+230 / 0	+360 / 0
355	400	+1710 / +1350	+1040 / +680	+760 / +400	+350 / +210	+214 / +125	+151 / +62	+75 / +18	+36 / 0	+57 / 0	+89 / 0	+140 / 0	+230 / 0	+360 / 0
400	450	+1900 / +1500	+1160 / +760	+840 / +440	+385 / +230	+232 / +135	+165 / +68	+83 / +20	+40 / 0	+63 / 0	+97 / 0	+155 / 0	+250 / 0	+400 / 0
450	500	+2050 / +1650	+1240 / +840	+880 / +480	+385 / +230	+232 / +135	+165 / +68	+83 / +20	+40 / 0	+63 / 0	+97 / 0	+155 / 0	+250 / 0	+400 / 0

注：带"＊"者为优先选用的，其他为常用的。

偏差表（摘自 GB/T 1801—2020）　　　　　　　　　　　　　　　　μm

等级	JS		K			M	N		P		R	S	T	U
12	6	7	6	*7	8	7	6	7	6	*7	7	*7	7	*7
+100 / 0	±3	±5	0 / −6	0 / −10	0 / −14	−2 / −12	−4 / −10	−4 / −14	−6 / −12	−6 / −16	−10 / −20	−14 / −24	—	−18 / −28
+120 / 0	±4	±6	+2 / −6	+3 / −9	+5 / −13	0 / −12	−5 / −13	−4 / −16	−9 / −17	−8 / −20	−11 / −23	−15 / −27	—	−19 / −31
+150 / 0	±4.5	±7	+2 / −7	+5 / −10	+6 / −16	0 / −15	−7 / −16	−4 / −19	−12 / −21	−9 / −24	−13 / −28	−17 / −32	—	−22 / −37
+180 / 0	±5.5	±9	+2 / −9	+6 / −12	+8 / −19	0 / −18	−9 / −20	−5 / −23	−15 / −26	−11 / −29	−16 / −34	−21 / −39	—	−26 / −44
+210 / 0	±6.5	±10	+2 / −11	+6 / −15	+10 / −23	0 / −21	−11 / −24	−7 / −28	−18 / −31	−14 / −35	−20 / −41	−27 / −48	—	−33 / −54
													−33 / −54	−40 / −61
+250 / 0	±8	±12	+3 / −13	+7 / −18	+12 / −27	0 / −25	−12 / −28	−8 / −33	−21 / −37	−17 / −42	−25 / −50	−34 / −59	−39 / −64	−51 / −76
													−45 / −70	−61 / −86
+300 / 0	±9.5	±15	+4 / −15	+9 / −21	+14 / −32	0 / −30	−14 / −33	−9 / −39	−26 / −45	−21 / −51	−30 / −60	−42 / −72	−55 / −85	−76 / −106
											−32 / −62	−48 / −78	−64 / −94	−91 / −121
+350 / 0	±11	±17	+4 / −18	+10 / −25	+16 / −38	0 / −35	−16 / −38	−10 / −45	−30 / −52	−24 / −59	−38 / −73	−58 / −93	−78 / −113	−111 / −146
											−41 / −76	−66 / −101	−91 / −126	−131 / −166
+400 / 0	±12.5	±20	+4 / −21	+12 / −28	+20 / −43	0 / −40	−20 / −45	−12 / −52	−36 / −61	−28 / −68	−48 / −88	−77 / −117	−107 / −147	−155 / −195
											−50 / −90	−85 / −125	−119 / −159	−175 / −215
											−53 / −93	−93 / −133	−131 / −171	−195 / −235
+460 / 0	±14.5	±23	+5 / −24	+13 / −33	+22 / −50	0 / −46	−22 / −51	−14 / −60	−41 / −70	−33 / −79	−60 / −106	−105 / −151	−149 / −195	−219 / −265
											−63 / −109	−113 / −159	−163 / −209	−241 / −287
											−67 / −113	−123 / −169	−179 / −225	−267 / −313
+520 / 0	±16	±26	+5 / −27	+16 / −36	+25 / −56	0 / −52	−25 / −57	−14 / −66	−47 / −79	−36 / −88	−74 / −126	−138 / −190	−198 / −250	−295 / −347
											−78 / −130	−150 / −202	−220 / −272	−330 / −382
+570 / 0	±18	±28	+7 / −29	+17 / −40	+28 / −61	0 / −57	−26 / −62	−16 / −73	−51 / −87	−41 / −98	−87 / −144	−169 / −226	−247 / −304	−369 / −426
											−93 / −150	−187 / −244	−273 / −330	−414 / −471
+630 / 0	±20	±31	+8 / −32	+18 / −45	+29 / −68	0 / −63	−27 / −67	−17 / −80	−55 / −95	−45 / −108	−103 / −166	−209 / −272	−307 / −370	−467 / −530
											−109 / −172	−229 / −292	−337 / −400	−517 / −580

附录 B　标准结构

附表6　普通螺纹牙型、直径及螺距尺寸　　　　　　　　　　　　　　　　　　mm

普通螺纹基本牙型尺寸（摘自 GB/T 192—2003）　　普通螺纹直径与螺距及基本尺寸（摘自 GB/T 196—2003）

$D_2 - 2 \times 3/8H$;　　D——内螺纹的基本大径（公称直径）；

$d_2 = d - 2 \times 3/8H$;　　d——外螺纹的基本大径（公称直径）；

$D_1 - 2 \times 5/8H$;　　D_2——内螺纹的基本中径；

$D_1 = d - 2 \times 5/8H$;　　d_2——外螺纹的基本中径；

　　　　　　　　　　D_1——内螺纹的基本小径；

$H = \sqrt{3}/2p$　　d_1——外螺纹的基本小径；

　　　　　　　　　　H——原始三角形高度；

　　　　　　　　　　P——螺距。

标记示例：

M24（公称直径为 24 mm、螺距为 3 mm、右旋、粗牙普通螺纹）

M24×1.5 LH（公称直径为 10 mm、螺距为 1.5 mm、左旋、细牙普通螺纹）

公称直径 D、d	螺距 P 粗牙	螺距 P 细牙	中径 D_2、d_2 粗牙	中径 D_2、d_2 细牙	小径 D_1、d_1 粗牙	小径 D_1、d_1 细牙	公称直径 D、d	螺距 P 粗牙	螺距 P 细牙	中径 D_2、d_2 粗牙	中径 D_2、d_2 细牙	小径 D_1、d_1 粗牙	小径 D_1、d_1 细牙
3	0.5	0.35	2.675	2.773	2.459	2.621	16	2	1.5	14.701	15.026	13.835	14.376
(3.5)	(0.6)	0.35	3.110	3.273	2.850	3.121			1		15.350		14.917
4	0.7	0.5	3.545	3.675	3.242	3.459	[17]		1.5		16.026		15.376
(4.5)	(0.75)	0.5	4.013	4.175	3.688	3.959			(1)		16.350		15.917
5	0.8	0.5	4.480	4.675	4.134	4.459	(18)	2.5	2	16.376	16.701	15.294	15.835
[5.5]		0.5		5.175		4.959			1.5		17.026		16.376
6	1	0.75	5.350	5.513	4.917	5.188			1		17.350		16.917
[7]	1	0.75	6.350	6.513	5.917	6.188	20	2.5	2	18.376	18.701	17.294	17.835
8	1.25	1	7.188	7.350	6.647	6.917			1.5		19.026		18.376
8		0.75		7.513		7.188			1		19.350		18.917
[9]	(1.25)	1	8.188	8.350	7.647	7.917	(22)	2.5	2	20.376	20.701	19.294	19.835
[9]		0.75		8.513		8.188			1.5		21.026		20.376
10	1.5	1.25	9.026	9.188	8.376	8.647			1		21.350		20.917
10		1		9.350		8.917	24	3	2	22.051	22.701	20.752	21.835
10		0.75		9.513		9.188			1.5		23.026		22.376
[11]	(1.5)	1	10.026	10.350	9.376	9.917			1		23.350		22.917
[11]		0.75		10.513		10.188	[25]		2		23.701		22.835
12	1.75	1.5	10.863	11.026	10.106	10.376			1.5		24.026		23.376
12		1.25		11.188		10.647			(1)		24.350		23.917

续表

公称直径 D、d	螺距 P		中径 D_2、d_2		小径 D_1、d_1		公称直径 D、d	螺距 P		中径 D_2、d_2		小径 D_1、d_1	
	粗牙	细牙	粗牙	细牙	粗牙	细牙		粗牙	细牙	粗牙	细牙	粗牙	细牙
12	1.75	1	10.863	11.350	10.106	10.917	[26]		1.5		25.026		24.376
(14)	2	1.5	12.701	13.026	11.835	12.376	(27)	3	2	25.051	25.701	23.752	24.835
		(1.25)		13.188		12.647			1.5		26.026		25.376
		1		13.350		12.917			1		26.350		25.917
[15]		1.5		14.026		13.376	[28]		2		26.701		25.835
		(1)		14.350		13.917			1.5		27.026		26.376
									1		27.350		26.917

注：1. 公称直径栏中不带括号的为第一系列，带圆括号的为第二系列，带方括号的为第三系列。应优先选用第一系列，第三系列尽可能不用。

2. 括号内的螺距尽可能不用。

3. M14×1.25 仅用于火花塞。

<h3 style="text-align:center">附表 7　管螺纹</h3>

| 55°密封管螺纹（摘自 GB/T 7306.1—2000、GB/T 7306.2—2000） | 55°非螺纹密封管螺纹（摘自 GB/T 7307—2001） |

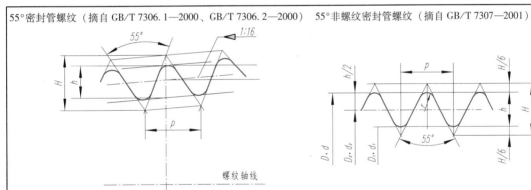
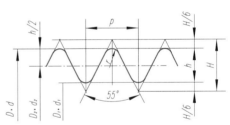

标记示例：

R1/2（尺寸代号 1/2，右旋圆锥外螺纹）

Rc1/2LH（尺寸代号 1/2，左旋圆锥内螺纹）

标记示例：

G1/2 – LH（尺寸代号 1/2，左旋内螺纹）

G1/2A（尺寸代号 1/2，A 级右旋内螺纹）

尺寸代号	大径 d、D/mm	中径 d_2、D_2/mm	小径 d_1、D_1/mm	螺距 P/mm	牙高 h/mm	每 25.4mm 内的牙数 n	圆弧半径 $r\approx$
1/4	13.157	12.301	11.445	1.337	0.856	19	0.184
3/8	16.662	15.806	14.950				
1/2	20.955	19.793	18.631	1.814	1.162	14	0.249
3/4	26.441	25.279	24.117				
1	33.249	31.770	30.291	2.309	1.479	11	0.317
1 $\frac{1}{4}$	41.910	40.431	38.952				
1 $\frac{1}{2}$	47.803	46.324	44.845				

续表

尺寸代号	大径 d、D/mm	中径 d_2、D_2/mm	小径 d_1、D_1/mm	螺距 P/mm	牙高 h/mm	每25.4mm内的牙数/n	圆弧半径 $r\approx$
2	59.614	58.135	56.656				
$2\frac{1}{2}$	75.184	73.705	72.226				
3	87.884	86.405	84.926	2.309	1.479	11	0.317
4	113.030	111.551	110.072				
5	138.430	136.951	135.472				
6	163.830	162.351	160.872				

注：大径、中径、小径值，对于 GB/T 7306.1—2000、GB/T 7306.2—2000 为基准平面内的基本直径，对于 GB/T 7307—2001 为基本直径。

附表8　内、外普通螺纹退刀槽尺寸

mm

内、外普通螺纹倒角及退刀槽尺寸（摘自 GB/T 3—1997）

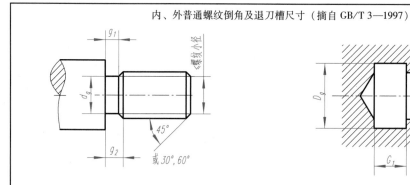

普通外螺纹退刀槽和倒角

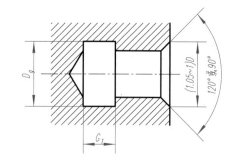

普通内外螺纹退刀槽和倒角

螺距	外螺纹		内螺纹		螺距	外螺纹		内螺纹	
	g_{2max}，g_{1min}	d_g	G_1	D_g		g_{2max}，g_{1min}	d_g	G_1	D_g
0.5	1.5，0.8	$d-0.8$	2		1.75	5.25，3	$d-2.6$	7	
0.7	2.1，1.1	$d-1.1$	2.8	$D+0.3$	2	6，3.4	$d-3$	8	
0.8	2.4，1.3	$d-1.3$	3.2		2.5	7.5，4.4	$d-3.6$	10	$D+0.5$
1	3，1.6	$d-1.6$	4		3	9，5.2	$d-4.4$	12	
1.25	3.75，2	$d-2$	5	$D+0.5$	3.5	10.5，6.2	$d-5$	14	
1.5	4.5，2.5	$d-2.3$	6		4	12，7	$d-5.7$	16	

附表9 零件倒角与倒圆尺寸 　　　　　　　　　　　　　　　mm

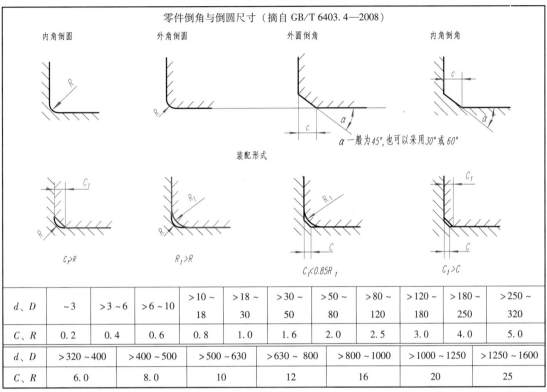

零件倒角与倒圆尺寸（摘自 GB/T 6403.4—2008）

d、D	~3	>3~6	>6~10	>10~18	>18~30	>30~50	>50~80	>80~120	>120~180	>180~250	>250~320
C、R	0.2	0.4	0.6	0.8	1.0	1.6	2.0	2.5	3.0	4.0	5.0

d、D	>320~400	>400~500	>500~630	>630~800	>800~1000	>1000~1250	>1250~1600
C、R	6.0	8.0	10	12	16	20	25

注：C、R 尺寸系列：0.1，0.2，0.3，0.4，0.5，0.6，0.7，0.8，1.0，1.2，1.6，2.0，2.5，3.0，4.0，5.0，6.0，8.0，10，12，16，20，25，32，40，50。

附表10 砂轮越程槽尺寸 　　　　　　　　　　　　　　　mm

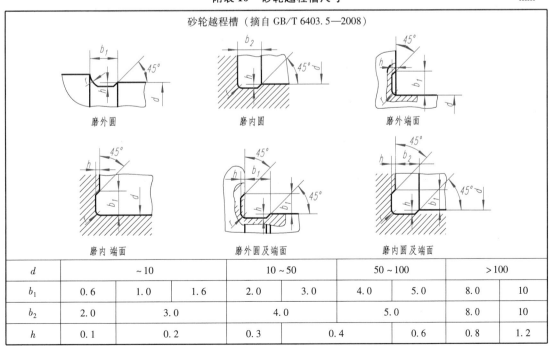

砂轮越程槽（摘自 GB/T 6403.5—2008）

d	~10			10~50		50~100		>100	
b_1	0.6	1.0	1.6	2.0	3.0	4.0	5.0	8.0	10
b_2	2.0		3.0	4.0		5.0		8.0	10
h	0.1	0.2		0.3		0.4	0.6	0.8	1.2

附录 C　常用标准件

附表 11　六角头螺栓、六角头全螺纹螺栓　　　　　　　　mm

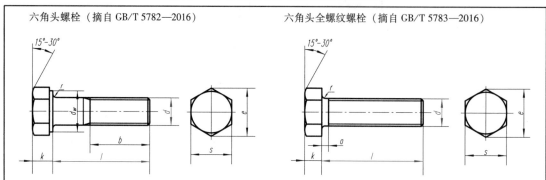

六角头螺栓（摘自 GB/T 5782—2016）　　　　　六角头全螺纹螺栓（摘自 GB/T 5783—2016）

标记示例：螺栓 GB/T 5782　M12×80

（螺纹规格 d = M12、公称长度 l = 80mm、性能等级为 8.8 级、表面氧化、产品等级为 A 级的六角头螺栓）

螺纹规格 d		M3	M4	M5	M6	M8	M10	M12	(M14)	M16	(M18)	M20	(M22)	M24	(M27)	M30	M36	M42	M48
s		5.5	7	8	10	13	16	18	21	24	27	30	34	36	41	46	55	65	75
k		2	2.8	3.5	4	5.3	6.4	7.5	8.8	10	11.5	12.5	14	15	17	18.7	22.5	26	30
r		0.1	0.2	0.2	0.25	0.4	0.4	0.6	0.6	0.6	0.6	0.8	0.8	0.8	1	1	1	1.2	1.6
e_{min}	A	6.01	7.66	8.79	11.05	14.38	17.77	20.03	23.36	26.75	30.14	33.53	37.72	39.98	—	—	—	—	—
	B	5.88	7.50	8.63	10.89	14.20	17.59	19.85	22.78	26.17	29.56	32.95	37.29	39.55	45.2	50.85	60.79	71.3	82.6
b 参数	$l \leqslant 125$	12	14	16	18	22	26	30	34	38	42	46	50	54	60	66	—	—	—
	$125 < l$ $\leqslant 200$	18	20	22	24	28	32	36	40	44	48	52	56	60	66	72	84	96	108
	$l > 200$	31	33	35	37	41	45	49	53	57	61	65	69	73	79	85	97	109	121
l	GB/T 5782	20 ~ 30	25 ~ 40	25 ~ 50	30 ~ 60	40 ~ 80	45 ~ 100	50 ~ 120	60 ~ 140	65 ~ 160	70 ~ 180	80 ~ 200	90 ~ 220	90 ~ 240	100 ~ 260	110 ~ 300	140 ~ 360	160 ~ 440	180 ~ 480
	GB/T 5783	6 ~ 30	8 ~ 40	10 ~ 50	12 ~ 60	16 ~ 80	20 ~ 100	25 ~ 120	30 ~ 140	30 ~ 150	35 ~ 150	40 ~ 150	45 ~ 150	50 ~ 150	55 ~ 200	60 ~ 200	70 ~ 200	80 ~ 200	100 ~ 200
L 系列		2, 3, 4, 5, 6, 8, 10, 12, 16, 20, 25, 30, 35, 40, 45, 50, (55), 60, (65), 70, 80, 90, 100, 110, 120, 130, 140, 150, 160, 180, 200, 220, 240, 260, 280, 300, 320, 340, 360, 380, 400, 420, 440, 460, 480, 50																	

注：1. A 级用于 d = 1.6 ~ 24 mm 和 $l \leqslant 10d$ 或 $\leqslant 150$ mm 的螺栓；B 级用于 $d > 24$ 和 $l > 10d$ 或 > 150 mm 的螺栓（按较小值）。

　　2. 括号内为非优选系列，尽量不采用。

附表 12　双头螺柱　　　　　　　　　　　　　　　　　　mm

双头螺柱 [摘自 GB/T 897—1988 ($b_m = d$)、GB/T 898—1988 ($b_m = 1.25d$)、GB/T 899—1988 ($b_m = 1.5d$)、GB/T 900—1988 ($b_m = 2d$)]

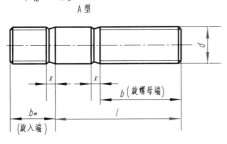
A 型

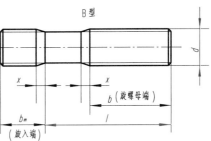
B 型

标记示例：螺柱 GB/T 900 M10×50

（两端均为粗牙普通螺纹、d = M10、l = 50 mm、性能等级为 4.8 级、不经表面处理、B 型、$b_m = 2d$ 的双头螺柱）

螺纹规格 d	旋入端长度 b_m				螺柱长度 l/旋螺母端长度 b
	GB/T 897	GB/T 898	GB/T 899	GB/T 900	
M4	—	—	6	8	(16~22) /8、(25~40) /14
M5	5	6	8	10	(16~22) /10、(25~50) /16
M6	6	8	10	12	(20~22) /10、(25~30) /14、(32~75) /18
M8	8	10	12	16	(20~22) /12、(25~30) /16、(32~90) /22
M10	10	12	15	20	(25~28) /14、(30~38) /16、(40~120) /26、130/32
M12	12	15	18	24	(25~30) /16、(32~40) /20、(45~120) /30、(130~180) /36
M16	16	20	24	32	(30~38) /20、(40~55) /30、(60~120) /38、(130~200) /44
M20	20	25	30	40	(35~40) /25、(45~65) /35、(70~120) /46、(130~200) /52
(M24)	24	30	36	48	(45~50) /30、(55~75) /45、(80~120) /54、(130~200) /60
M30	30	38	45	60	(60~65) /40、(70~90) /50、(95~120) /66、(130~200) /72、(210~300) /85
M36	36	45	54	72	(65~75) /45、(80~110) /60、120/78、(130~200) /84、(210~300) /97
M42	42	52	63	84	(70~80) /50、(85~110) /70、120/90、(130~200) /96、(210~300) /109
$l_{系列}$	12、(14)、16、(18)、20、(22)、25、(28)、30、(32)、35、(38)、40、45、50、(55)、60、(65)、70、75、80、(85)、90、(95)、100~260 (10 进位)、280、300				

注：1. 尽可能不采用括号内的规格。末端按 GB/T 2 规定。

2. $b_m = d$，一般用于钢对钢；b_m = (1.25~1.5) d，一般用于钢对铸铁；$b_m = 2d$，一般用于钢对铝合金。

附表 13　开槽圆柱头、开槽盘头、开槽沉头螺钉　　　　　　　　　　mm

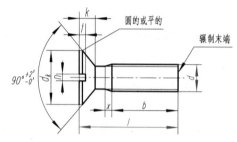

开槽圆柱头螺钉（摘自 GB/T 65—2016）　　开槽盘头螺钉（摘自 GB/T 67—2016）

开槽沉头螺钉（摘自 GB/T 68—2016）

标记示例：螺钉 GB/T 67　M5×20（螺纹规格 d = M5、公称长度 l = 20 mm、性能等级 4.8 级、不经表面处理的开槽盘头螺钉）

螺纹规格 d		M1.6	M2	M2.5	M3	（M3.5）	M4	M5	M6	M8	M10
P		0.35	0.4	0.45	0.5	0.6	0.7	0.8	1	1.25	1.5
a（max）		0.7	0.8	0.9	1	1.2	1.4	1.6	2	2.5	3
b（min）		25	25	25	25	38	38	38	38	38	38
n（公称）		0.4	0.5	0.6	0.8	1	1.2	1.2	1.6	2	2.5
GB/T 65	d_k（公称）	3	3.8	4.5	5.5	6	7	8.5	10	13	16
	k（公称）	1.1	1.4	1.8	2	2.4	2.6	3.3	3.9	5	6
	t（min）	0.45	0.6	0.7	0.85	1	1.1	1.3	1.6	2	2.4
	商品规格长度 l	2~16	3~20	3~25	4~30	5~35	5~40	6~50	8~60	10~80	12~80
GB/T 67	d_k（公称）	3.2	4	5	5.6	7	8	9.5	12	16	20
	k（公称）	1	1.3	1.5	1.8	2.1	2.4	3	3.6	4.8	6
	t（min）	0.35	0.5	0.6	0.7	0.8	1	1.2	1.4	1.9	2.4
	商品规格长度 l	2~16	2.5~20	3~25	4~30	5~35	5~40	6~50	8~60	10~80	12~80
GB/T 68	d_k（公称）	3	3.8	4.7	5.5	7.3	8.4	9.3	11.3	15.8	18.3
	k（公称）	1	1.2	1.5	1.65	2.35	2.7	2.7	3.3	4.65	5
	t（min）	0.32	0.4	0.5	0.6	0.9	1	1.1	1.2	1.8	2
	商品规格长度 l	2.5~16	3~20	4~25	5~30	6~35	6~40	8~50	8~60	10~80	12~80

注：尽可能不采用括号内的规格。

附表 14　内六角圆柱头螺钉　　　　　　　　　　　　　　　　　　　　　　　　mm

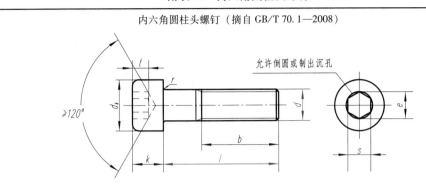

内六角圆柱头螺钉（摘自 GB/T 70.1—2008）

标记示例：螺钉 GB/T 70.1　M5×20（螺纹规格 d = M5、公称长度 l = 20 mm，性能等级为 8.8 级、表面氧化的 A 级内六角圆柱头螺钉的标记）

螺纹规格 d	M1.6	M2	M2.5	M3	M4	M5	M6	M8	M10	M12	(M14)	M16	M20	M24	M30	M36
P（螺距）	0.35	0.4	0.45	0.5	0.7	0.8	1	1.25	1.5	1.75	2	2	2.5	3	3.5	4
d_k	3[1]	3.8	4.5	5.5	7	8.5	10	13	16	18	21	24	30	36	45	54
	3.14[2]	3.98	4.68	5.68	7.22	8.72	10.22	13.27	16.27	18.27	21.33	24.33	30.33	36.39	45.39	54.46
k（max）	1.6	2	2.5	3	4	5	6	8	10	12	14	16	20	24	30	36
t	0.7	1	1.1	1.3	2	2.5	3	4	5	6	7	8	10	12	15.5	19
r（min）	0.1	0.1	0.1	0.1	0.2	0.2	0.25	0.4	0.4	0.6	0.6	0.6	0.8	0.8	1	1
S（公称）	1.5	1.5	2	2.5	3	4	5	6	8	10	12	14	17	19	22	27
e（min）	1.73	1.73	2.3	2.9	3.4	4.6	5.7	6.9	9.2	11.4	13.7	16	19	21.7	25.2	30.9
b（参考）	15	16	17	18	20	22	24	28	32	36	40	44	52	60	72	84
l	2.5~16	3~20	4~25	5~30	6~40	8~50	10~60	12~80	16~100	20~120	25~140	25~160	30~200	40~200	45~200	55~200
全螺纹时最大长度	2.5~16	3~16	4~20	5~20	6~20	8~20	10~30	12~35	16~40	20~45	25~55	25~60	30~65	40~80	45~100	55~110
l（系列）	2.5、3、4、5、6、8、10、12、(14)、16、20~70（5 进位），80~160（10 进位），180~300（20 进位）															

①为光滑头部。

②为滚花头部。

注：1. 尽可能不采用括号内的规格。

2. b 不包括螺尾。

附表 15　开槽锥端、平端紧定螺钉　　　　　　　　　　　　　　　mm

开槽锥端紧定螺钉（摘自 GB/T 71—1985）　　开槽平端紧定螺钉（摘自 GB/T 73—2017）

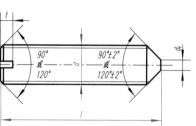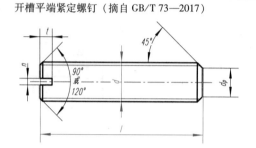

标记示例：螺钉 GB/T 71 M5 × 12（螺纹规格 d = M5、公称长度 l = 12 mm、性能等级为 14H 级、表面氧化的开槽锥端紧定螺钉）

螺纹规格 d		M1.2	M1.6	M2	M2.5	M3	M4	M5	M6	M8	M10	M12
P（螺距）		0.25	0.35	0.4	0.45	0.5	0.7	0.8	1	1.25	1.5	1.75
n（公称）		0.2	0.25	0.25	0.4	0.4	0.6	0.8	1	1.2	1.6	2
t（min）		0.4	0.56	0.64	0.72	0.8	1.12	1.28	1.6	2	2.4	2.8
d_t（max）		0.12	0.16	0.2	0.25	0.3	0.4	0.5	1.5	2	2.5	3
d_p（max）		0.6	0.8	1	1.5	2	2.5	3.5	4	5.5	7	8.5
公称	GB/T 71	2~6	2~8	3~10	3~12	4~16	6~20	8~25	8~30	10~40	12~50	14~60
长度 l	GB/T 73	2~6	2~8	2~10	2.5~12	3~16	4~20	5~25	6~30	8~40	10~50	12~60
l（系列）		2, 2.5, 3, 4, 5, 6, 8, 10, 12, (14), 16, 20, 30, 35, 40, 45, 50, (55), 60										

注：尽可能不采用括号内的规格。

附表 16 六角螺母 mm

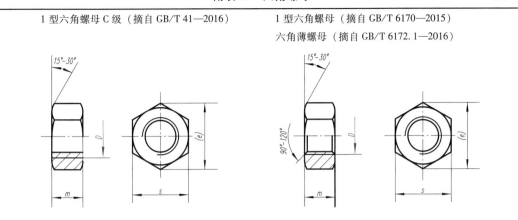

1 型六角螺母 C 级（摘自 GB/T 41—2016）　　　　1 型六角螺母（摘自 GB/T 6170—2015）

六角薄螺母（摘自 GB/T 6172.1—2016）

标记示例：

螺母 GB/T 41 M10（螺纹规格 D = M10、性能等级为 5 级、不经表面处理的 C 级 1 型六角螺母）

螺母 GB/T 6170 M12（螺纹规格 D = M12、性能等级为 10 级、不经表面处理的 A 级的 1 型六角螺母）

螺母 GB/T 6172.1 M12（螺纹规格 D = M12、性能等级为 04 级、不经表面处理的 A 级六角薄螺母）

螺纹规格 D		M3	M4	M5	M6	M8	M10	M12	(M14)	M16	(M18)	M20	(M22)	M24	(M27)	M30	M36	M42	M48	M56	M64
e_{min}	GB/T 41	—	—	8.6	10.9	14.2	17.6	19.9	22.8	26.2											
	GB/T 6170	6	7.7	8.8	11	14.4	17.8	20	23.4	26.8	29.6	33	37.3	39.6	45.2	50.8	60.8	71.3	82.6	93.6	104.9
	GB/T 6172.1																				
s_{max}	GB/T 41	—	—	8	10	13	16	18	21	24	27	30	34	36	41	46	55	65	75	85	95
	GB/T 6170	5.5	7																		
	GB/T 6172.1																				
m_{max}	GB/T 41	—	—	5.6	6.4	7.9	9.5	12.2	13.9	15.9	16.9	19	20.2	22.3	24.7	26.4	31.9	34.9	38.9	45.9	52.4
	GB/T 6170	2.4	3.2	4.7	5.2	6.8	8.4	10.8	12.8	14.8	15.8	18	19.4	21.5	23.8	25.6	31	34	38	45	51
	GB/T 6172.1	1.8	2.2	2.7	3.2	4	5	6	7	8	9	10	11	12	13.5	15	18	21	24	28	32

注：尽可能不采用括号内的规格。

附表 17　垫圈　　　　　　　　　　　　　　　　　　　　　　　mm

平垫圈－C 级（摘自 GB/T 95—2002）　　　　　平垫圈－A 级（摘自 GB/T 97.1—2002）

平垫圈 倒角型 A 级（摘自 GB/T 97.2—2002）　　标准型弹簧垫圈（摘自 GB/T 93—1987）

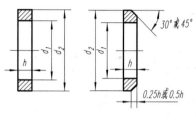
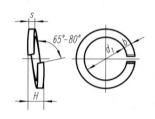
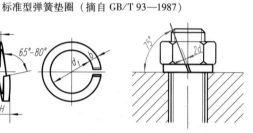

GB/T 95 GB/T 97.1　　　GB/T 97.2　　　　　　GB/T 93　　　　　弹簧垫圈开口画法
平垫圈　　　　　　倒角型平垫圈　　　　　标准型弹簧垫圈

标记示例：

　　垫圈　GB/T 97.1 8（标准系列、规格 8 mm、钢制造的硬度等级为 200 HV 级、不经表面处理、产品等级为 A 级的平垫圈）

　　垫圈　GB/T 93 20（规格 20 mm、材料为 65 Mn、表面氧化的标准型弹簧垫圈）

公称规格 （螺纹大径 d）		4	5	6	8	10	12	16	20	24	30	36	42	48
GB/T 95 （C 级）	d_1	4.5	5.5	6.6	9	11	13.5	17.5	22	26	33	39	45	52
	d_2	9	10	12	16	20	24	30	37	44	56	66	78	92
	h	0.8	1	1.6	1.6	2	2.5	3	3	4	4	5	8	8
GB/T 97.1 （A 级）	d_1	4.3	5.3	6.4	8.4	10.5	13.0	17	21	25	31	37	45	52
	d_2	9	10	12	16	20	24	30	37	44	56	66	78	92
	h	0.8	1	1.6	1.6	2	2.5	3	3	4	4	5	8	8
GB/T 97.2 （A 级）	d_1	—	5.3	6.4	8.4	10.5	13	17	21	25	31	37	45	52
	d_2	—	10	12	16	20	24	30	37	44	56	66	78	92
	h	—	1	1.6	1.6	2	2.5	3	3	4	4	5	8	8
GB/T 93	d_1	4.1	5.1	6.1	8.1	10.2	12.2	16.2	20.2	24.5	30.5	36.5	42.5	48.5
	$S=b$	1.1	1.3	1.6	2.1	2.6	3.1	4.1	5	6	7.5	9	10.5	12
	H	2.75	3.25	4	5.25	6.5	7.75	10.25	12.5	15	18.75	22.5	26.25	30

注：1. A 级适用于精装配系列，C 级适用于中等装配系列。

　　2. C 级垫圈没有 Ra 3.2 和去毛刺的要求。

附表18 平键及键槽的剖面尺寸 mm

普通平键的形式与尺寸（摘自 GB/T 1096—2003） 键和键槽的剖面尺寸（摘自 GB/T 1095—2003）

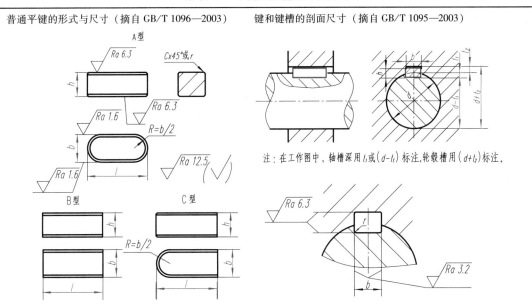

注：在工作图中，轴槽深用 t_1 或 $(d-t_1)$ 标注，轮毂槽用 $(d+t_2)$ 标注。

标记示例：

键 $16 \times 10 \times 100$ GB/T 1096 （宽度 $b = 16$ mm、高度 $h = 10$ mm、长度 $L = 100$ mm，普通 A 型平键）

键 B $16 \times 10 \times 100$ GB/T 1096 （宽度 $b = 16$ mm、高度 $h = 10$ mm、长度 $L = 100$ mm，普通 B 型平键）

键 C $16 \times 10 \times 100$ GB/T 1096 （宽度 $b = 16$ mm、高度 $h = 10$ mm、长度 $L = 100$ mm，普通 C 型平键）

键		键槽										
		宽度 b					深度				半径 r	
键尺寸 $b \times h$	长度 l	基本尺寸 b	极限偏差				轴 t_1		毂 t_2			
			正常连接		紧密连接	松连接	基本尺寸	极限偏差	基本尺寸	极限偏差		
			轴 H9	毂 D10	轴 N9	毂 Js9	轴和毂 P9					min	max
4×4	$8 \sim 45$	4	0 -0.030	± 0.015	-0.012 -0.042	$+0.030$ 0	$+0.078$ $+0.030$	2.5	$+0.10$ 0	1.8	$+0.10$ 0	0.08	0.16
5×5	$10 \sim 56$	5						3.0		2.3		0.08	0.16
6×6	$14 \sim 70$	6						3.5		2.8		0.16	0.25
8×7	$18 \sim 90$	8	0 -0.036	± 0.018	-0.015 -0.051	$+0.036$ 0	$+0.098$ $+0.040$	4.0		3.3		0.16	0.25
10×8	$22 \sim 110$	10						5.0		3.3		0.16	0.25
12×8	$28 \sim 140$	12	0 -0.043	± 0.0215	-0.018 -0.061	$+0.043$ 0	$+0.120$ $+0.050$	5.0	$+0.20$ 0	3.3	$+0.20$ 0	0.25	0.40
14×9	$36 \sim 160$	14						5.5		3.8		0.25	0.40
16×10	$45 \sim 180$	16						6.0		4.3		0.25	0.40
18×11	$50 \sim 200$	18						7.0		4.4		0.25	0.40
20×12	$56 \sim 220$	20	0 -0.052	± 0.026	-0.022 -0.074	$+0.052$ 0	$+0.149$ $+0.065$	7.5		4.9		0.40	0.60
22×14	$63 \sim 250$	20						9.0		5.4		0.40	0.60
25×14	$70 \sim 280$	25						9.0		5.4		0.40	0.60
28×16	$80 \sim 320$	28						10.0		6.4		0.40	0.60

注：l 系列：6，8，10，12，14，16，18，20，22，25，28，32，36，40，45，50，56，63，70，80，90，100，110，125，140，160，180，200，220，250，280，320，330，400，450。

附表 19　圆柱销　　　　　　　　　　　　　　　　　　　　　　　　mm

圆柱销　不淬硬钢和奥氏体不锈钢（摘自 GB/T 119.1—2000）

圆柱销　淬硬钢和马氏体不锈钢（摘自 GB/T 119.2—2000）

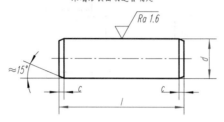

末端形状由制造者确定

$Ra\ 1.6$

标记示例：

销 GB/T 119.1 8m6×30（公称直径 $d=8$ mm、公差为 m6、公称长度 $l=30$ mm、材料为钢、不经淬火、不经表面处理的圆柱销）

销 GB/T 119.1 8m6×30 – A（公称直径 $d=8$ mm、公差为 m6、公称长度 $l=90$ mm、材料为钢、普通淬火（A 型）、表面氧化处理的圆柱销）

销 GB/T 119.2 8m6×30 – C1（公称直径 $d=8$ mm、公差为 m6、公称长度 $l=90$ mm、材料为 C1 组马氏体不锈钢、表面简单处理的圆柱销）

GB/T 119.1											
d	2	2.5	3	4	5	6	8	10	12	16	20	25
c	0.35	0.4	0.5	0.63	0.8	1.2	1.6	2.0	2.5	3.0	3.5	4.0
l	6～20	6～24	8～30	8～40	10～50	12～60	14～80	18～95	22～140	26～180	35～200	50～200

钢硬度 125～245 HV_{30}，奥氏体不锈钢 A_1 硬度 210～280 HV30。

粗糙度公差 m6，$Ra \leqslant 0.8$ μm，公差 h8，$Ra \leqslant 1.6$ μm。

GB/T 119.2											
d	1	2	2.5	3	4	5	6	8	10	12	16	20
c	0.2	0.35	0.4	0.5	0.63	0.8	1.2	1.6	2	2.5	3	3.5
l	3～10	5～20	6～24	8～30	10～40	12～50	14～60	18～80	22～100	26～100	40～100	50～100

钢 A 型普通淬火，硬度 550～650 HV30；B 型表面淬火，硬度 660～700 HV10；渗碳深度 0.25～0.4 mm，硬度 550 HV10；淬火并回火，硬度 460～560 HV30。

表面粗糙度 $Ra \leqslant 0.8$ μm。

注：l 系列：2、3、4、5、6～32（2 进位）、35～100（5 进位）、大于 100（20 进位）。

附表 20　圆锥销　　　　　　　　　　　　　　　　　　mm

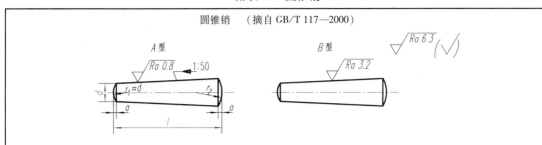

圆锥销　（摘自 GB/T 117—2000）

标记示例：

　　销 GB/T 117 6×30（公称直径 d = 6 mm、公称长度 l = 30 mm、材料为 35 钢、热处理硬度 28~38 HRC、表面氧化处理的 A 型圆锥销）

$d_{公称}$	2	2.5	3	4	5	6	8	10	12	16	20	25
$a≈$	0.25	0.3	0.4	0.5	0.63	0.8	1.0	1.2	1.6	2.0	2.5	3.0
$l_{范围}$	10~35	10~35	12~45	14~55	18~60	22~90	22~120	26~160	32~180	40~200	45~200	50~200
l 系列（公称尺寸）	2、3、4、5、6~32（2 进位）、35~100（5 进位）、大于 100（20 进位）										

注：1. A 型（磨削）：锥面表面粗糙度 $Ra0.8$；B 型（切削或冷镦）：锥面表面粗糙度 $Ra3.2$。

2. $r_2 = \dfrac{a}{2} + d + \dfrac{(0.02l)^2}{8a}$。

附表 21　开口销　　　　　　　　　　　　　　　　　　mm

开口销（GB/T 91—2000）

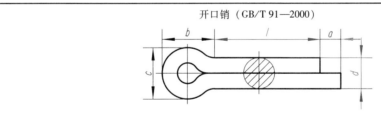

标记示例：

　　销 GB/T 91 5×50（公称规格为 5 mm、公称长度 l = 50 mm、材料为 Q215 或 Q235、不经表面处理的开口销）

d（公称）	0.6	0.8	1	1.2	1.6	2	2.5	3.2	4	5	6.3	8	10	12
c	1	1.4	1.8	2	2.8	3.6	4.6	5.8	7.4	9.2	11.8	15	19	24.8
$b≈$	2	2.4	3	3	3.2	4	5	6.4	8	10	12.6	16	20	26
a	1.6	1.6	2.5	2.5	2.5	2.5	2.5	3.2	4	4	4	4	6.3	6.3
l	4~12	5~16	6~20	8~26	8~32	10~40	12~50	14~65	18~80	22~100	30~120	40~160	45~200	70~200
l（系列）	4、5、6、8、10、12、14、16、18、20、22、24、26、28、30、32、36、40、45、50、55、60、65、70、75、80、85、90、95、100、120、140、160、180、200													

注：销孔直径等于 d（公称）。

附表 22　紧固件通孔与沉孔尺寸　　　　　　　　　mm

螺栓或螺钉直径 d		3	3.5	4	5	6	8	10	12	14	16	20	24	30	36	42	48
通孔直径 d_h (GB/T 5277—1985)	精装配	3.2	3.7	4.3	5.3	6.4	8.4	10.5	13	15	17	21	25	31	37	43	50
	中等装配	3.4	3.9	4.5	5.5	6.6	9	11	13.5	15.5	17.5	22	26	33	39	45	52
	粗装配	3.6	4.2	4.8	5.8	7	10	12	14.5	16.5	18.5	24	28	35	42	48	56
六角头螺栓和六角螺母用沉孔 (GB/T 152.4—1988)	d_2	9	—	10	11	13	18	22	26	30	33	40	48	61	71	82	98
	t	只要能制出与通孔轴线垂直的圆平面即可															
沉头螺钉用沉孔 (GB/T 152.2—2014)	d_2	6.5	8.4	9.6	10.65	12.85	17.55	—	—	—	—	—	—	—	—	—	—
圆柱头用沉孔 (GB/T 152.3—1988)	d_2	6	—	8	10	11	15	18	20	24	26	33	40	48	57	—	—
	t	3.4	—	4.6	5.7	6.8	9	11	13	15	17.5	21.5	25.5	32	38	—	—

附表 23　孔用弹性挡圈

mm

孔用弹性挡圈（GB/T 893—2017）

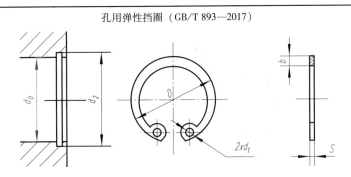

标记示例：

挡圈 50 GB/T 893（孔径 $d_0 = 50$ mm、材料为 65Mn、热处理硬度为 44~51HRC、经表面氧化处理的 A 型孔用弹性挡圈）

孔径 d_0	D	S	d_2		d_1	b	孔径 d_0	D	S	d_2		d_1	b
8	8.7	0.8	8.4	+0.09 0	1	1.1	37	39.8	1.5	39	+0.25 0	2.5	3.6
9	9.8		8.4			1.3	38	40.8		40			3.7
10	10.8		10.4		1.5	1.4	40	43.5	1.75	42.5			3.9
11	11.8		11.4			1.5	42	45.5		44.5			4.1
12	13		12.5			1.7	45	48.5		47.5			4.3
13	14.1		13.6	+0.11 0		1.8	47	50.5		49.5			4.4
14	15.1		14.6		1.7	1.9	48	51.5		50.5			4.5
15	16.2	1.0	15.7			2.0	50	54.2		53			4.6
16	17.3		16.8				52	56.2		55			4.7
17	18.3		17.8			2.1	55	59.2	2	58			5.0
18	19.5		19			2.2	56	60.2		59			5.1
19	20.5		20		2.2		58	62.2		61	+0.30 0		5.2
20	21.5		21	+0.13 0		2.3	60	64.2		63			5.4
21	22.5		22			2.4	62	66.2		65			5.5
22	23.5		23			2.5	63	67.2		66		3	5.6
24	25.9		25.2		2	2.6	65	69.2		68			5.8
25	26.9		26.2			2.7	68	72.2		71			6.1
26	27.9		27.2	+0.21 0		2.8	70	74.5	2.5	73			6.2
28	30.1	1.2	29.4			2.9	72	76.5		75			6.4
30	32.1		31.4			3.0	75	79.5		78			6.6
31	33.4		32.7			3.2	78	82.5		81			
32	34.4		33.7	+0.25 0			80	85.5		83.5	+0.35 0		6.8
34	36.5		35.7		2.5	3.3	82	87.5		85.5			7.0
35	37.8	1.5	37			3.4	85	90.5	3	88.5			
36	38.8		38			3.5	88	93.5		91.5			7.2

附表24　轴用弹性挡圈　　　　　　　　　　　　　　　　　　　　　mm

轴用弹性挡圈（摘自 GB/T 894－2017）

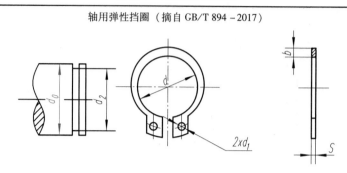

标记示例：

　　挡圈50 GB/T 894（轴径 $d_0 = 50$ mm、材料为65Mn、热处理硬度为44～51HRC、经表面氧化处理的A型轴用弹性挡圈）

轴径 d_0	d	S	d_2		d_1	b	轴径 d_0	d	S	d_2		d_1	b
3	2.7	0.4	2.8	0 / −0.04		0.8	28	25.9		26.6	0 / −0.21		3.2
4	3.7		3.8		1.0	0.9	29	26.9		27.6		2	3.4
5	4.7	0.6	4.8	0 / −0.05		1.1	30	27.9	1.5	28.6			3.5
6	5.6	0.7	5.7			1.3	32	29.6		30.3			3.6
7	6.5	0.8	6.7	0 / −0.06	1.2	1.4	34	31.5		32.3			3.8
8	7.4		7.6			1.5	35	32.2		33			3.9
9	8.4		8.6			1.7	36	33.2		34			4.0
10	9.3		9.6		1.5	1.8	38	35.2		36			4.2
11	10.2		10.5				40	36.5		37	0 / −0.25		4.4
12	11.0		11.5				42	38.5	1.75	39.5			4.5
13	11.9	1	12.4	0 / −0.11		2.0	45	41.5		42.5			4.7
14	12.9		13.4		1.7	2.1	48	44.5		45.5		2.5	5.0
15	13.8		14.3			2.2	50	45.8		47			5.1
16	14,7		15.2				52	47.8		49			5.2
17	15.7		16.2			2.3	55	50.8		52			5.4
18	16.5		17.0			2.4	56	51.8		53			5.5
19	17.5		18.0			2.5	58	53.8	2	55			5.6
20	18.5		19.0			2.6	60	55.8		57			5.8
21	19.5	1.2	20.0	0 / −0.13		2.7	62	57.8		59	0 / −0.30		6.0
22	20.5		21.0		2	2.8	63	58.8		60			6.2
24	22.2		22.9			3.0	65	60.8		62			6.3
25	23.2		23.9	0 / −0.21			68	63.5	2.5	65		3.0	6.5
26	24.2		24.9			3.1	70	65.5		67			6.6

附表 25　深沟球轴承　　　　　　　　　　　　　　　　　　　　　　　　　　　　　　mm

深沟球轴承（GB/T 276—2013）

标记示例：

滚动轴承 6210 GB/T 276

（内径 d = 50 mm 的 6000 型深沟球轴承，尺寸系列为 02）

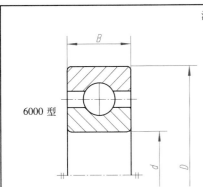

6000 型

轴承型号	d	D	B	轴承型号	d	D	B
02 系列				03 系列			
6203	17	40	12	6312	60	130	31
6204	20	47	14	6313	65	140	33
6205	25	52	15	6314	70	150	35
6206	30	62	16	6315	75	160	37
6207	35	72	17	6316	80	170	39
6208	40	80	18	6317	85	180	41
6209	45	85	19	6318	90	190	43
6210	50	90	20	6319	95	200	45
6211	55	100	21	6320	100	215	47
6212	60	110	22	04 系列			
6213	65	120	23	6404	20	72	19
6214	70	125	24	6405	25	80	21
6215	75	130	25	6406	30	90	23
6216	80	140	26	6407	35	100	25
6217	85	150	28	6408	40	110	27
6218	90	160	30	6409	45	120	29
6219	95	170	32	6410	50	130	31
6220	100	180	34	6411	55	140	33
03 系列				6412	60	150	35
6304	17	52	15	6413	65	160	37
6305	20	62	17	6414	70	180	42
6306	25	72	19	6415	75	190	45
6307	30	80	21	6416	80	200	48
6308	35	90	23	6417	85	210	52
6309	40	100	25	6418	90	225	54
6310	50	110	27	6419	95	240	55
6311	55	120	29	6420	100	250	58

附表 26　推力球轴承　　　　　　　　　　　　　　　　　　　　　mm

推力球轴承（GB/T 301—2015）

标记示例：

滚动轴承 51203 GB/T 301

（内径 d = 17 mm 的 51000 型推力球轴承，尺寸系列为 12）

51000 型

轴承型号	d	d_1	D	T	轴承型号	d	d_1	D	T
12 系列					13 系列				
51200	10	12	26	11	51310	50	52	95	31
51201	12	14	28	11	51311	55	57	105	35
51202	15	17	32	12	51312	60	62	110	35
51203	17	19	35	12	51313	65	67	115	36
51204	20	22	40	14	51314	70	72	125	40
51205	25	27	47	15	51315	75	77	135	44
51206	30	32	52	16	51316	80	82	140	44
51207	35	37	62	18	51317	85	88	150	49
51208	40	42	68	19	51318	90	93	155	50
51209	45	47	73	20	51320	100	103	170	55
51210	50	52	78	22	14 系列				
51211	55	57	90	25	51405	25	27	60	24
51212	60	62	95	26	51406	30	32	70	28
51213	65	67	100	27	51407	35	37	80	32
51214	70	72	105	27	51408	40	42	90	36
51215	75	77	110	27	51409	45	47	100	39
51216	80	82	115	28	51410	50	52	110	43
51217	85	88	125	31	51411	55	57	120	48
51218	90	93	135	35	51412	60	62	130	51
51220	100	103	150	38	51413	65	68	140	56
13 系列					51414	70	73	150	60
51305	25	27	52	18	51415	75	78	160	65
51306	30	32	60	21	51416	80	83	170	68
51307	35	37	68	24	51417	85	88	180	72
51308	40	42	78	26	51418	90	93	190	77
51309	45	47	85	28					

附表 27 圆锥滚子轴承

mm

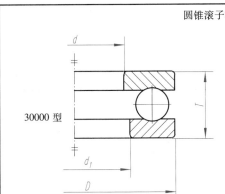

圆锥滚子轴承（摘自 GB/T 297—2015）

标记示例：

滚动轴承 32214 GB/T 297

（内径 $d = 70$ mm 的 30000 型圆锥滚子轴承，尺寸系列为 22）

30000 型

轴承代号	d	D	T	B	C	E	轴承代号	d	D	T	B	C	E
02 系列							22 系列						
30206	30	62	17.25	16	14	49.9	32206	30	62	21.25	20	17	48.9
30207	35	72	18.25	17	15	58.8	32207	35	72	24.25	23	19	57
30208	40	80	19.75	18	16	65.7	32208	40	80	24.75	23	19	64.7
30209	45	85	20.75	19	16	70.4	32209	45	85	24.75	23	19	69.6
30210	50	90	21.75	20	17	75	32210	50	90	24.75	23	19	74.2
30211	55	100	22.75	21	18	84.1	32211	55	100	26.75	25	21	82.8
30212	60	110	23.75	22	19	91.8	32212	60	110	29.75	28	24	90.2
30213	65	120	24.75	23	20	101.9	32213	65	120	32.75	31	27	99.4
30214	70	125	26.25	24	21	105.7	32214	70	125	33.25	31	27	103.7
30215	75	130	27.25	25	22	110.4	32215	75	130	33.25	31	27	108.9
30216	80	140	28.25	26	22	119.1	32216	80	140	35.25	33	28	117.4
30217	85	150	30.5	28	24	126.6	32217	85	150	38.5	36	30	124.9
03 系列							23 系列						
30304	20	52	16.25	15	13	41.3	32304	20	52	22.25	21	18	39.5
30305	25	62	18.25	17	15	50.6	32305	25	62	25.25	24	20	48.6
30306	30	72	20.75	19	16	58.2	32306	30	72	28.75	27	23	55.7
30307	35	80	22.75	21	18	65.7	32307	35	80	32.75	31	25	62.8
30308	40	90	25.25	23	20	72.7	32308	40	90	35.25	33	27	69.2
30309	45	100	27.75	25	22	81.7	32309	45	100	38.25	36	31	78.3
30310	50	110	29.25	27	23	90.6	32310	50	110	42.25	40	33	86.2
30311	55	120	31.5	29	25	99.1	32311	55	120	45.5	43	35	94.3
30312	60	130	33.5	31	26	107.7	32312	60	130	48.5	46	37	102.9
30313	65	140	36	33	28	116.8	32313	65	140	51	48	39	111.7
30314	70	150	38	35	30	125.2	32314	70	150	54	51	40	119.7
30315	75	160	40	37	31	134	32315	75	160	58	55	42	127.8
30316	80	170	42.5	39	33	143.1	32316	80	170	61.5	58	45	136.5

附录 D 密封件

附表 28 六角螺塞（摘自 JB/ZQ 4450—1986） mm

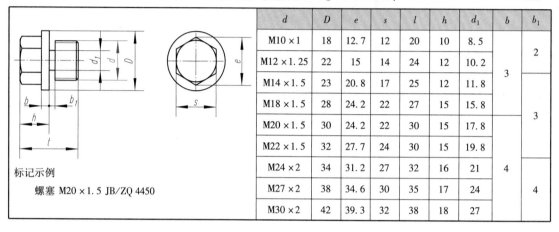

	d	D	e	s	l	h	d_1	b	b_1
	M10 × 1	18	12. 7	12	20	10	8. 5		2
	M12 × 1.25	22	15	14	24	12	10. 2	3	
	M14 × 1.5	23	20. 8	17	25	12	11. 8		
	M18 × 1.5	28	24. 2	22	27	15	15. 8		3
	M20 × 1.5	30	24. 2	22	30	15	17. 8		
	M22 × 1.5	32	27. 7	24	30	15	19. 8		
	M24 × 2	34	31. 2	27	32	16	21	4	
	M27 × 2	38	34. 6	30	35	17	24		4
	M30 × 2	42	39. 3	32	38	18	27		

标记示例

螺塞 M20 × 1. 5 JB/ZQ 4450

附表 29 毡圈油封形式和尺寸（JB/ZQ 4606—1986） mm

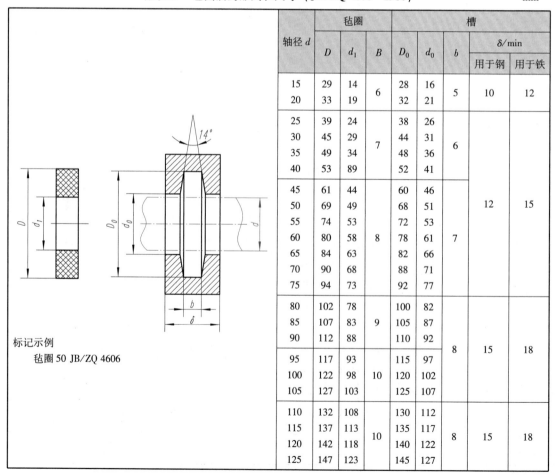

轴径 d	毡圈			槽				
	D	d_1	B	D_0	d_0	b	\multicolumn{2}{c}{δ/min}
							用于钢	用于铁
15	29	14	6	28	16	5	10	12
20	33	19		32	21			
25	39	24		38	26			
30	45	29	7	44	31	6		
35	49	34		48	36			
40	53	89		52	41			
45	61	44		60	46		12	15
50	69	49		68	51			
55	74	53		72	53			
60	80	58	8	78	61	7		
65	84	63		82	66			
70	90	68		88	71			
75	94	73		92	77			
80	102	78		100	82			
85	107	83	9	105	87			
90	112	88		110	92	8	15	18
95	117	93		115	97			
100	122	98	10	120	102			
105	127	103		125	107			
110	132	108		130	112			
115	137	113	10	135	117	8	15	18
120	142	118		140	122			
125	147	123		145	127			

标记示例

毡圈 50 JB/ZQ 4606

附录 E　常用材料及热处理

附表 30　黑色金属材料

标准	名称	牌号	说明	标准	名称	牌号	说明
GB/T 700—1988	碳素结构钢	Q215	碳素结构钢按屈服强度等级分成 5 个牌号。例如：Q215 中 Q 为屈服强度符号，215 为屈服强度数值。其质量等级分为 A、B、C、D 级，其中常用 A 级。GB/T 700—1988 中 A_3 相当 Q235 - A	GB/T 9439—1988	灰铸铁	HT150	"HT" 为 "灰""铁" 二字汉语拼音的第一个字母，后面的数字代表力学性能。例如：HT 150 表示抗拉强度为 150MPa 的灰铸铁
		Q235				HT200	
						HT250	
		Q255				HT300	
						HT350	
GB/T 699—1988	优质碳素结构钢	10	牌号的两位数字表示平均含碳量，45 号钢即表示平均含碳量为 0.45%。含锰量较高的钢，须加注化学元素 "Mn"。含碳量 ≤0.25% 的碳钢是低碳钢（渗碳钢）。含碳量在 0.25% ~ 0.60% 之间的碳钢是中碳钢（调质钢）。含碳量 ≥0.60% 的碳钢是高钢	GB/T 1348—1988	球墨铸铁	QT500 - 7	"QT" 是球墨铸铁的代号，QT 后面的第一组数字表示抗拉强度值，第二组表示延伸率值。例如：QT500 - 7 即表示球墨铸铁的抗拉强度为 500MPa，延伸率为 7%
		15					
		20				QT450 - 10	
		25					
		30					
		35				QT400 - 18	
		45					
		50					
		55		GB/T 9440—1988	可锻铸铁	KTH300 - 06	KTH 为黑心可锻铸铁；KTZ 为珠光体可锻铸铁；KTB 为白心可锻铸铁。数字说明与球墨铸铁相同
		60				KTH350 - 10	
		15Mn				KTH550 - 04	
		45Mn				KTH350 - 04	
GB/T 3077—1988	合金结构钢	20Mn2	两位数字表示钢中含碳量。钢中加入一定量合金元素，提高了钢的力学性能和耐磨性，也提高了钢的淬透性，保证金属在较大截面上获得高的力学性能	GB/T 11352—1989	铸钢	ZG200 - 400	铸钢件前面应加 "铸钢" 或汉语拼音字母 "ZG"，后面数字表示力学性能，第一位数字表示屈服强度，第二位数字表示抗拉强度
		45Mn2					
		15Cr					
		40Cr				ZG230 - 450	
		35SiMn					
		20CrMnTi					

附表31　有色金属材料

标准	名称及代号	应用举例	说明
GB/T 1176—1987	铸造锰黄铜 ZCuZn38Mn2Pb2	用于制造轴瓦、轴套及其他耐磨零件	"Z"表示"铸"，ZCuZn38Mn2Pb2表示含锌37.5%～38.5%、锰1.5%～2.5%、铅1.5%～2.5%
	铸造锡青铜 ZCuZn5Pb5Zn5	用于受中等冲击负荷和在液体或半液体润滑及耐蚀条件下工作的零件，如轴承、轴瓦、蜗轮	ZCuZn5Pb5Zn5表示含锡4%～6%、锌4%～6%、铅4%～6%
	铸造铝青铜 ZCuAl10Fe3	用于在整齐和海水条件下工作的零件及摩擦和腐蚀的零件，如蜗轮、衬套、耐热管配件	ZCuAl10Fe3表示含铝8%～10%、铁2%～4%
GB/T 1173—1986	铸造铝硅合金 ZL102	用于承受负荷不大但铸造形状复杂的薄壁零件，如仪表壳体、船舶零件	"ZL"表示铸铝，后面第一位数字分别为1、2、3、4，它分别表示铝硅、铝铜、铝镁、铝锌系列合金，第二、第三位数字为顺序序号。优质合金，其代号后面附加字母"A"
GB/T 5234—1985	白铜 B19	医疗用具，精密机械及化学工业零件、日用品	白铜是铜镍合金，"B19"为含镍19%，其余为铜的普通白铜

附表32　非金属材料

标准	材料名称		代号	应用	材料	标准	材料名称	应用
GB/T 5274—1985	工业用橡胶板	耐酸碱	2707	冲制各种形状的垫圈、垫板石棉质品	石棉	GB/T 539—1983	耐油石棉橡胶板	用于管道法兰连接处的密封衬垫材料
		耐油	3707			GB/T 3985—1983	石棉橡胶板	
		耐热	4708			JC/T 67—1982	橡胶石棉盘根	用于活塞和阀门杆的密封材料
FJ/T 314—1981	工业毛毡	细毛	T112-32～44	用于密封材料		JC/T 68—1982	油浸石棉盘根	
		半粗毛	T122-30～38		尼龙		尼龙66	用于一般接卸零件传动件及耐磨件
		粗毛	T132-32～36				尼龙1010	

附表33　热处理名词解释（摘自 GB/T 7232—1999）

名词	解释
热处理	将固态金属或合金采用适当的方式进行加热、保温和冷却以获得所需要的组织结构与性能的工艺
退火	将金属或合金加热到适当温度，保持一定时间，然后缓慢冷却的热处理工艺
正火	将钢材或钢件加热到 A_{C3}（A_{CCM}）以上30～50℃，保温适当的时间后，在静止的空气中冷却的热处理工艺
淬火	将钢材加热到 A_{C3} 或 A_{C1} 以上某一温度，保持一定的时间，然后以适当速度冷却获得马氏体或贝氏体组织的热处理工艺
调质	钢件淬火及高温回火的复合热处理工艺

名词	解释
表面淬火	仅对工艺表面进行淬火的工艺，一般包括感应淬火、火焰淬火等
深冷处理	钢件淬火冷却到室温后，继续在0℃以下的介质中冷却的热处理工艺
回火	钢件淬硬后，再加热到A_{C1}点以下的某一温度，保持一定时间，然后冷却到室温的热处理工艺
渗碳	为了增加钢件表面的含碳量和一定的碳浓度，将钢件在渗碳介质中加热并保温使碳原子渗入表层的化学热处理工艺
渗氮（氮化）	在一定温度下使活性氮原子渗入工件表面的化学热处理工艺
时效处理	合金工件经固溶热处理后在室温或稍高于室温保温，以达到沉淀硬化目的（包括人工时效处理和自然时效处理）

参 考 文 献

[1] 秦大同，谢里阳．现代机械设计手册（第1卷）［M］．2版．北京：化学工业出版社，2019．

[2] 东华大学．画法几何与机械制图［M］．7版．上海：上海科学技术出版社，2017．

[3] 王兰美，殷昌贵．画法几何与机械制图［M］．2版．北京：机械工业出版社，2011．

[4] 郭克希，王建国．机械制图［M］．3版．北京：机械工业出版社，2014．

[5] 曾红．工程制图［M］．北京：北京理工大学出版社，2021．

[6] 王丹虹，宋洪侠，陈霞．现代工程制图［M］．2版．北京：高等教育出版社，2017．

[7] 胡琳．工程制图（英汉双语对照）［M］．2版．北京：机械工业出版社，2010．

[8] 胡建生．机械制图［M］．4版．北京：机械工业出版社，2020．

[9] 徐文胜．机械制图及计算机绘图［M］．北京：机械工业出版社，2018．

[10] 焦永和，林宏．画法几何及机械制图［M］．2版．北京：北京理工大学出版社，2011．